本书由深圳市可持续发展专项(KCXFZ20201221173413037)资助出版

中国水环境治理产业发展研究报告
(2023)

ANNUAL REPORT ON THE DEVELOPMENT OF WATER ENVIRONMENT GOVERNANCE INDUSTRY IN CHINA (2023)

水环境治理产业技术创新战略联盟
深圳市华浩淼水生态环境技术研究院 主编

河海大学出版社
HOHAI UNIVERSITY PRESS
·南京·

图书在版编目（CIP）数据

中国水环境治理产业发展研究报告. 2023 / 水环境治理产业技术创新战略联盟，深圳市华浩淼水生态环境技术研究院主编. -- 南京 ：河海大学出版社，2024. 8.
ISBN 978-7-5630-9261-1

Ⅰ. X321.2

中国国家版本馆 CIP 数据核字第 2024T2M036 号

书　　名 **中国水环境治理产业发展研究报告（2023）**
ZHONGGUO SHUIHUANJING ZHILI CHANYE FAZHAN YANJIU BAOGAO（2023）
书　　号 ISBN 978-7-5630-9261-1
责任编辑 周　贤
特约编辑 刘建龙
特约校对 吕才娟
封面设计 张育智　周彦余
出版发行 河海大学出版社
地　　址 南京市西康路 1 号（邮编：210098）
电　　话 （025）83737852（总编室）　（025）83787157（编辑室）
（025）83722833（营销部）
经　　销 江苏省新华发行集团有限公司
排　　版 南京布克文化发展有限公司
印　　刷 江苏凤凰数码印务有限公司
开　　本 787 毫米×1092 毫米　1/16
印　　张 21.5
字　　数 430 千字
版　　次 2024 年 8 月第 1 版
印　　次 2024 年 8 月第 1 次印刷
定　　价 168.00 元

《中国水环境治理产业发展研究报告（2023）》编委会

中国电建集团昆明勘测设计研究院有限公司

李丹婷　年　正　高　峰　钱斌天　郭　超　王院琳　李　舟　李红丽

黄福瑶　唐田东

中国电建集团北京勘测设计研究院有限公司

王玉双　周呈龙　张　冉　胡小青　郭　兴　马　壮　李文凯　詹红丽

王一鸣

中国电建集团西北勘测设计研究院有限公司

马若菡　董　楠　赵曦彤　焦露慧　田姗姗

中国电建集团成都勘测设计研究院有限公司

马宗凯　申　超　黄发明

中国农业大学

汪　杰　宋瑞平　胡旭朝

招商局海洋装备研究院有限公司

董　芳

中化学朗正环保科技有限公司

张文媛　杨国祥

序

当前，我国处于建设美丽中国的重要时期，要深入贯彻习近平生态文明思想，坚持以人民为中心，牢固树立和践行绿水青山就是金山银山的理念，把建设美丽中国摆在强国建设、民族复兴的突出位置，推动城乡人居环境明显改善、美丽中国建设取得显著成效，以高品质生态环境支撑高质量发展，加快推进人与自然和谐共生的现代化。

然而，伴随着“十四五”规划上半场的结束，市场逐渐饱和，环保产业的发展短暂陷入了一段瓶颈期，依赖政策倒逼发展的老方法已经过时了，企业需要重新构建增长引擎，从提升综合竞争力的角度探求企业的发展。一方面，我们需要更多地从治标走向治本，解决复杂程度更高、技术难度更高、涉及领域更广的系统化、一体化问题，挖掘行业的深层需求；另一方面，则需要企业提升管理效率、加强业务协同，一起抱团、差异化发展，形成完整产业链，共同迎接环境产业的第三次发展浪潮。

水环境治理产业技术创新战略联盟（以下简称“水环境联盟”）是2016年在政府相关部门的指导和支持下，由中电建生态环境集团有限公司联合7家高校和科研院所共同发起成立的。经过多年发展，水环境联盟现有成员单位200余家，涵盖高校、科研院所和水环境治理产业链各环节的优秀企业。水环境联盟积极发挥整合产业技术创新资源的作用，引导创新要素向企业集聚，旨在成为服务行业推动创新、促进行业和企业发展的推进器。

水环境联盟及其实体机构——深圳市华浩森水生态环境技术研究院编写的《中国水环境治理产业发展研究报告（2023）》［以下简称《产业报告

(2023)》] 聚焦当下水环境治理领域的重点及热点问题，如污水资源化利用、农村黑臭水体治理、数字孪生流域、工业园区难降解污水处理、新污染物治理等内容。同时，该书深入分析了我国水环境治理产业的现状、政策、问题及前景，汇集了目前我国在水环境治理方面的一些成功经验。现将《产业报告(2023)》总结的水环境治理产业发展的最新情况与广大从业者分享，希望能为推动我国水环境治理事业的发展贡献一份力量。

2024 年 3 月于深圳

前　言

生态兴则文明兴。党的二十大报告中提出“中国式现代化是人与自然和谐共生的现代化”“要推进美丽中国建设”，为我们谱写了新时代生态文明建设新篇章，明确了我国新时代生态文明建设的战略任务。在2023年召开的全国生态环境保护大会上，习近平总书记强调，“我国生态环境保护结构性、根源性、趋势性压力尚未根本缓解”，“生态文明建设仍处于压力叠加、负重前行的关键期。必须以更高站位、更宽视野、更大力度来谋划和推进新征程生态环境保护工作”。

为全力推动水环境治理产业的发展，水环境治理产业技术创新战略联盟的实体机构——深圳市华浩淼水生态环境技术研究院（以下简称“华浩淼研究院”）发起编写了《中国水环境治理产业发展研究报告》（以下简称《产业报告》）并定期对外发布。

2019年，华浩淼研究院组织14家单位共同完成了《中国水环境治理产业发展研究报告（2019）》的编写，该报告于2020年3月正式出版发行，共计68万字。《中国水环境治理产业发展研究报告（2019）》首次对水环境治理和水环境治理产业做出了明确界定，对水环境治理产业链进行了清晰划分，其内容涵盖了水环境治理产业的背景和政策、重点领域和重点区域的水环境治理情况、产业的发展前景等，成功打造了“生态环境产业绿皮书”的品牌。

《中国水环境治理产业发展研究报告（2020）》结合城市水系统公共卫生安全、智慧水务、海绵城市、无废城市等热点问题对水环境治理产业的发展进行剖析，并针对“十四五”时期水环境治理产业的发展前景凝练出了“十大热点”。

《中国水环境治理产业发展研究报告（2021）》开展了水美乡村建设、高原湖泊水生生态系统保护、绿色低碳型污水处理技术、绿色产业基金等方面的专题研究。

《中国水环境治理产业发展研究报告（2022）》在深耕水环境治理产业研究的基础上，拓展到开展生态环境治理工作所涉及的水处理、固废处理、“双碳”产业、储能产业、绿色服务等绿色产业领域，对绿色产业的关键技术、产业特征、国内外发展现状、竞争格局与前景趋势等进行了针对性分析，以期开创生态环境保护事业新局面。

2023年，结合当前我国生态环境领域热点问题及参编单位近期重点工作，《中国水环境治理产业发展研究报告（2023）》特设立污水资源化利用、工业园区难降解污水处理、幸福河湖建设、村镇污水治理、水生态环境保护等专题研究，并关注数字孪生流域技术、新污染物治理形势与策略、绿色金融与可持续发展等新兴领域问题。同时，也对近年来我国水环境治理产业政策进行全面梳理和分析。

《产业报告》是首部系统梳理我国水环境治理产业的研究报告，可以帮助相关领域的从业人员了解我国目前水环境治理产业的发展情况，也可以作为科技工作者携手改善水环境现状的参考依据。《产业报告》的成果将有利于水环境治理技术的融合与推广，促进我国水环境治理产业的高质量发展。借由本书的出版，编者希望参编单位根植于水环境治理的伟大事业，以高标准赋能水环境治理高质量发展，为美丽中国建设做出更大的贡献！

由于编制时间有限，书中难免有疏漏，恳请读者批评、指正。

目 录

第一章　中国水环境治理产业背景综述

第一节　经济人口发展与水环境承载力的矛盾

一、我国人口规模及增长态势

（一）我国人口规模

根据2013—2022年国家统计局的人口相关数据，近十年我国人口持续增长，由2013年的136 072万人增长至2022年的141 175万人，增长规模为5 103万人。其中，城镇人口增加18 960万人，乡村人口减少13 857万人，人口变化情况详见图1-1。

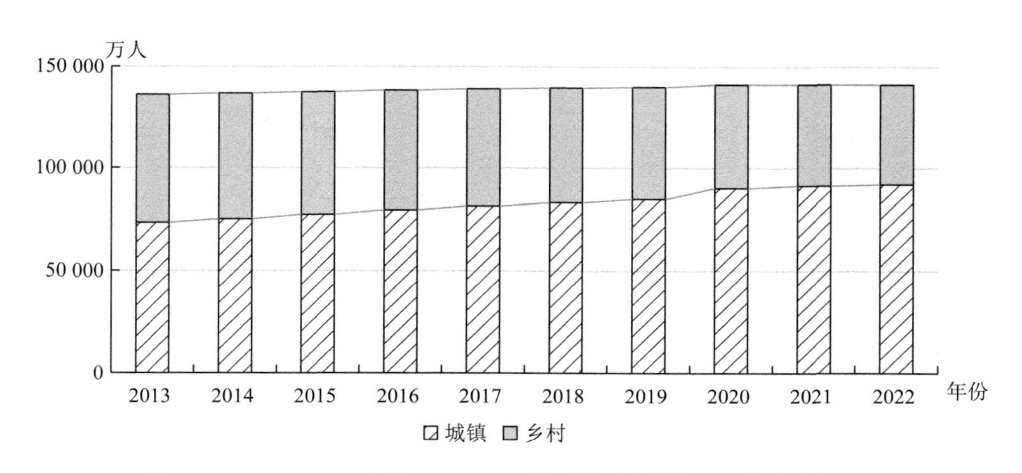

图1-1　2013—2022年国家人口情况统计图（数据来源：国家统计局）

（二）我国人口发展态势

据2013—2022年人口统计结果分析，2013—2022年我国出生率不断下降，由2013年的12.08‰下降至2022年的6.77‰；死亡率趋于稳定，于7.07‰～7.37‰之间波动；人口自然增长率略有增长后持续降低，由2013年的4.92‰下降至2022年的−0.60‰（图1-2）。

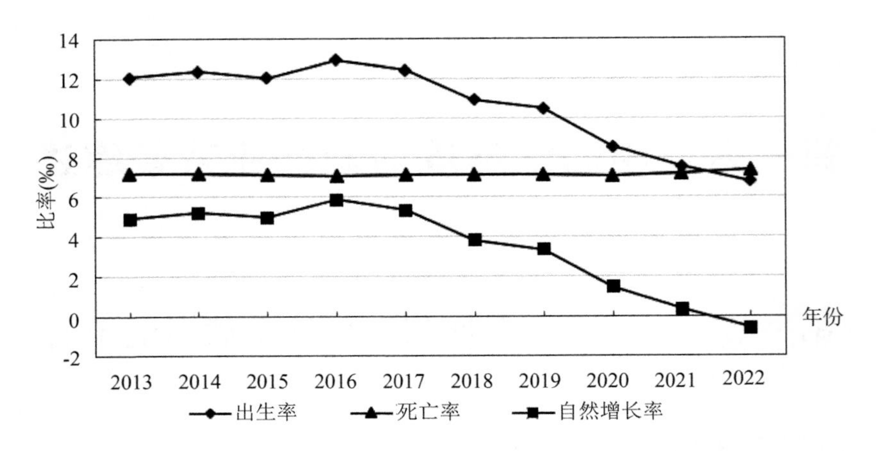

图 1-2　2013—2022 年国家人口变化折线图

（数据来源：2013—2019 年、2021—2022 年国民经济和社会发展统计公报、《中国统计年鉴—2021》）

据 2013—2022 年国民经济和社会发展统计公报的统计数据分析，近十年间，我国的年末全国常住人口城镇化率持续提升，由 2013 年的 53.73％提升至 2022 年的 65.22％，城镇常住人口由 73 111 万人增加至 92 071 万人（图 1-3）。

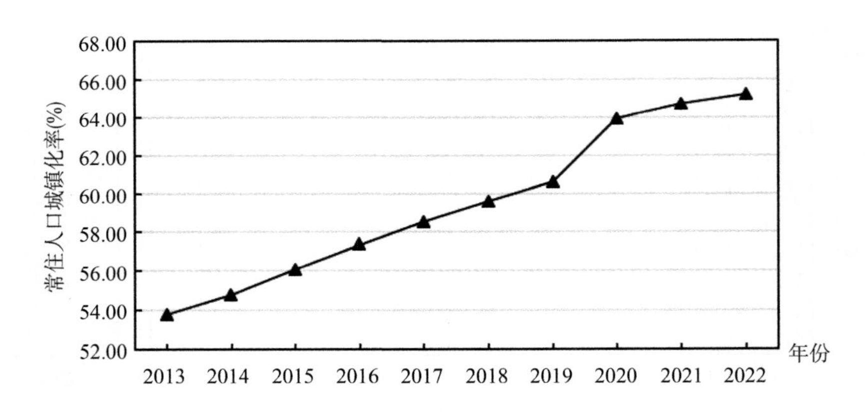

图 1-3　2013—2022 年城镇化率图

（数据来源：2013—2019 年、2021—2022 年国民经济和社会发展统计公报、第七次全国人口普查公报）

据国家统计局人口和就业统计司司长王萍萍分析，2022 年我国人口总量略有下降主要是由于出生人口减少，这主要是受育龄妇女持续减少和生育水平继续下降的影响；但城镇区域扩张、城镇人口自然增长和乡村人口流入城镇等因素，使得城镇人口继续增加，城镇化水平稳步提高。此外，我国还面临着劳动年龄人口数量减少，老龄化程度进一步加深的局面。

二、我国经济发展情况及发展态势

（一）我国宏观经济发展概况

根据国家统计局数据可知，自 2013 年以来，以习近平同志为核心的党中央团结带领全党全国各族人民，坚持稳中求进工作总基调，保持了经济社会平稳健康发展。各级政府完整、准确、全面地贯彻新发展理念，采取了一系列的宏观经济调控政策，以拉动国家经济的发展。在这些政策的推动下，我国经济稳步发展，人民的衣食住行都得到了较大的改善，科学技术也得以飞速进步。

据 2013—2022 年国民经济和社会发展统计公报的统计数据，近十年我国经济总体情况如图 1-4 所示。2022 年的国内生产总值为 1 210 207 亿元，相比于 2013 年增长率为 112.75%，经济发展由工业主导向第三产业主导加快转变，其中第一产业增加值为 31 388 亿元，增长率为 55.11%；第二产业增加值为 233 480 亿元，增长率为 93.51%；第三产业增加值为 376 494 亿元，增长率为 143.59%。国家统计局数据显示，2023 年度前三个季度国内生产总值为 913 026.5 亿元，相比 2022 年前三季度增长率为 5.20%，其中第一产业占比 6.17%，增长率为 4.0%；第二产业占比 38.73%，增长率为 4.4%；第三产业占比 55.09%，增长率为 6.0%。

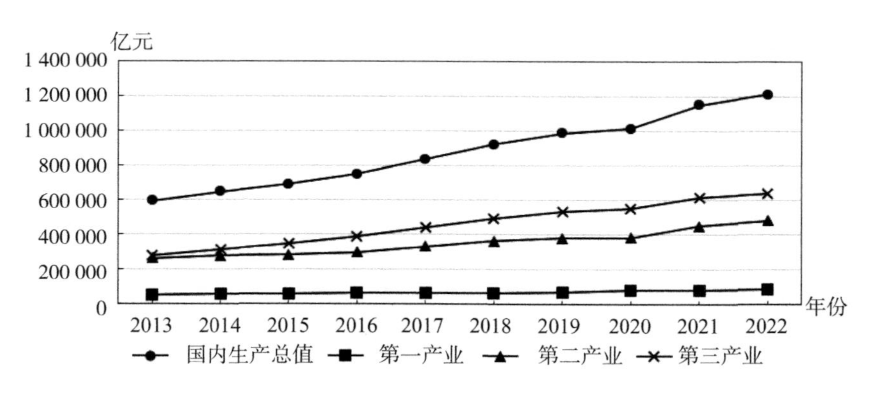

图 1-4　2013—2022 年国家经济发展情况统计图

（数据来源：2013—2022 年国民经济和社会发展统计公报）

（二）我国宏观经济发展态势

根据 2013—2023 年国家统计局的相关统计数据，我国经济总体呈现上升态势，其中国内生产总值增长最慢的年份为 2020 年，同比增长 2.3%；增长最快的年份为 2021 年，同比增长 8.1%。其中，第一产业增长最慢的年份为 2020 年，同比增长 3.0%，增长最快的年份为 2021 年，同比增长 7.1%；第二产业增长最慢的年份为

2020年，同比增长2.6%，增长最快的年份为2021年，同比增长8.2%；第三产业增长最慢的年份为2020年，同比增长2.1%，增长最快的年份为2013年和2015年，都同比增长8.3%（图1-5）。2023年，我国财政收入总体呈现上升趋势，1—2月累计，全国一般公共预算收入45 642亿元，同比下降1.2%；1—10月累计，全国一般公共预算收入187 494亿元，同比增长8.1%，经济整体呈现向好趋势。

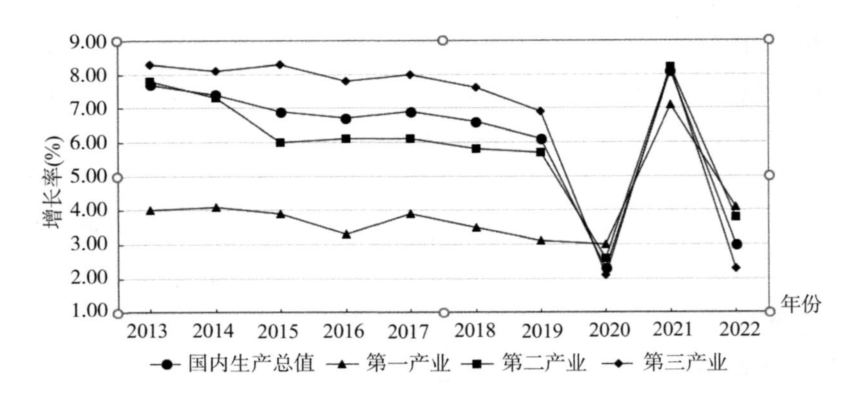

图1-5 国家经济发展增长率统计图

（数据来源：2013—2022年国民经济和社会发展统计公报）

据国家统计局副局长盛来运分析，2020年受新冠疫情和全球经济下行等的严重冲击，我国的产业发展、企业经营、就业民生等经济社会方方面面都受到一定的影响；2021年，我国持续深化“放管服”改革，营商环境不断改善，助企纾困政策加快落实，新的市场主体不断涌现，发展新动能增势良好，国民经济持续恢复，发展水平再上新台阶，综合国力进一步增强。

总体看来，我国经济持续稳定发展，继2020年、2021年国内生产总值连续突破100万亿元、110万亿元之后，2022年再跃新台阶，达到121万亿元。尽管外部环境更趋复杂、严峻和不确定，国内需求收缩、供给冲击、预期转弱三重压力仍然较大，恢复基础尚不牢固，但我国经济韧性强、潜力大、活力足的特点没有改变，长期向好的基本面没有改变。

三、经济发展与环境承载力的矛盾

（一）我国水环境质量现状

1. 地表水环境质量

自2013年以来，全国地表水环境质量逐年改善，据《中国环境状况公报》（2013—2016年）和《中国生态环境状况公报》(2017—2022年）统计分析，全国水环境总体水环境质量有了较大提升，全国地表水监测的国控断面中，Ⅰ～Ⅲ类水质断面占比总体呈上升趋势，由2013年的72%上涨至2022年的88%；劣Ⅴ类水质断面占比呈下降趋势，由2013年的9%下降至2022年的0.7%（图1-6）。主要污染因子由化学需氧量（COD，Chemical Oxygen Demand）、高锰酸盐指数和五日生化需氧量（BOD_5，Biochemical Oxygen Demand After 5 Days）逐步转变为化学需氧量、高锰酸盐指数和总磷（TP，Total Phosphorus）。

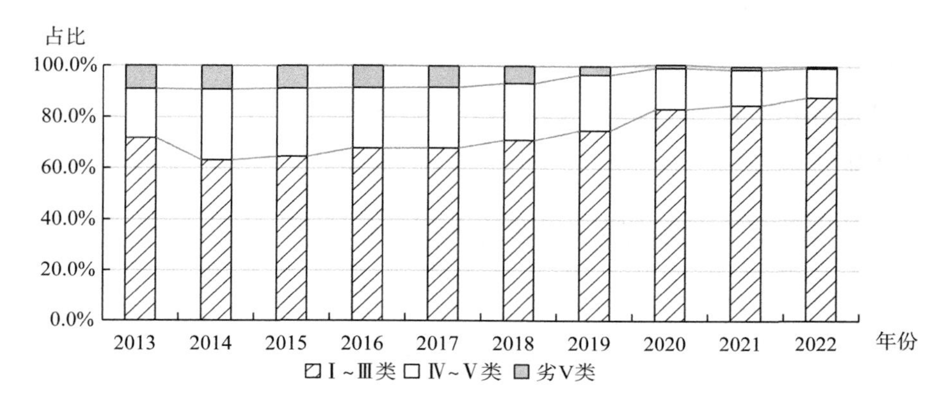

图1-6　2013—2022年全国地表水情况统计表

（数据来源：中国环境状况公报、中国生态环境状况公报）

2. 地下水环境质量

根据《中国环境状况公报》(2013—2016年）和《中国生态环境状况公报》(2017—2022年）统计分析，全国总体地下水环境质量Ⅰ～Ⅳ类占比由2013年的84.3%降低至2022年的77.6%，Ⅴ类水则由15.7%上涨至22.4%（图1-7)，主要

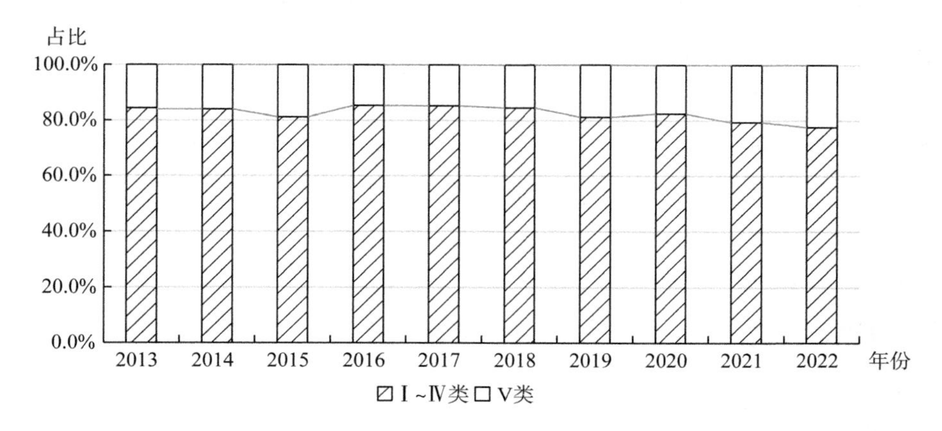

图1-7　2013—2022年全国地下水情况统计表

（数据来源：中国环境状况公报、中国生态环境状况公报）

超标指标由总硬度、溶解性总固体、pH 值、COD、“三氮”（亚硝酸盐氮、硝酸盐氮和氨氮）、氯离子、硫酸盐、氟化物、锰、砷、铁等，转变为铁、硫酸盐、氯化物。总体看来，我国地下水环境质量略有降低，水质出现轻微恶化情况。

3. 海洋环境质量

根据《中国环境状况公报》（2013—2016 年）和《中国生态环境状况公报》（2017—2022 年）统计分析，我国夏季管辖海域中一类水质海域面积占比在 95%～97.7%之间，主要超标因子为无机氮和活性磷酸盐；我国近海海域水质总体保持改善趋势，优良（一、二类）水质海域面积占比由 2013 年的 66.4%增长至 2022 年的 81.9%，劣四类由 2013 年的 18.6%下降至 2022 年的 8.9%，主要超标因子为无机氮和活性磷酸盐。

（二）经济发展与环境承载力的矛盾分析

根据中国式现代化的理念，经济高质量发展与生态环境的改善互为表里，相辅相成。2007 年，中共十七大报告中，首次提到了生态文明理念，将建设生态文明纳入全面建设小康社会的目标。2012 年，中共十八大报告中，进一步加重生态文明的地位，提出要加快生态文明建设，把生态文明建设放在突出地位，融入经济建设、政治建设、文化建设、社会建设各方面和全过程。2017 年，中共十九大报告中，再次强调生态文明建设，强调加快生态文明体制改革，建设美丽中国，要牢固树立社会主义生态文明观。2022 年，中共二十大报告中将生态文明上升到新高度，提出“中国式现代化是人与自然和谐共生的现代化”的理念，要求坚持可持续发展，坚持节约优先、保护优先、自然恢复为主的方针，像保护眼睛一样保护自然和生态环境，坚定不移走生产发展、生活富裕、生态良好的文明发展道路，实现中华民族永续发展；并提出到 2035 年广泛形成绿色生产生活方式，碳排放达峰后稳中有降，生态环境根本好转，美丽中国目标基本实现的目标。国务院原总理李克强在 2023 年政府工作报告中指出，全面贯彻落实党的二十大精神，坚持稳中求进工作总基调，着力推动高质量发展，全面深化改革开放，把实施扩大内需战略同深化供给侧结构性改革有机结合起来，推动经济运行整体好转，实现质的有效提升和量的合理增长，持续改善民生，保持社会大局稳定，为全面建设社会主义现代化国家开好局起好步。

由此可见，我国经济发展要求的是高质量的发展，不仅局限于经济总量增长和经济结构的优化，还应包括改善民生，推动社会整体发展，实现人与自然和谐共生，而水环境的持续改善与民生息息相关。近十年来，我国的经济发展虽然短期受到全球疫情的影响有所波动，但总体仍呈现增长势头，我国的水环境质量总体基本呈现改善趋势，但中国经济的发展趋势和发展水平距离近、远期高质量发展目标还有一定的差距，经济的高速发展在一定程度上还存在以牺牲生态环境为一定代价的情况。

目前看来，我国水环境污染问题不会随经济的增长而自动改善，只有在一定的政策激励下，加快科技创新、降低单位产出的污染强度，从重污染型向轻污染型或无污染型产业转变，才能使我国的水环境污染问题得到缓解。

第二节　水环境现状形势及治理需求

一、中国水环境治理历程

（一）水环境治理的政策演变

中国水环境治理产业的发展与水环境治理政策的演变息息相关。为了吸取“十五”期间因能源资源消耗过大、环境污染加剧而产生的经验与教训，国务院发布了《国家中长期科学和技术发展规划纲要（2006—2020年）》，中央设立了水体污染控制与治理科技重大专项（以下简称“水专项”）；“十一五”期间，中央提出了主要污染物排放总量控制减少10%的目标，在重点流域采取了一系列休养生息措施，加快建设环境友好型社会；“十二五”期间，中央下大力气解决关系民生的突出环境问题，要严格保护饮用水水源，开展全国城镇污水处理及再生利用设施建设规划，提出要实行最严格水资源管理制度；“十三五”期间，为了解决我国水污染严重且区域性、复合型、压缩型水污染日益凸显，并已经成为影响我国水安全的最突出因素等问题，国务院印发了向水污染宣战的行动纲领性文件《水污染防治行动计划》，开始实施铁腕治污，推进环境治理体系和治理能力现代化，对我国的环境保护、生态文明建设和美丽中国建设，乃至整个经济社会发展方式的转变产生了重要而深远的影响。

“十四五”开局之年，国家发布《中华人民共和国国民经济和社会发展第十四个五年规划和2035年远景目标纲要》，表明要坚持绿水青山就是金山银山的理念，坚持尊重自然、顺应自然、保护自然，坚持节约优先、保护优先、自然恢复为主，实施可持续发展战略，完善生态文明领域统筹协调机制，构建生态文明体系，推动经济社会发展全面绿色转型，建设美丽中国。明确了“十四五”期间生态环境质量稳定改善的目标，提出生态文明建设是关系中华民族永续发展的根本大计，保护生态环境就是保护生产力，改善生态环境就是发展生产力，决不以牺牲环境为代价换取一时的经济增长，这就为之后很长一段时间水环境治理产业的发展指明了发展方向。

（二）水环境治理的策略演变

伴随着社会观念的改变，水环境治理产业的发展，以及科学技术的不断进步，我国的水环境治理策略也在适应国情而不断变化着。“十一五”期间，环境保护已成为现代化建设的一项重大任务，根据《国家中长期科学和技术发展规划纲要（2006—2020年）》，“水专项”共设置了“十一五”“十二五”“十三五”三个阶段的策略目标：第一阶段目标主要是突破水体“控源减排”关键技术，第二阶段目标主要是突破水体“减负修复”关键技术，第三阶段目标主要是突破流域水环境“综合调控”成套关键技术。

“十二五”期间，确定了六大环保体系，一是适应我国国情的环境保护、宏观战略体系；二是建立全面高效的污染防治体系；三是构建和健全环境质量评价体系；四是不断构建完善的环境保护法规政策和科技标准体系；五是构建完备的环境保护体系；六是构建全民参与的社会行动体系。2015年2月，“水十条”审议通过，以行政规章的形式切实加大水污染防治力度，坚持以问题和目标为导向，保障国家水安全，把从源头降低污染物排放量作为工作的基础和首要任务，从此水环境治理事业进入新阶段。

“十三五”时期，党中央对水污染防治做出新的重大决策部署，多措并举下好水污染防治“一盘棋”。生态环境部副部长赵英民阐释，十八届五中全会提出的“创新、协调、绿色、开放、共享”五大发展理念，对环境保护领域具有方向性、决定性的重大影响，是“十三五”环保工作顶层设计的理论指导和基本原则。要坚持“山水林田湖是一个生命共同体”的理念，系统推进森林、草原、河流、湖泊、湿地等重要生态系统的保护与修复。为更好地指导“十三五”时期流域水环境综合治理工作，国家发展改革委编制并印发《“十三五”重点流域水环境综合治理建设规划》，提出对于规划范围内复合型污染特征突出、综合治理任务较重的地区，以及水质面临威胁较严重、环境功能较重要的地区，列为重点治理区域，并根据流域水环境综合治理状况适时进行调整，不断加强相关区域政策引导和资金项目整合，进一步研究探索流域综合治理新思路。

“十四五”时期，随着我国经济社会发展绿色转型、美丽中国建设的持续推进，水生态环境保护已经步入了关键时期，“从国际比较来看，我国水环境理化指标已经接近或者是达到中等发达国家的水平”，但是也应深刻认识到我国存在的水生态环境问题的长期性、复杂性、艰巨性。“十四五”期间我国水环境治理将坚持降碳、减污、扩绿、增长的协同推进，做好统筹减污降碳协同增效，统筹水资源、水环境、水生态治理，统筹城市与农村，统筹陆域与海洋，统筹传统污染物与新污染物等“六个统筹”，继续做好深入攻坚、重点突破，保持力度、延伸深度、扩宽广度，以改善生态环境质量为核心，深入打好水污染防治攻坚战，推动水污染防治在重点区域、重点领域、关键指标上实现新突破，构建水环境系统治理的新格局。

二、水环境现状形势

（一）极端天气变化加剧、突发洪涝灾害危害大

气候变化对全球自然生态系统产生显著影响，应对气候变化是全人类的共同挑战。根据近50年气象数据统计，世界各国极端强降水事件频数和强度呈增加趋势，同时极端强降水持续时间呈短历时倾向，给城镇内涝防治带来更大的挑战。国内多起极端天气事件对粮食、水、生态、能源、基础设施以及民众生命财产安全构成重大威胁，强降雨事件频发就是其中之一。据《2001—2020年中国洪涝灾害损失与致灾危险性研究》可知，2001—2020年我国洪涝灾害造成的年均受灾人口超过1亿人次，直接经济损失1 678.6亿元。据应急管理部发布的2021年、2022年和2023年全国自然灾害基本情况可知，2021年我国共发生42次强降雨过程，面降水量659 mm，较常年偏多6%，全年洪涝灾害共造成5 901万人次受灾，因灾死亡失踪590人，倒塌房屋15.2万间，直接经济损失2 458.9亿元；2022年我国共发生38次区域性暴雨过程，平均降水量606.1 mm，全年洪涝灾害共造成3 385.3万人次受灾，因灾死亡失踪171人，直接经济损失1 289亿元；2023年前三季度全国共出现35次区域性暴雨过程，累积面降雨量534 mm，较常年同期偏少5%，全国因山洪地质灾害共造成271人死亡失踪，洪涝和地质灾害共造成5 190.4万人次不同程度受灾，因灾死亡失踪405人，倒塌房屋11.2万间，直接经济损失2 393亿元。

2021年7月，河南省遭遇历史罕见特大暴雨，16个市150个县（市、区）1 478.6万人受灾，直接经济损失1 200.6亿元，因灾死亡失踪398人，其中郑州直接经济损失409亿元、死亡失踪380人，日最大点雨量为624.1 mm，接近郑州平均年降雨量（640.8 mm）。2023年，受“杜苏芮”残余环流北上影响，华北地区出现历史极端强降雨过程，河北和北京为强降雨集中区域，最大累计降水量达1 003 mm；京津冀地区平均累计降水量超过该地区平均年降水量的三分之一；北京降雨持续时间长达83小时；河北和北京有14个国家气象观测站日降水量突破历史极值。2023年9月，受台风“海葵”及残留云系影响，福建宁德、福州、厦门、漳州，广东揭阳、深圳、广州、佛山，香港及台湾东部等多地出现400～721 mm强降雨，台湾花莲局地超过1 100 mm；深圳2、3、6、12、24小时降水量均破1952年有气象记录以来极值；香港天文台录得最大1小时雨量158.1 mm，为1884年有记录以来香港最高纪录，港岛东南部赤柱录得24小时雨量842 mm，打破香港24小时降水量纪录。

（二）资源型缺水和水质型缺水并存

中国水资源相对短缺，人均水资源量约为世界平均水平的35%。水资源时空分

布不均，南方多、北方少，汛期降水占全年的60%～80%，年际变化大，经常出现连丰连枯的情况。

水资源分布与经济社会发展布局不匹配，南方地区国土面积占全国的36%，人口占54%，耕地占37%，水资源总量占82%；北方地区国土面积占全国的64%，人口占46%，耕地占63%，水资源总量仅占18%。部分流域区域由于水资源过度开发利用，导致河湖湿地萎缩、植被退化、地下水水位下降等生态环境问题，使得我国呈现出资源型缺水的特点。虽然近年来我国水环境质量整体持续向好，但短期内仍存在部分区域特别是农村地区水体的水环境质量不满足水环境功能区划要求的问题，导致部分地区存在水质型缺水。

据2022年《中国水资源公报》，2022年全国水资源总量为27 088.1亿 m^3，比多年平均值偏少1.9%，其中，以松花江区、辽河区、海河区、黄河区、淮河区、西北诸河区为代表的北方6区的水资源总量为5 955.5亿 m^3，以长江区（含太湖流域）、东南诸河区、珠江区、西南诸河区为代表的南方4区的水资源总量为21 132.6亿 m^3。然而2022年，全国用水总量为5 998.2亿 m^3，其中，北方6区用水总量2 684.2亿 m^3，南方4区用水总量3 314.0亿 m^3。我国北方6区水资源总量较南方4区偏少，约为南方4区水资源总量的十分之三，但用水量与南方差距不大，局部区域用水量远远大于水资源总量，水资源供需矛盾尖锐。

人类逐水而居，文明因水而兴，水资源短缺、供需矛盾尖锐已经成为制约我国经济社会发展的重要瓶颈。党的十八大以来，我国持续推进污水资源化利用，既可优化供水结构，增加水资源供给，缓解供需矛盾，又可减少水污染，保障水生态安全，对于推进生态文明建设，实现高质量发展、可持续发展，满足人民日益增长的美好生活需要具有重要的意义。国家发展改革委有关负责同志表示，我国污水资源化利用尚处于起步阶段，发展不充分、不平衡，利用量不大、利用率较低，利用水平总体不高，与建设美丽中国的要求还存在不小差距。

（三）生态环境、水环境质量整体稳中向好

随着黑臭水体治理、厂网河一体化治理、山水林田湖草沙一体化治理、入河入海排污口排查、农村黑臭水体整治、饮用水水源地环境保护等一系列专项行动持续展开，我国深入推进碧水保卫战取得明显成效。据《国务院关于2022年度环境状况和环境保护目标完成情况的报告》，我国地表水环境质量持续向好，地表水Ⅰ～Ⅲ类水质断面比例为87.9%，同比上升3.0个百分点；劣Ⅴ类水质断面比例为0.7%，同比下降0.5个百分点；重点流域水质进一步改善，长江流域、珠江流域、浙闽片河流、西南诸河和西北诸河水质持续为优，黄河流域、淮河流域和辽河流域水质良好。海洋环境方面，我国管辖海域海水水质总体稳定。夏季符合一类标准的海域面积占

比97.4%，同比下降0.3个百分点；全国近岸海域海水水质总体保持改善趋势，优良（一、二类）水质比例为81.9%，同比上升0.6个百分点；劣四类水质比例为8.9%，同比下降0.7个百分点。总体而言，我国水环境质量、生态环境稳中向好。

（四）水环境改善状况不平稳、不协调问题突出

在看到我国生态环境、水环境质量稳中向好的同时，仍需要清醒地认识到生态文明建设仍处于负重前行的关键期，水生态环境保护任务依然艰巨。

据生态环境部2023年通报资料显示，仍有多个地区出现污水直排、生活污水处理设施运行管理水平低、污水处理厂超负荷运行的问题；部分区域汛期污染问题突出，黑臭水体从根本上消除难度较大，一些重点湖泊蓝藻水华仍处于高发态势；农村生活污水无序排放依然突出，农村面源污染尚未得到有效治理；突发环境事件多发、频发的高风险态势仍未根本改变。

据《国务院关于2022年度环境状况和环境保护目标完成情况的报告》，全国地下水Ⅰ～Ⅳ类水质点位比例为77.6%，Ⅴ类水质点位比例为22.4%，部分重点污染源周边地下水特征污染物超标问题尚未得到有效控制，水生态环境不平衡不协调问题依然突出。

海洋环境方面，入海河流总氮污染问题逐渐凸显，局部近岸海域污染依然存在，主要分布在辽东湾、渤海湾、莱州湾、长江口、杭州湾、珠江口等近岸海域，主要超标指标为无机氮和活性磷酸盐。此外，沿海地区也存在海洋保护不力、防护林遭到破坏、违规用海等问题，造成海洋生态环境恶化。

（五）新型污染物风险大

目前，国内外广泛关注的新污染物主要包括国际公约管控的持久性有机污染物、内分泌干扰物、抗生素、微塑料等。2022年12月，生态环境部联合五部门印发的《重点管控新污染物清单（2023年版）》，明确将14种具有突出环境风险的新污染物列入黑名单，对其实施禁止、限制、限排等管控措施，防止对环境和人群健康造成危害。14种新污染物主要包括持久性有机污染物（POPs）、环境内分泌干扰物壬基酚和抗生素类物质等。

新污染物具有生物毒性、环境持久性、生物累积性等特征，且部分新污染物具有远距离迁移潜力，风险比较隐蔽，一旦进入环境不易降解，即使是极低浓度也可能造成较大的环境风险，它们与人类生活息息相关，不仅对生态环境有风险，还可能对人体器官、神经、生殖发育等产生危害。

我国新污染物分布广、浓度高，总体浓度水平由西向东逐渐增大。四类新污染物的分布地域特征明显。持久性有机污染物主要分布在中部、西南和北部工业发达

地区，工业废水是其主要污染源；内分泌干扰物主要分布在工农业发达的海陆交错带；在我国各水体及沉积物中均有检出抗生素，内陆河湖以磺胺类为主，沿海以喹诺酮类为主；微塑料易随河流汇入海洋，主要分布在东南沿海地区。

近些年，由于化学技术的发展，有毒有害化学物质被大量生产和更为广泛地使用，这造成我国部分区域面临着新型污染物的威胁。

三、中国水环境治理需求分析

（一）落实国家方针及政策的需求

由于水环境受到破坏，对社会经济、人群健康产生威胁，为保障社会经济持续、高速、健康的发展，国家采取了立法、监管和宣传等措施来推动水污染治理，一系列的法律、法规和技术规范应运而生，如《中华人民共和国水污染防治法》《中华人民共和国海洋环境保护法》《地下水管理条例》《地表水环境质量标准》等。从1978年环境保护被正式写入宪法，到2018年生态文明被写入宪法，再到“十四五”报告中坚持绿水青山就是金山银山理念，坚持山水林田湖草系统治理，着力提高生态系统自我修复能力和稳定性，守住自然生态安全边界，促进自然生态系统质量整体改善；深入打好污染防治攻坚战，建立健全环境治理体系，推进精准、科学、依法、系统治污，协同推进减污降碳，不断改善空气、水环境质量，有效管控土壤污染风险；坚持生态优先、绿色发展，推进资源总量管理、科学配置、全面节约、循环利用，协同推进经济高质量发展和生态环境高水平保护。

（二）满足行业市场发展的需求

随着社会经济的发展和需求的增加，水环境治理事业也在如火如荼地进行中。经过几年的治理，我国的水安全建设持续推进，新时期，为加快科技强国建设步伐，中央提出了提升流域设施数字化、网络化、智能化水平的明确要求，必须锚定全面提升国家水安全保障能力目标，把握世界科技发展新形势、新趋势，加强数字孪生、大数据、人工智能等新一代信息技术与水利业务的深度融合，加快数字孪生流域建设，大力提升流域治理管理的数字化、网络化、智能化水平，赋能推动新阶段水利高质量发展的先进引领力和强劲驱动力。水利部坚持把建设数字孪生流域作为推动新阶段水利高质量发展的重要路径，推动数字孪生流域建设在水利行业全面展开，数字孪生流域建设技术大纲、技术导则、共建共享管理办法和水利业务“四预”（预报、预警、预演、预案）基本技术要求等系列技术规范全面建立，全国七大江河数字孪生流域建设方案编制完成，94项数字孪生流域和数字孪生水利工程先行先试工作启动实施。加快建设、持续完善具有强大“四预”功能的数字孪生流域，反映出国家在水安全保障能力上的迫切需求。

为进一步引导和调动各地推进水网建设的积极性，水利部在持续推进第一批省级水网先导区建设工作的基础上，启动开展第二批省级水网先导区建设。水网先导区建设是一项复杂的系统工程，需要统筹各方力量，形成推动工作的合力。水利部对相关行业提出了更高的要求，将有序推进各层级水网协同融合，加快构建国家水网，为推进中国式现代化提供有力的水安全保障。

水生生态环境方面，我国的水生生态环境持续改善，重要河湖水质明显提升，但当前的治理措施仍存在一些问题，如环境基础设施存在短板、污水处理提质增效工作仍存在漏洞等。特别是伴随着城市化进程的加快、城市规模的扩大，对污水处理能力、排水管网等配套设施的需求也持续增加，但部分地区因管网的老化或缺失存在污水直排、漏排和溢流现象，进而对水环境造成污染，部分城市内河水体返黑返臭。兴建环境基础设施，污水处理达标后再进行排放，力争从根源上解决水污染问题。

此外，由于化工行业的发展，新的污染问题随之出现，对新型污染物的治理需求增加，相应的污水处理行业和能力的需求也在增加，避免因污水处理行业规模不足，造成不能及时对污染水体进行处理，进而对经济社会造成危害。

（三）突破水环境治理技术瓶颈的需求

“十四五”期间，我国生态环境领域科技创新面临新的挑战。在水环境治理技术领域，亟须突破的技术瓶颈主要包括以下几个方面。

一是针对区域流域生态环境系统性治理不足，高精度生态环境监测不足，生态环境全链条监管、多污染协同治理及综合防控技术薄弱等问题，需要加强生态环境监测、多污染物协同综合防治技术水平，如研究污染源多维度自动监控技术及全过程质控体系，构建基于物联网、大数据、人工智能等技术的生态环境风险分级预警、应急监测响应的智能化技术平台等。

二是针对水资源短缺问题，提升水资源的利用效率，提升城镇水生态修复及雨污资源化技术，提升工业废水的资源化利用技术，如研究气候变化等多重胁迫下区域水生态环境响应机制，研发基于海绵城市建设理念的排水系统及绿色基础设施建设范式，开发城镇韧性排水管网运行维护技术及雨污水、污泥绿色低碳处理与资源化技术，建立城镇排水系统与水生态环境过程模拟技术平台，研发“厂—网—河—湖—岸”联动的水环境治理与水生态修复技术，开发废水源头减排、资源回收、能源利用与毒性削减多目标协同处理技术，研发高盐废水处理和资源化利用适用技术等。

三是满足山水林田湖草沙系统治理的要求，提升传统生态环境修复技术，如研发重点流域水生态完整性评估技术，突破流域“水文—水动力—水质—水生物”多过程协同的系统耦合模拟预测技术，研究梯级水库拆除、水生生境改变、航运、十年禁渔政策等人类活动对水生态完整性和生物多样性的影响，着力研发河湖自然缓冲带恢复、湖泊藻类水华控制、生态保育功能湿地构建、水源涵养区生态屏障构建、自然岸线稳定修复等技术。

四是由于新型污染物的出现，对新型污染物治理技术的需求也随之出现。现阶段的污水处理技术、方法和水处理设备，较难满足对新型污染物进行处理的需求，要加强新污染物治理，切实保障生态环境安全和人民健康，解决常规污染物和新污染物问题叠加的问题，开展环境健康和重大公共卫生事件环境应对等研究，以及加强研究开发新污染物治理相关技术，积极开发替代产品与替代技术等。

五是针对部分环保装备国产化水平不高，环保技术装备产业竞争力不强的问题，通过科技创新提出中国方案，构建服务型科技创新体系，提升支撑生态环境治理与高质量发展的环保装备产品供给能力，提高环保产业竞争力，加快环保设备向智能化、模块化方向转变，设备生产制造和运营过程向自动化、数字化方向发展，如研究污染源多要素智能化协同监测技术，开发高灵敏度、高稳定性智能化污染源自动监控设备，开发地下水污染隐患快速检测设备，研发地表水多指标自动监测设备等。

六是生态环境新材料、新技术整体处于跟跑阶段。针对新技术与生态环境领域融合不足的问题，加快研究发展环境生物、环境材料、智能环境等前瞻新技术，完善适合生态环境学科、产业特点的科技创新模式，构建面向现实与未来、适应不同区域特点、满足多主体需求的生态环境科技创新体系，如基于大数据和人工智能的定向、仿生及精准调控资源技术，研发放射性污染监测评估与安全防控技术，发展室内空气净化及健康风险控制技术，构建基于生态环境健康风险的优先管控技术体系和监管平台等。

（四）提高水环境管理能力的需求

水环境治理产业的良好开展，对社会经济持续、高效、健康的发展有着重要意义。受现今社会观念和经济发展水平等的限制，水环境管理能力仍存在不足，水环境监管体系仍不够完善，部分企业仍存在污水偷排、漏排问题，造成区域水环境污染。

为深入推进水环境管理体系建设，精细化水环境管理工作，2021 年 11 月，中共中央、国务院印发的《关于深入打好污染防治攻坚战的意见》提出，要提高生态环境治理现代化水平，建立健全基于现代感知技术和大数据技术的生态环境监测网络，加快发展节能环保产业，推广生态环境整体解决方案、托管服务和第三方治理。构建智慧高效的生态环境管理信息化体系。党的二十大报告中提出将“健全现代环境治理体系”作为深入推进环境污染防治的重要任务进行部署。2023 年 2 月，中共中央、国务院印发《数字中国建设整体布局规划》，提出到 2025 年基本形成横向打通、纵向贯通、协调有力的一体化推进格局，数字中国建设取得重要进展；到 2035 年，数字化发展水平进入世界前列，数字中国建设取得重大成就。

国家多重政策措施的出台，显示出国家对健全现代环境治理体系的决心和信心。水环境管理作为环境治理体系中不可或缺的一部分，随着环境治理体系的健全，提升水环境管理能力也成为现阶段的必由之路。

（五）缓解未来社会经济发展压力的需求

党的二十大报告中，多次强调社会经济的高质量发展，明确“高质量发展是全面建设社会主义现代化国家的首要任务”，社会经济的高质量发展需要的是社会、经济、环境等的平衡发展。而在社会经济发展的进程中，新型污染物的出现，城市规模扩大造成的高污染、高负荷问题，对人类的健康和生活质量造成不利影响；水污染、水资源短缺等问题影响着社会经济的高质量发展。水环境治理产业的发展可以有效地缓解因水环境污染对未来社会经济发展造成的压力，使得社会经济高质量发展成为可能。

“十四五”规划指出，我国已转向高质量发展阶段，坚持生态优先、绿色发展，推进资源总量管理、科学配置、全面节约、循环利用，协同推进经济高质量发展和生态环境高水平保护；探索建立沿海、流域、海域协同一体的综合治理体系，打造可持续海洋生态环境。

此外，水资源短缺已成为制约我国生态环境质量和经济社会发展的重要因素。为推进生态文明建设，促进高质量发展，国家坚持“四水四定”的原则，强化水资源水环境承载力约束，推进水资源总量管理、科学配置、全面节约、循环利用，根据可用水量，合理规划城镇、农业、工业发展布局和规模，优化调整产业结构，增加水资源的利用效率。“十四五”规划纲要中明确提出，实施国家节水行动，建立水资源刚性约束制度，鼓励再生水利用。区域再生水的循环利用，能够减少缺水地区的水资源消耗量，缓解水资源供需矛盾，破解水资源短缺对经济社会发展的桎梏。

第三节　中国水环境治理产业发展情况

一、水环境治理产业发展现状

（一）产业细分领域发展现状

1. 国家及各级水网建设

2022年，水利部按照党中央、国务院有关部署，推动新阶段水利高质量发展，提高水安全保障能力，加快了构建国家水网步伐。2022年8月，水利部确定广东、浙江、山东等7个省（自治区）为第一批省级水网先导区，强力推进省级水网建设，着力构建现代化高质量水利基础设施网络，为水安全保障建设提供有力保障。水利部党组书记、部长李国英指出，2022年，7省区共完成水利建设投资3 501亿元，较上年投资增幅达50%，占全国水利建设总投资的32%。2023年1—10月，7省区已完成水利建设投资3 333亿元，较上年同期增长13.2%，占全国水利建设总投资的34.2%。

中共中央、国务院在2023年5月25日印发了《国家水网建设规划纲要》，水利部对完善国家水网总体格局做出了明确部署，加快并持续推进省级、市级、县级水网先导区建设，提出到2025年建设一批国家水网骨干工程，到2035年基本形成国家水网总体格局。2023年9月，水利部确定了宁夏回族自治区、安徽省、福建省作为第二批省级水网先导区，浙江省宁波市、河南省平顶山市、山东省烟台市、江苏省宿迁市、山西省大同市、湖南省娄底市、陕西省延安市作为第一批市级水网先导区，广东省高州市、湖北省天门市、福建省武平县作为第一批县级水网先导区。

2. 城市节水行动

从2016年《全民节水行动计划》将“城镇节水降损行动”列入全民节水的重要任务开始，我国持续推进城市节水的工作进度。2021年，为深入贯彻习近平生态文明思想，落实“十四五”规划要求，国家发展改革委、水利部、住房城乡建设部、工业和信息化部、农业农村部联合印发了《“十四五”节水型社会建设规划》，持续实施国家节水行动，将“推进节水型城市建设”作为重要任务，加快推进节水型社会建设，要求系统提升城市节水工作，缺水城市应达到国家节水型城市标准要求。

截至2023年，随着第十一批国家节水型城市名单出炉，我国现有国家节水型城市共计145个，形成了一批可复制、可推广的城市节水经验模式，促进了各地积极转变用水理念，提高了再生水利用率。住房城乡建设部最新数据显示，2022年，城市人均综合用水量为每人每天 330 升，较 10 年前降低了 5.5%；再生水利用率逐年提高，全国城市再生水利用量达到 180 亿 m^3，较 10 年前提高了 4.6 倍。节约和开源并重，近年来我国先后组织了 75 个城市开展海绵城市建设试点、示范，让城市“会喝水”“留住水”；我国还在 50 个城市开展了公共供水管网漏损治理，持续推动解决“跑冒滴漏”问题，切实落实城市节水行动政策要求。

3. 城镇污水收集及处理能力

据《2022 年城乡建设统计年鉴》，我国城市和县城污水处理率逐年增长，城市排水管道长度由 2013 年度的 46.49 万 km 提升到 2022 年度的 91.35 万 km，污水处理率由 2013 年的 89.34%提升至 2022 年的 98.11%；县城排水管道长度由 2013 年度的 14.88 万 km 提升到 2022 年度的 25.17 万 km，污水处理率由 2013 年的 78.47%提升至 2022 年的 96.94%；建制镇排水管道长度由 2013 年度的 14 万 km 提升到 2022 年度的 21.8 万 km，2022 年全国建制镇污水处理率为 64.86%。

据《“十四五”城镇污水处理及资源化利用发展规划》，“十四五”时期，应以建设高质量城镇污水处理体系为主题，从增量建设为主转向系统提质增效与结构调整优化并重，系统推进城镇污水处理设施高质量建设和运维。规划要求“十四五”期间，新增和改造污水收集管网 8 万 km，新增污水处理能力 2 000 万 m^3/d，新建、改建和扩建再生水生产能力不少于 1 500 万 m^3/d，新增污泥（含水率 80%的湿污泥）无害化处置设施规模不少于 2 万 t/d。据初步统计，截至 2022 年底，全国城市污水处理能力达 2.16 亿 m^3/d，相比 2021 年的 2.1 亿 m^3/d，增长了 0.06 亿 m^3/d；污水管道（含雨污合流管道）长度达 50.65 万 km，相比 2021 年的 49.30 万 km 增长了 1.35 万 km，距离规划目标还有一定差距。因此，推进城镇污水管网建设和改造，加快补齐污水收集处理设施短板，提升污水收集处理效能，也将成为未来行业发展亟待解决的重点问题。

4. 重点流域及区域水生态保护与修复

近年来，随着“水十条”、河长制、重点流域水生态保护规划等一系列切实有效的政策文件、措施的相继出台，我国主要流域水质持续改善。根据《2022 年中国生态环境状况公报》，我国长江、黄河、珠江、松花江、淮河、海河、辽河七大流域和浙闽片河流、西北诸河、西南诸河监测的 3 115 个水质国控断面中，Ⅰ～Ⅲ类水质占比 90.2%，较 2021 年提高了 3.2 个百分点；劣Ⅴ类水质占比 0.4%，较 2021 年降低 0.5 个百分点；松花江流域和海河流域为轻度污染，其他流域为水质优良；我国 210 个重要湖泊（水库）中，Ⅰ～Ⅲ类水质湖泊（水库）占比 73.8%，比 2021 年上升 0.9 个百分点；劣Ⅴ类水质湖泊（水库）占比 4.8%，比 2021 年下降 0.4 个百分点。

尽管我国重点流域及区域的治理工作已取得阶段性成效，2022 年长江干流国控断面连续 3 年全线达到Ⅱ类水质，黄河干流国控断面首次全线达到Ⅱ类水质，我国水生态环境保护发生重大转折性变化，但松花江流域、海河流域等重点流域以及太湖、巢湖、滇池等依然处于轻度污染状态，河湖生态环境形势依然严峻，整体水质和水生生态水平仍待提升。我国水生态环境保护面临的结构性、根源性、趋势性压力尚未根本缓解，与美丽中国建设目标要求仍有不小差距。

5. 水环境综合管理能力

现今，社会环境更加趋于复杂化，水生生态遭到破坏的形式也更加多样，对水环境综合管理能力的需求越来越高，而环境监测是保护环境的基础工作，是环境管理的“顶梁柱”，可通过环境监测成果，依据科学方法判定水生态、水环境的破坏水平，采取相应的环境保护措施。

除环境监测管理外，水网建设也是水环境综合管理能力的一个重要方面。水网建设要充分利用云计算、物联网、大数据、数字孪生、人工智能等新一代信息技术，强化对物理水网全时空、全过程、全要素数字化映射、智能化模拟、前瞻性预演，增强水网调控运行管理的预报、预警、预演、预案能力；强化水资源承载力刚性约束，合理控制水资源开发利用强度，综合考虑防洪、供水、灌溉、航运、发电、生态等功能融合发展，提高水网统筹规划、系统设计、建设施工、联合调度等基础研究和技术研发水平，推动实现高质量发展，实现国家级水网和省级水网经济效益、社会效益、生态效益、安全效益相统一。

6. 农村污水处理现状

随着我国社会经济的快速发展，农民群体的经济收入水平持续改善，生活方式也发生了巨大变化，农村人均生活用水量和污水排放量呈现明显上升趋势。为有效提升我国农村污水治理能力，改善农村人居环境，2021 年 12 月，中共中央办公厅、国务院办公厅印发了《农村人居环境整治提升五年行动方案（2021—2025 年）》，提出到 2025 年，农村人居环境显著改善，生态宜居美丽乡村建设取得新进步；农村卫生厕所普及率稳步提高，厕所粪污基本得到有效处理；农村生活污水治理率不断提升，乱倒乱排得到管控；农村人居环境治理水平显著提升，长效管护机制基本建立。

据《2022 年城乡建设统计年鉴》，我国农村污水处理率仅为 28.29%，相比城镇污水处理，受资金投入不到位、工作进展不平衡、管护机制不健全等问题的限制，我国农村水环境治理工作的推进相对滞后，污水处理设施的覆盖率和污水处理能力较为低下。在全国加快推进乡村振兴背景下，随着农村人居环境提升的需求日益增加，生态环境部也将继续深入打好农业农村污染攻坚战，加快补齐短板，完成 2025 年全国农村生活污水治理率达到 40%的目标，农村污水处理行业需求规模将不断增大。

7. 新污染物治理现状

我国是化工生产大国，具有持久性、生物累积性、致癌、致突变、生殖毒性的高产量有毒有害化学物质达 600 余种，对生态环境和人群健康产生威胁。为加强新污染物治理，我国各部委及地方政府先后发布了多项相关政策，用以加强制度体系建设。2021年11月，中共中央、国务院印发《关于深入打好污染防治攻坚战的意见》；2022年5月，国务院办公厅印发《新污染物治理行动方案》；2022年12月，生态环境部联合5部门正式发布《重点管控新污染物清单（2023版）》。然而，当前我国新污染物治理仍处于起步阶段，客观上面临治理难度大、技术复杂程度高、科学认知不足、治理能力和工作基础薄弱等现实困难，特别是在法律法规、管理体制、科技支撑等方面仍存在明显短板。

截至2023年，全国约30个地区发布地方新污染物治理工作方案，涵盖完善法规制度、开展调查监测、严格源头管控、强化过程控制、深化末端治理、加强能力建设等六方面的行动举措，在重点地区、重点行业、典型工业园区开展新污染物环境调查监测试点等。对于新污染物监测名单，各地区工作方案中均提出要开展POPs监测，但大部分地区尚未提出具体污染物名单，少数给出具体名单的地区大多集中在水中含氟化合物和含氯化合物的监测。同时，各地要加强新污染物监测技术、环境风险评估技术、管控技术等的研究攻关，在完善监测设备等硬件基础设施配备等方面加强能力建设。

8. 水环境治理投资情况

随着我国经济的持续快速发展，城市进程和工业化进程的不断加快，水环境污染日益严重，国家对环保的重视程度也越来越高，中央财政也积极支持城市基础设施建设。

2021年，生态环境部、财政部制定印发《中央生态环境资金项目储备库入库指南（2021年）》，提出对纳入国家重点生态功能区名录内的国家公园、重要江河源头区域等重要生态空间，引导性支持实施流域污水收集处理设施建设。中央基建投资安排环境保护和生态建设等专项资金支持污染治理、垃圾处理、水环境综合治理等项目建设。

2021年以来，共60个城市入选海绵城市建设示范，中央财政给予定额补助，积极支持城市（县城）排水防涝、内河（湖）治理等市政基础设施建设，加大水污染防治资金支持力度，加强流域水污染治理和水生态保护修复，推进水生态环境质量改善。

在发展循环经济的要求下，从2006年开始，节能环保支出科目被正式纳入国家财政预算。财政部数据显示，2022年我国节能环保支出5 412.80亿元，比上年下降2.9%；2023年1—11月，我国节能环保支出4 520亿元，同比增长3.8%。

（二）存在的问题剖析

1. 治理标准体系尚不完善

我国水环境治理一直处于发展的进程中，“十四五”期间，随着国家水网建设、新污染物防治、水生态保护与修复等工作的不断推进，水环境治理标准体系的建设在一定程度上存在制定及更新不及时等问题，现行标准不足以应对当前的水环境形势，防治标准体系仍需要进一步完善。

以新污染物治理为例，针对新污染物的防治、管理，我国还未构建完善的新污染物防范与治理体系。首先，我国化学物质管理立法起步较发达国家和地区稍晚，尚无国家层面的化学品管理单行法，新污染物治理缺乏上位法支撑；各类新污染物的生产、使用和排放的限制法律法规也存在缺漏，已有的污染防治法律法规缺少对新污染物的规制，已经立项的危险化学品安全法与环境管理的关系仍未理顺。其次，我国最新制定的水污染相关标准中也缺少新污染物的相关规定，对新污染物的监测评估技术也不够完善，缺少针对性的社会经济影响评估制度、新污染物监测管理制度、损害赔偿制度和数据监督制度等；新污染物的排放标准、智能化环境监测设备标准、各层级政府机构的权责划分等仍存在可提升空间，公众知情和参与制度也有待完善。

2. 治理基础设施存在短板

受城镇化进程的影响，我国城镇污水收集处理存在覆盖不全面、布局不均衡、发展不充分等症结，基础设施建设和运行维护还存在较多短板弱项。最受关注且出现频率最高的问题主要包括：一些城市污水收集管网建设严重滞后，管网老旧破损、管线混错漏接、雨季溢流污染等问题突出；存在“重水轻泥”的倾向，污泥无害化处置还不规范，资源化利用水平较低；污水资源化利用尚处于起步阶段，城市再生水利用水平不高；建制镇及农村的污水处理设施普及率较低，已建设施运行不可持续等问题被中央生态环境保护督察多次提及，对地区的水环境质量产生较大的影响；农村地区存在生活污水处理设施闲置等问题。

3. 系统整治存在的问题

我国水环境治理具有综合性、多源性、复杂性、持续性、反复性等特性，因此，水环境治理要从整体角度出发，统筹水资源、水生态、水环境等流域要素，系统性治理环境问题。从规划方面考虑，部分水环境治理工作中，仍存在轻规划、重项目，轻溯源、重工程的现象，导致水环境治理的顶层设计与整体规划布局考虑不充分。部分流域尚未实施总体布局和科学调控，上下游地区之间难以进行密切沟通和协作，不能有效化解流域内各利益相关者在水生态环境治理方面的冲突。

从系统管理方面考虑，水环境治理常涉及水利、生态环境、自然资源、农业、渔业、林草、城建等多个职能部门，共同承担流域生态保护和环境污染治理的任务，但各部门的责任和权限不明晰且各自施策，客观上存在多机构重复管理的现象，联动协调能力弱，缺乏统一协调机制、统筹规划和综合管理。如对水环境治理仍缺乏对城镇水系统复杂性的认识，城镇水系统各类问题的诊断与排查方面也存在缺陷。

4. 科技支撑能力不足

当前，科学技术高速发展，原有的技术方法、手段已不能完全适应社会的需求，水环境治理标准体系建设、新技术推广、科研成果转化等方面有欠缺，部分理论研究与工程实践脱节，科技服务平台和服务体系不健全等，这些均导致水环境治理产业的科技支撑能力不足。

例如，在智慧管理方面，对数据库构建和数据采集布设点重要性认识不足，轻基础、重前台，管理水平大多停留在智能化水平加强"天—地—空"监测网络建设和数据库建设，未能深入挖掘大数据、人工智能等新技术的用途，未能建立智慧管控生态环境应急决策支持平台，智慧生态环境管控也未能实现，水生态环境精细化管理水平和治理能力进展缓慢，难以达到水利部关于智慧水利和数字孪生流域建设等方面的要求。

5. 多元化投入机制尚未建立

生态环境治理属于公益性事业，投入主要来源于政府财政资金，随着环境治理要求的提升，生态环境治理乏力，面临着总体投入不足、投融资渠道不畅、自我造血功能不足、可持续发展能力有待提高等问题。

目前，大江大河基本具备防御百年一遇洪水的能力，但很多中小河流堤防建设和治理投入相对不足，防洪标准偏低，特别是很多小河流的行洪道存在被长期占用的现象，排涝能力不足，一旦出现强降雨将成为重大的安全隐患。我国9.8万多座水库中80%以上修建于20世纪50至70年代，经过几十年的运行，大部分已超过设计使用年限，功能老化现象较为严重，很多小水库"重建轻管""以建代管"现象突出。先天不足加上后天失养，让许多小水库积病成险，成为不容忽视的防洪短板。

二、水环境治理产业发展趋势

（一）产业细分领域发展热点

1. 持续推进国家骨干水网及省市县级水网先导区建设

国家水网建设自提出以来，因其可以切实提高区域水资源利用效率，提升区域用水水平，受到大众的广泛关注。而加快构建国家水网是解决水资源时空分布不均、更大范围实现空间均衡的必然要求。在推进南水北调后续工程高质量发展座谈会上，习近平总书记强调了国家水网建设的重要性，对"加快构建国家水网主骨架和大动脉"寄予希冀，为推进南水北调后续工程高质量发展提供了根本遵循，为新时代治水指明了方向，水利工作面临新的机遇和挑战。

2023年，中共中央、国务院印发的《国家水网建设规划纲要》，明确到2025年，建设一批国家水网骨干工程，国家骨干网建设加快推进，省市县水网建设有序实施，着力补齐水资源配置、城乡供水、防洪排涝、水生态保护、水网智能化等短板和薄弱环节，水旱灾害防御能力、水资源节约集约利用能力、水资源优化配置能力、大江大河大湖生态保护治理能力进一步提高，水网工程智能化水平得到提升，国家水安全保障能力明显增强；到2035年，基本形成国家水网总体格局，国家水网主骨架和大动脉逐步建成，省市县水网基本完善，构建与基本实现社会主义现代化相适应的国家水安全保障体系。

《国家水网建设规划纲要》立足流域整体和资源空间均衡，结合江河湖泊水系特点和水利基础设施布局，统筹存量和增量，加强国家骨干网、省市县水网之间的衔接，推进互联互通、联调联供、协同防控，为近期我国各级水网先导区的不断持续推进，甚至到“十六五”国家水网“一张网”格局的构建及形成，都指明了建设的目标、任务及方向。国家将高质量推进水网先导区建设，有序推进各层级水网协同融合，加快构建国家水网，实现经济效益、社会效益、生态效益、安全效益相统一，将成为推进中国式现代化过程中的保障水安全的必由之路。

2. 加快城市排水防涝体系建设

城市排水防涝系统是暴雨时保障人民生命财产与健康、社会经济稳定运行的重要基础设施，住房城乡建设部、国家发展改革委、水利部三部委联合印发了《“十四五”城市排水防涝体系建设行动计划》，报告指出加强城市排水防涝体系建设，基本形成源头减排、管网排放、蓄排并举、超标应急的排水防涝工程体系。

首先，对城市防洪排涝设施进行排查，主要包括城市排水防涝设施、自然调蓄空间、排水防涝应急管理能力等方面；其次，系统建设城市排水防涝工程体系，主要包括排水管网和泵站建设、排涝通道、雨水源头减排（海绵城市建设）、城市积水点专项整治工程等；再次，构建城市防洪和排涝统筹体系，包括防洪提升、城市雨洪调蓄利用、城市竖向设计、洪涝联排联调等；最后，完善城市内涝应急处置体系，包括应急处置能力提升、重要设施设备防护工程等，打造“绿、蓝、灰”相结合的韧性城市。2021年，国务院办公厅印发了《关于加强城市内涝治理的实施意见》，提出到2025年内涝治理工作取得明显成效，到2035年总体消除防治标准内降雨条件下的城市内涝现象。

我国还处于城镇化较快发展的时期，到2035年城镇化率达到70%以上的成熟阶段之前，还有近1.5亿人口将进入城镇，较大规模的城镇建设仍将持续，未来一个时期统筹存量排水设施改造和增量排水设施建设仍需持续发力，治理城市内涝是一个长期过程。

3. 加快推进幸福河湖建设

幸福河湖是指能够维持河流湖泊自身健康，支撑流域和区域经济社会高质量发展，体现人水和谐，让流域内人民具有高度安全感、获得感与满意度的河流湖泊。

幸福河湖既要维护河湖自然形态和功能，提高水资源、水生态、水环境承载能力，构建起完善的江河防洪减灾体系，也要科学有序开放、优化河湖空间，促进区域产业布局，实现滨水带发展与城市、乡村发展格局良好互动，有力支撑流域经济社会高质量发展。

2021 年，《“十四五”智慧水利建设规划》中提到，统筹发展和安全，把保障国家水安全和满足人民群众日益增长的持续水安澜、优质水资源、健康水生态、宜居水环境、先进水文化，建设造福人民的幸福河湖的需求作为根本目的，把水安全风险防控作为底线，把水资源承载力作为刚性约束上限，把水生态环境保护作为控制红线，全面推动新阶段水利高质量发展，提升水安全保障能力。因此，加快幸福河湖建设，也将成为“十四五”时期，推进智慧水利建设的重要发展方向。

4. 加强非常规水资源开发、集蓄与综合利用

非常规水资源是指包括雨水、再生水、海水、矿井水、苦咸水等在内的，区别于地表水、地下水等常规水资源以外的水资源，经过处理后可以再利用，在一定程度上能替代常规水资源，加速和改善天然水资源的循环过程，使有限的水资源发挥出更大的效用。国家一直在大力推进节水城市的建设，包括雨水、污水等非常规水资源开发、集蓄与综合利用，加强雨水在旱作农业、工业生产、城市杂用、生态景观等方面的应用，将非常规水源纳入水资源统一配置，提高非常规水源在水资源配置中的比例，可在一定程度上缓解资源型缺水的供需矛盾。按照水利部、国家发展改革委联合印发的《关于加强非常规水源配置利用的指导意见》的总体目标要求，至少到 2035 年非常规水源利用都会是中国水环境治理产业的重点发展方向之一。

5. 持续开展城乡基础设施补短板、减污降碳协同增效

生态环境部 2023 年通报资料显示，多处地区仍存在生活污水基础设施建设短板，造成大量污水直排的现象。为补足城乡基础设施的短板，提升减污降碳的能力，城镇区域需开展城市污水管网、检查井、雨水与污水混合接头、错位接头等结构和功能缺陷进行基本调查、诊断和修复，基本解决城市污水管网的沉降、断裂、渗漏、错位缝、雨水与污水汇流、淤积等问题，提高污水收集效率。与城市相比，农村地区的污水处理设施更为落后，要促进县城基础设施和公共服务向乡村延伸覆盖、功能衔接与互补，推进农村生活污水处理厂建设，提高农村生活污水处理率，强化源头处理，减少污染物排放，实现减污降碳协同增效。

为了面对生态文明建设新形式、新任务、新要求，2022 年生态环境部等七部门联合发布《减污降碳协同增效实施方案》，进一步提出了优化环境治理，推进水环境治理协同控制的要求。大力推进污水资源化利用，构建区域再生水循环利用体系，因地制宜建设人工湿地水质净化工程及再生水调蓄设施。“推进城市基础设施体系化建设，增强城市安全韧性能力”作为《“十四五”全国城市基础设施建设规划》的重点任务之一，在构建系统完备、高效实用、智能绿色、安全可靠的现代化基础设施体系方面起着重要作用，也是确保“十四五”时期城市社会经济全面、协调、可持续发展的重点。

6. 稳步开展重点区域污染物减排

为了深入打好污染防治攻坚战，加快建立健全绿色低碳循环发展经济体系，推进经济社会发展全面绿色转型，助力实现碳达峰、碳中和目标，2021年国务院印发《“十四五”节能减排综合工作方案》，该方案要求根据流域污染的特点，开展重点区域污染物减排，提到“持续打好长江保护修复攻坚战，扎实推进城镇污水垃圾处理和工业、农业面源、船舶、尾矿库等污染治理工程，到2025年，长江流域总体水质保持为优，干流水质稳定达到Ⅱ类。着力打好黄河生态保护治理攻坚战，实施深度节水控水行动，加强重要支流污染治理，开展入河排污口排查整治，到2025年，黄河干流上中游（花园口以上）水质达到Ⅱ类”。

为进一步健全节能减排政策机制，确保完成“十四五”主要污染物总量及重点区域污染物减排的目标任务，全国多处地区稳步开展重点区域污染减排行动，紧盯减排重点领域、重点行业、重点项目，超低排放改造工程建设、清洁能源替代、城镇污水管网建设改造多措并举，将污染减排与节能降碳工作有机融合，全力推进污染物减排工作，助力打好污染防治攻坚战。

7. 统筹治理传统污染物与新污染物

自习近平总书记在2018年的全国生态环境保护大会上指出，要对新的污染物治理开展专项研究和前瞻研究起，新污染物开始不断被提及、强调，《新污染物治理行动方案》的出台，以及各地区新污染物治理行动的响应方案实施，进一步明确了新污染物治理的必要性，凸显了新污染物治理的重要性和紧迫性。开展新污染物治理是我国污染防治攻坚战向纵深推进的必然结果，是生态环境质量持续改善的内在要求。但在新污染物治理的同时，仍不能忽略传统污染物对环境的干扰和影响。在《2022年中国生态环境状况公报》中仍存在劣Ⅴ类水质国控断面，以及松花江和海河流域轻度污染，主要污染指标为化学需氧量、高锰酸盐指数和总磷，这些均表明我国水环境仍受到传统污染物的影响。

要深入贯彻及落实习近平总书记关于新污染物治理的要求及“十四五”规划和2035年远景目标纲要的基本要求，兼顾传统污染物和新污染物的污染治理，强化新污染物治理。实施《新污染物治理行动方案》是深入打好污染防治攻坚战的必要一环。

8. 着力推进重点流域水生态环境保护

2023年4月，生态环境部等五部门联合发布《重点流域水生态环境保护规划》，构建水资源、水环境、水生态“三水统筹”系统治理新格局。该规划设定了3项约束性指标和8项预期性指标，总计11项指标；规划到2035年，水生态环境根本好转，水生态系统实现良性循环，美丽中国水生态环境目标基本实现。为了全面推进各项任务的顺利实施，生态环境部会同有关部门印发规划的重点任务措施清单，支撑重点任务措施落地见效。充分利用水的流域特性和流域机构统筹协调的特点，着力推动水生态环境保护由水环境治理为主向“三水统筹”转变，深入打好污染防治攻坚战的核心在于深入打好碧水保卫战。

重点流域水生态环境保护是深入打好污染防治攻坚战、推进生态文明建设的主阵地之一，具有涉及面广、复杂程度高的特点。“十四五”实现从污染防治为主向“三水统筹”治理转变，特别需要强化系统观念，统筹保护与发展、山水林田湖草沙、工程与非工程措施、政府企业公众等方面的关系，构建水资源、水环境、水生态治理协同推进的格局，着力推进重点流域水生态环境保护工作，推动“有河有水、有鱼有草、人水和谐”“清水绿岸、鱼翔浅底”的美好景象不断涌现，向着美丽中国建设目标奋力迈进。

9. 强化数字赋能现代化水环境治理体系

“十四五”时期，根据国家信息化战略和治水方略的部署要求，《中华人民共和国国民经济和社会发展第十四个五年规划和2035年远景目标纲要》《“十四五”智慧水利建设规划》《“十四五”期间推进智慧水利建设实施方案》《“十四五”新型城镇化实施方案》等政策的相继提出，都对现代化水环境治理体系提出了新的更高要求，智慧水环境治理水平是现代水环境治理高质量发展的显著指标之一。

强化数字赋能现代化水环境治理体系已经成为现代化水环境治理的重点发展方向之一。“十四五”期间，要建设绿色智慧数字生态文明建设，构建智慧高效的生态环境信息化体系，运用数字技术推动山水林田湖草沙一体化保护和系统治理；以数字孪生流域为核心的智慧水利体系，推进智慧化改造，推行城市运行一网统管，探索建设“数字孪生城市”，推进市政公用设施及建筑等物联网应用、智能化改造；部署智能交通、智能电网、智能水务等感知终端。而智慧治水模式的基础在于精准的数据采集，数据采集是智慧系统的基础与底座，只有做好数据采集和监测，才能以此为基础构建相应的模型，并在此之上对人、财、物等资源进行统一调配，推动整个系统智慧运转，最终形成智慧化的水环境治理系统，实现“治”到“智”的发展。

（二）产业发展趋势预测

1. 水环境治理产业总体态势

针对水环境治理工作，“十四五”规划提出“推进城镇污水管网全覆盖，开展污水处理差别化精准提标”以及“完善水污染防治流域协同机制，加强重点流域、重点湖泊、城市水体和近岸海域综合治理，推进美丽河湖保护与建设”。水环境治理行业在未来预计仍将获得国家政策的大力支持，行业发展将持续向好。

《中华人民共和国环境保护法》《中华人民共和国国民经济和社会发展第十四个五年规划和2035年远景目标纲要》《“十四五”环境健康工作规划》等文件中提到，要加大环境保护及基础设施建设的投入力度，加强政策支持，推动环境治理的进程。国家发展改革委、财政部、生态环境部、水利部等部门均表示将持续加大环境保护投资力度，拓宽投资渠道，促进生态环境的持续健康发展，确保党中央关于生态文明建设各项任务目标落地落实。

2. 现代化建设引领水环境治理高质量发展

“十四五”时期，我国开启全面建设社会主义现代化国家新征程。在新的发展格局下，城镇化发展面临的问题挑战和机遇动力并存，在优化基础设施布局、结构、功能和系统集成的基础上，构建现代化基础设施体系，不断推动城市健康宜居安全发展，持续推进城市治理体系和治理能力，建设宜居、韧性、创新、智慧、绿色、人文的新型城市。水环境治理体系和治理能力的现代化作为国家治理体系和治理能力现代化的重要组成部分，需要有力的现代化水利支撑保障体系，适度超前开展水利基础设施建设，不仅能为经济社会发展提供有力的水安全保障，而且可以有效释放内需潜力，发挥投资乘数效应，增强国内大循环内生动力和可靠性，具有稳增长、调结构、惠民生、促发展的重要作用；需要尊重自然、顺应自然、保护自然，牢固树立和践行绿水青山就是金山银山的理念，从流域系统性出发，坚持山水林田湖草沙一体化保护和系统治理，统筹上下游、左右岸、干支流，推动河湖生态环境持续复苏，维护河湖生命健康。

3. 区域重大战略实施及重点流域的系统治理、协同推进

我国仍处在城镇化快速发展阶段，京津冀协同发展、长三角一体化发展、粤港澳大湾区建设等区域重大战略深入实施，城市群和都市圈持续发展壮大，这都为实现更高水平的协同发展创造了难得的机遇。水作为重要的城市发展载体，结合区域重大发展战略，立足发展基础、紧抓发展机遇、聚焦突出问题、破解发展难题，坚持系统观念，统筹发展和安全，切实强化水资源刚性约束作用，抑制不合理用水需求，促进经济活动与水资源承载能力相适应；坚持山水林田湖草沙一体化治理，着力解决流域综合治理和河湖水生态保护与修复存在的突出问题，以提升水生态系统质量和稳定性为核心，维护河湖健康生命，实现河湖功能永续利用，实现“城水耦合”“城水共生”，重塑城市建设与水环境之间良性的人水和谐共生关系，推进水生态文明建设，为国家重大战略实施提供有力支撑，在推动全国高质量发展中承担更大使命、发挥更大作用。

参考文献

[1] 王萍萍. 王萍萍:人口总量略有下降 城镇化水平继续提高[EB/OL]. (2023-01-18)[2023-12-25]. https://www.stats.gov.cn/sj/sjjd/202302/t20230202_1896742.html.

[2] 盛来运. 不平凡之年书写非凡答卷——《2020年国民经济和社会发展统计公报》评读[J]. 中国统计,2021(3):4-7.

[3] 盛来运. 逆境中促发展变局中开新局——《2021年国民经济和社会发展统计公报》评读[J]. 中国统计,2022(3):4-8.

[4] 盛来运. 风高浪急彰显韧劲 踔厉奋发再创新绩——《2022年国民经济和社会发展统计公报》评读[J]. 中国统计,2023(3):8-11.

[5] 新华社. "十一五"重点流域水污染防治:休养生息 江河还碧[EB/OL]. (2010-09-24)[2023-12-25]. https://www.gov.cn/jrzg/2010-09/24/content_1708835.htm.

[6] 新华社. 环境保护部解读《国家环境保护"十二五"规划》[EB/OL]. (2012-03-02)[2023-12-25]. http://www.scio.gov.cn/ztk/xwfb/63/9/Document/1113892/1113892.htm.

[7] 高敬,胡璐,黄垚. 奋进新征程 建功新时代·非凡十年:美丽中国展新颜——新时代中国生态文明建设述评[EB/OL]. (2022-09-13)[2023-12-25]. https://www.mee.gov.cn/ywdt/hjywnews/202209/t20220913_993850.shtml.

[8] 本刊编辑部. 十二五我国着力构建六大环保体系[J]. 华北电力技术,2011(10):13.

[9] 陈吉宁. 认真学习宣传贯彻党的十九大精神:着力解决突出环境问题[EB/OL]. (2018-01-11)[2023-12-25]. http://theory.people.com.cn/GB/n1/2018/0111/c40531-29757813.html.

[10] 再协. 环境保护部副部长赵英民解读《"十三五"生态环境保护规划》[J]. 中国资源综合利用,2016,34(12):12-14.

[11] 生态环境部总工程师、水生态环境司司长张波专访:"十四五"水质改善"稳"字当头[EB/OL]. (2022-03-16)[2023-12-10]. https://www.sohu.com/a/530214656_121106832.

[12] 黄润秋. 深入学习贯彻党的二十大精神奋进建设人与自然和谐共生现代化新征程——在2023年全国生态环境保护工作会议上的工作报告[J]. 环境保护,2023,51(4):14-25.

[13] 李莹,赵珊珊. 2001—2020年中国洪涝灾害损失与致灾危险性研究[J]. 气候变化研究进展,2022(2):154-165.

[14] 应急管理部发布2021年全国自然灾害基本情况[J]. 中国减灾,2022(3):7.

[15] 应急管理部发布2022年全国自然灾害基本情况[J]. 中国减灾,2023(3):7.

[16] 应急管理部发布2023年前三季度全国自然灾害情况[EB/OL]. (2023-10-08)[2023-12-25]. https://www.mem.gov.cn/xw/yjglbgzdt/202310/t20231008_465002.shtml.

[17] 国务院调查组相关负责人就河南郑州"7·20"特大暴雨灾害调查工作答记者问[J]. 中国减灾,2022(3):30-35.

[18] 中国气象局. 数据新闻：这份 2023 年的天气数据，记录了你所经历的整个汛期[EB/OL]. (2023-11-03)[2023-12-25]. https://www.cma.gov.cn/2011xzt/20160518/202311/t20231103_5867708.html.

[19] 中华人民共和国水利部. 中国财经报：水利部水资源管理司司长杨得瑞：强化水资源刚性约束，促进人与自然和谐共生[EB/OL]. (2023-09-19)[2023-12-25]. http://www.mwr.gov.cn/xw/mtzs/qtmt/202309/t20230919_1683711.html.

[20] 王洪臣. 专家解读：统筹推进区域再生水循环利用 支持缺水地区经济社会可持续发展[EB/OL]. (2023-03-20)[2023-12-25]. https://www.mee.gov.cn/zcwj/zcjd/202303/t20230320_1020599.shtml.

[21] 国家发展改革委有关负责同志就《关于推进污水资源化利用的指导意见》答记者问[J]. 中国产经，2021(2)：11-14.

[22] 全国水生态环境质量稳中向好[EB/OL]. (2023-12-09)[2023-12-25]. https://news.cctv.com/2023/12/09/ARTIduDim5PMROUmUpzu2pvS231209.shtml.

[23] 中华人民共和国生态环境部. 生态环境部一周要闻(12.10—12.16)[EB/OL]. (2023-12-17)[2023-12-25]. https://www.mee.gov.cn/ywdt/hjywnews/202312/t20231217_1059231.shtml.

[24] 黄润秋. 国务院关于 2022 年度环境状况和环境保护目标完成情况的报告——2023 年 4 月 24 日在第十四届全国人民代表大会常务委员会第二次会议上[J]. 中华人民共和国全国人民代表大会常务委员会公报，2023(4)：455-461.

[25] 中华人民共和国生态环境部. 生态环境部一周要闻(11.26—12.2)[EB/OL]. (2023-12-03)[2023-12-25]. https://www.mee.gov.cn/ywdt/hjywnews/202312/t20231203_1057895.shtml.

[26] 刘宝印，荀斌，黄宝荣，等. 我国水环境中新污染物空间分布特征分析[J]. 环境保护，2021，49(10)：25-30.

[27] 中华人民共和国生态环境部. 生态环境部固体废物与化学品司有关负责人就《重点管控新污染物清单(2023 年版)》答记者问[EB/OL]. (2023-01-13)[2023-12-25]. https://www.mee.gov.cn/ywdt/zbft/202301/t20230113_1012751.shtml.

[28] 李国英. 加快建设数字孪生流域提升国家水安全保障能力[J]. 中国水利，2022(20)：1.

[29] 中华人民共和国水利部. 新华网：水利部：启动开展第二批省级水网先导区建设[EB/OL]. (2023-10-13)[2023-12-25]. http://www.mwr.gov.cn/xw/mtzs/xhsxhw/202310/t20231013_1686423.html.

[30] “十四五”生态环境领域科技创新专项规划[J]. 中国科技奖励，2023(2)：31-39.

[31] 张建. 专家解读：降碳减污扩绿增长 统筹推进区域再生水循环利用[EB/OL]. (2023-03-24)[2023-12-25]. https://www.mee.gov.cn/zcwj/zcjd/202303/t20230324_1021870.shtml.

[32] 国家发展改革委，水利部，住房城乡建设部，等. 国家发展改革委等部门关于进一步加强水

资源节约集约利用的意见[J]. 资源再生，2023(9)：32-35.
[33] 水利部：省级水网建设取得阶段性成效[EB/OL]. (2023-11-17)[2023-12-25]. http://finance. people. com. cn/n1/2023/1117/c1004-40120737. html.
[34] 水利部新闻发布会聚焦推进水网先导区建设[N]. 中国水利报，2023-09-28(2).
[35] 国家节水型城市数量达 145 个[EB/OL]. (2023-05-14)[2023-12-25]. https://news. cctv. cn/2023/05/14/ARTIwhiBgEQteIXwtbEAZLFR230514. shtml.
[36] 统筹水资源、水环境、水生态治理生态环境部水生态环境司负责人解读《重点流域水生态环境保护规划》[J]. 财经界，2023(16)：22.
[37] 李干杰. 提高环境监测数据质量不断提升环境管理水平[J]. 中华环境，2017(10)：11-12.
[38] 对十四届全国人大一次会议第 2550 号建议的答复[EB/OL]. (2023-12-25)[2023-12-25]. https://www. mohurd. gov. cn/gongkai/fdzdgknr/jyta/gkzhudongjianyi/202312/20231222_775936. html.
[39] 向家莹. 生态环境部：2025 年全国农村生活污水治理率将达 40%[N]. 经济参考报，2022-04-25(2).
[40] 王金南. 专家解读：加强新污染物治理 以更高标准深入打好污染防治攻坚战[EB/OL]. (2022-07-14)[2023-12-25]. https://www. mee. gov. cn/zcwj/zcjd/202207/t20220714_988671. shtml.
[41] 孟小燕，黄宝荣. 我国新污染物治理的进展、问题及对策[J]. 环境保护，2023，51(7)：9-13.
[42] 严刚. 系列解读(12)：提升生态环境治理现代化水平 支撑深入打好污染防治攻坚战[EB/OL]. (2021-11-24)[2023-12-25]. https://www. mee. gov. cn/zcwj/zcjd/202111/t20211124_961651. shtml.
[43] 龚道孝，陶相婉. 因地制宜、系统谋划、绿色循环，统筹推进建制镇污水垃圾处理设施建设管理——《关于推进建制镇生活污水垃圾处理设施建设和管理的实施方案》解读之二[EB/OL]. (2023-01-20)[2023-12-25]. https://www. ndrc. gov. cn/fggz/hjyzy/sjyybh/202301/t20230120_1347229. html.
[44] 刘佳，吕骞. 补短板强弱项 我国系统推进城镇水环境治理工作[EB/OL]. (2021-06-21)[2023-12-25]. http://finance. people. com. cn/n1/2021/0621/c1004-32135661. html.
[45] 生态环境部. 生态环境部有关负责同志就《生态环境导向的开发(EOD)项目实施导则(试行)》答记者问[J]. 中国环保产业，2023(10)：12-14.
[46] 陈晨. 光明日报：防汛，重“大”也要抓“小”[EB/OL]. (2022-07-05)[2023-12-25]. http://www. mwr. gov. cn/xw/mtzs/gmrb/202207/t20220705_1583321. html.
[47] 王天琦. 长江攻坚战行动方案·专家解读⑪：坚持源头治理 系统保护修复 深入打好长江保护修复攻坚战[EB/OL]. (2022-11-14)[2023-12-25]. https://www. mee. gov. cn/zcwj/zcjd/202211/t20221114_1004606. shtml.
[48] 包晓斌. 我国水生态环境治理的困境与对策[J]. 中国国土资源经济，2023，36(4)：23-29.
[49] 水利部印发关于推进智慧水利建设的指导意见和实施方案[J]. 水利建设与管理，2022，

42(1):5.
[50] 水利部新闻发布会聚焦推进水网先导区建设[N]. 中国水利报,2023-09-28(2).
[51] 王大伟,徐勤贤. 加快推进城市内涝治理构筑人民美好生活空间[J]. 中国经贸导刊,2021(12):59-62.
[52] 何玲玲,方问禹,黄筱,等. 瞭望:守护之江安澜,重焕江南水乡美景[N/OL]. (2023-08-28)[2023-12-25]. http://zj. news. cn/20230829/ff21f8c75e7b4422911215ded8ddba59/c.html.
[53] 水利部 国家发展改革委关于加强非常规水源配置利用的指导意见(水节约 2023206 号)[J]. 中华人民共和国水利部公报,2023(2):42-45.
[54] 中共西藏自治区委员会,西藏自治区人民政府. 西藏自治区通报第二轮中央生态环境保护督察移交问题追责问责情况[N]. 西藏日报,2023-06-20(2).
[55] 严刚. 大力实施重点减排工程 推动环境质量持续改善——《"十四五"节能减排综合工作方案》专家解读文章之四[EB/OL]. (2022-01-30)[2023-12-25]. https://www. ndrc. gov. cn/fggz/fgzy/xmtjd/202201/t20220130_1314232. html.
[56] 王菡娟."十四五"时期治水目标:"有河有水、有鱼有草、人水和谐"[EB/OL]. (2021-04-01)[2023-12-25]. https://www. rmzxb. com. cn/c/2021-04-01/2819581. shtml.
[57] 范兰池. 重点流域水生态环境保护规划・解读⑦:系统治理 陆海联动 统筹推进海河流域"十四五"水生态环境保护[EB/OL]. (2023-06-05)[2023-12-25]. https://www. mee. gov. cn/zcwj/zcjd/202306/t20230605_1032610. shtml.
[58] 李禾. 新污染物治理成为"十四五"生态环保工作重点[N]. 科技日报,2022-03-31(3).
[59] 纪文慧. 破解水环境可持续治理难题[N]. 经济日报,2023-05-08(6).
[60] 坚持流域系统治理大力推进河湖生态环境复苏《重点流域水生态环境保护规划》解读二[J]. 城市道桥与防洪,2023(9):307-308.
[61] 郭莎莎. 财政部:2023 年中央财政安排生态环保和绿色低碳相关资金 4 640 亿元[EB/OL]. (2023-12-29)[2023-12-25]. https://www. thepaper. cn/newsDetail_forward_25836895.
[62] 关于政协十四届全国委员会第一次会议第 03095 号(资源环境类 212 号)提案答复的函[EB/OL]. (2023-07-23)[2023-12-25]. https://www. mee. gov. cn/xxgk2018/xxgk/xxgk13/202311/t20231102_1045903. html.
[63] 李国英. 扎实推动水利高质量发展[EB/OL]. (2023-04-16)[2023-12-25]. http://www. qstheory. cn/dukan/qs/2023-04/16/c_1129525652. htm.

第二章　中国水环境综合治理市场分析

第一节　水环境综合治理概述

一、概念与背景

水环境综合治理行业与传统水环境治理的不同之处在于该行业是从全流域水环境管理的理念出发，通过顶层设计和规划，将传统碎片化的单体污水治理项目集中打包为系统性工程。“十三五”时期水环境综合治理产业集中爆发，流域水环境治理上升到前所未有的高度，行业治理思路由末端点源控制向流域水污染综合防治转变。随着国家对生态文明建设的重视以及海绵城市建设、城市黑臭水体整治专项行动的开展，水环境综合治理市场正式开启。

进入“十四五”时期，《全国重要生态系统保护和修复重大工程总体规划（2021—2035年）》《“十四五”重点流域水环境综合治理规划》《重点流域水生态环境保护规划》等国家发展规划以及《粤港澳大湾区发展规划纲要》《长江经济带发展规划纲要》等各区域发展规划陆续发布，国家通过生态环境建设推动产业转型升级、释放内循环市场潜力，我国的水环境综合治理也逐步由效果治理向生态治理转变。

二、城市水环境综合治理工作内容

2023年7月，全国生态环境保护大会在北京召开，会议强调了要深刻认识新时代生态文明建设实现的“四个重大转变”，其中包括“从解决突出生态环境问题入手，注重点面结合、标本兼治，实现由重点整治到系统治理的重大转变”及全面推进美丽中国建设的“六项重点任务”，其中包括“持续深入打好污染防治攻坚战，坚持精准治污、科学治污、依法治污，保持力度、延伸深度、拓展广度，深入推进蓝天、碧水、净土三大保卫战，持续改善生态环境质量”。

“十四五”时期，水生态环境保护工作将在水环境治理的同时，更加注重水生态修复。在水资源方面，坚持节水优先，提升水源涵养和水土保持能力，推进河系连通，合理利用引调水，强化再生水循环利用，保障重点河湖生态水量，重点实施水系连通、人工湿地水质净化等工程；在水生态方面，坚持以保护优先、自然恢复为主，修复受损河湖水生态系统，增强水生态系统韧性，重点实施河湖生态缓冲带建设、河湖水生植被恢复等工程；在水环境方面，补齐污水治理基础设施短板，重点实施城镇污水处理设施改造、配套管网建筑等工程。

做好水生态环境保护工作，必须准确把握新发展阶段内涵，找准工作定位，“十四五”期间水生态环境持续改善的总体目标不变，内涵更加丰富和亲民，任务更加艰巨，持续深入打好污染防治攻坚战，坚持精准治污、科学治污、依法治污。

三、水环境综合治理发展现状

我国水环境治理行业相对于发达国家起步较晚。自 2015 年起，我国水环境治理相关产业政策密集发布，在产业政策的扶持下行业步入快速发展期，市场需求加速释放，重点区域水环境治理发展尤其迅速。

（一）粤港澳大湾区

粤港澳大湾区（以下简称“大湾区”）包括肇庆市、佛山市、广州市、东莞市、中山市、惠州市、深圳市、珠海市、江门市等九个城市以及香港和澳门两个特别行政区，整个区域总面积约为 5.65 万 km^2，2023 年，常住人口数量超过 8 600 万人，是我国东南沿海地区经济发展的新引擎，是“一带一路”建设的重要支撑。大湾区有着得天独厚的地理优势，在经济发展中拥有引导力，受到了相当多大型企业的青睐，这些大型企业纷纷进入大湾区，希望能够搭上大湾区未来高速发展的“顺风车”。大湾区的开发力度被不断加大，给大湾区经济发展带来动力的同时，也不可避免地导致了一系列水污染问题。大湾区水域内河道交错密布，形成了复杂的网状交叉，密集的生产企业建立、城镇规模的不断扩张造成了各类生产、生活污水的多向性汇集，最终形成了水污染，这种由点及面的水污染扩散，使大湾区水污染的治理具有长期性、复杂性、系统性的特点。

2015 年以来，以习近平同志为核心的党中央高度重视粤港澳大湾区发展建设。2016 年，“十三五”规划明确提出“推动粤港澳大湾区和跨省区重大合作平台建设”。2017 年，《深化粤港澳合作推进大湾区建设框架协议》在香港签署。2019 年 2 月，《粤港澳大湾区发展规划纲要》印发，粤港澳大湾区建设正式升格为国家战略。2021 年 1 月，《粤港澳大湾区水安全保障规划》正式印发，到 2025 年，大湾区水安全保障能力进一步增强，珠三角九市初步建成与社会主义现代化进程相适应的水利现代化体系，水安全保障能力达到国内领先水平；到 2035 年，大湾区水安全保障能力跃升，水资源节约和循环利用水平显著提升，水生态环境状况全面改善，防范化解水安全风险能力明显增强，防洪保安全、优质水资源、健康水生态和宜居水环境目标全面实现，水安全保障能力和智慧化水平达到国际先进水平。

目前，随着全面消除黑臭水体工作的逐步深入，粤港澳大湾区水环境已有了较大程度的改善，但从监测数据来看，区域内江河、湖泊、近岸海域水环境污染仍然不容乐观，水污染防治任务依然艰巨。粤港澳大湾区在全面完成黑臭水体整治后，水环境治理工作将逐渐向水质提升、生态修复方面转变，同时将进一步加强海域生态治理、开展“万里碧道”工程建设等，因此水环境治理市场空间仍然广阔。

（二）长三角经济区

长江三角洲是我国经济最发达的地区之一，社会经济的高速发展使得该地区水资源的需求量加大，污染物排放量增多，水环境恶化，造成水质型缺水并影响该地区的可持续发展，水环境治理迫在眉睫。长江三角洲的水问题有洪涝灾害、干旱缺水、水环境恶化三大问题，其中水环境恶化是核心，跨界水污染则是水环境恶化的突出表征。

为深入贯彻党的十九大精神，全面落实党中央、国务院战略部署，《长江三角洲区域一体化发展规划纲要》由中共中央、国务院于2019年12月印发实施。纲要中的规划范围包括上海市、江苏省、浙江省、安徽省全域（面积35.8万km^2）。以上海、南京、无锡、苏州、杭州、宁波、合肥等27个城市为中心区，辐射带动长三角地区高质量发展。长江三角洲区域一体化发展上升为国家战略。纲要分析了长三角一体化发展所具备的基础条件以及所面临的机遇挑战，明确了长三角地区定位为全国发展强劲活跃增长极、全国高质量发展样板区、率先基本实现现代化引领区、区域一体化发展示范区和新时代改革开放新高地的“一极三区一高地”战略定位。针对推动形成区域协调发展新格局、加强协同创新产业体系建设、提升基础设施互联互通水平、强化生态环境共保联治、加快公共服务便利共享、推进更高水平协同开放、创新一体化发展体制机制等七大方面，提出了系列改革举措。

“十四五”时期，长江经济带沿线生态环境综合治理工作有序推进，一批专项规划和重大治理工程顺利实施，一批流域水环境综合治理与可持续发展试点工作全面启动，但重点流域水环境综合治理中仍存在一些结构性、根源性矛盾，水环境状况改善在某些方面表现出不平衡、不协调的特点，与美丽中国建设目标要求和人民群众对优美生态环境的需要相比仍有差距。

（三）长江经济带沿线重点城市

长江拥有我国三分之一的淡水资源、五分之三的水能资源储备，每年供应着四亿多人的饮水，可以说是我国的生命之河。长江水环境的状况对我们国家人民生活、经济发展、环境效益有很大影响，因此，党和国家十分重视对长江经济带水生态环境的保护。在我国之前的经济发展进程中，各种人为因素对长江流域水生态环境造成了很大的破坏，严重制约了长江经济带的绿色可持续发展。

长江中游城市群地跨湖北、湖南、江西三省，承东启西、连南接北，是推动长江经济带发展、促进中部地区崛起、巩固“两横三纵”城镇化战略格局的重点区域，在我国经济社会发展格局中具有重要地位。为落实“十四五”规划关于推动长江中游城市群协同发展的部署要求，经国务院批复同意，2022 年 2 月，国家发展改革委正式印发《长江中游城市群发展“十四五”实施方案》，明确了未来一段时期长江中游城市群协同发展的方向路径和任务举措。方案指出：协同推进长江水环境治理。深入实施长江经济带生态环境保护修复，加强河湖生态保护，强化河湖水域、岸线空间管控，持续实施污染治理“4＋1”工程（城镇污水垃圾处理、化工污染治理、农业面源污染治理、船舶污染治理及尾矿库污染治理）。强化“三磷”污染治理，加强长江干流湖南湖北段总磷污染防治。完善城乡污水垃圾收集处理设施，大力实施雨污分流、截污纳管，深入推进入河排污口监测、溯源、整治，基本消除城市建成区生活污水直排口和收集处理设施空白区，同时加快推进工业园区污水集中处理设施建设。推进长江及主要支流沿岸废弃露天矿山生态修复和尾矿库污染治理。有序推进农业面源污染综合治理。

近几年，国家加大了对长江流域水生态环境的治理和保护力度，获得了比较好的成果，但仍然有很多问题尚待解决，如仍有部分水域污染严重、水生态环境保护工作不完善等，长江经济带水生态环境的保护工作仍然有很长的路要走。

（四）黄河流域

黄河是西北、华北地区的生命之泉，是我国的第二大河，也是北方缺水地区的重要水资源之一。随着流域经济的高速发展，黄河流域中下游地区长期以来以资源开发、农业生产、能源化工为主的产业发展模式与生态环境承载能力不相适应，导致水土生态问题突出，污染来源主要有工业源、农业面源、城镇生活垃圾、尾矿库等。黄河水质污染日趋严重，已经成为制约区域可持续发展的重要因素。为了保护和改善黄河流域的水环境，相关部门已经采取了一系列综合治理措施。

2022 年 6 月，生态环境部、国家发展和改革委员会、自然资源部和水利部等四部委联合印发了《黄河流域生态环境保护规划》。规划目标：到 2030 年，黄河流域生态环境质量将明显改善，生态安全格局初步构建；到 2035 年，生态环境全面改善。生态安全格局基本构建，生态系统健康稳定，现代环境治理体系全面完善，黄河流域生态保护和高质量发展取得重大战略成果。规划中强调要全方位贯彻“以水定城、以水定地、以水定人、以水定产”原则，推进产业全面绿色发展，促进流域高质量发展；统筹水资源、水环境、水生态，坚持节水优先，污染减排与生态扩容两手发力，推进水资源节约集约利用、水污染治理、美丽河湖水生态保护，努力维护黄河流域水生态系统健康；推进土壤地下水污染调查，强化土壤污染源头防控，推进污染土壤安全利用；坚持山水林田湖草沙系统保护和修复，构建黄河流域生态保护格局，修复重要生态系统，治理生态脆弱区域，强化生态保护监管，提升生态系统质量和稳定性。

在政策法规的指导下，各级政府和相关部门积极开展黄河流域水环境治理项目。这些项目包括污水处理设施建设、河道整治、水源地保护、生态修复等，取得了一定的成效。未来，黄河流域水环境综合治理应坚持绿色发展理念，推动产业结构调整，减少污染物排放，提高资源利用效率，实现经济社会与生态环境保护的协同发展。

（五）京津冀区域

作为全国经济发展和人口聚集的重要地区，京津冀地区水环境治理显得尤为紧迫。主要表现：一是水资源短缺。京津冀地区水资源总量少，地表水和地下水资源过度开采，尤其是北京、天津等大城市，水资源短缺严重。二是水质污染。由于区域工业化和农业发展，京津地区大量有机物、重金属、农药等有害物质排入河流和地下水中，导致水体严重污染。三是水生态环境问题。水资源短缺和水质污染不仅威胁人类健康，也影响生物多样性和生态平衡。水生态环境的退化已经成为京津冀地区不容忽视的问题。

针对京津冀环境污染等诸多难题，习近平总书记提出要实现京津冀协同发展，大力推进生态文明建设。2015 年 4 月，中共中央政治局会议审议通过《京津冀协同发展规划纲要》。纲要指出，推动京津冀协同发展是一个重大国家战略，核心是有序疏解北京非首都功能，要在京津冀交通一体化、生态环境保护、产业升级转移等重点领域率先取得突破。要以绿色发展为引领，统筹山、水、林、田、土的整体修复，深度推进大气治理。进入“十四五”后，为进一步稳固生态治理成效，深入推进京津冀协同发展战略，根据 2022 年 6 月 21 日北京市生态环境局、天津市生态环境局、河北省生态环境厅联合签署的《“十四五”时期京津冀生态环境联建联防联治合作框架协议》，拟在如下两方面深入开展工作：一是继续优化“一核、双城、三轴、四区、多节点”的空间布局思路，形成“体系分明、梯度合理、结构连绵、联动发展、高效融合”的城市群空间布局和分工与定位鲜明的城镇体系；二是在深入推进非首都功能疏解、加快交通一体化进程的基础上，进一步打破属地分割，构建多元共治体制的生态环境保护机制，提升政府协同治理能力，完善生态环境的市场化机制。

“十四五”期间，各级政府加大了对水环境治理的投入，制定了一系列政策措施，明确了水环境治理的目标、任务和责任。同时，企业也积极参与水环境治理，通过技术创新和管理创新，提高水资源利用效率，降低污染物排放量。经过多年的努力，京津冀区域水环境质量已经显著改善，但在海河流域水资源保护和水环境综合治理上，京津冀仍存在水污染防治碎片化和水资源保护条块化的问题，河流整体治理成效尚未明显显现，京津冀地区的水环境治理工作仍需进一步加强和完善。未来，京津冀地区应继续深化改革，完善治理体系，创新治理技术，提高治理水平，为实现水环境可持续发展、保障人民群众饮水安全、促进经济社会绿色发展做出新的贡献。

近年来，我国通过统筹水资源、水环境、水生态治理，让一条条河流、一个个湖泊都变了模样。截至 2022 年，我国地表水环境质量持续向好，全国地表水水质优良（Ⅰ～Ⅲ类）断面比例为 87.9％；管辖海域海水水质总体稳定，近岸海域优良水质面积比例为 81.9％。长江干流持续 3 年全线达到Ⅱ类水质，水生生物多样性逐步恢复。黄河干流在 2022 年首次全线达到Ⅱ类水质，随着黄河流域生态保护和高质量发展的不断推进，黄河流域植被覆盖度提升，“绿线”向西移动约 300 km。

我国的水生态环境治理取得了显著成效，但伴随着经济社会不断发展而出现的水资源短缺、水生态损害以及水环境污染等问题，导致水生态环境保护面临的结构性、根源性、趋势性压力尚未根本缓解，与美丽中国建设目标要求仍有不小差距。

第二节　水环境综合治理市场前景分析

一、水环境综合治理行业发展趋势分析

（一）国家整体经济形势分析

“十四五”期间，高质量发展是全面建设社会主义现代化国家的首要任务，必须更好地统筹质的有效提升和量的合理增长，推动经济运行整体好转，高质量发展取得新成效。

“十四五”虽经历了开局两年新冠疫情的负面环境，但初步核算，2023 年国内生产总值 1 260 582 亿元，按不变价格计算，比上年增长 5.2％。分产业看，第一产业增加值 89 755 亿元，比上年增长 4.1％；第二产业增加值 482 589 亿元，增长 4.7％；第三产业增加值 688 238 亿元，增长 5.8％。分季度看，一季度国内生产总值同比增长 4.5％，二季度增长 6.3％，三季度增长 4.9％，四季度增长 5.2％。从环比看，四季度国内生产总值增长 1.0％。

2023 年全年，人民币贷款增加 22.75 万亿元，同比增加 1.31 万亿元；社会融资规模增量累计为 35.59 万亿元，比上年多 3.41 万亿元；截至 2023 年 12 月末，广义货币（M2）余额为 292.27 万亿元，同比增长 9.7%。2023 年全年，金融市场平稳运行，流动性合理充裕，信贷结构持续优化，实体经济融资成本稳中有降，金融体系为实体经济提供资金支持的力度保持较高水平。

固定资产投资（不含农户）503 036 亿元，比上年增长 3.0%；扣除价格因素影响，增长 6.4%。基础设施投资增长 5.9%，房地产开发投资下降 9.6%。高技术产业投资增长 10.3%。有效发挥了投资对供给结构的优化作用。

但是从 2023 年全球经济形势看来，整体依然存在复苏艰难的景象，外部政治环境复杂，经济形势严峻，发达经济体面临衰退风险，外需持续疲软对我国出口可能造成较大下行压力。海关总署公布数据显示，按美元计价，12 月我国进出口总值 5 319 亿美元，同比增长 1.4%。其中，出口 3 036.2 亿美元，同比增长 2.3%。外需持续的偏弱叠加对国内经济呈现出先超预期回升再内需波动导致恢复偏慢的运行态势，经济恢复到疫前水平仍需时日，因此短期内实现较快增长难度不小。总体来说，尽管面临外部压力，但中国外贸行业在 2023 年仍然保持了总体平稳的增长态势，并为国民经济的持续恢复向好做出了积极贡献。

“十四五”时期是我国全面建成小康社会、实现第一个百年奋斗目标之后，乘势而上开启全面建设社会主义现代化国家新征程、向第二个百年奋斗目标进军的第一个五年。当前和今后一个时期，我国发展仍然处于重要战略机遇期，但机遇和挑战都有新的发展变化。当今世界正经历百年未有之大变局，和平与发展仍然是时代主题，同时国际环境日趋复杂，不稳定性、不确定性明显增强。我国已进入高质量发展阶段，具有多方面优势和条件，同时发展不平衡不充分问题仍然突出。为推动“十四五”时期经济社会发展，我国将坚定不移贯彻新发展理念，加快形成以国内大循环为主体、国内国际双循环相互促进的新发展格局，不断扩大内需和深化供给侧结构性改革，合理预期“十四五”期间我国将继续坚持稳中求进工作总基调，实施积极的财政政策、稳健的货币政策，我国经济也将继续保持平稳增长势头。

（二）产业政策分析

近年来，国家经济发展进入新常态，经济发展逐渐由“又快又好”向“又好又快”进行转变，环境保护成为经济发展的重要前提，特别是十八大以后，生态文明建设首次列入“五位一体”总体布局，绿水青山就是金山银山的理念深入人心，政策层出不穷，支持力度不断加大。

2015 年 4 月，国务院印发《水污染防治行动计划》(以下简称“水十条”)。该计划提出，到 2020 年，长江、黄河、珠江、松花江、淮河、海河、辽河等七大重点流域水质优良（达到或优于Ⅲ类）比例总体达到70%以上，地级及以上城市建成区黑臭水体均控制在10%以内。到2030年，全国七大重点流域水质优良比例总体达到75%以上，城市建成区黑臭水体总体得到消除，城市集中式饮用水水源水质达到或优于Ⅲ类比例总体为95%左右。“水十条”被认为是水环境治理行业里程碑式的政策，自此我国水环境治理从政策层面全面进入了面源治理、综合治理的新时期。

2016年，环境保护部印发《关于积极发挥环境保护作用促进供给侧结构性改革的指导意见》，明确鼓励发展环境服务业，积极推进政府和社会资本合作，有效拉动了环境服务业发展的市场需求。在此背景下，我国水环境治理行业得以快速发展，市场化程度不断提高，行业参与者由单一的产品和设备制造商，逐步向设计、投资、建设、运营管理等为一体的综合服务商转变，初步形成了规模较大、实力雄厚的综合型水环境服务企业与在设备、运营等细分领域具备突出技术和服务优势的专业型企业相互竞争的市场格局。

2018年6月，中共中央办公厅、国务院办公厅印发了《中共中央国务院关于全面加强生态环境保护坚决打好污染防治攻坚战的意见》，强调要着力打好碧水保卫战，深入实施水污染防治行动计划，扎实推进河长制湖长制，坚持污染减排和生态扩容两手发力，加快工业、农业、生活污染源和水生态系统整治，保障饮用水安全，消除城市黑臭水体，减少污染严重水体和不达标水体。

2022年，国家发展改革委、生态环境部、住房城乡建设部、国家卫生健康委联合发布《关于加快推进城镇环境基础设施建设的指导意见》中提出，到2025年新增污水处理能力2 000万m^3/d，新建、改建和扩建再生水生产能力不少于1 500万m^3/d，县城污水处理率达到95%以上，地级及以上缺水城市污水资源化利用率超过25%。

国家发展改革委、住房城乡建设部、生态环境部印发《关于推进建制镇生活污水垃圾处理设施建设和管理的实施方案》。方案指出，到2025年，建制镇建成区生活污水垃圾处理能力明显提升。镇区常住人口5万以上的建制镇建成区基本消除收集管网空白区，镇区常住人口1万以上的建制镇建成区和京津冀地区、长三角地区、粤港澳大湾区建制镇建成区基本实现生活污水处理能力全覆盖。建制镇建成区基本实现生活垃圾收集、转运、处理能力全覆盖。到2035年，基本实现建制镇建成区生活污水收集处理能力全覆盖和生活垃圾全收集、全处理。

2023年，生态环境部联合国家发展改革委、财政部、水利部、国家林草局等部门印发了《重点流域水生态环境保护规划》。提出到2025年，主要水污染物排放总量持续减少，水生态环境持续改善，在面源污染防治、水生态恢复等方面取得突破，水生态环境保护体系更加完善，水资源、水环境、水生态等要素系统治理、统筹推进格局基本形成。展望2035年，水生态环境根本好转，生态系统实现良性循环，美丽中国水生态环境目标基本实现。

为积极推进城市黑臭水体治理及生活污水处理提质增效工作，进一步加强交流、促进互学互鉴，住房城乡建设部官网发布《关于印发城市黑臭水体治理及生活污水处理提质增效长效机制建设工作经验的通知》。通知从创新运行维护工作机制、强化管网运行维护保障、完善排水管理相关法规政策、建立城市黑臭水体治理长效机制、完善管网建设和质量保障机制、强化监督考核、加强科技支撑七方面进行总结，详细阐述了近年来全国多地针对黑臭水体治理与污水提质增效所总结的工作经验，为推进城市黑臭水体治理和生活污水处理工作提供了宝贵意见和重要指导。

为加快构建国家水网，建设现代化高质量水利基础设施网络，统筹解决水资源、水生态、水环境、水灾害问题，做好国家水网顶层设计，中共中央、国务院印发了《国家水网建设规划纲要》。到2025年，建设一批国家水网骨干工程，国家骨干网建设加快推进，省市县水网有序实施，着力补齐水资源配置、城乡供水、防洪排涝、水生态保护、水网智能化等短板和薄弱环节，水旱灾害防御能力、水资源节约集约利用能力、水资源优化配置能力、大江大河大湖生态保护治理能力进一步提高，水网工程智能化水平得到提升，国家水安全保障能力明显增强。

除上述政策外，近年来党中央和各级政府部门针对城镇污水处理、农村污水处理、河湖生态修复和流域治理、黑臭水体治理等水环境治理行业中的各个细分领域，密集出台了一系列产业政策，为各领域的健康发展创造了良好的政策环境。

在产业政策的大力扶持和政府财政的积极引导下，近年来我国水环境治理市场规模实现大幅增长。根据生态环境部发布的数据，2015年至2022年期间，我国环境污染治理年投资金额从8 800多亿元增长至2.4万亿元，年均复合增长率达到15%，高于同期GDP增长速度。在2022年，中国环境污染治理投资主要集中在空气污染治理、水污染治理和土壤污染治理三个方面。其中，水污染治理投资总额为0.8万亿元人民币。

2023年，中央财政水污染防治资金安排257亿元、增加20亿元，主要支持实施长江保护修复、黄河生态保护治理、重点海域综合治理攻坚行动，做好农村黑臭水体治理试点工作。为提升生态系统多样性、稳定性、持续性。中央财政重点生态保护修复治理资金安排172亿元，推动加快实施山水林田湖草沙一体化保护和修复工程、历史遗留废弃矿山生态修复示范工程。继续支持开展国土绿化行动和森林、草原、湿地、海洋等生态系统保护修复。

在2023年生态环保资金预算中，“农村黑臭水体治理”为新增项，预算规模约11.25亿元，主要用于生态环境部下发给各省份的农村黑臭水体治理试点工程。农村黑臭整治将作为“十四五”重点任务，与城市黑臭水体整治齐头并进。到2025年，要基本消除较大面积的农村黑臭水体。

环保产业和水环境治理行业具有显著的政策导向性特征，行业发展状况和前景与宏观政策导向密切相关。我国将生态文明建设提升到前所未有的战略高度，不仅在全面建成小康社会的目标中对生态文明建设提出明确要求，而且将其与经济建设、政治建设、文化建设、社会建设一同纳入社会主义现代化建设“五位一体”的总体布局。

“十四五”规划中明确提出将“生态文明建设实现新进步”作为“十四五”时期经济社会发展的主要目标之一，并将“生态环境根本好转，美丽中国建设目标基本实现”列入2035年远景目标。针对水环境治理工作，“十四五”规划提出“推进城镇污水管网全覆盖，开展污水处理差别化精准提标”、“开展农村人居环境整治提升行动，稳步解决乡村黑臭水体等突出环境问题”、“以乡镇政府驻地和中心村为重点梯次推进农村生活污水治理”，以及“完善水污染防治流域协同机制，加强重点流域、重点湖泊、城市水体和近岸海域综合治理，推进美丽河湖保护与建设”。可见，环保产业和水环境治理行业在未来预计仍将获得国家政策的大力扶持，行业发展将持续向好。

根据相关分析，“十四五”期间，国家生态环境规划的总体思路将是以改善生态环境质量和防范生态环境风险为核心，以支撑打好污染防治攻坚战、服务经济高质量发展为目标，突出科学治理、精准治理、依法治理、系统治理和智慧治理，着力深化生态环境科技体制改革，加快完善新时代生态环境科技创新体系，为建设美丽中国提供强有力的科技引领和支撑。在环保产业方面，会大力推进科研成果转化应用，促进环保产业发展，提升解决生态环境实际问题的水平；加强生态环境治理、监测、修复等关键核心技术的自主研发能力，提升技术装备水平和精准治污能力，这也意味着环保产业将会向高科技、产业化方向继续发展。

（三）总体行业发展趋势分析

党的二十大报告指出，污染防治攻坚要向纵深推进，要坚持精准治污、科学治污、依法治污，统筹水资源、水环境、水生态综合治理，持续深入碧水保卫战。在此背景下，生态环境产业的进一步发展是历史的必然选择。随着人民群众对美好环境需求的日益增长，生态环境治理也逐渐从过去的粗放型及点源治理向大环境治理升级，从大众化、无害化向再生净化、资源化升级。长期来看，生态环境治理产业仍处在转型发展的重要时期。生态环境治理产业是构建绿色低碳循环经济体系的重要支撑。作为生态环境治理行业的核心企业，生态环境治理行业已逐步进入从规模扩张向系统规划、高质量发展升级的新阶段，开启了外延式扩张向内涵式发展的新征程。

回顾全球生态环保行业的发展历程，从末端治理到源头管控是必然趋势，是完善全过程现代治理体系的必经之路，而这一趋势终将带来市场和模式的变化。具体表现为以下三个方面的发展趋势。

1. 政策方面

（1）从治标到治本

越来越多的政策在向“源头控制”发力。例如，2021年6月，国家发展改革委、住房城乡建设部联合印发《“十四五”城镇污水处理及资源化利用发展规划》；2021年9月，中共中央办公厅、国务院办公厅印发《关于深化生态保护补偿制度改革的意见》，污染末端治理向全过程现代治理体系转变，源头防控和循环利用全流程治理模式在不断强化。行业内各个企业已纷纷深化工业端环保业务市场的布局。

（2）从单点到系统

由于水环境治理业务具有较强的属地性质，随着企业的发展壮大，除了区域化的扩张之外，另一条路径为业务跨细分领域的系统化发展。即在横向上看，从单一细分领域污水治理向综合环境治理方向进行延伸，构建多业态的综合服务能力，如瀚蓝环境股份有限公司自2000年上市以来，从供水到固废到污水，形成了多元化的业务结构，其发展得到了市场和同业企业的一致认可。

（3）市场化

生态环境行业的产业化和市场化发展一直以来都是各国发展的必由路径，是政府和企业两大主体之间责任和权利的不断重新界定与分割的过程。落实到产业层面，不同细分领域的市场化程度将呈现出污染治理的市场化、生态修复的市场化和生态运营维持的市场化。末端污染的市场化是目前行业正在经历的过程，而随着末端污染问题逐步得以解决，生态修复领域的市场化进程也逐步推进，从主体责任难以厘清，到明确“谁污染、谁治理”的基本原则，到后端运营付费机制的改变。2020年，《关于推荐生态环境导向的开发模式试点项目的通知》提出了EOD模式在环境产业的运用。EOD模式将公益性的、没有收益或收益极低的生态环境治理项目与在其影响下有显著效益空间的产业项目结合起来一并实施，有利于吸引社会资本投入，既可以解决项目融资的问题提升综合实施效率，也能将环境治理的成本从政府转移至产业。

2. 区域方面

截至2022年底，31个省（自治区、直辖市）中，除北京（北控集团、首创集团）、上海（上海环境）已经形成全国性环保集团外，另有十余个省区市成立了省级环保平台。这些省级环保平台，业务聚焦本省，涵盖水、固、气、土、生态修复等各个细分领域；业态覆盖投资、工程、服务等，但相对的运营能力普遍不高；很多项目与专业公司合作，省级平台主要开展投资、承揽工程，专业公司负责技术和运营。在未来的生态环境产业市场中，预计将出现两类主要的竞争企业，掌握资源的平台公司和掌握技术的专业公司，平台公司利用自身政策、资金等资源优势作为区域内项目的“总包方”，而专业公司将作为各总包方的专业条线，双方各司其职、紧密配合、互利共赢。

3. 企业方面

（1）从资本到运营

随着治理理念的变化、技术和模式的进步，面向未来的生态环境治理将呈现出明显的“精细化”特征。近年来的行业内企业发展可见一斑，通过科技手段、管理手段，持续提升运营效率，从水厂的无人值守，到环卫的智慧升级，再到垃圾焚烧的智慧运营系统，都体现着生态环境提升运营水平的决心和意愿。此外，行业内企业通过各种改革和管理提升，释放体制机制活力，从而实现企业的精细化管理提升。

（2）从运营到技术

近年来，科技创新与技术明显受到更多行业内企业的重视。一是环境企业科技投入“双升”，成果显著。二是科技型企业明显更受市场青睐，技术领先型企业估值普遍高于其他企业。三是生态环境行业正积极拥抱各类现代科技，如北控水务在产业内率先践行智慧化运营管理理念，开发 BECloud 智慧水务云平台、全流程智能控制系统等智慧化的大数据解决方案。

二、水环境综合治理市场规模预测

水污染治理行业处于成熟发展阶段，市场增速稳定，作为环保领域最大的细分行业，市场规模巨大。

流域方面。2023 年 4 月，生态环境部等五部门印发《重点流域水生态环境保护规划》，指出到 2025 年，长江、黄河等重点流域的主要水污染物排放总量持续减少，水生态环境持续改善，在面源污染防治、水生态恢复等方面取得突破。“十四五”中后期，以长江、黄河为代表的重点流域生态修复业务前景依然较为广阔。以四川省为例，“十四五”期间统筹谋划涉及河湖水域生态保护修复、水资源调度、饮用水源保护、农村生活污水防治等 7 个类型的水生态环境保护重点项目 483 个，总投资约 956 亿元。

河湖治理方面，以滇池、太湖、巢湖等重点大型湖泊为代表。“十三五”期间，上述“三大湖”治理的规划总投资合计 1 176.87 亿元，截至 2020 年“三大湖”依然处于轻度污染状态，并且存在不同程度的富营养化问题，未来治理工作仍需稳步落实和深入。我国湖泊的水环境治理和生态修复是长期攻坚的生态工程，“十四五”期间针对上述三大重点湖泊和其他大中小型湖泊的生态治理和修复，预计仍将保持较高的投资力度，投资强度仍将达到千亿规模。

黑臭水体治理方面。“十三五”期间，我国城市黑臭水体治理已取得显著成效，累计完成城市黑臭水体治理 2 862 条，消除率达 98.2%，并由此形成了数千亿的市场。但从目前的治理进展来看，相当一部分城市的黑臭水体治理工程以“水质不黑不臭”作为其治理目标，部分河段仍存在返黑、返臭的现象，离自然水体“水清岸绿，鱼翔浅底”和“为城市留下鸟语花香的生态空间”的要求还有较大差距。“十四五”期间，我国黑臭水体治理的主战场将逐步转向农村。2021 年 12 月，中共中央办公厅、国务院办公厅印发《农村人居环境整治提升五年行动方案（2021—2025 年）》，提出加强农村黑臭水体治理。2022 年 1 月，生态环境部印发《农业农村污染治理攻坚战行动方案（2021—2025 年）》，对于农村黑臭水体治理做出了详细的规定。2022 年 3 月，财政部、生态环境部发布《关于开展 2022 年农村黑臭水体治理试点工作的通知》，拟在各省遴选有基础、有条件的地区支持开展农村黑臭水体治理试点。对于纳入支持范围的城市，最高将给予 2 亿元的奖补。自 2022 年以来，山东、广西、江西等多地陆续推出治理行动方案。例如，山东共发现农村黑臭水体 1 398 处，计划 2021 年完成 500 处，2022 年完成 500 处，2023 年完成剩余的 398 处。广西共发现农村黑臭水体 156 处，计划到 2025 年治理率达到 40%以上，其中，国家监管的农村黑臭水体治理率达到 100%。江西共发现农村黑臭水体 378 处，计划到 2025 年底完成 280 个农村黑臭水体治理，基本消除大面积农村黑臭水体。综合来看，黑臭水体治理工程项目主战场将从城市切换至农村，城市原有的新建工程市场也将切换至升级改造、运营维护监管等市场内容。

此外，重点省份进一步推进重点湖泊、水域、近岸海域、海湾等的治理和污水处理提质增效，亦值得关注。

据上述政策意见，经中国环境保护产业协会调查研究，“十四五”期间，在水污染防治领域，县城、建制镇污水治理市场需求将逐步释放，厂网一体化带来管网建设需求，农村污水处理建设将有序推进。到“十四五”末，我国将基本消除城市黑臭水体，新增和改造污水收集管网 8 万 km，新增污水处理能力 2 000 万 m^3/d，全国城市生活污水集中收集率力争达到 70%以上，县城污水处理率达到 95%以上。

2017—2020 年中国水污染治理行业市场规模从 2017 年的 6 960.3 亿元增长到 2020 年的 10 691.3 亿元，年复合增长率达 15.4%；2022 年市场规模为 12 936.8 亿元，预计到 2025 年市场规模将进一步增长，达 24 486.7 亿元。

三、发展机遇和面临挑战

（一）发展机遇

“十四五”及今后一段时期是水资源与环境产业的关键期，随着环保技术的精细化、高端化需求不断增强和应用场景的不断延展，关键核心技术的创新迭代，加速了水资源与环境产业的转型升级，整体产业处于大有可为的战略机遇期。

1. 国家政策的大力扶持，行业发展将持续向好

可以预期的是，进入“十四五”中后期，我国的生态文明建设将会更加自觉地置于“绿水青山就是金山银山”和绿色发展理念的引领之下，进而明确致力于更大力度的自然生态环境修复、更高标准（质量）的生态环境保护治理和更加绿色的经济社会现代化发展。

“环境治理体系与治理能力现代化”是整个“十四五”时期生态文明建设的新使命。与国家治理体系和治理能力现代化的整体目标相适应，生态环境保护治理领域也必须尽快实现或强化自身的体系化、专业化。在此背景下，水环境综合治理类项目将更加强调专业性和系统性，势必催生一批专业优势突出、资源整合能力强的大型环境治理建设企业。

2. 国家鼓励创新商业模式，实现水环境产业持续发展

2020 年 9 月 8 日，《关于扩大战略性新兴产业投资培育壮大新增长点增长极的指导意见》明确了探索开展环境综合治理托管、生态环境导向的开发（EOD）模式等环境治理模式创新，提升环境治理服务水平，推动环保产业持续发展。9 月 16 日，《关于推荐生态环境导向的开发模式试点项目的通知》提出了 EOD 模式在环境产业中的运用。2021 年 4 月，《关于同意开展生态环境导向的开发（EOD）模式试点的通知》，确定了 36 个项目开展 EOD 模式试点。2022 年 3 月，《生态环保金融支持项目储备库入库指南（试行）》要求推进适宜金融支持的重大生态环保项目谋划，建设生态环保金融支持项目储备库，并明确将 EOD 模式项目列为支持对象。

多部委相继出台 EOD 模式有关政策，中央重视程度可见一斑。EOD 模式是以生态文明思想为引领，以可持续发展为目标，以生态保护和环境治理为基础，以特色产业运营为支撑，以区域综合开发为载体，采取产业链延伸、联合经营、组合开发等方式，推动公益性较强、收益性差的生态环境治理项目与收益较好的关联产业有效融合，统筹推进，一体化实施，将生态环境治理带来的经济价值内部化，是一种创新性的项目组织实施方式。换言之，EOD 模式的运作核心是生态环境的治理修复、配套基础设施的投资建设和优势产业的导入运营。

国家大力推进 EOD 模式，探索将生态环境治理项目与生态农业、文旅康养、数字经济等关联产业开发项目统筹实施、一体化运营，提高项目“造血”能力，缓解政府投入压力，打通社会资本和金融机构参与水环境治理的路径，实现水环境治理产业的持续发展。

3. 从“坚决打好”到“深入打好”，污染治理更受关注

从“十三五”时期坚决打好污染防治攻坚战，到“十四五”时期深入打好污染防

治攻坚战，意味着污染防治触及的矛盾问题层次更深、领域更广、要求也更高。2021年，我国持续推进重大国家战略生态环保工作，深入实施区域协调发展战略，统筹山、水、林、田、土的协同治理需求正盛，区域化布局已经成行业的发展趋势。2021年1月，《长江三角洲区域生态环境共同保护规划》提出，近期到2025年，长三角的PM2.5平均浓度总体达标，长江、淮河、钱塘江等干流水质优良，跨界河流断面水质达标率达到80%；2021年3月1日，我国第一部针对一个流域的专门法律《中华人民共和国长江保护法》正式施行；2021年11月6日，国家发展改革委发布《关于加强长江经济带重要湖泊保护和治理的指导意见》明确提出，要紧密围绕长江经济带重要湖泊保护治理目标任务，立足资源环境承载能力，统筹考虑湖泊生态系统的完整性、自然地理单元的连续性和经济社会发展的可持续性。2021年，中共中央、国务院印发了《黄河流域生态保护和高质量发展规划纲要》，明确到2035年，黄河流域生态保护和高质量发展取得重大战略成果，黄河流域生态环境全面改善，生态系统健康稳定，水资源节约集约利用水平全国领先，现代化经济体系基本建成。

（二）面临挑战

1. 政策主导型行业，行业受政策影响较大

水环境治理行业具有显著的政策导向性，政策不可控性是行业面临的主要挑战之一。除受水环境行业政策影响外，还受到关联行业政策影响，如房地产政策。“十四五”期间，受房地产调控政策影响，房产市场萎缩，土地出让受阻，投资回收安全性受到冲击，推高投资风险。另外，近期PPP模式受政策影响较大，PPP项目停摆风险增大，对水环境治理业务运作模式创新提出了更高要求。

2. 市场竞争不规范，同质化竞争严重

水环境综合治理行业准入门槛低，受国家政策推动，水环境综合治理行业经历了一段高速发展的时期，项目体量增大，越来越多的企业进入水环境治理行业中。企业小而散的问题仍然比较突出，市场规范程度不高，同质化竞争严重，低价中标等现象仍然存在，产品和服务质量的管控机制不健全。市场拖欠款问题较为严重，对企业经营造成较大影响，可能影响到生态环境成效的巩固。

3. 部分业务市场趋于饱和，市场方向有所变化

我国城市污水处理能力快速提高，城市污水处理率已经达到较高的覆盖率；城镇污水处理厂新建高峰临近尾声，产能缺口逐渐缩小。2020年规划中国城市污水处理率达95%以上，总体上一二线城市现有污水厂新建产能基本满足需求并达到饱和，新建产能呈现缩小趋势，未来一二线城市主要方向在于升级改造、针对水质要求高的水体的深度处理上，城市面源、农业面源治理和镇村环境治理是未来业务的主要方向。

第三节　水环境综合治理项目模式研究分析

一、传统水环境综合治理项目模式

（一）EPC 模式

EPC（Engineering Procurement Construction）是国际通用的工程总承包产业的总称，是指公司受业主委托，按照合同约定对工程建设项目的设计、采购、施工、试运行等实行全过程或若干阶段的承包。通常公司在总价合同条件下，对其所承包工程的质量、安全、费用和进度进行负责。在 PPP 模式兴起之前，水环境治理采取的主要是 EPC 模式。随着水环境 PPP 项目推进及落地过程中一些问题的暴露，水环境治理 EPC 模式也再次回到大众视野。

尽管 EPC 模式相对成熟，但对于体量大、内容多的水环境项目，不管是地方政府还是承接企业，仍有部分需要注意的问题。政府方面，关键在于资金的来源。水环境 EPC 项目体量较大，所以地方政府需要有充足的资金，不能进行融资，且 EPC 项目结束后政府还需设置机构或委托第三方对工程进行运营维护。所以，该类项目对地方财政实力要求很高，稍有不慎就易形成隐形债务。

（二）PPP 模式

PPP（Public Private Partnership）模式被称为“公共私营合作制”，是指政府与社会资本之间为了提供某种公共物品和服务，以特许协议为基础，彼此之间形成一种伙伴式的合作关系，并通过签署合同来明确双方的权利和义务，以确保合作的顺利完成，最终使合作各方达到比预期单独行动更为有利的结果。PPP 模式以政府参与全过程经营的特点受到国内外广泛关注。该模式在政府与社会主体间建立起“利益共享、风险共担、全程合作”的共同体关系，政府的财政负担减轻，社会主体的投资风险减小。

PPP 模式能够有效解决流域水环境治理中存在的问题，实现公共资源的有效配置，目前国内有许多水环境综合整治 PPP 模式的项目。在 PPP 模式中，项目公司是流域水环境治理的终极责任人，对项目的设计、建设和运营各个环节负责。PPP 模式对环保企业技术、资金、管理及资源整合能力提出了更高要求。资源、筹措与项目周期匹配的长期资本且技术实力（工程能力或运营能力）强的企业在项目竞争中具有绝对的优势。

PPP模式实施近十年来，一定程度上起到了改善公共服务、拉动有效投资的作用，但在实践中也出现了偏离制度初衷、管理机制失灵、新增隐性债务等问题。

2023年4月17日，《关于做好2023年中央企业违规经营投资责任追究工作的通知》中提出了加强整改促提升，发挥防范化解重大风险作用。该通知一是对PPP项目涉及的风险做出了定性，目前PPP项目和房地产信托、非主业投资等被一同认定为重大风险。二是对于PPP项目的应对策略建议，目前提出的要求是“高度关注”“管理提升建议”“防未病”。三是对于PPP项目未来的督促整改工作，文中提出把整改到位作为违规问题对账销号的重要条件，要求从纠正违规行为、完善制度机制、开展责任追究、挽回资产损失、消除不良影响等方面综合评估整改质量。同时强调对未完成整改的问题，应当持续跟踪督促，确保整改到位。PPP项目可能成为政府财政风险的重要来源，可能导致政府债务危机在未来某个时点突然爆发。在目前各地政府化解地方债务的大背景下，PPP项目未来的前景不容乐观。

（三）BOT模式

BOT（建设—运营—移交）模式是指政府部门就水环境治理项目与私人企业（项目公司）签订特许权协议，授予签约方的私人企业来承担水环境治理项目的投资、融资、建设、经营与维护。在协议规定的特许期限内，私人企业向设施使用者收取适当的费用，由此来回收项目的投融资，建造、经营和维护成本并获取合理回报；政府部门则拥有对水环境治理工程的监督权、调控权；特许期届满，签约方的私人企业将水环境治理完工工程无偿或有偿移交给政府部门。

20世纪80年代，我国第一个BOT项目（深圳市沙角B电厂项目）的发展，其最重要的特点是“O”，即Operate——运营，未来收益或现金流来源体现出“O”的关键性。水环境综合整治中的污水处理和污泥处理项目的使用者付费模式，是形成运营收入的重要因素。

（四）DBO模式

DBO（Design Build Operation）模式是设计、建设和运营的简称，是一种国际通行的项目建设模式，具有“单一责任”和“功能保证”的特点，是支撑污水处理服务行业的典型模式，特别适合污水处理厂成套装置的建设。DBO模式的典型特点之一是责任主体比较明确。公司既要负责设计，也要负责后面的建设运营。专业化公司的设计和制造优势，可以缩短工期，提高运营效率，工程质量得到了保证。

DBO模式并不是简单地将设计、建设、运营合为一体，而是注重其协同效应。DBO合同的重心是“运营”这个环节，取向是鼓励承包商设计、建设、运营“一肩挑”。在DBO模式下，设计、建设、运营一体化采购，责任主体单一，承包商对设计、建设和运营各阶段除融资外的各项工作全盘负责，各阶段工作的责任主体保持同一性，有利于设计、建设的衔接，保证了工作的连贯性，工期和质量也能保证。同时，承包商由于对项目拥有较长期的运营权，因此其积极性会有所提高。责任主体的单一性和连贯性会减少业主合同管理的难度，提高工程项目的管理绩效。承包商不仅负责设计和建设，更要承担长达几年甚至十几年的项目运营，运营成本的高低将直接影响其收益，因此承包商有动力对全过程进行优化设计、优化建设，以降低项目全寿命周期成本，提高项目经济效益。

对于建设工期短则数月、长则几年，而运营时间要十几年甚至几十年的各类水环境综合整治项目来说，DBO 模式有其独特的优势。对于业主而言，DBO 模式可以简化项目管理程序、保证工程质量、优化项目的全寿命周期成本，降低工程管理和建设风险。对于总包商而言，业主的一部分风险转嫁到总包商身上，因而项目的实施和管理难度相应增加。虽然 DBO 模式在欧美、中东以及我国的香港和澳门等地区都有比较成功的案例，但目前国内的应用案例还比较稀少，人们对 BOT 模式和 EPC 模式的熟悉程度与应用范围远高于 DBO 模式，对于这种有悖于传统建设程序，在项目可行性研究或初步设计之后即可以开始招标，将工程设计也纳入招标范围的做法还较为陌生。其对业主和总包商在工程招标投标和施工管理等方面均提出了挑战。

（五）TOT 模式

TOT（Transfer Operate Transfer）方式，即移交—经营—移交，是国际上较为流行的一种项目融资方式，通常是指政府部门或国有企业将建设好的项目的一定期限的产权或经营权有偿转让给投资人，由其进行运营管理；投资人在约定的期限内通过经营收回全部投资并得到合理的回报，双方合约期满之后，投资人再将该项目交还政府部门或原企业。目前在国家很多特许经营项目中，如高速公路、高铁等的建设运营都采取了 BOT 或 TOT 模式，其中最主要的是 BOT 模式。在水环境综合整治领域，我国很多污水处理厂的建设运营采取的是 BOT 模式，如南昌市几家主要的生活污水处理厂，其与 TOT 模式最大的不同是由运营企业来建设。BOT 模式的最大好处是企业和政府都完全按市场化规律运作，运营成功率非常高，持续运营也十分稳定，并且 BOT 有十分成熟的经验，然而有些项目没有采用 BOT 而采用 TOT 的主要原因：一是各县（市）污水处理量规模不一，建造一些小型污水处理厂利润空间较小，可能会导致无人建设；二是项目总投资规模太大，涉及面广，有实力投资的运营商不多，出于风险考虑不愿前来建设。

（六）TBT 模式

TBT 是将 TOT 和 BOT 两种融资方式组合起来，以 BOT 为主的一种融资模式。

在 TBT 模式中，TOT 的实施是辅助性的，采用 TOT 主要是为了促成 BOT。TBT 的实施过程如下：一是政府通过招标将已经运营一段时间的项目和未来若干年的经营权转让给投资人；二是投资人负责组建项目公司去建设和经营项目；三是项目建成并开始运营后，政府从 BOT 项目公司获得与项目经营权等值的收益；四是按照 TOT 和 BOT 协议，投资人相继将项目经营权归还政府。

二、新型水环境综合治理项目模式

改革开放以来，伴随着我国经济的高速增长，基础设施建设蓬勃发展。为解决基础设施领域存在的巨大资金缺口，我国不断创新投融资体制，逐渐由以政府为唯一投资主体转变为政府和社会资本双主体。结合地方政府和项目业主地方财力及诉求情况，在项目跟踪前期即介入模式包装运作，以满足业主多样化、定制化需求，以商业模式创新创造市场增量空间。近年来，在城市水环境发展中，除了上述模式外，还出现了 XOD 模式、收并购模式、股权合作＋EPC 模式、合伙企业合作＋施工总承包模式等，其中以 XOD 模式最为突出。

（一）XOD 模式

XOD 模式是以城市经济类、社会类、生态类等城市基础设施为导向的开发模式，其中，X 指城市基础设施，O 是指方向，D 是指城市综合开发。XOD 模式遵循“以人为本”“效益统一”“多规合一”“优化布局”“绿色发展”等城市规划、建设的理念，通过规划引领，以空间规划为龙头，坚持实现经济社会发展规划、土地利用规划、基础设施建设规划和环境保护规划的“五规合一”，统筹生产、生活、生态三大布局，坚持集约发展，贯彻“精明增长”“紧凑城市”理念，能够切实提高城市发展的宜居性，从而推动城市发展由外延扩张式向内涵提升式转变。XOD 模式通过政府相关导向带动基础设施一体化建设发展，与关联产业一体化实施，通过资源或其他经营性项目收益，平衡公益性项目投资，有助于解决开发建设的资金平衡问题，近年来，该模式得到了国家政策的支持。XOD 模式包括 EOD 模式（以生态环境为导向）、SOD 模式（以社会服务设施建设为导向）、TOD 模式（以公共交通为导向）、COD 模式（以文化设施为导向）等，其中以 EOD 模式、SOD 模式最为常见。

1. EOD 模式

EOD 模式是以生态保护和环境治理为基础，以特色产业运营为支撑，以区域综合开发为载体，采取产业链延伸、联合经营、组合开发等方式，推动收益性差的生态环境治理项目与收益较好的关联产业有效融合。基于项目实践的 EOD 模式，在帮助政府改善生态环境的同时，解决项目资金问题，不增加政府债务负担，实现自平衡。充分将绿色项目的经济效益与环境效益相结合，“绿水青山”与“金山银山”相统筹。

（1）相关政策文件

自十八大以后，我国生态文明的重要性被提到了前所未有的高度。特别是以2015年中共中央、国务院出台的两个重磅文件《关于加快推进生态文明建设的意见》《生态文明体制改革总体方案》为标志，叠加一系列配套制度。自此，我国完整的生态文明制度建设体系初见雏形，生态建设也拉开序幕，基于项目实践的EOD模式应运而生。生态环境部从2018年即开始提出了EOD模式的倡议，至今，多部委陆续出台EOD相关政策，中央重视程度逐渐增强（表2-1）。

表2-1　EOD相关政策

时间	部门	文件	主要发布内容
2018年8月	生态环境部	《关于生态环境领域进一步深化“放管服”改革，推动经济高质量发展的指导意见》	探索开展生态环境导向的城市开发（EOD）模式，推进生态环境治理与生态旅游、城镇开发等产业融合发展，在不同领域打造标杆示范项目
2019年1月	生态环境部、全国工商联	《关于支持服务民营企业绿色发展的意见》	探索生态环境导向的城市开发（EOD）模式和工业园区、小城镇环境综合治理托管服务模式
2020年9月	国家发展改革委、科技部、财政部、工业和信息化部	《关于扩大战略性新兴产业投资培育壮大新增长点增长极的指导意见》	探索开展环境综合治理托管、生态环境导向的开发（EOD）模式等环境治理模式创新，提升环境治理服务水平，推动环保产业持续发展
2021年2月	国务院	《关于加快建立健全绿色低碳循环发展经济体系的指导意见》	坚持市场导向，在绿色转型中充分发挥市场的导向性作用、企业的主体作用、各类市场交易机制的作用
2021年4月	生态环境部、国家发展改革委、国家开发银行办公室	《关于同意开展生态环境导向的开发（EOD）模式试点的通知》	同意36个项目开展生态环境导向的开发（EOD）模式试点工作
2021年10月	生态环境部、国家发展改革委、国家开发银行办公室	《关于推荐第二批生态环境导向的开发模式试点项目的通知》	5项申报条件（需同时满足），每省申报数量原则上不超过3个。重点支持实施基础好、投资规模适中、项目边界清晰、反哺特征明显、环境效益显著的试点项目
2021年11月	国务院办公厅	《关于鼓励和支持社会资本参与生态保护修复的意见》	明确社会资本通过自主投资、与政府合作、公益参与等模式参与生态保护修复，明晰了参与程序，鼓励社会资本重点参与自然生态系统保护修复、农田生态系统保护修复、城镇生态系统保护修复、矿山生态保护修复、海洋生态保护修复，探索发展生态产业

续表

时间	部门	文件	主要发布内容
2021年10月	财政部	《重点生态保护修复治理资金管理办法》	用于山水林田湖草沙冰一体化保护和修复工程的奖补资金采取项目法分配，工程总投资10亿元～20亿元的项目奖补5亿元；工程总投资20亿元～50亿元的项目奖补10亿元；工程总投资50亿元以上的项目奖补20亿元。用于历史遗留废弃工矿土地整治的奖补资金采取项目法或因素法分配

（2）EOD模式开展的三个阶段

第一阶段：重构生态网络。通过环境治理、生态系统修复、生态网络构建，为城市发展创造良好的生态基底，带动土地升值。

第二阶段：整体提升城市环境。通过完善公共设施、交通能力、城市布局优化、特色塑造等提升城市整体环境质量，为后续产业运营提供优质条件。

第三阶段：产业导入及人才引进。通过人口流入及产业发展激活区域经济，从而增加居民收入、企业利润和政府税收，最终实现自我强化的正反馈回报机制。其收益来源主要为土地溢价及土地出让收入、产业反哺分成收益。

总结来说，EOD项目操作模式就是通过生态网络建设、环境修复、基础设施配套以及产业配套建设促使该区域及周边的土地升值，并为产业引入和人口流入提供良好的生态基底。一方面以产业发展增加居民收入、企业的利润和政府的税收，另一方面依靠人口流入带来政府税收的增加及区域经济的发展，最终实现生态建设、经济发展、社会生活三者协调发展。

（3）EOD模式三大落地方式

ABO模式。在政府财政支出额度较大，但支出额度未超过财政部规定的上限、项目实施紧迫的区域，EOD模式可采用ABO的方式实施项目。ABO模式，一般指授权（Authorize）—建设（Build）—运营（Operate）模式，由政府授权单位履行业主职责，依约提供所需公共产品及服务，政府履行规则制定、绩效考核等职责，同时支付授权运营费用。

“流域治理＋片区开发”方式。在政府财政支出额度超过财政部规定的上限、项目实施紧迫，但土地市场较为活跃的区域，EOD模式可采用“流域治理＋片区开发”方式实施项目。

PPP模式。在政府财政支出额度较大，但支出额度未超过财政部规定的上限，且项目实施不紧迫的区域，EOD模式可采用PPP方式实施项目。

（4）EOD适宜的四大项目应用

①重点流域治理。流域内生态产品资源、周边土地资源均有丰富的潜在价值，

目前阶段可优先关注砂石的开采和利用。《关于促进砂石行业健康有序发展的指导意见》提出“推进河砂开采与河道治理相结合”及“逐步有序推进海砂开采利用”，鼓励以砂石收益补充流域治理的支出。在重点流域治理的项目开发中，可将砂石开采收入作为项目融资的还款来源。此外，亦可将砂石开采权、海域使用权等作为融资的补充担保措施。

②城乡供排水一体化。城市水务基础设施建设经过较长时间的发展，已较为完善。而农村供排水项目通常小而分散、收益较低，特别是农村污水处理率不足10%，存在较大的资金需求。因此，可考虑供排一体化、城乡一体化。以供水支持排水，以城市支持农村，构建大项目包，确保整体实现盈利。例如，福建省三明市、南平市等地正在运用这一思路探索水务全产业链的城乡一体化模式，着力解决农村用水的难题。

③农业农村综合开发。生态果蔬采摘、美丽乡村旅游等是将农业生产与环境治理相结合的代表模式。此外，《关于调整完善土地出让收入使用范围优先支持乡村振兴的意见》中指出，土地出让收入中用于农业农村的资金，可重点用于与农业农村直接相关的山水林田湖草生态保护修复。这无疑为农村农业产业与环境协调开发提供了一定的资金保障。

④废弃矿山修复。对于废弃矿山修复，可争取实现投入与产出的自求平衡。第一，以修复过程中开采的石料销售收入弥补修复成本；第二，运用城乡建设用地增减挂钩、土地复垦等政策，通过耕地“占补平衡”延伸土地价值；第三，矿山修复后的土地可用于建设农业基地、主题公园、特色产业园等，拓展经济效益；第四，部分矿山中，可通过煤矸石粉碎形成的低成本混凝土替代原矿产支撑柱，替换出矿产资源，产生收入。

2. SOD模式

SOD模式是一种以社会服务设施建设为导向的城市开发模式，其核心是城市政府利用行政垄断权的优势，通过规划将行政或其他城市功能进行空间迁移，使新开发地区的市政设施和社会设施同步形成，进一步加大“生熟”地价差，同时获得空间要素功能调整和所需资金保障。

以青岛市为例，青岛市政府通过出让老城区用地，实现了城市功能转移、空间疏解与优化、政府财政状况改善等多重目标。尤其是以政府为核心的行政中心转移，给社会带来了巨大的示范效应和心理预期效应。总的来说，SOD模式是一种以服务设施建设引导城市发展的模式，其特点在于政府主导和规划引领，通过城市功能的转移和新区的开发，实现城市的空间优化和社会经济提升。

（二）收并购模式

收并购模式主要用在水务业务上，一般包含股权收购、资产收购、增资扩股三类。股权收购是从股东手上购买目标公司股权的一种收购方式。资产收购是收购者以支付有偿对价直接取得目标公司资产所有权的一种收购方式。增资扩股是指通过增加企业资本金从而成为企业股东的一种方式。收并购模式当前在水务业务中应用最为普遍。

（三）股权合作＋EPC模式

股权合作＋EPC模式是一种投融资与施工一体化的采购和建设模式。对发包人而言，将原拥有的项目部分产权转让换取资金以解决建设资金的筹集问题，同时借助施工总承包特点解决工程项目协调组织和精细化建造的问题。对于承包人（即中标单位）而言，通过对项目公司进行股权投资，取得被投资企业或项目的股权，并在施工资质许可范围内承担一定比例的施工任务，将传统的生产经营与资本经营相结合，通过投资带动施工主业的发展，以获取投资收益、施工收益、项目运营收益，增强自身竞争力以获得更大的市场份额。通过将项目融资与施工总承包管理方式有机地整合和优化配置，使发包人、承包人实现双赢。

（四）合伙企业合作＋施工总承包模式

由政府方通过公开招标方式引入社会投资人和EPC工程施工总承包单位，政府方与社会投资人签订合伙协议并共同出资成立项目公司。在合伙期限内，合伙企业定期按照实缴出资分配收益，合伙期满由政府方平台企业一次性回购社会投资人持有的全部合伙企业份额，并承担资金占用费差额补足责任。同时，双方签订EPC工程施工总承包合同，总包单位获取EPC工程实施收入。

参考文献

[1] 包晓斌.我国水生态环境治理的困境与对策[J].中国国土资源经济，2023，36(4)：23-29.
[2] 申晓晶.基于协同论的水资源配置模型及应用[D].北京：中国水利水电科学研究院，2018.
[3] 秦滔.大力发展大数据，建设粤港澳大湾区智慧城市群[J].中国经贸，2019(17)：60-63.
[4] 张兵，田贵良.坚持协同治理 推进长江水环境保护[J].群众，2020(24)：19-20.
[5] 郭书英.坚持绿色发展理念推进流域水生态环境治理工作[J].海河水利，2017(2)：14-15.
[6] 林兰.长三角地区水污染现状评价及治理思路[J].环境保护，2016(17)：41-45.
[7] 高传德.黄河流域水环境现状及治理措施[J].人民黄河，1993(12)：4-7.
[8] 余灏哲，李丽娟，李九一.基于量-质-域-流的京津冀水资源承载力综合评价[J].资源科学，2020(2)：358-371.
[9] 许韬，刘一.水环境业务市场分析及发展策略探讨[J].水电站设计，2018，34(1)：90-

92+96.

[10] 水环境治理产业技术创新战略联盟，深圳市华浩森水生态环境技术研究院. 中国水环境治理产业发展研究报告(2021)[M]. 北京：中国环境出版集团，2021.

[11] 赵琳，曹升乐，徐延生. 改善农村水环境 建设优美新农村[J]. 中国水利，2006(1)：53-55.

[12] 李高正，潘小武，李庆义. 浅谈水环境治理企业环保水务业务未来发展趋势和展望[J]. 红水河，2021，40(3)：83-86.

[13] 钟成伟. 城市流域水环境综合治理思路和策略[J]. 文摘版：工程技术，2022(6)：75-77.

[14] 何荣. 我国城市黑臭水体治理思路研究[J]. 工程技术(全文版)，2016(8)：228.

[15] 侯秉含. 我国黑臭水体治理进展及思路[J]. 区域治理，2023(7)：0192-0195.

[16] 姬鹏程，孙长学. 完善流域水污染防治体制机制的建议[J]. 宏观经济研究，2009(7)：33-37.

[17] 黄润秋. 推进生态环境治理体系和治理能力现代化[J]. 环境保护，2021(9)：10-11.

[18] 缪杨. 流域水环境综合治理 PPP 模式思路构建[J]. 中国高新科技，2023(15)：145-146.

[19] 余忻，黄悦，张志果，等. 水环境综合治理市场现状和发展形势分析[J]. 给水排水，2020，46(6)：85-88.

[20] 李竞一. EOD 的答案——“守、破、立”的博弈[J]. 新理财(政府理财)，2021(10)：25-29.

[21] 万竟辉. 对“F+EPC”模式下财务风险及管控分析[J]. 中国中小企业，2021(5).

第三章　污水资源化利用关键技术与应用

第一节　污水资源化利用现状及问题

我国是水资源严重短缺的国家，人多水少、水资源时空分布不均是我国的基本水情。整体来看，我国多年平均水资源总量 2.83 万亿 m^3，占全球水资源量的 6%，居世界第四位；但从人均角度看，我国人均水资源量仅为 2 300 m^3，只有全球平均水平的 1/4 左右，是全球人均水资源最贫乏的国家之一。从省份来看，在 31 个省级行政区中，有 2/3 处于缺水状态，并且处于极度缺水的 9 个省份，大多为经济较为发达、水资源总量相对丰富的地区。此外，节水意识不强、用水粗放、浪费严重、效率不高等问题普遍存在。水资源短缺已经成为我国生态文明建设和经济社会可持续发展的瓶颈。

习近平总书记在党的二十大报告中指出，推动经济社会发展绿色化、低碳化是实现高质量发展的关键环节，明确提出实施全面节约战略，推进各类资源节约集约利用。针对我国水资源短缺、时空分布极不均衡的特征，加快水资源利用方式根本转变，全面提升水资源利用效率，是实施全面节约战略的重要内容。在此背景下，大力推进污水资源化利用不仅是缓解水资源供需矛盾的有效措施，更是贯彻落实党中央、国务院关于水资源决策部署的重要举措。

一、发展现状

污水资源化利用是指污水经无害化处理达到特定水质标准，作为再生水替代常规水资源，用于工业生产、市政杂用、居民生活、生态补水、农业灌溉、回灌地下水等，以及从污水中提取其他资源和能源，对优化供水结构、增加水资源供给、缓解供需矛盾和减少水污染、保障水生态安全有着重大意义。

在发展历程方面，随着污水处理技术及应用的逐步完善，我国污水资源化利用范围由工业化初期简易处理后用于农业灌溉及养殖，到广泛用于钢铁、煤炭、印染等高耗水行业的循环、冷却用水等工业生产用水，再扩大至景观环境用水、城市杂用、地下水回灌等多个领域。近年来，随着生态文明建设的广泛深入推进，中央不断强化将再生水等非常规水资源纳入水资源统一配置，提出寻求低碳绿色发展模式，探索对污泥更全面的资源化利用。

在利用水平上，总体上非常规水源利用水平仍然不高。2022年，包括再生水在内的全国非常规水源利用总量为175.8亿m^3，占全国供水总量的2.9%，再生水利用率约20%。

在利用方式和空间分布上，污水资源化利用包括农业用水、城市杂用水与工业用水、地下水补水、饮用水水源地补水等主要用途，以下将结合各主要用途发展现状展开分析。

（一）农业用水

农业方面主要应用于农田灌溉、造林育苗以及畜禽和水产养殖，我国农业灌溉年均用水量维持在约3 400亿m^3，再生水用于农业灌溉可以有效缓解北方地区水资源短缺造成的农业用水压力。由于农业灌溉需水量大，在部分国家，农业灌溉已成为再生水回用的重要途径。在美国，62%的再生水用于农业灌溉，日本用于农业灌溉的再生水占8.6%，澳大利亚2000年用于农业灌溉的再生水量占再生水总利用量的82%，而以色列作为水资源严重短缺的国家，再生水总量的85%用于农田灌溉。在中国，由于北方水资源短缺，北京、天津、西安、太原等城市从20世纪开始发展污水回用灌溉，逐渐成为中国主要的再生水农业灌溉区域。

（二）城市杂用水与工业用水

目前，中国城市再生水除农业灌溉外，还用于城市杂用、环境用水和工业用水。其中城市用水主要包括城市绿化、清洁、建筑施工、消防等方面；工业用水主要包括冷却、洗涤、工业和产品用水等方面，工业用水水量大且水质要求不高的特性给再生水的使用开辟了道路；环境用水主要是娱乐性和观赏性的景观用水，以及人工湿地用水，这三类用水对水质的要求相对较低，但考虑到在回用过程中与人直接或间接的接触，再生水的使用标准仍应严格控制。美国和日本的工业用水分别占据了其再生水量的30.0%和21.8%。美国佛罗里达州和加利福尼亚州的景观用水分别占据再生用水前两位，主要用于居民区灌溉和高尔夫球场灌溉，而日本则有27%的再生水用于景观用水。中国的北京、天津、石家庄等城市通过建立大型污水处理厂将其出水用于景观河道、湖泊的补给水。

（三）地下水补水

经过深度处理且水质较好的再生水可用于补充地下水，用于生态补水的再生水需经过深度处理，达到补水要求后方可进行排放，以免进一步污染原有地下水。中国在再生水用于补水方面的应用还较少，用于地下水回灌的水量仅占总利用量的0.9%。地下水的补充对保障河流水源供给，增加水资源长期储量和季节性调配能力具有重大意义，但由于其较高的水质排放标准对再生水处理过程中的各项技术也提出了更高的要求。

（四）饮用水水源地补水

再生水补给饮用水水源可有效增加饮用水的供应，是解决饮用水危机的有效方法之一，但仍存在一定的潜在风险，主要包括水体富营养化，病原微生物、重金属等风险因子危害公众身体健康。再生水补给饮用水在国际上已有超过50年的研究和实践，但主要集中在美国、澳大利亚和新加坡等国家，中国在这方面的理论和实践研究仍较为薄弱。

总体而言，我国污水资源化利用尚处于起步阶段，发展不充分，利用水平不高，与我国高效资源利用、高质量社会发展的目标仍存在较大差距。

二、存在问题

（一）污水资源化利用理论研究不足、科技支撑不强

污水资源化利用风险与控制研究不足。再生水利用是一个复杂的非传统供水工程，与污水达标排放和传统供水相比，具有不尽相同的风险因子、暴露途径、暴露量和风险产生机制，需要开展有针对性的系统、深入研究。

污水资源化利用技术效能有待提高。近年来，我国污水资源化利用技术水平快速提高，但存在污水再生处理工艺效能低、能源资源转化技术不成熟、原创性技术缺乏等问题。

（二）再生水利用规划与设施建设欠统筹

污水设施与再生水利用设施建设欠统筹。再生水利用配套基础设施建设任务重，加上再生水处理工艺较为复杂、技术要求高，工程建设投资资金需求大。在大多数城市，污水处理厂过于集中布局在城市下游，这种方式有利于污水收集，但是再生水利用工程往往需要建设长距离管网，将再生水输配到城市中上游地区，能耗高、经济性低；再生水储存设施缺失，再生水利用季节性波动问题没有得到足够重视。一些城市推行的小区内或建筑物内分散式污水再生利用模式存在运维管理不到位、设施稳定运行难等问题，再生水“管对管”利用模式的公众接受度不高。

（三）政策法规、管理机制和标准体系不健全

污水资源化利用政策法规欠协同。政府各相关部门的政策、规划和监督管理等工作缺乏协同；污水收集和再生处理缺少统筹，工业废水混入城市污水系统，增加了再生水和污泥利用的环境风险。

激励机制和监管体制不完善。再生水价格机制不完善，缺少合理的收费和激励机制，节水奖励、精准补贴和税费减免等优惠政策有待进一步落实，导致企业对再生水用于生态环境补水的积极性不高。缺少污水资源化利用目标确定机制，监督管理体制不完善，导致规划目标难达成。

标准体系不健全。再生水利用水质标准覆盖面不全面，水质分级标准缺失；污水处理厂排放标准、水环境质量标准和再生水生态环境利用水质标准之间缺统筹、欠协同；缺少污水资源化利用效益评价标准、生态环境风险管理标准、技术工艺标准、装备标准和服务与监管标准等。

第二节　污水资源化利用政策导向

一、国省政策

（一）国家政策

2020年以来，我国多次召开污水资源化相关会议，并先后发布多项政策，推动污水资源化行业的发展。2020年5月，国家发展改革委环资司召开污水资源化利用工作推进会，会议研究推进污水资源化利用指导意见和相关实施方案起草工作。7月28日，国家发展改革委、住房城乡建设部联合印发《城镇生活污水处理设施补短板强弱项实施方案》，指出缺水地区、水环境敏感区域，要结合水资源禀赋、水环境保护目标和技术经济条件，开展污水处理厂提升改造，积极推动污水资源化利用，推广再生水用于市政杂用、工业用水和生态补水等。2021年初，由国家发展改革委、科技部等10部门联合发布的《关于推进污水资源化利用的指导意见》，是国家层面首次针对污水资源化出台的统领性文件。同年6月，《“十四五”城镇污水处理及资源化利用发展规划》发布，是污水资源化利用方面的首部国家级专项规划。下文针对顶层政策及规划的重点内容进行梳理。

1. 《关于推进污水资源化利用的指导意见》

2021年1月，国家发展改革委、科技部、工业和信息化部、财政部、自然资源

部、生态环境部、住房城乡建设部、水利部、农业农村部及市场监管总局共10部门联合发布《关于推进污水资源化利用的指导意见》（以下简称《指导意见》），是我国污水资源化利用的总体政策指导。《指导意见》提出，到2025年，全国污水收集效能显著提升，县城及城市污水处理能力基本满足当地经济社会发展需要，水环境敏感地区污水处理基本实现提标升级，全国地级及以上缺水城市再生水利用率达到25%以上，京津冀地区达到35%以上；工业用水重复利用、畜禽粪污和渔业养殖尾水资源化利用水平显著提升；污水资源化利用政策体系和市场机制基本建立。到2035年，形成系统、安全、环保、经济的污水资源化利用格局。

《指导意见》明确，为落实以上目标，实施污水收集及资源化利用设施建设、区域再生水循环利用、工业废水循环利用、农业农村污水以用促治、污水近零排放科技创新试点、开展污水资源化利用试点示范等六大重点工程，推进城镇污水管网全覆盖，重点推进城镇污水管网破损修复、老旧管网更新和混接错接改造，到2025年建成若干国家高新区工业废水近零排放科技创新试点工程。

《指导意见》从政策体系、价格机制、财金政策等方面明确健全污水资源化利用的体制机制。要求制定区域再生水循环利用试点等实施方案，形成污水资源化利用"1+N"政策体系。要求将地方专项债用于污水资源化利用，并且鼓励地方财政建立涉及多元化的财政性投入保障机制，也就是将"股、债、补贴"多元化相结合，形成强有力的财力保障。同时建立使用者付费制度，放开再生水政府定价。对于提供公共生态环境服务功能的河湖湿地生态补水、景观环境用水使用再生水的，鼓励采用政府购买服务的方式推动污水资源化利用。

2.《"十四五"城镇污水处理及资源化利用发展规划》

在《指导意见》总体目标的指导下，结合我国城镇污水处理及资源化利用现状，2021年6月，国家发展改革委、住房城乡建设部印发《"十四五"城镇污水处理及资源化利用发展规划》（以下简称《规划》），提出了"十四五"时期城镇污水处理及资源化利用的主要目标、重点建设任务、设施运行维护要求以及保障措施。旨在有效缓解我国城镇污水收集处理设施发展不平衡不充分的矛盾，系统推动补短板强弱项，全面提升污水收集处理效能，加快推进各地污水资源化利用工作落到实处。

《规划》提出，到2025年，全国城市生活污水集中收集率力争达到70%以上，县城污水处理率达到95%以上；水环境敏感地区污水处理基本达到一级A排放标准；全国地级及以上缺水城市再生水利用率达到25%以上，京津冀地区达到35%以上，黄河流域中下游地级及以上缺水城市力争达到30%；城市污泥无害化处置率达到90%以上。加强再生利用设施建设，推进污水资源化利用。新建、改建和扩建再生水生产能力不少于1 500万m^3/d。破解污泥处置难点，实现无害化推进资源化。新增污泥无害化处理设施规模不少于 2 万 t/d。

《规划》指出，推进污水处理及资源化利用需落实目标责任，按照省级部署、市县负责的要求，系统推进“十四五”污水处理及资源化利用工作。应拓宽投融资渠道，建立多元化的财政资金投入保障机制，中央预算内投资给予适当支持，引导社会资本积极参与。完善费价税机制，合理制定污水处理费标准，放开再生水政府定价，落实税收优惠政策。

在上述顶层政策及规划的基础上，为落实顶层政策中污水资源化利用的重大工程及试点示范工作，构建污水资源化利用“1＋N”政策体系，国家发展改革委、住房城乡建设部等部门相继发布《区域再生水循环利用试点实施方案》《典型地区再生水利用配置试点方案》《工业废水循环利用实施方案》《污泥无害化处理和资源化利用实施方案》，对污水资源化利用相关工程推进、试点申报等提出政策指导（表 3-1）。

表 3-1　全国污水资源化利用政策及主要内容一览表

序号	文件名称及发布时间	发布单位	主要内容
1	《关于推进污水资源化利用的指导意见》(2021 年 1 月)	国家发展改革委、科技部、工业和信息化部、财政部、自然资源部、生态环境部、住房城乡建设部、水利部、农业农村部及市场监管总局共 10 部门	作为污水资源化利用的总体指导政策，提出污水资源化利用的总体目标、三大重点领域、六个重大工程，以及五个体制机制保障等相关内容
2	《“十四五”城镇污水处理及资源化利用发展规划》(2021 年 6 月)	国家发展改革委、住房城乡建设部共 2 部门	提出“十四五”时期城镇污水处理及资源化利用的主要目标、重点建设任务、设施运行维护要求以及保障措施
3	《区域再生水循环利用试点实施方案》(2021 年 12 月)	生态环境部办公厅、国家发展改革委办公厅、住房城乡建设部办公厅、水利部办公厅共 4 部门	落实区域再生水循环利用试点工程的具体实施方案，明确试点范围、主要任务及实施步骤
4	《典型地区再生水利用配置试点方案》(2021 年 12 月)	水利部、国家发展改革委、住房城乡建设部、工业和信息化部、自然资源部、生态环境部共 6 部门	以缺水地区、水环境敏感地区、水生态脆弱地区为重点，明确各类试点城市目标及试点内容
5	《工业废水循环利用实施方案》(2021 年 12 月)	工业和信息化部、国家发展改革委、科技部、生态环境部、住房城乡建设部、水利部共 6 部门	针对工业废水循环利用提出重点行业废水循环利用提升、关键装备技术攻关等 7 个方面的重点任务，到 2025 年，力争规模以上工业用水重复利用率达到 94%左右
6	《污泥无害化处理和资源化利用实施方案》(2022 年 9 月)	国家发展改革委、住房城乡建设部、生态环境部共 3 部门	明确三方面 10 项政策举措，提出到 2025 年，全国新增污泥无害化处置设施规模不少于 2 万 t/d，城市污泥无害化处置率达到 90%以上，地级及以上城市达到 95%以上

（二）地方政策

在《指导意见》及《规划》等全国政策文件出台后，为落实国家政策及规划要求，各省市结合自身现状，陆续提出推进污水资源化利用的实施方案，明确本地污水资源化利用的突破领域及重大工程（表3-2）。

表3-2　部分省市污水资源化利用政策及主要内容一览表

序号	文件名称	发布时间	主要内容
1	《福建省推进污水资源化利用实施方案》	2021年7月	提出2025年福州、厦门、漳州等缺水城市再生水利用率达到25%以上；畜禽粪污综合利用率达到93%以上，工业用水重复利用水平显著提升，规模以上养殖主体全部实现尾水达标排放或循环利用，污水资源化利用产业初具规模
2	《青海省推进污水资源化利用的实施方案》	2021年8月	实施城镇污水收集处理、区域再生水循环利用、工业废水及农村污水资源化利用及示范试点五大工程。2025年地级城市再生水利用率达到25%；工业用水重复利用和畜禽粪污资源化利用水平显著提升
3	《江苏省推进污水资源化利用的实施方案》	2021年11月	2025年城市再生水利用率达到25%以上；工业废水重复利用水平显著提升，规模以上工业用水重复利用率达91%以上；畜禽粪污综合利用率稳定在95%左右
4	《广东省推进污水资源化利用实施方案》	2021年12月	推进重点领域污水资源化利用，加快推动城镇生活污水资源化利用、积极推动工业废水资源化利用、稳妥推进农业农村污水资源化利用。2025年城市再生水利用率达30%以上，规模以上工业用水重复利用率达到85%以上；畜禽粪污综合利用率达到80%以上
5	《上海市推进污水资源化利用实施方案》	2022年1月	在城镇、工业、农业等领域推进10个污水资源化利用试点项目，各郊区形成“一区一点”污水资源化利用示范；深化工业废水近零排放科技创新试点；工业用水重复利用和畜禽粪污资源化利用继续保持高水平发展，渔业养殖尾水资源化利用水平显著提升
6	《苏州市推进污水资源化利用的实施方案》	2022年7月	提出三个重点领域，明确7方面重点任务，到2025年非常规水源替代率达到3%以上，城市再生水利用率达到30%以上，工业用水重复利用率达到93%以上
7	《重庆市污水资源化利用实施方案》	2022年5月	提出聚焦重点领域、重点工程，强化政策体系建设。到2025年，全市再生水利用率达15%以上，其中主城都市区再生水利用率达25%以上
8	《北京市“十四五”时期污水处理及资源化利用发展规划》	2022年6月	提出到2025年，全市污水处理能力达到800万m^3/d，污水处理率达到98%，农村生活污水得到全面有效治理；到2035年，全市城乡污水基本实现全处理，全市再生水利用率达到70%以上，全面实现污泥无害化处置
9	《天津市推进污水资源化利用实施方案》	2022年8月	通过推进重点领域污水资源化利用、实施污水资源化利用重点工程、健全污水资源化利用体制机制三方面工作推进污水资源化利用，到2025年再生水利用率达到50%以上、规模以上工业企业重复用水率达到95%以上
10	《“十四五”山东省城镇污水处理及资源化利用发展规划》	2022年9月	明确到2025年，全省再生水利用率达到55%，污泥无害化处置率达到95%以上。从提升污水处理能力、加强再生利用设施建设、破解污泥处置难点等六个方面细化建设目标和路径

部分省市在《指导意见》再生水利用目标的基础上，细化了工业用水重复利用率、畜禽粪污综合利用率等定量目标，如江苏省、广东省等。在具体措施上，北京等城市从再生水设施、分区管控及多元应用方面提出了针对性的实施方案，助力污水资源化利用目标实现。还有部分城市（如天津市）通过积极申报试点工程，开拓片区污水资源化及水生态保护新途径。下文将以天津、江苏、广东为例，梳理典型地区实施方案的重点内容。

1. 天津市

天津市人均水资源占有量仅 100 m^3，水资源缺乏的实际情况促使天津市全面推进节水型城市建设。在众多节水政策基础上，天津市水务局于 2022 年 8 月发布《天津市推进污水资源化利用实施方案》，提出污水资源化利用的更高目标。到 2025 年，全市污水收集效能显著提升，城镇污水集中处理率达到 97%；再生水利用率达到 50%以上；规模以上工业企业重复用水率达到 95%以上；规模养殖场全面配建畜禽粪污处理设施，探索开展规模以下畜禽粪污治理，推动种养结合、循环利用；渔业养殖尾水资源化利用水平显著提升；污水资源化利用政策体系和市场机制基本建立。到 2035 年，形成系统、安全、环保、经济的污水资源化利用格局。

在项目实践上，天津市积极贯彻落实《指导意见》中关于“推进区域污水资源化循环利用”的要求，在滨海新区开展区域再生水循环利用试点工程，积极谋划北塘、大港重点区域污水资源化循环利用项目，并以试点为契机，拓展水生态保护新路径。

2. 江苏省

江苏省工业、农业及城镇用水量均处于较高水平，但仍存在资源型和水质型缺水问题。在全省大力推进节水政策和用水管理的总体背景下，江苏省污水资源化已有一定发展基础，并于 2021 年 11 月发布《江苏省推进污水资源化利用的实施方案》，细化了污水资源化利用的多方面目标。提出到 2025 年，全省污水收集处理效能进一步提升，区域污水集中处理设施的收集、处理能力与当地经济社会发展需要相适应，污水处理厂尾水湿地建设得到有效推进，城市再生水利用率达到 25%以上；工业废水重复利用水平显著提升，规模以上工业用水重复利用率达 91%以上；畜禽粪污综合利用率稳定在 95%左右；污水资源化利用政策体系和市场机制基本建立。

为实现上述目标，江苏省提出以“深入推动城镇生活污水资源化利用、积极推动工业废水资源化利用、稳妥推进农业农村污水资源化利用、实施污水资源化利用重点工程试点示范、建立健全污水资源化利用体制机制”为五大主要任务，形成具有指导性的政策指引。

3. 广东省

广东省是我国经济社会发展的领跑地区之一，在我国再生水利用总量中排名第一，且远超其他省份。2021 年 12 月，广东省发布《广东省推进污水资源化利用实施方案》，提出到 2025 年，全省污水收集效能显著提升，城镇污水处理能力基本满足当地经济社会发展需要，污水资源化利用政策体系和市场机制基本建立，城市再生水利用率达 30%以上，规模以上工业用水重复利用率达到 85%以上，畜禽粪污综合利用率达到 80%以上，渔业养殖尾水资源化利用水平显著提升。到 2035 年，形成系统、安全、环保、经济的污水资源化利用格局。

广东省提出从三个方面推进重点领域污水资源化利用。一是推进重点领域污水资源化利用，包括加快推动城镇生活污水资源化利用、积极推动工业废水资源化利用和稳妥推进农业农村污水资源化利用。二是实施污水资源化利用重点工程，包含污水收集处理及资源化利用设施建设工程、实施区域再生水循环利用工程、工业废水循环利用工程、农村污水以用促治工程以及污水近零排放科技创新试点工程。三是健全污水资源化利用体制机制，包含健全法规标准和政策体系、完善财金政策和价格机制、强化科技支撑和模式创新。

二、法规标准

（一）法律法规

我国现有涉及污水资源化利用的法规体系中，以鼓励和支持再生水使用、界定城镇再生水回用的用途及管理主体为主，目前尚未对污水资源化利用进行专门立法（表 3-3）。

1. 国家法律法规

在法律层面，2016 年修正颁布的《中华人民共和国水法》，是我国针对水资源利用及处理方面的顶层法律，第五十二条中“加强城市污水集中处理，鼓励使用再生水，提高污水再生利用率”，可作为污水资源化利用中的再生水回用的法律引导。对于再生水的使用，《中华人民共和国循环经济促进法》第二十七条也提出“国家鼓励和支持使用再生水。在有条件使用再生水的地区，限制或者禁止将自来水作为城市道路清扫、城市绿化和景观用水使用”。

在行政法规层面，早在 1988 年，国务院颁布《城市节约用水管理规定》，其中第七条“工业用水重复利用率低于 40%（不包括热电厂用水）的城市，新建供水工程时，未经上一级城市建设行政主管部门的同意，不得新增工业用水量”，针对工业用水提出重复利用的具体要求。2013 年，国务院发布《城镇排水与污水处理条例》，作为城镇污水处理的主要法规依据，第七条、第十二条明确了各地城镇排水与污水处理规划需包含污水处理与再生利用相关内容，并由县级以上人民政府进行相关设施建设；第三十七条提出“国家鼓励城镇污水处理再生利用，工业生产、城市绿化、道路清扫、车辆冲洗、建筑施工以及生态景观等，应当优先使用再生水”。各地应当根据当地水资源和水环境状况，合理确定再生水利用的规模，制定促进再生水利用的保障措施，并将再生水纳入水资源统一配置，明确污水再生利用的推荐用途与管理的责任主体。

2. 地方性法规及地方规章

各地尚未发布污水资源化利用的专门性法规，涉及再生水利用的相关内容多包含于城市排水管理、水资源节约集约利用等法规中。根据自身水资源条件禀赋，我国多数缺水或严重缺水城市已颁布城市排水和再生水利用条例、节约用水条例等，将再生水利用作为单独章节，提出将再生水纳入水资源供需平衡体系，明确使用范围及建设标准。此外，针对黄河流域水资源保护利用的极高要求，聊城市、淄博市、菏泽市等沿黄城市，发布黄河水资源节约集约利用办法，对再生水利用区域、范围及适用企业做出明确要求，将中水、再生水利用与企业取水许可相关联。

在政府规章层面，北京、青岛、合肥、沈阳等 7 市提出“再生水利用管理办法”，作为指导再生水利用管理的专门规章。其他多数省市的再生水利用相关规定多作为城镇污水集中处理管理办法或城市供水节水管理办法的章节内容，明确再生水利用的具体场景，提出鼓励对生产用水进行循环利用，鼓励宾馆、饭店、写字楼、住宅小区等建设中水回用系统，减少污水的直接排放，并将再生水、雨水、海水等非常规水资源纳入水资源统一配置，组织编制非常规水资源利用规划，将非常规水资源利用纳入最严格水资源管理制度和环境保护目标责任考核。

表 3-3 涉及污水资源化利用的部分法律法规文件一览

效力类别	名称	施行时间
法律	《中华人民共和国水法》(2016 年修正)	2016 年 9 月 1 日
	《中华人民共和国循环经济促进法》(2018 年修正)	2018 年 10 月 26 日
行政法规	《城镇排水与污水处理条例》	2014 年 1 月 1 日
	《城市节约用水管理规定》	1989 年 1 月 1 日
地方性法规	《天津市城市排水和再生水利用管理条例》	2012 年 5 月 9 日
	《西安市城市污水处理和再生水利用条例》	2012 年 12 月 1 日
	《银川市城市供水节水条例》	2018 年 11 月 1 日
	《呼和浩特市再生水利用管理条例》	2020 年 1 月 1 日
	《宁波市城市排水和再生水利用条例》	2021 年 7 月 1 日
	《菏泽市黄河水资源节约集约利用促进条例》	2023 年 4 月 1 日
	《聊城市黄河水资源节约集约利用办法》	2023 年 4 月 1 日

续表

效力类别	名称	施行时间
地方规章	《青岛市城市再生水利用管理办法》	2004 年 2 月 1 日
	《唐山市城市再生水利用管理暂行办法》	2006 年 11 月 1 日
	《北京市排水和再生水管理办法》	2010 年 1 月 1 日
	《合肥市再生水利用管理办法》	2018 年 10 月 1 日
	《包头市再生水管理办法》	2012 年 8 月 1 日
	《邯郸市城市再生水利用管理办法》	2020 年 2 月 1 日
	《沈阳市再生水利用管理办法》	2020 年 3 月 1 日
	《漳州市城市供水节水管理办法》	2023 年 3 月 1 日

（二）标准规范

1. 国家及行业标准

我国涉及污水资源化利用的标准规范以国家推荐标准、行业标准为主。为规范再生水利用的工程设计、水质及使用范围、污泥处理标准等内容，我国发布了污水再生利用工程、建筑中水设计、再生水质等相关标准及规范，包括《再生水水质标准》(SL368—2006)、《城镇污水再生利用工程设计规范》(GB 50335—2016)、《城镇污水再生利用设施运行、维护及安全技术规程》(CJJ 252—2016)、《城镇污水处理厂污泥处理稳定标准》(CJ/T 510—2017)、《建筑中水设计标准》(GB 50336—2018) 及“城镇污水处理厂污泥处置”系列标准。

根据城市污水的再生利用类型，自 2002 年起陆续发布了“城市污水再生利用”系列标准，包括《城市污水再生利用分类》(GB/T 18919—2002)、《城市污水再生利用 地下水回灌水质》(GB/T 19772—2005)、《城市污水再生利用 工业用水水质》(GB/T 19923—2005)、《城市污水再生利用 农田灌溉用水水质》(GB 20922—2007)、《城市污水再生利用 绿地灌溉水质》(GB/T 25499—2010)、《城市污水再生利用 景观环境用水水质》(GB/T 18921—2019)、《城市污水再生利用 城市杂用水水质》(GB/T 18920—2020)，规定了城市污水再生利用的分类原则、类别和范围，覆盖了地下水、杂用水以及景观用水等领域，为执行再生水不同用途的回用提供保障，为地方制定污水再生利用的水质标准提供依据。

2021 年《指导意见》的发布，标志着污水资源化利用上升为国家行动计划，落实资源化行动的相关标准规范日益完善。2022 年初，市场监管总局（标准委）批准发布了《水回用导则 再生水厂水质管理》（GB/T 41016—2021）等 5 项污水资源化领域推荐性国家标准，包括三项水回用导则、一项水系统集成优化指南和一项矿井水利用导则。其中，《水回用导则》系列标准规定了以城镇污水为水源的再生水的分级，再生水厂水质管理的目标、措施、检测监控与报告及制度，以及污水再生处理技术与工艺评价的评价指标体系、评价程序与要求，从再生水分级、水质管理和技术工艺评价等方面为再生水行业开展项目规划、设计、运营、评价和管理等工作提供专业指导意见和规范。《工业企业水系统集成优化技术指南》（GB/T 30887—2021）提供了钢铁、石油炼制、造纸、酒精、黏胶纤维和化纤长丝织造等行业企业水系统集成优化现状调查、集成优化以及效果评估的具体实施指南。《矿井水综合利用技术导则》（GB/T 41019—2021）规定了矿井水作为工业用水、杂用水、生态环境用水、农田灌溉用水、生活饮用水等的技术要求，有效指导矿井水的综合利用（表 3-4）。

表 3-4 污水资源化利用相关标准及规范一览表

序号	标准及规范名称	实施时间	发布单位
1	《城市污水再生利用 分类》GB/T 18919—2002	2003 年 5 月 1 日	国家质量监督检验检疫总局
2	《城市污水再生利用 地下水回灌水质》GB/T 19772—2005	2005 年 11 月 1 日	国家质量监督检验检疫总局、国家标准化管理委员会
3	《城市污水再生利用 工业用水水质》GB/T 19923—2005	2006 年 4 月 1 日	
4	《再生水水质标准》SL368—2006	2007 年 6 月 1 日	水利部
5	《城市污水再生利用 农田灌溉用水水质》GB 20922—2007	2007 年 10 月 1 日	国家质量监督检验检疫总局、国家标准化管理委员会
6	《城市污水再生利用 绿地灌溉水质》GB/T 25499—2010	2011 年 9 月 1 日	
7	《化学工业污水处理与回用设计规范》GB 50684—2011	2012 年 5 月 1 日	住房城乡建设部
8	《城镇污水再生利用工程设计规范》GB 50335—2016	2017 年 4 月 1 日	
9	《城镇污水再生利用设施运行、维护及安全技术规程》CJJ 252—2016	2017 年 5 月 1 日	
10	《城镇污水处理厂污泥处理 稳定标准》CJ/T 510—2017	2017 年 9 月 1 日	
11	《建筑中水设计标准》GB 50336—2018	2018 年 12 月 1 日	
12	《农村生活污水处理工程技术标准》GB/T 51347—2019	2019 年 12 月 1 日	
13	《城市污水再生利用 景观环境用水水质》GB/T 18921—2019	2020 年 5 月 1 日	国家市场监督管理总局、国家标准化管理委员会
14	《城市污水再生利用 城市杂用水水质》GB/T 18920—2020	2021 年 2 月 1 日	
15	《农村生活污水处理设施建设技术指南》T/CAEPI 50—2022	2022 年 11 月 1 日	中国环境保护产业协会

续表

序号	标准及规范名称	实施时间	发布单位
16	《水回用导则 再生水利用效益评价》GB/T 42247—2022	2023 年 4 月 1 日	国家市场监督管理总局、国家标准化管理委员会
17	《水回用导则 再生水厂水质管理》GB/T 41016—2021	2022 年 7 月 1 日	
18	《水回用导则 污水再生处理技术与工艺评价方法》GB/T 41017—2021		
19	《水回用导则 再生水分级》GB/T 41018—2021		
20	《畜禽养殖污水监测技术规范》GB/T 27522—2023	2023 年 10 月 1 日	农业农村部

2. 地方标准

在全国及行业、团体标准以外，北京、天津、广东等地纷纷出台完善适应本地污水资源化利用发展基础的地方标准或技术指引，因地制宜地指导地方污水资源再生利用。

其中，北京市自 2020 年起，陆续发布了系列地方标准《再生水利用指南 第 1 部分：工业》(DB11/T 1767—2020)、《再生水利用指南 第 2 部分：空调冷却》(DB11/T 1767.2—2022)、《再生水利用指南 第 3 部分：市政杂用》(DB11/T 1767.3—2022)、《再生水利用指南 第 4 部分：景观环境》(DB11/T 1767.4—2021) 以及《建筑中水运行管理规范》(DB11/T 348—2022)，规定了各类别再生水利用的一般要求、主要用途水质要求、处理工艺和安全保障等，覆盖了北京城镇污水再生利用的广泛用途，服务于北京水资源的精细化管理调配。

为针对性地指导推进农村生活污水资源化与有效管控利用，广东省已印发实施地方标准《农村生活污水处理排放标准》(DB 44/2208—2019)、《广东省农村生活污水资源化利用技术指南（试行）》(2023)，明确了农村生活污水处理标准、户内处理、输送、储存及消纳利用的资源化利用各环节要求，划分出零散户、聚居片等资源化利用的主要模式及适用范围，并提出村庄生活污水资源化利用的场景选用建议及成效评估参考，对农村生活污水资源化利用具有较强的落地性和实操指导性。

各类标准的发布实施将推动再生水等非常规水源的安全高效利用，促进水资源节约集约利用，对我国污水资源化利用工作提供了方向引导和技术支撑。

第三节　污水资源化利用关键技术及应用

结合我国污水资源化的现有用途，以及政策引导污水资源化利用的重点领域及方向，本节将着重从城镇污水与工业污废水、农村污水、污泥处置和水处理设施智能化管理四大板块切入，梳理归纳污水资源化利用的各项关键技术（图 3-1）。

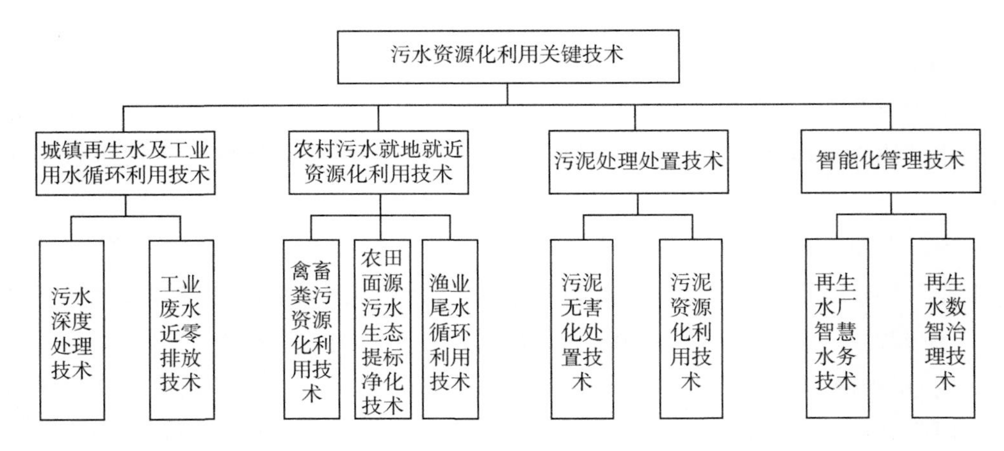

图 3-1　污水资源化利用关键技术分类示意图

一、城镇再生水及工业用水循环利用技术

（一）污水深度处理技术

1. 过滤处理技术

过滤处理技术主要是通过运用各种工业处理装置实施对废水的处理，主要包括以下几点：第一，运用沉降池对工业废水进行沉降处理，均匀分散其中的各种介质，再运用机械搅拌装置将工业废水中掺入一定浓度的盐酸并进行搅拌处理。最后，将沉降处理过的工业废水引入过滤槽装置中，在清除其中各种不溶性杂质后，运用清洗液进行初步存储。第二，采用树脂吸附方式解析处理工业废水中的甲醇物质，使其成为透明无色的水溶液，并运用三效蒸发器结合离心机装置将工业废水中的氯化钠成分进行固液分离处理，最后实施二次存储。第三，运用解析液贮槽和冷凝水贮槽，对蒸发后的冷凝水进行存储处理并解析，再运用废水回收装置，进行回收处理并二次投入使用。

2. 厌氧处理技术

厌氧处理作为现阶段国内最常用的工业废水处理技术，在对收集的工业废水进行净化处理的过程中，通过合理运用厌氧废水处理技术中的生物膜技术，能够有效过滤大量的废水杂质，并将可降解与不可降解的物质进行系统的分离处理，进而完成整个高浓度有机工业废水的处理过程。此外，通过该技术的运用还可实现对各种废水中物质的整体转换，如通过处理其中部分高浓度有机工业废水，使其成为区域沼气供给能源或返回工厂生产车间继续使用，进而真正实现工作废水资源的有机回收和利用。合理运用厌氧技术可有效提升工业废水处理的分解性和及时性，进一步增强废水处理效果。

3. 泥床处理技术

泥床处理技术也是目前主要的工业废水处理技术，通过运用该技术实施净化处理后的水源，二次利用效果极佳。该技术主要运用土壤泥床特性，将废水通过土壤结构完成过滤和处理。如可在工厂指定区域布设三层净化土壤，将其中一层土壤用于对工业废水的首次过滤，使其中的杂质经过土壤结构后完全分离，进而保障后续废水的过滤效率。在第二层土壤中合理布设各种废水降解物质，使工业废水在经过初步过滤后完成降解反应，实现中层净化。第三层土壤主要处理工业废水中的化学物质，使有机废水中相关腐蚀性的化学物能够不断融合，进而完成整个废水的处理过程。最后，可对经过泥床处理技术处理后的工业废水进行各项性能检测，如污染物含量相对较低，便可将其在第二次循环过滤后直接运用于生活用水或工业用水中。除了不可直接饮用外，完全可以将其用于厕所清理、工厂清洁或工业生产的二次使用中。

4. 好氧处理技术

好氧处理技术属于一种现代的新型工业废水处理技术，相对传统工业废水处理工艺而言，其对高浓度有机废水的净化效果更佳。除此之外，该技术在整个使用过程中，设施布设面积相对较小且费用投入较低，仅需在废水处理系统运行时根据制定的工艺流程实施填料处理即可，并在充分结合水循环处理系统的情况下，全面提升整体废水处理效果。此外，在好氧处理时，也可以适当地运用深井曝气相关技术，调整传统生化废水处理方法，使施工废水全面接触废水处理系统中的膜氧化表面，进而提升氧气饱和度及好氧利用效率，并将工业废水中的污染物和净水资源彻底分离，最终实现工业废水的净化处理效果。

5. 水分解处理技术

水分解处理技术主要运用物质中的酸碱中和反应，将净水资源作为关键降解介质，并利用净水资源在工业废水降解中所产生的化学反应，直接实施废水沉淀降解，进而缩短整个工业废水处理过程，提高废水处理质量和处理效率。在整个废水净化过程中，可以针对工业废水中的COD物质，利用酸菌和水解菌实施净化降解处理，并运用酸碱溶液吸附废水中的各类有机物，进而避免废水在处理过程中产生各种不良反应，因而该技术具有极佳的工业废水处理效果。

（二）工业废水近零排放技术

1. SBR生化

SBR生化即序批式间歇活性污泥法，是近几年被全球大量关注并推广应用的工业废水生物处理新技术，也是零排放理念的有效实践。该技术主要是在单一反应器内，依据时间顺序完成进水、曝气、沉淀、出水等操作，周而复始地处理污水，具有构筑物少（无一次或二次沉淀池、污泥回流系统）、耐冲击负荷、运行灵活、自动管理的优良特点。

2. 纳滤技术

在基于零排放理念的工业废水处理方面，纳滤技术具有孔径小、操作压力低、对物质选择性分离、无二次污染的特点。

3. 反渗透

反渗透是一种适用于零排放理念的膜分离技术，现已形成一种成熟度较高的化学单元操作。工业反渗透水处理主要是借助透过性膜、半透过性膜，以压力为推动力，在系统内增设压力超过进水容器渗透压时，促使水分子持续透过膜，进而经产水流道进入中心管，在膜的进水侧截留废水内有机物、金属离子等，在浓水出水端流出，分离净化效果较好。

4. 纳滤-反渗透双膜组合技术

纳滤-反渗透双膜是一种有效的污水处理回用技术，其可以有效集成纳滤膜与反渗透膜优势，去除工业废水中高分子氮、高分子磷、悬浮物、大分子有机物以及病原体、浊度，为污水回用提供充足支持。

5. 纳滤-冷冻析硝组合技术

纳滤-冷冻析硝工艺主要用于高盐工业废水处理，可以将未处理的工业废水经管道送入反应池，在反应池内加入盐酸除去废水中碳酸根、碳酸氢根离子。进而将反应完全后废水经纳滤系统处理，处理后进入冷冻析硝系统，将冷冻析硝处理后的浓缩液离心分离获得芒硝晶体，分离期间产生的少量溶液则回流到系统内利用。同时经管道将纳滤透过液送入化盐池并加入氯化钠，制备碱性物质，提高经济效益，实现了工业废水有用物质的资源化利用。

6. 膜-冷冻结晶-MVR组合技术

膜-冷冻结晶-MVR工艺是一种将膜分离、冷冻结晶、MVR技术集成的工艺，可以充分利用三种工艺的优势，弥补其他工艺薄弱点，实现工业废水的达标排放以及有用物质的回收利用。

二、农村污水就地就近资源化利用技术

（一）畜禽粪污资源化利用技术

1. 肥料化利用技术

畜禽粪污通过粪污处理设施，经腐熟堆肥处理后当作有机肥料施入农田、林地，有机肥料含有大量氮磷钾，能够代替化学化肥，给农作物进行追肥，不但可以增加经济附加值，还可以优化土壤条件，加快农作物产量提高。

2. 垫料养殖技术

因为牛粪里面有一定纤维素，同时质地非常松软，所以作为养殖垫料来使用。牛粪污在亚低温状态下实施固液分离之后，固体粪便、玉米秸秆以及微生物细菌液混合物以一定比例混合在一起，就能够自然成为牛床垫料。在进行规模化牛养殖的时候，牛垫料不但可以处理牛养殖带来的粪污排放以及污染情况，还能够节省养殖成本。除此之外，把牛粪当作垫料使用之后，牛舍里面的温湿度以及气体排放速度就会大大下降。发酵牛粪用作卧床垫料能够提高牛群清洁度，减少疫病出现概率。而蚯蚓粪便能够用来做鸡垫料，不但可以改善空气，而且还可以减少舍内有害气体的浓度。由此可见，垫料养殖手段能够有效借助粪污资源来减少粪污对附近环境的破坏。但是此措施要求大范围晾晒以及存储粪渣，因此在大规模牧场应用较多。

3. 能源化利用技术

首先，直接燃烧。通常情况下，畜禽粪污在做完干湿分离后，固体粪便就能够直接燃烧，还可用来发电。同时牛粪在进行压块处理之后可以成为可燃性清洁能源，不但节省占地面积，减少污染，还方便实施存储运输等。如国外某公司研发出鸡粪锅炉，并创造出以家禽粪便为主要燃料的发电厂。其次，厌氧发酵沼气工程。该工程就是有机物质在进行预处理后，于厌氧反应器里通过微生物消化，得到沼气以及沼渣的技术手段。一般来说，畜禽粪便是关键性厌氧发酵原料，往往使用猪粪或者是牛粪较多。同时，在进行厌氧发酵的时候，粪便里面的寄生虫会被彻底消灭，从而断绝传播源头。除此之外，沼气成分为甲烷，无色无味，沼气燃烧从很大程度上可以取代化石燃烧，可以减少畜禽粪便带来的大气污染，优化空气质量。在发动机中应用沼气，加上发电装置能够得到热能还有电能。最后，生物质热解就是指生物质加热至一定程度之后分解成气体以及生物油还原炭的反应过程，热解周期短且效率强，能够消灭病原微生物，带来生物油以及氢气等。生物质热解方法能够取代化石能源，加长化石能源的实际应用时间，畜禽粪便属于生物质能源，挥发组分以及可燃组分达到了64.25%和77.76%，理化性质与生物质成型燃料非常类似。除此之外，植物类生物质有季节性，而畜禽粪便没有，因此原料供应会比较稳定。缺点为热解能耗

明显，此技术手段对于畜禽粪便的应用依旧在探索中，现阶段还不够成熟。

4. 饲料化技术

首先是分解处理。分解处理就是让一些低等动物，如蚯蚓等，借助自身生命活动对粪便进行自然分解，以此得到高动物蛋白饲料的一种技术。由于蚯蚓属于无脊椎动物，其采食范围广以及处理畜禽废弃物效果好，所以分解处理畜禽粪污通常都是用蚯蚓。发酵后，粪便就会在蚯蚓体内开始机械研磨，然后化学消化，继而在微生物作用下分解转化，变成能够被自身有效利用的营养物质。把蚯蚓放在畜禽粪便上，能够让粪便和环境隔绝，实现除臭味目的。除此之外，经过蚯蚓处理之后，粪便还属于高质量有机肥料，能够增强土壤肥力水平，减少畜禽粪便里面的重金属，如铬、镉等。其次，发酵处理。因为粪便里面并没有太多的碳水化合物，把饲料以及畜禽粪污根据相关比例进行混合之后展开青贮，能够消灭粪污里存在的病原菌，增强粗蛋白水平以及适口性。此措施在鸡粪处理过程中得到了良好应用，由于鸡粪干物质里的粗蛋白含量为31％～33％，所以发酵鸡粪就是鱼类配合颗粒饲料的理想原料。与一般商品饲料比较来说，将鸡粪发酵之后得到的颗粒饲料喂鱼，能够把饲料成本下降到原来的一半以上。而且，研究得知，借助鸡粪以及豆秸等展开发酵处理还能够饲喂肥牛，不但可以去除臭味，还可以消灭病原菌。但是要重视的一点是，粪便里面包含着寄生虫还有重金属等，所以要借助高温加热的方法蒸发掉粪便里面的水分，制作成高蛋白饲料，实现杀菌目的。

（二）农田面源污水生态提标净化技术

生态净化技术，指基于生态学原理，以生物多样性构建和水力调控为主要手段，截留和去除水体氮磷等污染物的方法。优先选用生态型的材料，采用景观效果好、净化能力强的本土物种和近自然群落进行净化系统的生物配置。实施区域禁止施用任何化学投入品。遵循成本节约的原则，设施结构简单，运维成本低，能高效净化农田面源污水，同时不影响农田正常的灌排、生产和行洪排涝。

1. 人工湿地

人工湿地是模拟自然湿地的结构和功能，人为地将低污染水投配到由填料（含土壤）与水生植物、动物和微生物构成的独特生态系统中，通过物理、化学和生物等协同作用使水质得以改善的工程。或是利用河滩地、洼地和绿化用地等，通过优化集布水等强化措施改造的近自然系统，实现水质净化功能提升和生态提质。

人工湿地按照填料和水的位置关系，分为表面流人工湿地和潜流人工湿地。潜流人工湿地按照水流方向，分为水平潜流人工湿地和垂直潜流人工湿地。

2. 生态沟

生态沟指生物多样性丰富，具有调蓄、净化、排水等多重功能的沟。生态沟宜由沉淀区、水生植物段和水位控制设施等构成，这些单元可沿水流方向重复布设。生态沟可选择添加格栅和复合填料模块。宜在沟中配置耐污能力强、根系发达、生物量大的挺水、沉水和浮水植物，可一种或几种搭配栽种；常水位以上沟坡宜种植草本植物。宜在沟末端、沟与沟连接处等关键节点设置水位控制设施，平时水位宜不低于沟高度的1/3；雨量大或排水量大时，应保障沟道排水畅通。

3. 生态塘

生态塘宜由单个兼性塘或由兼性塘、好氧塘、水生植物塘等多类型塘串联组合而成，宜在前端设置兼性塘。塘建设内容包括护岸、导流设施、水生生物配置、水位控制设施等。宜在第一个塘前端设置沉淀段和格栅。塘内宜种植沉水、浮水和挺水多种水生植物，并搭配滤食性鱼类等水生动物。常水位以上沟坡宜种植草本植物。生态塘宜采用具有一定透水性的材料（如木排桩等）建设护岸，应保证其稳定。塘底宜为土质。宜利用自然地形高差进水和出水，塘底宜略带坡度，并坡向出口，使污水在系统内自流顺畅。

4. 农田植被过滤带

植被过滤带构建内容主要为草本和灌木组成的植物带。从农田至水体方向，宜依次配置草本、灌木植物。植被过滤带宽度宜大于3 m，可根据建设地点实际情况确定建设宽度和长度。植被过滤带坡度应在25°以下。植被过滤带宜采用漫流进水方式，出水采用横沟收集，多点外排。

（三）渔业尾水循环利用技术

1. 物理处理技术

（1）过滤法

过滤法是借助具有过滤功能的工具和设备将水产养殖尾水中的大颗粒悬浮物过滤掉。针对较小颗粒物，则可以选用小孔径微滤设备进行过滤。使用微滤设备实施二次过滤后，能够将水产养殖尾水中80%的杂质过滤掉，效果理想。但是需要指出的是，微滤设备成本高，操作复杂，因此在一定程度上影响其应用。

（2）泡沫分离法

泡沫分离法是利用泡沫在水产养殖尾水中运动的原理，实现对尾水表面杂质的有效吸附，当尾水中杂质再次分离后，可反复采用该方法进行清理。当前，在海水养殖生产的尾水处理中，泡沫分离法的应用较为广泛，与淡水相比较，海水具有更高的鼓泡率，因此采用该法效果更加理想；如淡水中富含有机物，亦可采用泡沫分离法处理尾水。

2. 化学处理技术

（1）电化学法

电化学法是在水产养殖尾水中接入适当强度的电流，将污水中的氨氮、烟硝酸盐等多种物质电解溶解，实现对水产养殖尾水的有效净化。

（2）氧化法

氧化法是将适量化学剂添加于水产养殖尾水中，促使其和水中杂质产生化学反应，最终达到氧化清洁的效果。以臭氧为例，其氧化性强，臭氧和有机物产生化学反应后会释放氧气，提高水环境含氧量，满足水产动物生长对氧气的需求。但是，如果臭氧过多，则会对水产动物的生长繁殖造成极大的影响，絮凝剂使用过量，会增加水产动物死亡率。所以在水产养殖尾水处理时应遵循科学、适度的原则使用化学技术，对化学制剂使用量予以严格的控制，避免造成不良影响。

3. 生物处理技术

生物处理技术处理水产养殖尾水的优势在于安全、环保，劣势在于品种单一、适应性差。常用技术主要包括以下几种。

（1）生态处理法

通过在水产养殖尾水中种植一些具备净化能力的植物，能够有效净化和吸收水体杂质，实现对尾水的有效净化。例如，在水产养殖尾水中种植藻类植物，藻类植物生长时会释放大量氧气，为水产动物生长提供充足的氧气，同时亦可降低尾水中氨氮等物质的含量。

（2）生物膜法

利用装有填料的生物滤器处理水产养殖尾水，将微生物吸附于填料表面，进而将尾水中的污染物去除，净化水体。生物膜是由真菌、厌氧菌和藻类等多种微生物所组成的，其优势在于具备较强的适应性及较高的处理效率。

（3）活性污泥法

活性污泥法是在水产养殖尾水当中注入空气，促使水体中微生物大量繁殖并形成大量的絮状沉淀，然后在尾水中投放具备较强吸附性的活性污泥，实现对杂质的吸附、氧化并分解，最终完成对尾水的净化。

三、污泥处理处置技术

（一）污泥无害化处置技术

1. 干化处理技术

污泥干化是无害化处理的关键技术之一。与常见污染物质相比，污泥的含水率较高、固体率较低，本质上属于胶状结构的一种。这一特性决定了污泥的体积较为庞大，不利于存储运输流程的展开。同时，含水率较高导致污泥中的微生物滋生速度快，容易造成生态环境污染，如腐败、恶臭等。因此，需要做好无害化处理相关工作，为后续利用或其他流程夯实基础条件。常规情况下，污泥经过减量处理后含水率约为 75%～85%，体积重量仍处于不可小觑的状态。干化处理技术可以使污泥含水率得到有效控制，降低其基础体积与重量，为后续应用做好准备。在干化处理过程中，污泥内部病原体能够被消灭，使其符合无害化处理需求。同时，含水量的降低也可以为生物肥料、燃料制造提供有利条件，实现提高污泥处理经济效益的效果。

污泥干化技术处理流程包含三个基础阶段，即物料预热、恒速干化预热、降速干化。预热的主要目的为提高污泥物质的基础温度，通过加热方式使内部水分进入汽化状态，逐渐降低污泥的总含水率。恒速干化属于表面汽化控制阶段，其能够将热源能量传递至污泥内部，使水分进入快速蒸发状态，有效降低污泥基础含水量，同时维持表面温度处于稳定阶段。降速干化属于内部扩散与控制流程，在污泥水分处于较低状态时，降速干化可以进一步提高加热效率，使水分进入缓慢减少状态，最终与其他物质达成平衡，实现无害化处理。完成干化处理的污泥最终会转变为颗粒状，整体危害性已经得到有效控制。

2. **蚯蚓堆肥处理技术**

污泥无害化处理除物理技术外，也可采用生物技术方式进行。现阶段，污泥农用属于最为经济、最为有效的无害化处理方式。而在农用前，污泥需要经过无害化与稳定化处理，才能够实现理想应用目标。通过结合蚯蚓堆肥处理技术，可以使污泥物质得到有效调理、浓缩、脱水，尽可能降低内部有害物质的基础含量，最终达到理想的应用效果。蚯蚓可以富集污泥内部的重金属物质，同时去除病原菌并转移有害物质。

利用蚯蚓堆肥技术，能够充分发挥生物方案的经济性优势，同时还可以实现协同作用，为后续有机物应用做好准备。蚯蚓属于土壤杂食动物，其可以消化有机物并将其转化为其他有机物质。污泥中富含的重金属与有机化合物属于蚯蚓的最佳食物，通过堆肥集聚处理，可以使污泥得到有效疏散与降解，最终达到无害化处理目标，基础流程如图 3-2 所示。

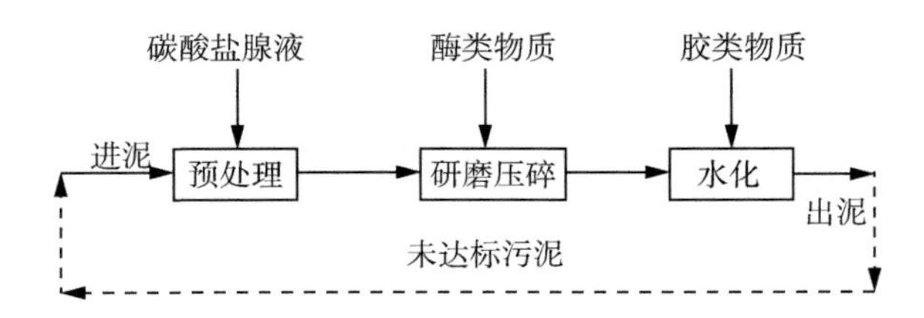

图 3-2　蚯蚓堆肥污泥处理流程示意

蚯蚓堆肥无害化处理首先需要制订可靠的养殖计划，通过筛选质量可靠与信誉良好的供应商，有效提高蚯蚓堆肥稳定性，减少出现问题的概率。在实践过程中，需要做好蚯蚓的驯化与饲养工作，同时结合污泥处理需求计算所需蚯蚓种数。处理场所应当选择在安静、远离居民区的位置，同时做好污泥的投放准备。在正式投放污泥前，需要进行适当的预处理工作，即控制含水率、调节 pH 值、调节污泥厚度等。饲养蚯蚓对于污泥厚度要求较为严格，过高的厚度可能导致通气不良，过低的厚度可能影响水分与营养吸收，削弱蚯蚓生长繁殖效率与污泥处理质量。

3. 焚烧处理技术

污泥焚烧属于经典、成熟的无害化处理技术。通过焚烧方式将污泥体积减小至原有的 10%甚至以下，使其转变为惰性灰渣物质，有效消除对环境的危害性。同时，污泥焚烧后的产物可以为建材行业提供资源，实现稳定化、无害化的处理目标。但是，与其他技术方案相比，污泥焚烧工程规模较为庞大、工艺复杂程度高，因此需要做好相应部署工作，确保焚烧效果能够达到理想无害化标准。现阶段，污泥焚烧技术发展已经出现了多样化的革新趋势，具有代表性的成果包括异重流化床清洁焚烧、湿污泥循环流化床焚烧、污泥协同焚烧等。

（二）污泥资源化利用技术

污泥资源化利用属于经济性发展与改革的重要方向之一，通过深入挖掘污泥具有的有机物价值，可以使其实现“变废为宝”的转化目标，能够为再回收体系建设与无害化处置后续部署提供理想条件。

1. PHA 材料制备技术

在资源化利用关键技术中，生物降解材料制备属于典型方案之一。聚羟基烷酸酯（即 PHA）属于天然生物聚酯材料。其具有完整的生物降解特性，同时能够在一定程度上代替化学合成塑料，实现绿色化应用的目标。污泥内部含有的活性物质可以为 PHA 合成创造条件，因此可以通过此类方式创造生物降解材料，实现资源化利用的目标。在相关研究中，PHA 材料制备需要采用低磷浓度进行处理。磷含量对 PHA 生产具有直接影响，其能够将醋酸盐转化为 PHA 物质，进而实现理想处理目标。因此，在污泥制备过程中应当做好磷含量控制工作，避免其影响 PHA 的制备效率。同时，溶解氧（DO）的浓度对于 PHA 产量也具有显著影响。污泥资源化过程中，DO 浓度的提升能够有效抑制硝化反应与反硝化反应，使 PHA 的产量得到提升。因此，在污泥资源制备过程中，需要做好 DO 浓度的配置，使 PHA 制备产量得到有效增加。

2. Fenton 催化材料制备技术

Fenton 技术是工业废水与垃圾渗滤液的主流处置方案，其具有高级氧化特征，能够有效降低物质危害性。但是，该技术的实施也会产生大量的污泥，需要进行后续分离、脱水以及无害化处置。针对该技术产生的污泥进行资源化利用，可以有效降低 Fenton 技术实施成本，同时还能够控制其对环境的负面影响，有利于提高工业生产与垃圾处理工作的基础效益。Fenton 污泥可以结合多种资源化利用途径进行处置，如生产催化材料等。通过利用共沉淀处理技术，使 Fenton 污泥在 800℃条件下得到有效煅烧，转变为磁性 $NiFe_2O_4$ 颗粒，为后续的 Fenton 技术实施提供高效率催化剂材料。$NiFe_2O_4$ 与 H_2O_2 同时应用的情况下，能够有效去除工业污染物质或垃圾渗滤液中含有的苯酚，基础效率可达 95%以上。Fenton 污泥还可以制备为水热炭，为 Fenton 技术提供类催化剂物质。水热炭的基础投放量应设置为 0.8 g/L，同时添加适量的 H_2O_2，使溶液的 pH 值接近 3，反应 0.5 h 即可去除亚甲基蓝物质。通过制备催化剂材料，可以有效消化 Fenton 技术产生的污泥，实现理想的资源化处理目标。但是，目前相关技术制备的催化剂性能与稳定性仍处于有待评估的状态，未来应当重点改进制备流程与应用细节，确保其能够与 Fenton 技术构成稳定消化循环，为污泥的资源化应用打下坚实基础。

3. 光催化剂材料制备技术

在光催化剂类别中，具有良好性能表现的种类包括 WO_3、TiO_2、CdS、ZnS 等。其中 TiO_2 属于应用经济性良好、化学稳定性强且无毒害性的种类，具有重要应用价值，在光催化反应中得到了广泛的利用。采用污泥材料制备生物负载催化剂，可以与 TiO_2 材料相结合，共同增强光催化活性位点，进一步提高污泥的应用价值。在实际资源化处理过程中，可以将污泥与纳米颗粒相结合，在 800℃条件下进行处理。通过此类热分解反应，可以获得生物炭复合材料，包括 TiO_2、Fe_3C 等。这种复合材料可以发挥高效光催化作用，使有害物质得到充分降解，如亚甲基蓝等。同时，此类复合材料还可以与 $ZnCl_2$ 结合，作为活化剂为溶胶凝胶法提供光催化条件。这种应用方式可以有效提高光催化降解丙酮气体的效率，同时也具有更为优秀的比表面积，能够增强吸附有机气体的实际效果。在针对市政污泥进行资源化处理的过程中，也可以采用此类制备方式，为光催化性能的提升夯实基础条件。

4. 活性炭材料制备技术

活性炭吸附材料属于社会工业生活中较为常用的资源，其能够有效去除大部分污染物，在水处理等行业中得到了广泛应用。污泥资源化利用可以通过相应技术方式实现制备活性炭材料的目标，显著提高污泥的利用价值，使其在社会经济环境中得到有效循环。例如，可以采用浓缩污泥与脱水污泥进行活性炭制备，使材料的性能得到显著提升。污泥基活性炭对水中低浓度 Cr 污染物的吸附效果较好，能够有效去除 100 mg/L 以内的 Cr 污染物，整体成本相对较低，具有优秀的应用价值。同时，污泥还可以通过 $ZnCl_2$ 与 HNO_3 协同活化制备方式，获得大量的生物活性炭。此类活性炭与商品活性炭相比，平均吸附量表现更为优秀，具有显著应用优势。由此可见，污泥制备活性炭是资源化利用的最佳技术途径，其能够在水处理领域中发挥重要作用，同时也可以有效去除常见的重金属污染物，与商业制品相比具有良好的应用价值。但是，目前污泥活性炭材料内部是否存留潜在污染物，仍然处于深入研究阶段；且对污泥转化活性炭材料的研究较少，相关工艺与技术细节有待改进。

四、智能化管理技术

（一）再生水厂智慧水务技术

智慧水务平台的形成可消除现有水厂中信息孤岛的困境。通过建立“设备—仪表—离线填报”一体化平台，运营人员可对所获厂内数据进行分析，定位成本损失，控制服务成本，有针对性地优化运营管理手段，挖掘新的获益增长点；同时，运行人员可通过该平台及时发现工艺问题并处理，保障高效运营，提高业务安全稳定性；对于工艺优化人员，可通过该平台达到对水厂的透彻感知，从常规经验判断的运行模式转变为经验-理论相结合的运行模式。

再生水厂智慧水务的搭建过程中，由于各厂的差异性，仅靠向软件公司、硬件设备公司及网络通信服务商购买服务甚至直接向全套产品供应商购买整个系统是不够的，软件与硬件的联结及业务技术与计算机辅助技术的配合均需在再生水厂的切实需求下定制完成。在平台结构方面，由于数字资产是整个智慧水务平台运行的基础，故以数据为核心搭建再生水厂智慧水务结构。基于水厂内数据的流动方向，从数据获取层起自下而上搭建智慧水务平台，依次包括数据采集层、数据交互层、数据处理层和数据应用层，包含智慧水务所有的数据行为。

（二）再生水数智治理技术

再生水数智治理平台集再生水生产、输配系统、利用端（用户）于一体，通过三步探索建立再生水利用全流程、全链条管理蓝图。一是实现全流程数据管控，全面整合再生水水质、水压、水量等关键要素，打通上下游关联数据，提高再生水输配与生态补水过程中数据采集、传输、处理水平，完善相关数据的精度和传输的时效性，同时通过数据中心端实现智能分析。二是全面掌控系统运行状况，通过智能传感设备和数字孪生技术，实现对再生水厂运行状况的实时感知、重要工艺环节及主要耗能设备的智慧化高级控制，保证再生水厂的安全稳定运行，提高运行管理水平，形成低碳化、长效化、动态化运营管理体系。三是智慧调度实现效益最大化，依托宁波首创的“综合管廊＋再生水管道＋城市河网”联网联供联调的集约化配置模式，结合管网数学模型和最优化算法，形成供水优化调度方案。在实现保质、保量供水的前提下，对系统运行进行综合调度，减少能源消耗，实现再生水循环利用效益最大化的目标。

数智治理平台以数字化赋能再生水利用提质增效，优化水资源集约利用，进一步提高了城市节水水平。现阶段已将再生水稳定用于生态补水、工业水源补水、高品质工业直供水和市政杂用水四个领域，有效置换优质水资源，实现水资源节约利用。

第四节 污水资源化利用发展前景及市场空间

一、发展前景

（一）污水近零排放等重大科技创新引领

污水近零排放是污水资源化利用领域技术创新的重要方向。根据《指导意见》，推动污水资源化关键技术攻关纳入国家中长期科技发展规划、“十四五”生态环境科技创新专项规划，部署相关重点专项开展污水资源化科技创新。通过引导科研院所、高等院校、污水处理企业等组建污水资源化利用创新战略联盟，重点突破污水深度处理、污泥资源化利用共性和关键技术装备，研发集成低成本、高性能工业废水处理技术和装备，在高新园区、工业园区率先推广，推进工业园区内企业间用水系统集成优化，实现串联用水、分质用水、一水多用和梯级利用，到2025年建成若干国家高新区工业废水近零排放科技创新工程。

1. 国家主导的科技创新探索

为实现近零排放目标，结合废水特征有针对性地选择处理技术进行分类处理，结合处理后出水水质以及不同的用水需求进行分质利用，是改善废水处理效果，提高水资源利用效率，实现区域污水近零排放的关键。针对此研究方向，高校、科技联盟等密集发布对污水近零排放技术的相关研究，其中河海大学、水资源高效利用与工程安全国家工程研究中心以高新区整体为研究对象，根据园区内不同企业及企业不同生产单元的用、排水特点，提出了耦合单元处理-分质利用、企业处理-综合利用、园区处理-市政杂用、生态处理-生态回用、再生处理-工业回用的“五级处理-五级回用”高新区污水近零排放思路，并已开展区域试点。

2. 行业先行的创新实践

工业企业已纷纷对各行业污水近零排放技术展开探索。中石油针对炼化企业污水近零排放技术展开应用探讨，在总结炼化企业污水污染物组分复杂，水量、水质波动较大等排放特点的基础上，提出生产污水、含盐污水、清净废水、高盐污水分质处理及回用重点，以及各工段的主要处理内容，实现炼化工业污水近零排放。在煤化工项目污水处理中，有机废水达标回用和高浓盐水“近零排放”是两个关键环节。中煤集团提出“污水分类处理＋含盐污水提浓＋高浓盐水固化”的污水近零排放技术路线；中石化集团提出废水近零排放分盐技术，产出硫酸钠、氯化钠进行资源化利用，减少外排固废量，创造环境友好煤化工项目，加强工业废水能量提取及资源化利用。

（二）污水资源化利用试点示范工程落位

面对我国污水资源化利用发展处于初级阶段、各地区现有基础参差不齐的现状，国家发展改革委、生态环境部、住房城乡建设部等多部委通过布局重大工程试点，助力污水资源化利用在典型地区利用配置、区域循环利用以及工业领域废水循环利用率先实现突破，为全国污水资源化利用的推广提供可复制的经验借鉴（表 3-5）。

表 3-5 污水资源化利用试点及示范项目

试点名称	试点内容	试点名单
典型地区再生水利用配置试点	制定规划目标、创新配置方式、拓展配置领域、完善产输设施，建立健全相关激励政策，大幅提高再生水利用率	2022 年首批包含北京市密云区、北京市顺义区、天津市滨海新区等 78 个城市（区）
区域再生水循环利用试点	合理规划布局、强化污水处理厂运行管理、建设人工湿地水质净化工程、完善再生水调配体系、拓宽再生水利用渠道、加强监测监管	2022 年首批包含天津市滨海新区、晋城市、运城市等 19 个城市（区）
工业废水循环利用试点	推动企业、园区实施废水循环利用技术改造，完善废水循环利用装备和设施，实现串联用水、分质用水、一水多用和梯级利用，提升企业水重复利用率	2022 年首批包含首钢股份公司迁安钢铁公司等 29 个企业，以及宁东能源化工基地等 3 个园区

1. 典型地区再生水利用配置试点

加强再生水利用配置是贯彻落实党中央、国务院有关污水资源化利用决策部署的重要举措，有利于提高污水再生利用率。2021 年 12 月，水利部等 6 部门编制印发《典型地区再生水利用配置试点方案》，试点地区的选取以缺水地区、水环境敏感地区、水生态脆弱地区为重点，试点内容包括优化再生水利用规划布局、加强再生水利用配置管理、扩大再生水利用领域和规模、完善再生水生产输配设施、建立健全再生水利用政策等五方面。各地按照试点方案要求，按程序完成试点申报、实施方案编制，实施方案通过省级人民政府审批上报。

2022 年 12 月，水利部、国家发展改革委、住房城乡建设部、工业和信息化部、自然资源部、生态环境部联合印发通知，公布典型地区再生水利用配置试点城市名单，明确在29个省（自治区、直辖市）的78个城市开展典型地区再生水利用配置试点。由试点所在省（自治区、直辖市）人民政府相关部门指导试点城市抓紧启动试点建设，着力落实已批准的试点实施方案，如期高效地完成试点目标任务。2023年11月，水利部等部门进行了试点中期评估，加快推进试点建设。

根据典型地区再生水利用配置试点中期评估结果，发现部分试点城市在建设进度、政策制度、资金保障等方面尚存在不足。具体表现为：资金筹措压力大，再生水利用配套基础设施建设任务重，加上再生水处理工艺较为复杂、技术要求高，工程建设投资资金需求大。再生水利用激励政策不健全，目前引导促进再生水利用的市场化机制还较为缺乏，节水奖励、精准补贴和税费减免等优惠政策有待进一步落实。再生水用于生产生活的占比不大，从利用领域看，再生水已广泛用于生态补水、工业生产、城市杂用、农业灌溉等领域，但主要用于河道内生态补水，用于生产生活的比例并不大。

2. 区域再生水循环利用试点

区域再生水循环利用是在重点排污口下游、河流入湖（海）口、支流入干流处等关键节点，因地制宜建设人工湿地水质净化等工程设施，对处理达标后的排水进一步净化改善后，在一定区域统筹用于生产、生态、生活的污水资源化利用模式。

2021年12月，为推进污水资源化利用，做好区域再生水循环利用试点工作，生态环境部会同国家发展改革委、住房城乡建设部、水利部编制了《区域再生水循环利用试点实施方案》，试点内容包括合理规划布局、强化污水处理厂运行管理、因地制宜建设人工湿地水质净化工程、完善再生水调配体系、拓宽再生水利用渠道、加强监测监管等六项。各省份结合本地实际开展试点申报工作，组织编制试点实施方案，并按程序进行评审。

2022年12月，综合考虑工作基础、实施意愿和推广示范效果等因素，生态环境部办公厅、国家发展改革委办公厅、住房城乡建设部办公厅、水利部办公厅联合发布首批区域再生水循环利用试点城市名单。要求省级生态环境部门会同发展改革、住房城乡建设、水利等有关部门，指导试点地方根据要求做好试点各项工作，统筹项目内容和建设时序，加强资金政策保障，深化部门协作联动，加快推进项目建设，及早发挥试点效益。

3. 工业废水循环利用试点

作为污水的重要来源之一，工业废水中的污染物成分和性质与城镇、农村生活污水相比有显著的差异，主要特点包括污染物成分复杂、差异大，污染物浓度范围宽、波动大，难降解性污染物和毒性污染物种类多、浓度大等，需要根据不同行业废水的特点，分质收集、分类处理、分步回用。

为推进工业废水循环利用，提升工业水资源集约节约利用水平，2021年12月，工业和信息化部、国家发展改革委、科技部、生态环境部、住房城乡建设部、水利部联合发布了《工业废水循环利用实施方案》，将“强化示范带动，打造废水循环利用典型标杆”作为重点任务之一，提出“推动企业、园区根据内部废水水质特点，围绕过程循环和末端回用，实施废水循环利用技术改造，完善废水循环利用装备和设施，实现串联用水、分质用水、一水多用和梯级利用，提升企业水重复利用率。重点围绕京津冀、黄河流域以及长江经济带等缺水地区和水环境敏感区域，创建一批产城融合废水高效循环利用创新试点。推动有条件的工业企业、园区与市政再生水生产运营单位合作，完善再生水管网，衔接再生水标准，将处理达标后的再生水回用于生产过程，减少企业新水取用量，形成可复制推广的产城融合废水高效循环利用新模式。到2025年，形成50个可复制、可推广的工业废水循环利用优秀典型经验和案例”。

2022年12月，经过地方推荐、专家评审和网上公示，工业和信息化部确定了2022年工业废水循环利用试点企业、园区名单，首批包括29个试点工业企业及3个试点工业园区。试点工作将由地区工业和信息化主管部门组织实施，并对先进模式和经验进行推广，带动提升工业废水循环利用水平。

（三）污水资源化利用价格机制完善

1. 再生水价格发展特点

再生水是污水资源化利用的重要途径。在全国号召推进再生水利用的背景下，国家发展改革委多次发文明确再生水价格的制定原则。2009年，国家发展改革委会同住房城乡建设部制定了《关于做好城市供水价格管理工作有关问题的通知》，明确理顺再生水与城市供水的比价关系，要求各地要加大再生水设施建设的投入，研究制定对再生水生产使用的优惠政策，努力降低再生水使用成本。再生水水价的确定，要结合再生水水质、用途等情况，与自来水价格保持适当差价，以鼓励再生水的使用。具备条件的地区要强制部分行业使用再生水，扩大再生水使用范围。

2018年，国家发展改革委印发《关于创新和完善促进绿色发展价格机制的意见》，指导各地建立有利于再生水利用的价格政策。明确按照与自来水保持竞争优势的原则确定再生水价格，推动园林绿化、道路清扫、消防等公共领域使用再生水。具备条件的可协商定价，探索实行累退价格机制。

各城市按照国家部署，结合当地污水再生利用要求，制定了相应的再生水价格管理政策。初步呈现价格逐步放开、城市间价格水平差异较大等特点。首先，由于大多数地区再生水利用远未形成网络化、规模化，再生水企业与大用户之间以点对点供水为主，再生水供水管道敷设及价格主要由供需双方协商确定，少数地区实行政府定价、政府指导价管理。上海、深圳、南京、广州等地近年来均放开了再生水价格，实行市场调节价；天津、长春等地仍实行政府定价；北京、杭州等地实行政府指导价。其次，城市间再生水价格悬殊。如天津再生水价格较高，2012年制定执行至今，居民为2.2元/m^3，发电企业为2.5元/m^3，工业、行政事业、经营服务单位为4元/m^3；杭州2006年制定的价格为1元/m^3、上下浮动10%；北京2014年起实行价格上限管理，不超过3.5元/m^3，实际按1元/m^3执行；长春2019年9月调整再生水价格为0.8元/m^3；其他地区再生水价格多在1元/m^3以内。

总体而言，现有的政府制定再生水价格处于两难境地。再生水价格高的，再生水与自来水等常规水源相比价格优势难以显现，用户使用意愿降低，使用量少，限制了再生水开发利用的规模与发展速度；制定价格低的，价格与生产成本倒挂，再生水企业处于亏损状态，难以持续运营，制约了再生水行业健康可持续发展。

2. 再生水价格机制发展方向

2021年，《指导意见》明确要求建立使用者付费制度，放开再生水政府定价，由再生水供应企业和用户按照优质优价的原则自主协商定价。对于提供公共生态环境服务功能的河湖湿地的生态补水、景观环境用水使用再生水的，鼓励采用政府购买服务的方式推动污水资源化利用。再生水价格机制将有以下发展方向。

（1）再生水价格进一步放开。考虑到我国再生水利用仍处于起步阶段，各地远未建立起完善的配套管网，实行政府定价对促进再生水利用的作用有限，不利于再生水的推广利用。为调动再生水企业生产的积极性，准确对接用户需求，当前，可放开再生水价格，加快建立由市场形成价格的机制。

（2）再生水分类、累退等价格机制逐步健全。再生水需在污水处理的基础上进行再处理，不同用户对景观环境用水、地下水回灌用水、工业用水、绿地灌溉用水、杂用水等水质要求不同，不同的水质标准对应的技术处理成本有差异，不宜制定统一的价格。再生水生产企业可根据用户水质要求分类定价，探索实行累退价格机制，具体价格水平由再生水企业与用户协商确定，包括企业与用户之间的点对点供水管道建设投资运营，也可由供需双方协商实施。

（3）合理比价体系逐渐形成。再生水的合理价格上限是自来水价格，发挥再生水价格优势需要充分拉开与自来水价格的差距，在两者可替代的领域，大幅度提高再生水使用率。将再生水纳入水价改革体系统筹研究，推动形成合理比价关系。

二、市场空间

（一）污水资源化利用价值分析

污水资源化利用是缓解水资源短缺和水环境污染问题的有效途径，也是实现碳达峰、碳中和的重要举措之一。污水资源化利用能够有效带动污水处理产业赋能升级，保障城镇用水安全，减少水环境污染，促进城镇高质量、可持续发展，具有显著的综合价值。

在社会价值上，污水资源化利用是保障用水安全、提高水资源利用效率的重要举措。我国大多数地区缺水形势严峻，生活和生态用水需求日益增加，供需矛盾突出，用水效率、效益亟待提高。越来越多的缺水城市将再生水作为稳定供给的“第二水源”，推进工业园区、市政、景观等的分质用水，能有效缓解城镇水资源短缺，提高水资源配置效率。

在生态价值上，污水资源化利用是促进健康水循环、构建和谐生态环境的桥梁。针对城镇污水厂和排水管网建设与河湖水环境治理之间欠统筹、不协同，建设目标相对独立、单一的实际问题，污水资源化利用在提升城镇污水处理规模的基础上，还能够为河湖水环境治理补充清洁水源，从根本上解决水生态损害、水环境污染问题。

在经济价值上，污水资源化利用能够对城市经济社会发展起到积极的促进作用。除大量工业企业再生水回用、污水处理设施再生水利用的经济效益定量分析之外，已有学者将研究范围及对象扩大至城市和区域层面，研判污水资源化利用对于城市整体经济的促进。在城市层面，已有研究以广东湛江为例，分析论证 2019 年污水资源化利用对城市工业增加值的贡献为 48.65 亿元，在全市工业增加值占比超过 5%。在区域层面，已有研究以珠三角地区为例，对污水资源化利用的区域价值分布进行定量细化，得出污水资源化利用价值与地区经济发展水平密切相关的结论；并且城市经济越发达，污水资源化利用价值越凸显。同时，针对污水资源化利用区域价值的研究明确了资源化利用与城市群内发展的相关性，提出城市群应统筹规划，适应经济社会发展，根据不同城市的用水需求与用水特点，梳理利用价值及侧重，合理调配资金资源，把水资源的再生利用摆在战略地位。

（二）污水资源化利用市场空间

污水资源化利用不仅具有突出的社会效益与生态效益，更有显著的经济价值，在城镇高质量发展中有较大市场空间。

从投资规模及发展趋势来看，自再生水利用的各项国家政策提出以来，污水资源化利用的市场投资规模有了明显提升。“十二五”期间，全国城镇污水处理及再生利用设施建设规划投资近 4 300 亿元，其中再生水利用设施建设投资 304 亿元。“十三五”期间，水处理行业的快速发展主要在政策支持下，城镇污水处理及再生利用设施建设共投资约 5 644 亿元，同时随着水处理技术的日趋成熟，中水回用、膜处理、智慧水务等板块在水处理行业得到更广泛应用，新增再生水生产设施投资 158 亿元。其中，针对固定资产投资额分析（图 3-3），2012—2017 年，我国城市污水处理及其再生利用固定资产投资额维持在300亿元～500亿元之间，县城投资额在100亿元～140亿元之间。2018年，我国污水处理及再生利用投资额大幅增长；截至2021年我国城市污水处理及再生利用投资额为893.8亿元，县城投资额为325.9亿元。相关研究机构根据“十三五”规划中针对水环境治理领域的投资规模，同时结合新时期的农村水环境治理与几大流域生态治理的工程总量与复杂程度综合分析，预估“十四五”规划中针对水环境治理的投资规模将超过7 000亿元，资源化利用作为未来污水处理发展的重要方向，其市场规模也将有所提升。

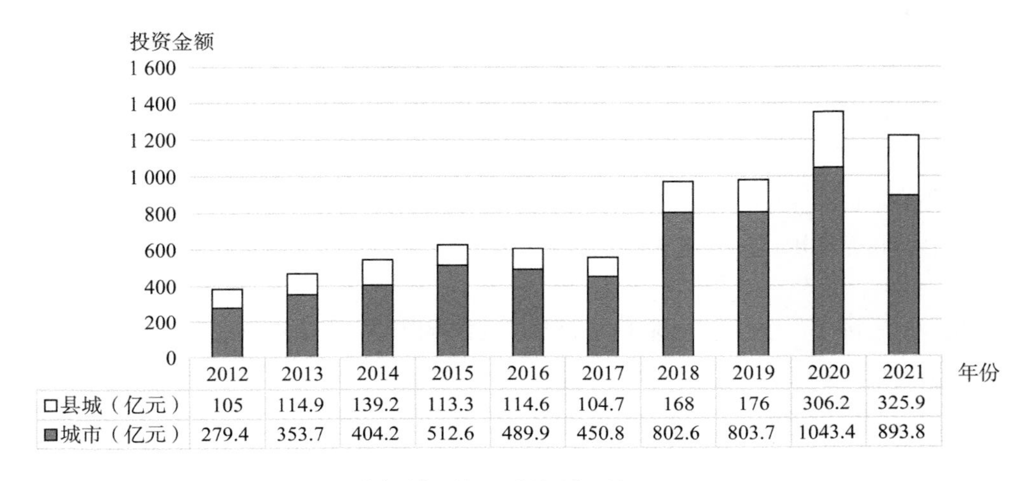

	2012	2013	2014	2015	2016	2017	2018	2019	2020	2021
□县城（亿元）	105	114.9	139.2	113.3	114.6	104.7	168	176	306.2	325.9
■城市（亿元）	279.4	353.7	404.2	512.6	489.9	450.8	802.6	803.7	1043.4	893.8

图3-3　2012—2021年我国污水处理及再生利用投资额情况

从政府资金支持来看，2021年，国家发展改革委印发《污染治理和节能减碳中央预算内投资专项管理办法》，统筹安排污染治理和节能减碳的中央预算内投资支持资金，提出重点支持各地污水处理、污水资源化利用等环境基础设施项目建设。对于污水资源化利用项目，按东、中、西和东北地区分别不超过项目总投资的30%、45%、60%、60%控制，单个项目支持金额原则上不超过5 000万元，重大创新示范项目除外；并对资金支持范围与标准等多个方面做出了明确规范，为污水资源化利用项目资金来源提供保障。

从市场空间的区域分布来看，在我国资源型缺水严重的京津冀地区，水资源的处理利用受到广泛重视。江苏、山东、浙江和广东也存在不同程度的缺水，这种现状倒逼水资源利用效率的提升。东部地区人口密集、产业集聚，水处理相关的经济转型有着更广阔的消费群体和技术支持，发展前景广阔。在各地实施方案的推动下，“十四五”期间污水处理及资源化利用行业将面临巨大的市场机遇，市场投资将稳步提升。

综上分析，在行业发展趋势和多个宏观政策导向的基础上，污水资源化利用市场空间巨大，资金支持保障制度正逐步完善，各地在“十四五”期间的市场投资将稳步提升。

参考文献

[1] 冯云凤.我国城市污水处理回用现状与发展趋势[J].环境与发展，2020，32(4)：63+65.

[2] 2017 UN world water development report, wastewater: The untapped resource [EB/OL]. [2023-10-20]. https://www.unep.org/resources/publication/2017-un-world-water-development-report-wastewater-untapped-resource.

[3] 张国珍，孙加辉，武福平.再生水回用的研究现状综述[J].净水技术，2018，37(12)：40-45.

[4] 余颖男，孙丹焱，郑涛，等.污水厂再生水回用于城市内河的生态修复效果及安全性评价[J].环境工程，2021，36(6)：1-5+26.

[5] 姜磊，涂月，李向敏，等.污水回收再利用现状及发展趋势[J].净水技术，2018，37(9)：60-66+72.

[6] 王娟，郑雄，陈银广.城市污水回用现状与应用进展[J].给水排水，2016(S1)：87-92.

[7] 叶得万.城市再生水利用途径和选择分析[J].农村经济与科技，2021，32(4)：10-11.

[8] 曲炜.我国污水处理回用发展历程及特点[J].中国水利，2013(23)：50-52.

[9] 靳海珠.市政给排水工程污水处理技术探讨[J].住宅与房地产，2020(5)：226.

[10] 杜甫义，阿琼，董凡超，等.西藏地区不同湿地植物配置对污水的净化效果[J].环境工程，2017，35(1)：26-30+40.

[11] 高嘉移.给排水污水处理技术问题及处理方法探讨[J].现代物业(中旬刊)，2019(11)：169.

[12] 唐访良，朱文.气相色谱法分离和测定环境空气中的丙烯酸乙酯和甲基丙烯酸甲酯[J].分析测试技术与仪器，2000(2)：115-118.

[13] 王昊，王晓宁，廖青.静态顶空-气相色谱-质谱联用法同时检测涂层织物中的6种异味物质[J].北京服装学院学报(自然科学版)，2010，30(2)：54-60.

[14] 李宾.污水处理厂节能降耗问题探讨[J].黑龙江环境通报，2021，34(4)：52-53.

[15] 王娟，甘祝名.城市河流水污染治理与修复技术研究[J].皮革制作与环保科技，2022，3(23)：102-105.

[16] 佚名.《中国城镇水务行业年度发展报告(2021)》[J].城镇供水，2022(6)：7.

[17] 卓雄.再生水生物污水处理及深度处理工艺择选研究[J].中州煤炭，2021(12)：31-35+41.

[18] ZHENG X, ZHOU Y F, CHEN S H, et al. Survey of MBR market: Trends and perspectives in China[J]. Desalination, 2010, 250: 609-612.

[19] 高海平.MBR工艺及其在中水回用中应用比较研究[J].山东工业技术，2017(12)：45.

[20] 姚吉，张稳妥，滕良方，等."双膜工艺"在工业区污水处理厂再生水工程中的应用[J].中国给水排水，2019，35(20)：37-41.
[21] 刘继绕.生态城镇污水再生利用技术路线[J].中国资源综合利用，2020，38(11)：75-77.
[22] 赵亚芳，白华清，孙政.人工湿地在污水处理中的应用案例及常见问题探讨[J].净水技术，2022，41(5)：53-61.
[23] 戴迪楠，刘永军，马晓妍，等.污水处理与回用过程对生态毒性的削减和水质安全评价[J].安全与环境学报，2017，17(4)：1442-1447.
[24] 曹迎红.污水处理厂污泥处理资源化利用技术分析[J].资源节约与环保，2020(5)：94.
[25] 胡华龙，韩梅，黄秉禾，等.利用石化污泥生产新型除油吸附剂的试验研究[J].交通环保，2001(4)：12-14.
[26] 唐黎华，朱子彬，赵庆祥，等.活性污泥作为气化用型煤粘结剂——污泥在粉煤中的分散性与型煤质量的关系[J].华东理工大学学报(社会科学版)，1998(5)：12-15.
[27] 郝丽芳，周岳溪，张寒霜.厌氧颗粒污泥对五氯酚(PCP)的吸附、解吸及生物降解[J].中国环境科学，1999(1)：6-9.
[28] 王菲，杨国录，刘林双，等.城市污泥资源化利用现状及发展探讨[J].南水北调与水利科技，2013(2)：99-103.
[29] 方元华.污水资源化利用的发展历程与推进建议研究[J].中国战略新兴产业，2020(34)：6062.
[30] 惠辞章，张文龙，王玉明，等.基于"五级处理-五级回用"的高新区污水近零排放新模式[J].环境工程，2022(7)：193-199.
[31] 马乃毅，龚义枫.珠江三角洲城市群污水资源化利用价值分析[J].科技和产业，2023，23(4)：53-57.
[32] 马乃毅，龚义枫.湛江市污水资源化利用对经济发展贡献率的研究[J].建设科技，2022(10)：25-28.

第四章　工业园区难降解污水处理关键技术与应用

第一节　工业园区难降解污水处理发展历程和政策导向

一、技术发展历程与实施意义

（一）技术发展历程

工业园区是国家或地方政府部门将各类型工业企业聚集在一起，并通过有序管理的园区建设方式。工业企业在从事工业生产活动过程中，会消耗大量的新鲜水，同时又不断地产生污水或废液。与生活污水相比，工业企业污水大多属于难降解污水，具有污染物成分繁杂、浓度高、生化性较差、水质波动大等特点，仅依靠单一的污水生物处理技术，很难满足污水排放要求。因此，通常需要辅以物理、化学等方法，从初级的预处理，再到常规处理，甚至增设三级处理单元即深度处理，以实现污水的达标排放或者再生回用。目前，工业园区难降解污水处理技术的研发和应用是工业和环保领域的热点问题。通过文献调研，筛选总结了国内外难降解污水处理技术发展历程如下。

1. 国外难降解污水处理技术发展概述

国外难降解污水处理技术的发展比我国起步早。从 18 世纪中叶至 19 世纪前半叶，欧洲工业革命正如火如荼的开展，大量的工业污水也随之产生。当时欧洲工业强国的科学家发现，基于石灰、明矾等简单的物化沉淀方法，已难以去除工业污水中的污染物。因此，相续开发出厌氧生物滤池、污水曝气法、混凝法、气浮法、离子交换法等，以去除污水中异味气体（如 H_2S）、胶体、重金属离子（如 Fe、Mn、Hg、Cd、Cr、Pb 等）、钙镁离子等。1916 年，为了更好地去除污水中的有机污染物，英国科学家 Arden 和 Lokett 在前期实验室曝气试验研究的基础上，将试验工艺化并建立了第一座活性污泥法污水处理厂，从此奠定了污水生物处理技术的基础。随着集约化畜牧养殖业和食品加工业的迅速发展，高浓度氮磷污水流入湖泊，造成水体富营养化问题凸显，污水脱氮除磷逐渐成为水污染防治的难点。在 20 世纪 50 年代初，欧美科学家发现了聚磷菌并将其用于除磷过程，从此在活性污泥法的基础上开拓出一条以脱氮除磷为主的污水生物处理路线，并研发了一系列脱氮除磷工艺，如厌氧/缺氧/好氧工艺（A^2/O）、缺氧/好氧工艺（A/O）、周期性循环活性污泥法（CASS）、氧化沟、膜生物反应器（MBR）等。在20世纪50年代末，随着膜生产技术的发展，膜分离技术可通过膜材料对污水中不同粒径的分子物质进行选择性分离，并回收需要的分离物质，因此在污水处理领域受到越来越多的关注和应用。从膜的孔径大小来划分，现有的膜分离技术有微滤膜（MF）、超滤膜（UF）、纳滤膜（NF）、反渗透膜（RO）等。至20世纪70年代，人们对饮用水安全和污水消毒日益重视，美国最先采用紫外线进行污水消毒，其属于物理消毒法，具有广谱杀菌能力和无二次污染等优点，被认为是将会取代传统氯化消毒法的主流技术。到了20世纪80年代，由于能够产生具有强氧化能力的羟基自由基（·OH），高级氧化技术开始被用于将大分子难降解有机物分解为无毒的小分子无机物质，并根据·OH产生方式衍生出一系列相应的水处理技术，如Fenton氧化法、光化学氧化法、臭氧氧化法、超声波氧化法、电化学氧化法、超临界水氧化技术等。人工湿地在20世纪90年代开始兴起于欧美和日本等国家，主要通过人工介质、植物、土壤协同作用处理污水和污泥，进而将污水处理与景观二者相结合，具有节能、绿色、可持续利用等特点。进入21世纪后，随着水资源危机日益凸显，欧美和日本等发达国家在水污染治理的理念方面发生了重大变化，逐渐重视工业污水的深度处理和再生回用，并研发一系列新型污水处理技术，如磁分离技术、低温等离子体水处理技术、组合式软化水处理技术、曝气生物滤池、厌氧氨氧化深度脱氮技术等。

2. 国内难降解污水处理技术发展概述

从明代晚期开始，我国已有污水处理装置，但主要通过格栅截流、明矾沉降和砂石过滤等方法进行污水处理，并将处理后的污水用于农业灌溉。然而，我国工业发展起步较晚，活性污泥法在1921年才传入中国。针对工业污水处理技术的研究起步更晚，最早始于20世纪60年代。在1963年和1968年，北京市市政工程设计研究总院有限公司先后设计并完成了我国最早的工业废水处理厂——北京化工二厂酸碱污水处理工程和北京南郊农药二厂污水处理工程。在1967年，中国市政工程西南设计研究总院有限公司在国内首次采用“双叶轮延时曝气法”对四川第一棉织厂的印染污水进行处理试验。膜分离技术在我国的出现和应用较晚，到了20世纪80年代，微滤技术才逐渐在医药、食品、石化和环保领域发展应用。在1982年，我国还成立了海水淡化与水再利用学会，并成功研制了海洋监测专用微孔滤膜，建成了当时世界最大的电渗析海水淡化处理站——西沙永兴岛海水淡化站，标志着我国海水淡化技术已达到了世界先进水平。随后，我国在微孔滤膜技术研发和应用方面取得了较大进步，并将其推广应用在制药、食品加工、电子、石油化工和市政环保等领域。在20世纪90年代，浙江大学郑平教授是我国最早从事厌氧氨氧化菌及其脱氮工艺的研究者，率领科研团队改进了厌氧氨氧化工艺的脱氮效果和稳定性，并将其成功应用于浙江的海森药业有限公司废水处理工程，也是中国第一个厌氧氨氧化废水处理的实际工程。此后，厌氧氨氧化工艺开始逐步应用于我国的禽畜养殖废水、制药、光伏废水处理领域，并取得了良好的应用效果。到了1993年初，MBR开始在中国进行研究开发，天津大学的科研小组研制出中空纤维膜，延长了膜的使用寿命和通水量。由于我国对紫外线消毒技术的了解有限，直到21世纪初，随着国内对饮用水及再生水工业回用的水质安全和消毒的日益重视，该技术才在我国工业污水处理领域得到推广应用。

过去二十年中，随着我国工业园区建设数量、规模的迅猛发展，日益严峻的水污染形势迫使我国工业污水治理的理念由传统的“控制有机物和氮磷排放量”转变为“污水深度处理再回用”，以响应生态工业园区的建设理念。通过引进国外先进的污水处理技术，并在此基础上衍生出一系列的新型技术，如铁碳微电解处理法、类Fenton氧化法、异相催化氧化技术、紫外光耦合臭氧氧化法、电子束辐射法、光催化氧化法、可再生粉末活性炭法、短程硝化耦合厌氧氨氧化法等。

（二）实施意义

近年来，随着我国城市化进程提速和工业结构的转型升级，不同类型的工业企业向工业园区聚集，集约式的工业园区在开展生产活动并助推经济迅速发展的同时，逐渐成为水污染防治的难点和环境污染风险的高发点，不利于工业园区的绿色低碳发展。因此，根据现阶段国家相关部委对工业园区发展颁布的政策（如2016年，工业和信息化部在《关于做好工业和信息化领域“邻避”问题防范和化解工作的通知》；2022年，国务院安全生产委员会发布的《“十四五”国家安全生产规划》等）、国家对工业园区污水处理提出的排放标准和规范［如2015年，国务院办公厅出台的《水污染防治行动计划》；《城镇污水处理厂污染物排放标准》（GB 18918—2002）等］的要求，针对工业园区难降解污水类型和特点，优选或改进现有的工业园区难降解污水处理技术，并确定适宜的难降解污水处理技术，有助于推动工业园区难降解污水的高效低耗处理与可持续利用，解决经济发展与环境保护的矛盾问题，实现工业园区的高质量发展。

二、相关政策

（一）国家政策

工业废水处理是我国环保产业的重要分支，也是实现碳中和的重要路径之一。为改善生态环境，推进污水资源化利用，推动高质量发展、可持续发展，国家出台了一系列政策，引导工业废水处理行业发展，为我国水环境改善奠定了政策基础。

2015 年 4 月，国务院印发的《水污染防治行动计划》中提到，要狠抓工业污染防治，专项整治十大重点行业，并制定造纸、焦化、氮肥、有色金属、印染、农副食品加工、原料药制造、制革、农药、电镀等行业专项治理方案。还提出要集中治理工业集聚区水污染，强化经济技术开发区、高新技术产业开发区、出口加工区等工业集聚区污染治理，并强调新建、升级工业集聚区应同步规划、建设污水集中处理等污染治理设施。

2019 年 4 月，住房城乡建设部、生态环境部和国家发展改革委出台的《城镇污水处理提质增效三年行动方案（2019—2021 年）》提出，工业企业排水需要进行规范化管理，要求经济技术开发区、高新技术产业开发区、出口加工区等工业集聚区应当按规定建设污水集中处理设施。

2020 年 6 月，生态环境部印发的《关于在疫情防控常态化前提下积极服务落实"六保"任务 坚决打赢打好污染防治攻坚战的意见》指出，要积极推动国家重大战略重点工程建设，并梳理涉及生态环境保护的重点工程项目清单，协调提供治理技术支持服务，加快推进市政污水管网、工业园区污水处理设施等重点工程建设，扩大生态环境领域固定资产投资。

2021 年 1 月，国家发展改革委发布了《关于推进污水资源化利用的指导意见》，意见指出，亟须推进企业内部工业用水循环利用，提高重复利用率，到 2025 年，要达到工业用水重复利用水平显著提升的目标，并且需要不断完善工业企业、园区污水处理设施建设，提高运营管理水平，确保工业废水达标排放。

2021 年 11 月，中共中央、国务院发布的《关于深入打好污染防治攻坚战的意见》中提到，要深入打好碧水保卫战，加强工业企业污染防治，有效控制入河污染物排放，并且强调要持续开展工业园区污染治理，扎实推进工业污染治理工程。

2021 年 12 月，工业和信息化部等六部委出台了《工业废水循环利用实施方案》，该方案提到，到 2025 年，力争规模以上工业用水重复利用率达到 94%左右，钢铁、石化化工、有色等行业规模以上工业用水重复利用率进一步提升，纺织、造纸、食品等行业规模以上工业用水重复利用率较 2020 年提升 5 个百分点以上，工业用市政再生水量大幅提高，万元工业增加值用水量较 2020 年下降 16%，基本形成主要用水行业废水高效循环利用新格局。

2022 年 3 月，住房城乡建设部等四部委联合印发了《深入打好城市黑臭水体治理攻坚战实施方案》，方案提出，工业集聚区要按规定配套建成工业污水集中处理设施并稳定运行，达到相应排放标准后方可排放，新建冶金、电镀、化工、印染、原料药制造（有工业废水处理资质且出水达到国家标准的原料药制造企业除外）等工业企业排放的含重金属或难以生化降解废水以及有关工业企业排放的高盐废水，不得排入市政污水收集处理设施。

2022 年 8 月，生态环境部印发了《黄河生态保护治理攻坚战行动方案》，方案提出，要不断推进沿黄省区工业园区水污染整治，要求工业污废水全收集、全处理，工业园区应按规定建成污水集中处理设施，到 2025 年，沿黄工业园区全部建成污水集中处理设施并稳定达标排放。同期生态环境部印发的《深入打好长江保护修复攻坚战行动方案》指出，到 2025 年底，长江经济带省级及以上工业园区污水收集处理效能明显提升，沿江化工产业污染源得到有效控制和全面治理，主要污染物排放总量持续下降。

2022 年 12 月，工业和信息化部等四部委联合发布的《关于深入推进黄河流域工业绿色发展的指导意见》指出，到 2025 年，黄河流域工业绿色发展水平明显提升，传统制造业能耗、水耗、碳排放强度显著下降，工业废水循环利用水平进一步提高，绿色低碳技术装备广泛应用。

2023 年 10 月，生态环境部发布的《沿黄河省（区）工业园区水污染整治工作方案》提出，要推动提升工业园区污水收集处理效能，并强化化工园区环境风险防范，着力打好黄河生态保护治理攻坚战，着实推动黄河流域生态保护和高质量发展。通过实施整治，到 2024 年底前，沿黄河省（区）化工园区和国家级工业园区污水集中处理设施要达标运行，污水管网质量和污水收集效能得到明显提升；2025 年底前，其他各类园区基本实现上述目标。

（二）地方政策

为了响应国家号召，各省市制定了一系列相关政策积极推动工业废水处理行业的发展。

2021 年 8 月，山东省人民政府印发的《山东省“十四五”生态环境保护规划》中指出，要狠抓工业污染防治，加快推进黄河干流及主要支流岸线 1 km 范围内的高耗水、高污染企业搬迁入园，并严格执行各流域水污染物综合排放标准，加强全盐量、硫酸盐、氟化物等特征污染物治理，同步加大现有工业园区整治力度，全面推进工业园区污水处理设施建设和污水管网排查整治。

2021 年 9 月，湖南省人民政府印发的《湖南省“十四五”生态环境保护规划》中提到，不断推进工业园区污水处理设施分类管理、分期升级改造，实施省级及以上工业园区专项整治行动，实现省级及以上工业园区污水管网全覆盖、污水全收集、污水集中处理设施稳定达标运行。同期江苏省人民政府出台的《江苏省“十四五”生态环境保护规划》中指出，要持续巩固工业水污染防治，推进纺织印染、医药、食品、电镀等行业整治提升，同步推进长江、太湖等重点流域工业集聚区生活污水和工业废水分类收集、分质处理，并不断完善工业园区环境基础设施建设，持续推进省级以上工业园区污水处理设施整治专项行动。

2021 年 11 月，江西省人民政府印发的《江西省“十四五”生态环境保护规划》中指出，对于工业污染防治工作，要持续提升工业企业治污水平，强化“散乱污”企业整治，加强石化、化工、印染、造纸、采矿、农副产品加工等行业综合治理，并加大现有开发区整治力度，提升污水处理设施处理能力和水平。与此同时，湖北省人民政府发布的《湖北省生态环境保护“十四五”规划》中提到，要强化水环境治理工作，推进磷肥企业工艺提升改造，加强末端排放管控和达标排放管理，并持续以省级及以上工业园区为重点，推进污水处理设施分类管理，分期升级改造，实现稳定达标排放。

2021 年 12 月，吉林省人民政府出台的《吉林省生态环境保护“十四五”规划》中提出，要狠抓工业污染防治，加大工业园区整治力度，全面推进工业园区污水处理设施和污水管网排查整治。

2022 年 1 月，四川省人民政府发布的《四川省“十四五”生态环境保护规划》中指出，需强化工业污水综合整治，深入实施工业企业污水处理设施升级改造，重点开展电子信息、造纸、印染、化工、酿造等行业废水专项治理，以全面实现工业废水达标排放。规划还指出，对涉及重金属、高盐和高浓度难降解废水的企业，要强化分质、分类预处理，以提高企业与末端处理设施的联动监控能力，确保末端污水处理设施安全稳定运行。同期宁夏回族自治区人民政府印发的《宁夏回族自治区水生态环境保护“十四五”规划》中提到，要补齐工业园区污水处理短板，各工业园区管理机构需对所在园区污水处理厂进出水浓度、处理水量、排污口位置、纳管企业排污情况开展调查并进行现状评估，对超负荷或接近满负荷的，要实施新改扩建；对不能稳定达标的，要实施提标改造；对工业废水收集管网不完善的，要实施收集管网及配套设施建设。

2022 年 6 月，江苏省人民政府印发的《关于加快推进城市污水处理能力建设 全面提升污水集中收集处理率的实施意见》中提到，要强化工业废水与生活污水分类收集、分质处理，并且加快推进工业污水集中处理设施建设。与此同时，重庆市人民政府发布的《重庆市生态环境保护“十四五”规划（2021—2025 年）》中指出，需完善工业园区污水集中处理设施，所有新建工业园区、工业集聚区按要求建设污水集中处理设施，新增工业园区污水处理能力 6.5 万 t/d，并完成 5 个工业园区污水集中处理设施改造升级。同期福建省人民政府出台的《福建省“十四五”节能减排综合工作实施方案》提出，要健全污水集中处理设施，推进工业园区污水减量化、资源化，到 2025 年，省级以上工业园区要达到全面建设“污水零直排区”的目标。

2022 年 8 月，云南省人民政府出台的《云南省“十四五”产业园区发展规划》指出，到 2025 年，需完成化学需氧量、氨氮、氮氧化物等重点减排工程，园区万元工业增加值能耗、水耗逐年下降，污水集中治理率需达到100%，并且不断完善园区污水集中处理配套设施，加大管网建设力度，提高污水收集和处理能力，确保污水集中收集处理率达到100%（含特殊污染物的污水除外）。

2022年9月，上海市生态环境局发布的《关于深入打好污染防治攻坚战 迈向建设美丽上海新征程的实施意见》提出，需打好长江保护修复攻坚战，推进工业企业及园区污染治理，到2025年，长江干流（上海段）水质稳定达到Ⅱ类，水生生物多样性得到有效恢复。同期广东省人民政府印发的《广东省“十四五”节能减排实施方案》提到，需以省级以上工业园区为重点，推进污水处理、中水回用等公共基础设施共建共享，并且还要求推进省级以上工业园区开展“污水零直排区”创建，推动活性炭集中再生中心、电镀废水及特征污染物集中治理等“绿岛”项目建设，到2025年，要建成一批节能环保示范园区，且省级以上工业园区基本实现污水全收集全处理。

三、技术标准及规范

目前，国家针对工业生产制定了包括污水排放标准、清洁生产标准、监测方法标准及规范、可行技术指南等一系列的标准体系。

（一）污水排放标准

1973年，我国发布第一个环境保护标准《工业“三废”排放试行标准》(GBJ 4—73)，首次对工业污染源排放标准做了要求。经过不断地发展和完善，目前在国家和地方层面，形成了包括水污染物综合排放标准和行业水污染物排放标准的“综合型+行业型”标准体系（表4-1）。

表4-1　污水排放标准分类

序号	标准类型	适用行业	国家层面	地方层面
1	综合型		《污水综合排放标准》(GB 8978—1996)	北京：《水污染物综合排放标准》(DB 11/307—2013) 山西：《污水综合排放标准》(DB 14/1928—2019)
2	行业型	制药行业	《提取类制药工业水污染物排放标准》(GB 21905—2008)、《化学合成类制药工业水污染物排放标准》(GB 21904—2008)	河南：《化学合成类制药工业水污染物间接排放标准》(DB 41/756—2012) 浙江：《生物制药工业污染物排放标准》(DB 33/923—2014)
3		化工行业	《煤炭工业污染物排放标准》(GB 20426—2006)、《炼焦化学工业污染物排放标准》(GB 16171—2012)、《钢铁工业水污染物排放标准》(GB 13456—2012)	河南：《化工行业水污染物间接排放标准》(DB 41/1135—2016)、《河南省盐业、碱业氯化物排放标准》(DB 41/276—2011)

续表

序号	标准类型	适用行业	国家层面	地方层面
4	行业型	电子工业	《电子工业水污染物排放标准》(GB 39731—2020)	江苏:《半导体行业污染物排放标准》(DB 32/3747—2020)
5		制革行业	《合成革与人造革工业污染物排放标准》(GB 21902—2008)、《制革及毛皮加工工业水污染物排放标准》(GB 30486—2013)	
6		纺织业	《麻纺工业水污染物排放标准》(GB 28938—2012)、《毛纺工业水污染物排放标准》(GB 28937—2012)	江苏:《纺织染整工业废水中锑污染物排放标准》(DB 32/3432—2018)

(二)清洁生产标准

为贯彻实施《中华人民共和国环境保护法》和《中华人民共和国清洁生产促进法》,保护环境,指导企业实施和推动环境管理部门的清洁生产监督工作,生态环境部发布了50多项清洁生产标准。针对不同行业,制定了相应的清洁生产标准,规定了相应的水污染物产生指标(污水处理装置入口的污水量和污染物种类、单排量或浓度)。

目前,生态环境部发布的清洁生产标准包括:《清洁生产标准 化纤行业(涤纶)》(HJ/T 429—2008)、《清洁生产标准 造纸工业(废纸制浆)》(HJ 468—2009)、《清洁生产标准 铜冶炼业》(HJ 558—2010)、《清洁生产标准 石油炼制业》(HJ/T 125—2003)、《清洁生产标准 炼焦行业》(HJ/T 126—2003)等。

(三)监测方法标准及规范

自2017年开始,为贯彻《中华人民共和国环境保护法》《中华人民共和国水污染防治法》《中华人民共和国大气污染防治法》,保护环境,保障人体健康,规范排污单位自行监测工作,生态环境部陆续编制并发布了自行监测技术指南,提出了自行监测的一般要求、监测方案制定、监测质量保证和质量控制、信息记录和报告的基本内容和要求。

生态环境部发布的自行监测指南包括:《排污单位自行监测技术指南 印刷工业》(HJ 1246—2022)、《排污单位自行监测技术指南 中药、生物药品制品、化学药品制剂制造业》(HJ 1256—2022)、《排污单位自行监测技术指南 发酵类制药工业》(HJ 882—2017)、《排污单位自行监测技术指南 提取类制药工业》(HJ 881—2017)、《排污单位自行监测技术指南 煤炭加工—合成气和液体燃料生产》(HJ 1247—2022)、《排污单位自行监测技术指南 电子工业》(HJ 1253—2022)等多项监测指南,适用于排污单位在生产运行阶段对其排放的水、气污染物，噪声以及对周边环境质量影响开展自行监测。

（四）可行技术指南

针对工业废水类型和特点，基于企业水污染防治技术发展水平和环境管理需要，生态环境部按照污染防治可行性技术指南编制要求，编制了相应的可行技术指南，从源头预防、过程控制、末端治理全过程提出了可规模应用的废水污染预防及治理可行技术和环境安全管理措施。

目前已发布的可行技术指南包括：《农药制造工业污染防治可行技术指南》（HJ 1293—2023）、《电子工业水污染防治可行技术指南》（HJ 1298—2023）、《电镀污染防治可行技术指南》（HJ 1306—2023）、《制革工业污染防治可行技术指南》（HJ 1304—2023）、《制药工业污染防治可行技术指南 原料药（发酵类、化学合成类、提取类）和制剂类》（HJ 1305—2023）等多项技术指南。针对不同工业生产，提出了工业废水、废气、固体废物和噪声污染防治可行技术。

第二节　工业园区难降解污水处理技术现状

一、水质特点

近些年，随着国家经济的快速发展和国家政策的导向支持，在科学的规划下，工业的发展更加集中化，工业园区更加规范化、常态化，随着工业园区与日俱增，工业园区废水处理压力也随之增大。在环保高压下，国家对工业污水、废水处理问题越来越重视，污水处理需求将越来越大，这也势必给工业园区污水处理带来新的技术或解决方案，进一步助推工业园区走向绿色化发展。

工业园区内各类企业在从事工业生产活动过程中，会产生各类不同的废水。与生活污水水质相比，工业废水中除了含有化学需氧量（COD）、氨氮、总氮和总磷等以外，还存在重金属、石油类、挥发酚类和氰化物等难以被传统处理技术去除的有毒有害物。2021 年中国工业企业污水中污染物排放情况：COD 排放量最高，其排放量为 42.30 万 t，占全国工业企业污水中污染物排放总量的 77.57%；其次是总氮，其排放量为 10.00 万 t，占全国工业企业污水中污染物排放总量的 18.34%；排放量最低的是氰化物，其排放量为 28.00 t，占全国工业企业污水中污染物排放总量的 0.005%。这些含有复杂成分和高浓度污染物的污水，若未经合理技术的处理而直接排放，会对水环境质量和人类健康造成严重危害。

与常规的市政污水相比，工业园区污水具有以下特点。

（一）工业园区污水种类繁多、水质波动大

工业园区产生的污水跟园区内企业所属行业和企业内生产工艺息息相关，不同行业的企业产生的废水水质不同，同一行业生产不同的产品产生的废水水质不同，而生产同一产品采用了不同的生产工艺所产生的废水水质也会有所差异，并且工业废水水质也会受产品原料的影响而发生变化。例如，煤化工行业、电子信息行业、制药行业产生的废水水质是不同的，而煤化工行业内废水又分为焦化废水、煤气化废水、煤液化废水等，煤气化废水根据所选的气化炉形式不同，废水水质也有很大差异；制药工业废水大致可以分为发酵类制药、化学合成类制药、提取类制药、生物工程类制药、混装制剂类制药等六类废水，每类废水又可根据产品的不一致分为多类废水，如发酵类制药废水又可分为抗生素类制药废水、维生素类制药废水、氨基酸类制药废水等；电子信息行业废水也可分为酸碱废水、含氟废水、含氨废水、有机废水、含砷废水、重金属废水、含氰废水等。因此，对于工业园区来说，园区内可能含有多种类型企业，企业产品和生产工艺也不尽相同，所以工业园区污水种类繁多，多种水质的混合必然会导致工业园区水质波动范围大。

（二）工业园区污水水量波动大

工业园区是工业企业集约化的地方，园区内企业数量较多，每个企业生产工艺的不同、生产作息不一致，都会导致产生废水的量、产生废水的时间不同，每个企业废水量的波动最终会导致整个工业园区污水水量的波动，并且波动区间大。

（三）工业园区污水可生化性差

工业园区污水主要以工业企业废水为主，B/C 比一般小于 0.3，可生化性不佳，处理存在一定难度。同时工业园区内企业废水的排放需要达到《污水综合排放标准》或对应企业排放标准的要求。园区内各企业为达到排放标准，前端预处理过程中均会采用生化工艺对污水进行处理，到工业园区污水处理厂时，水中的有机物大多为经过一次生化处理后剩余的难生化降解的部分，因此，工业园区污水可生化性很差。

（四）工业园区污水中含有其他非常规污染物

工业园区污水中除了 COD、氨氮、总氮、总磷等常规污染物外，根据园区企业性质的不同，还可能含有重金属、氰化物、抗生素、苯酚等，这些非常规污染物给工业园区污水处理增加了很大难度。根据现有资料的收集整理，工业园区污水中其他

非常规污染物整理分类如表4-2所示。

表4-2　工业园区污水中其他非常规污染物整理分类

序号	污染物	污染物来源	备注
1	金属毒物：汞、铬、铝、铅、锌、镍、铜、钴、锰、钛、钒、钼、铋等	金属矿山、有色金属冶炼、钢铁、电镀、石油石化、制革、氯碱、旧电池回收、涂料和油墨制造、染坊、电子信息等行业废水	
2	非金属毒物：砷、硒、氰、氟、硫、亚硝酸根、高磷、高氨氮等	选矿、有色金属冶炼、金属加工、炼焦、电镀、化工、制革、仪表、化肥、染整、农药、制药、洗涤剂、金属抛光、鱼品加工、硅业、铝电解、稀土冶炼、玻璃陶瓷等行业	
3	油：石油和动植物油	石油、石油化工、煤化工、钢铁、焦化、煤气发生站、机械加工、屠宰、肉类加工等行业	
4	放射性毒物	原子能工业、放射性同位素实验室、医院、自动化仪表行业	
5	有机有毒物质：酚、苯、抗生素、有机磷、有机汞、多环芳烃、聚氯联苯等	焦化、炼油、石油化工、煤化工、煤气发电站、塑料、树脂、绝缘材料、木材防腐、农药、制药、造纸、合成纤维等行业	
6	高含盐：TDS≥2 000 mg/L	钢铁、石油化工、煤化工、火电厂、印染、制药、化工等行业	

综上所述，工业园区污水种类多，水质复杂，水量波动大，可生化性差，并且根据产业、产品的不同可能含有非常规污染物，导致工业园区污水处理困难，处理成本高、投资高。针对工业园区污水的处理需在充分了解园区内各企业情况后，确定工业园区污水水质、水量，才能确定工业园区污水的最佳处理工艺，发挥处理技术的除污效果。工业园区污水因其特点难以处理，所以针对工业园区污水的处理技术也和常规污水处理技术略有差异，以下为工业园区污水处理的主要工艺技术的简介。

二、处理工艺技术特点

（一）物理及物理化学技术

废水物理处理技术有调节、离心分离、沉淀、除油、过滤等；物理化学处理技术有混凝、气浮、吸附、离子交换、膜分离等。

1. 过滤技术

技术简介：过滤是具有孔隙的粒状滤料层（如石英砂、陶粒滤料等）截流废水中的悬浮物和胶体而使水获得澄清的过程。过滤去除悬浮颗粒的机理包括迁移、附着和脱落。常见的过滤介质有石英砂、煤（无烟煤）、陶粒滤料、纤维球滤料、聚苯乙烯轻质滤料等。滤料可以是单一滤料也可以是多种滤料的组合，并且过滤技术根据滤料的不同还具有一定的其他污染物去除能力，如活性炭滤料具有吸附功能，锰砂滤料具有除氟除铁功能，三氧化二铝滤料具有除氟功能等。

技术优势：过滤技术是最常用的物理处理技术，滤池的截污能力强、水头损失小，灵活性大，相比膜过滤，运行成本和投资低。过滤技术是废水回用深度处理的重要处理单元，高效过滤材料与技术的应用能够显著提高回用水的水质与综合利用率。

技术应用场景：过滤主要用于去除经生物处理沉淀池后未去除的细小生物絮体或混凝沉淀未去除的细小化学絮体，提高 SS、浊度、BOD、COD、磷、重金属、细菌和病毒等的去除率，为深度处理及回用工序（如活性炭吸附、膜过滤、离子交换等）创造良好的水质条件。过滤技术适用于 SS＜20 mg/L 的各类工业园区的废水处理，一般用于废水处理的深度处理阶段。

2. 气浮技术

技术简介：气浮技术是向废水中通入空气或设法产生大量微细气泡，微细气泡从水中析出成为载体，使废水中的乳化油、微小悬浮颗粒等污染物质黏附在气泡上，随气泡一起上浮到水面，形成泡沫气、水、颗粒三相混合体，通过收集泡沫或浮渣达到分离杂质、净化废水的目的。气浮方式可以分为散气气浮法、电解气浮法、溶气气浮法等。工业园区污水处理中常用的气浮工艺主要有溶气气浮、涡凹气浮、浅层气浮、散气气浮、电解气浮等。

技术优势：气浮技术具有占地小、投资小、运行费用低、污染物去除效率高的优点。不同类型的气浮可以针对不同水质下的悬浮物和油类物质去除，同时气浮技术配合水处理药剂的投加，还可去除废水中的总磷、二氧化硅、卤素离子、金属离子等，应用范围广阔。

技术应用场景：气浮技术可用于分离废水中的细小悬浮物及微絮凝体；回收工业废水中的有用物质，如造纸厂废水中的纸浆纤维及填料等；分离回收含油废水中的悬浮油和乳化油；分离回收以分子或离子状态存在的物质，如表面活性物质和金属离子。广泛应用于石油化工及机械制造业中的含油废水、造纸废水、电镀废水和含重金属离子废水、印染废水、制革废水等废水的预处理和深度处理。

3. 膜分离技术

膜分离技术是借助于膜，利用流体中各组分对膜的渗透速率的差别而实现组分分离、浓缩或脱盐的一种分离过程。根据膜的种类、功能不同，工业废水中应用的膜分离技术有微滤（MF）、超滤（UF）、反渗透（RO）等。

（1）微滤

技术简介：微滤（MF）是一种以压力为推动力，以膜的截留作用为基础的高精密度过滤技术。微滤过滤的微粒粒径超过 0.1 μm，可以截留废水中的悬浮物、微粒、纤维和细菌等大于膜孔径的杂质。微滤膜的孔径为 0.01～10 μm 之间，高度均匀，是具有筛分过滤作用的多孔固体连续介质。精密过滤技术是基于微孔膜发展起来的微滤技术。

技术优势：微滤膜孔径相对较大，孔隙率高，因而阻力较小，过滤速度较快，驱动压力较低。微滤膜组件在水处理中应用较为广泛的是中空纤维式、管式、板框式。

技术应用场景：微滤膜中的陶瓷膜可应用于造纸废水、印钞废水、含油废水等有机污染物含量高、色度高、油含量高的难降解工业废水，如陶瓷微滤膜过滤钢铁含油乳化废液、油田采出水等。

（2）超滤

技术简介：超滤（UF）是以孔径 0.002～0.1 μm 的不对称多孔性半透膜——超滤膜作为过滤介质，在 0.1～0.5 MPa 的静压力推动下，溶液中的溶剂、溶解盐类和小分子溶质透过膜，而各种悬浮颗粒、胶体、蛋白质、微生物和大分子等被截留，以达到分离纯化目的的一种膜分离技术。目前，商业化的超滤膜材质有聚偏氟乙烯（PVDF）、聚醚砜（PES）、聚丙烯（PP）、聚乙烯（PE）、聚砜（PS）、聚丙烯腈（PAN）等，其中应用最为广泛的是聚偏氟乙烯和聚醚砜。超滤膜组件按结构形式分为平板式、管式、螺旋卷式、中空纤维式等。

技术优势：超滤在分离过程中不发生相变，能耗较少；采用低压泵提供的动力作为推动力即可满足要求；设备工艺流程简单，易于操作、维护和管理；筛分孔径小，几乎能截留溶液中所有的细菌、病毒及胶体微粒、蛋白质、大分子有机物。

技术应用场景：超滤技术主要用于废水悬浮物、胶体物质、色度的去除处理。陶瓷超滤膜可应用于石油化工、食品加工含油废水，板式超滤膜、管式超滤膜可应用于造纸废水、印染废水；中空纤维超滤膜可应用于化工、钢铁、印染等行业含盐废水回用反渗透系统的预处理。

（3）反渗透

技术简介：反渗透技术的分离过程是利用半透膜只允许水通过而截留溶解固形物的性质，以膜两侧的渗透压差为推动力，使水从浓溶液侧透过半透膜进入稀溶液侧从而实现浓溶液侧溶质和溶剂分离的膜过程。反渗透膜能阻挡所有溶解性盐及分子量大于 100 的有机物，但允许水分子通过。反渗透膜按膜的用途分有苦咸水淡化膜、海水淡化膜、抗污染膜等，按膜材料分主要有醋酸纤维素膜和芳香聚酰胺膜等，按膜的形状分主要有板式膜、管式膜、卷式膜和中空纤维膜，在水处理中以卷式膜应用最普遍。

技术优势：与其他传统技术相比，反渗透具有较强的优势，可以高效地进行废水处理，并保证其处理效果与效率。反渗透在实际应用中避免了大量使用化学药剂，降低废水处理成本投入；处理过程较为简单，设计周期、施工周期短，同时随着反渗透技术的不断完善和快速发展，反渗透装置成本下降，反渗透市场正在加速增长。

技术应用场景：反渗透主要用于废水的脱盐和浓缩处理。可应用于电镀废水回收铬、镍等重金属，食品加工废水后处理浓缩单元，也可应用于电厂、化工、钢铁、印染等行业循环水和含盐水的浓缩与脱盐处理。

4. 吸附技术

技术简介：吸附技术是利用多孔性的固体物质，使废水中的一种或多种物质被吸附在固体表面从而去除的技术。根据固体表面吸附力的不同，吸附分为物理吸附和化学吸附，大部分吸附过程是几种吸附综合作用的结果。废水处理中常用的吸附剂有活性炭、磺化煤、活化煤、硅藻土、腐殖质酸、焦炭、木炭、炉渣等，其中应用最为广泛的是活性炭。

技术优势：吸附技术在废水处理中应用范围很广，对废水中大多数有机物有效，包括难生物降解有机物；其适应性强，对水量及有机物负荷变化有较强的适应性；活性炭可再生重复使用，不产生污泥；活性炭对部分金属及其化合物有很强的吸附能力，如锡、汞、铅、镍等。

技术应用场景：吸附技术在废水处理中主要用于去除废水中的微量污染物，包括脱色、除臭、去除重金属、去除溶解性有机物等。吸附技术可应用于含金属离子废水、有色废水、含油废水、农药废水、造纸废水、化工合成废水等废水处理中，同时亦可作为离子交换、膜分离等技术的预处理，或作为二级处理后的深度处理工艺，以满足再生水水质要求。

5. 热处理技术

（1）蒸发

技术简介：蒸发是溶液浓缩的过程，采用加热的方式，使溶液中不挥发性溶质的溶液沸腾，其中部分溶剂被汽化除去，从而使溶液得到浓缩。按操作方式分为间歇式和连续式，按二次蒸汽的利用情况分为单效蒸发和多效蒸发。常用的蒸发工艺有单效蒸发、多效蒸发、闪蒸、机械压缩再蒸发等。

技术优势：蒸发法虽投资成本较高，但运行操作较简单，可处理污染物浓度高、含盐量极高、水质十分复杂的废水。

技术应用场景：在废水处理中，蒸发法主要用来处理高污染废水、回收水资源、浓缩和回收污染物质。可用于浓缩高浓度有机废水（如造纸黑液、酒精废液等），浓缩回收纺织、化工、造纸等行业高浓度废酸、废碱以及化工、印染、钢铁等行业近零排放工艺中的高盐水。

（2）结晶

技术简介：结晶法用以分离废水中具有结晶性能的固体溶质，其实质是通过蒸发浓缩或冷却，使溶液达到过饱和，让多余的溶质结晶析出，加以回收利用。结晶的方法有两类，第一类方法是溶液的过饱和状态可通过溶剂在沸点时的蒸发或低于沸点时的汽化而获得，适用于溶解度随温度降低而变化不大的物质结晶，如 NaCl 等。结晶器有蒸发式、真空蒸发式和汽化式等。第二类方法是溶液的过饱和状态用冷却的方法获得，适用于溶解度随温度的降低而显著降低的物质结晶，如 KNO_3 等。结晶器有水冷却式和冰冻盐水冷却式。

技术优势：结晶法能耗较低，运行操作较简单。结晶是最终盐水分离的主要技术之一。

技术应用场景：结晶法主要用于高含盐废水零排放的盐水分离处理。可应用在煤化工含氰废水中回收黄血盐结晶，化工厂含氯化钠、硫酸钠和硫代硫酸钠废液中回收硫代硫酸钠；也可应用于制药、化工、印染、钢铁等行业废水近零排放的终端工艺，结晶出氯化钠、硫酸钠等杂盐。

（3）汽提

技术简介：汽提法通过废水与水蒸气的直接接触，使其中的挥发性物质按一定比例扩散到气相中去，从而达到从废水中分离污染物的目的，主要用于脱除废水中的挥发性溶解物质，如挥发酚、甲醛、硫化氢、氨等。常用的汽提设备有填料塔和板式塔等。

技术优势：汽提法工艺简单，经济实用，且不会造成二次污染，对废水的后端处理起到保障作用。汽提回收的挥发性污染物纯度高，具有一定的可回收性。

技术应用场景：汽提法主要用于高浓度易挥发有机物废水的处理，常用于石油化工、煤化工含硫废水的脱硫和高浓度酚氨废水的脱氨、脱酚等。

（二）化学技术

1. 高级氧化技术

高级氧化技术是利用强氧化性的自由基来降解有机污染物的技术，泛指反应过程有大量羟基自由基参与的化学氧化技术。其基础在于运用催化剂、辐射，有时还与氧化剂结合，在反应中产生活性极强的自由基（一般为羟基自由基，·OH），再通过自由基与污染物之间的加合、取代、电子转移等使污染物全部或接近全部矿质化。·OH 反应是高级氧化反应的根本特点。·OH 一旦形成，会诱发一系列的自由基链反应，攻击水体中的各种有机污染物，直至降解为二氧化碳、水和其他矿物盐。

2. 臭氧氧化技术

技术简介：臭氧氧化技术是利用臭氧的氧化性能去除水中污染物的技术。臭氧之所以表现出强氧化性，是因为臭氧分子中的氧原子具有强烈的亲电子或亲质子性，臭氧分解产生的新生态氧原子，和在水中形成具有强氧化作用的·OH，通过·OH 的一系列反应，降解水中有机物为二氧化碳、水和其他矿物质。

技术优势：臭氧氧化技术可以有效地去除水中的有机物、污染物和病原体，具有较高的处理效率，可以在短时间内实现高浓度污染物的去除。臭氧氧化技术操作简单、易于控制和维护、副产物无毒、基本无二次污染，同时臭氧还具有消毒功能。近些年，在臭氧氧化的基础上发展的臭氧催化氧化技术反应更加快速、臭氧利用率更高，已经大规模运用于工业难降解污水处理中。

技术应用场景：臭氧氧化技术在工业园区污水处理中主要用于难降解有机物、色度的去除，也用于含重金属废水、循环冷却水的处理。目前已经广泛应用于石油化工、煤化工、印染、钢铁、垃圾渗滤液、电镀、造纸、制药、农药、电子信息、屠宰、肉类加工、机械加工、农业产品等行业。

3. 芬顿（Fenton）氧化技术

技术简介：芬顿氧化技术是以亚铁离子作为催化剂来催化过氧化氢（H_2O_2），使其产生·OH，·OH具有强氧化能力，可与大部分有机物进行反应，使有机物矿化直至转化为CO_2、H_2O等无机质。亚铁离子（Fe^{2+}）和过氧化氢（H_2O_2）的组合称为芬顿试剂。芬顿氧化的pH值一般为3～5。

技术优势：芬顿氧化技术操作简单、处理费用相对较低，随着近些年技术的拓展出现了多种类芬顿试剂，如改性-Fenton试剂、光-Fenton试剂、电-Fenton试剂、配体-Fenton试剂等。Fe^{3+}盐溶液、可溶性铁以及铁的氧化矿物（如赤铁矿、针铁矿等）同样可使H_2O_2催化分解产生·OH，达到降解有机物的目的，拓宽了芬顿氧化技术的适用范围。

技术应用场景：芬顿氧化技术主要用于低浓度难降解废水的处理，如处理染料废水、含氯酚废水、垃圾填埋渗滤液、制药废水等。芬顿氧化技术还可用于石油化工、煤化工、印染、钢铁、垃圾渗滤液、电镀、造纸、制药、农药、电子信息、屠宰、肉类加工、机械加工、农业产品等行业废水的处理。

4. 混凝沉淀技术

技术简介：混凝沉淀法是工业废水处理中一种经常被采用的方法，它处理的对象是废水中利用自然沉淀法难以沉淀去除的细小悬浮物及胶体微粒，可以用来降低废水的浊度和色度，通过投加药剂的改变，去除磷、卤化物、硫化物、二氧化硅、多种高分子有机物、某些重金属和放射性物质等。

技术优势：混凝沉淀技术的优点是去除率高，可采用较高的表面负荷和具有更稳定的性能，运用范围广，通过改变投加的药剂可以实现不同的污染物去除功能。此外，混凝沉淀产泥易于脱水处理，有利于污泥的减量化处理。

技术应用场景：混凝沉淀技术既可以作为独立的处理方法，也可以和其他处理方法配合使用，用于预处理、中间处理或最终处理阶段。适用于所有工业园区污水的处理。

5. **电渗析**

技术简介：电渗析（ED）是指利用离子交换膜的选择透过性，以电位差作为推动力的一种膜分离过程。电渗析系统如图 4-1 所示。在用电渗析进行除盐处理时，先将电渗析器两端的电极接上直流电，水溶液就发生导电现象，水中的盐类离子在电场的作用下，各自向一定方向移动。阳离子向负极、阴离子向正极运动，在电渗析器内设置多组交替排列的阴、阳离子交换膜，此膜在电场作用下显示电性，阳膜显示负电场，排斥水中阴离子而吸附阳离子，在外电场的作用下，阳离子穿过阳膜向负极方向运动；阴膜显示正电性，排斥水中的阳离子，而吸附阴离子，在外电场的作用下，阴离子穿过阴膜向正极方向运动。这样，就形成了去除水中离子的淡水室和离子浓缩的浓水室，将浓水排放，淡水即为除盐水。

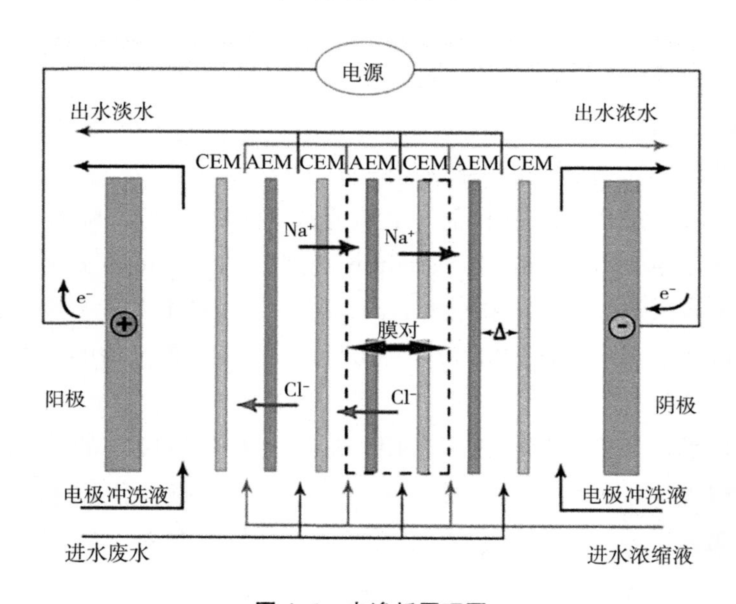

图 4-1 电渗析原理图

技术优势：电渗析技术具有无须任何化学药品，且设备及其组装工艺简单、操作方便，适用范围较广（200～40 000 mg/L）等优点。电渗析通过选择不同类型的离子交换膜，可以实现对特定离子的选择性分离，具有较高的分离效率，可实现水处理过程中盐分的分离和提纯，回收废水中的酸和碱。

技术应用场景：电渗析技术已广泛应用于苦咸水脱盐，是世界上某些地区生产淡水的主要方法之一。由于新开发的荷电膜具有更高的选择性、更低的膜电阻、更好的热稳定性相化学稳定性以及更高的机械强度，使电渗析过程不仅限于应用在脱盐方面，而且在食品、医药及化学工业中，电渗析过程还有许多其他的工业应用，如工业废水的处理，主要包括从酸液清洗金属表面所形成的废液中回收酸和金属；从电镀废水中回收重金属离子；从合成纤维废水中回收硫酸盐；从纸浆废液中回收亚硫酸盐等。用于食品工业中，如牛奶脱盐制婴儿奶粉；用于化学工业分离离子性物质与非离子性物质。

6. 离子交换技术

技术简介：离子交换法主要是利用离子交换剂对水中存在的有害离子（包括有机的和无机的）进行交换去除的方法。离子交换过程是一种特殊吸附过程，所以在许多方面都与吸附过程类似，但与吸附相比，离子交换过程的特点在于，它主要吸附水中的离子化物质，并进行等物质的量的离子交换。离子交换过程将在液体和固体之间进行。液体指的是水（或水溶液），固体指的则是离子交换树脂等材料。

技术优势：离子交换法的优点是离子的去除效率高，设备较简单，操作易于控制。离子交换树脂对特定离子具有较好的吸附效果，能够有效地去除水中的有害物质，提高水质。离子交换树脂可以适应不同的水质条件，如温度、pH 值、压力等，从而在不同的水处理领域得到应用。同时离子交换树脂的品种很多，因化学组成和结构不同而具有不同的功能和特性，可适应于不同的用途。

技术应用场景：在工业废水处理应用中，离子交换技术根据交换树脂的类型不同，主要用于回收重金属和贵稀金属，净化有毒物质，去除水中氨氮、卤素离子、难降解有机物等，在处理放射性废水上应用也较多。目前，离子交换技术已经广泛应用于新能源、垃圾渗滤液、电镀、电子、湿法冶金、煤矿矿井水、煤化工/电厂循环水排污水、氯碱化工、钢铁酸洗等多个行业。

（三）生物技术

污水生物处理是以污水中所含污染物作为营养源，利用微生物的代谢作用使污染物被降解，污水得以净化的过程。生物处理技术的高效率、无污染、投入成本低等特点使其成为应用最广泛的污水处理技术之一，在工业园区污水处理中也发挥着重要作用。目前，生物处理技术仍以去除污水中 COD_{Cr}、BOD_5、NH_3-N、TN、TP 为主要目的。生物法污水处理技术对反应条件的要求较低，靠酶来催化反应，不需要高温高压便可温和地进行反应，因此对设备的要求更低、成本投入更少，是十分低能耗的一种污水处理方式。并且，运用生物法污水处理技术进行污水处理时，不会有副反应产物产生，对环境友好，处理流程简单，操作方便。生物法污水处理技术的另一好处是，微生物种类的多样性、产生酶种类繁多，这大大拓宽了生物法污水处理技术的应用范围，使生物法污水处理技术能够在更多复杂的污水处理领域得到应用；酶种类的选择多样性，也给复杂的污水处理问题的解决带来更多可能。

1. 传统生物处理技术

根据微生物的种类和反应条件，生物处理法可以分为好氧生物处理和厌氧生物处理。在好氧生物处理领域，又可以根据微生物的生长状态，分为活性污泥法和生物膜法。厌氧生物处理有上升流污泥厌氧流化床（UASB）工艺、厌氧折板流反应器（ABR）工艺、内循环厌氧反应器（IC）等。厌氧生物处理适用于处理 COD_{Cr} 浓度 2 000 mg/L 以上的高浓度有机废水以及好氧生物处理后的污泥，对有机物处理效率高，但出水水质仍较差。所以，厌氧生物法多用于产生高浓度有机废水的处理工艺，在企业内部预处理环节使用，工业园区污水生物处理以活性污泥法及生物膜法为主。A/O、A^2/O、氧化沟、SBR 法等，都是常用的传统活性污泥处理技术工艺。传统生物膜法处理技术有生物接触氧化池、曝气生物滤池等。这些工艺技术成熟，可有效去除污水中的有机污染物、氮磷污染物，出水水质较稳定。

2. 新型生物处理技术

由于传统生物处理技术还存在一定的局限性，我国的污水处理厂普遍面临着污水处理能耗高、效率低的问题，随着人们对环境保护和资源可持续利用的关注度不断提高，对污水处理技术也提出了更高的要求，一些新型生物处理技术被开发出来。

（1）短程硝化/反硝化技术（SHARON）

技术简介：短程硝化/反硝化技术是在传统硝化/反硝化技术基础上开发的新型脱氮工艺。1975 年，Ganigué 发现了硝化阶段存在 $N-NO_2$ 积累的现象，首次提出了短程硝化-反硝化的概念。短程硝化/反硝化技术就是将硝化过程控制在 NH_2-N 阶段，随后进行反硝化。控制在亚硝酸型阶段易于提高硝化反应速率，缩短硝化反应时间，减小反应器容积，节省基建投资。该工艺的实质就是通过控制环境条件，抑制硝酸菌（NOB）的同时，使氨氧化菌（AOB）成为优势菌种，从而实现 NH_2-N 的大量积累。

技术优势：短程硝化/反硝化的主要反应原理如下。

短程硝化作用：$NH_4^+ + 1.5O_2 \longrightarrow NO_2^- + H_2O + 2H^+$

全程硝化作用：$NH_4^+ + 2O_2 \longrightarrow NO_3^- + H_2O + 2H^+$

短程反硝化作用：$2NO_2^+ + CH_3OH + CO_2 \longrightarrow N_2 + 2HCO_3^- + 2H_2O$

全程反硝化作用：$6NO_3^+ + 5CH_3OH + CO_2 \longrightarrow 3N_2 + 6HCO_3^- + 7H_2O$

对比上述几个方程式可以得出短程硝化/反硝化技术的优势：①短程硝化只需将氨氮转化为亚硝酸盐，可节省 25%的供氧量，降低了运行成本。②短程反硝化则是直接将上一步转化的亚硝酸盐转化为氮气，减少了 40%的外加碳源。另外，在降低了运行能耗的同时，还使低碳氮比高效率脱氮成为可能。③硝化和反硝化速率提高，降低了反应器的水力停留时间，节省反应器的有效容积与占地面积。④在硝化过程中可减少产泥 24%～33%，在反硝化过程中可减少产泥 50%，节省了污水处理中的污泥处理费用。

技术应用场景：短程硝化/反硝化脱氮是目前较为新型的工艺，有很大的开发潜能和良好的经济效益。短程硝化作为新型污水处理工艺中最为常用的 NO_2-N 获取途径，被广泛应用于垃圾渗滤液等侧流富氨废水的达标处理中。然而受制于污水基质浓度和有机物等多方面因素，主流市政污水处理中短程硝化工艺供给 NO_2-N 的效率和稳定性仍有待提升。而短程反硝化不仅可以更为高效和稳定地提供 NO_2-N，也为工业园区内企业生产废水、污水厂二沉池出水等 NO_3-N 废水的经济、达标和无害化处理提供了一种新的解决方案。

(2) 厌氧氨氧化技术（ANAMMOX）

技术简介：厌氧氨氧化技术早在 1977 年就从理论上提出了预测，1995 年在一个处理富氨废水产甲烷的流化床反应器中首次发现，最初由荷兰 Delft 工业大学于 20 世纪末开始研究，并于 21 世纪初成功开发应用的一种新型废水生物脱氮工艺。它以 20 世纪 90 年代发现的 ANAMMOX 反应为基础，该反应在厌氧条件下以氨为电子供体、亚硝酸盐为电子受体反应生成氮气，在理念和技术上大大突破了传统的生物脱氮工艺。

技术优势：传统的硝化/反硝化过程面临高能耗和 NO_2 等温室气体排放的问题，不利于可持续性且对环境构成威胁。厌氧氨氧工艺是一种相对新颖的生物脱氮工艺，由于其不需要外部有机物的添加和曝气，是一种资源节约型的可持续脱氮的生物废水处理技术。厌氧氨氧化细菌是自养菌，反应过程无须添加有机物，以氨为电子供体还可节省传统生物脱氮工艺中所需的碳源；同时由于厌氧氨氧化菌细胞产率远低于反硝化菌，所以，厌氧氨氧化过程的污泥产量只有传统生物脱氮工艺污泥量的 15%左右。

技术应用场景：从 20 世纪 90 年代在荷兰问世至今，厌氧氨氧化水处理技术不断取得突破，实际工程应用也在全球范围内迅速发展。全世界有超过 110 座污水处理厂采用厌氧氨氧化工艺。处理对象已由工业废水、污泥脱水液、垃圾渗滤液等高含氮废水发展到市政污水等。据不完全统计，目前国内有超过 8 座生产性厌氧氨氧化污水处理厂。例如，山东湘瑞药业有限公司采用 4 300 m^3 的厌氧氨氧化反应器处理玉米淀粉和味精生产相关的废水，设计氨氮负荷达 1.42 kg/(m^3 · d)。山东省滨州市安琪酵母公司引进帕克公司的厌氧氨氧化工艺技术处理高氨氮工业废水，该项目是厌氧氨氧化技术在酵母废水处理领域的首次工程应用，与该公司原 A/O 工艺相比，厌氧氨氧化反应器在大大节省占地的基础上，实现了 2.0 kg/(m^3 · d) 的高氨氮负荷稳定运行，这也是厌氧氨氧化反应器目前可承受的最大污泥负荷，其工业规模远高于传统工艺。这些厌氧氨氧化项目的成功实施大大加速了厌氧氨氧化工艺在国内污水处理中的应用。

另外，研究发现，厌氧氨氧化工艺与其他生物工艺耦合达到了好的效果，证明了联合脱氮效果优于单一脱氮法。短程硝化/反硝化工艺与厌氧氨氧化工艺结合是一种很简捷高效的生物除氮方法，具有很好的应用前景。

(3) 好氧颗粒污泥（AGS）技术

技术简介：好氧颗粒污泥（Aerobic Granular Sludge，AGS）是微生物在高水力剪切条件下自絮凝形成的一种特殊聚集体，具有生物保有量高、致密程度强、沉降性能好等优点。1991 年，Mishima 和 Nakamura 首次在连续流上升式好氧污泥床反应器中培养得到 AGS，但由于该工艺运行条件极其苛刻，在当时并未引起足够的关注。随后在 1997 年 Morgenroth 等通过添加含有乙酸的合成废水，在序批式反应器 SBR 中成功培养出 AGS，其形状呈球形或椭圆形，直径 2 mm 左右，与传统活性污泥法相比，具有结构紧实、沉降速度快、生物量高等优点。才使得这项极具工程应用前景的污水处理新技术逐渐成为污水处理领域的研究热点。

技术优势：好氧颗粒污泥具有表面光滑、密度大、沉降性能良好，能够维持较高的生物量以及承受较高的有机负荷等优点。好氧颗粒污泥系统所需要的体积也比现有的常规活性污泥装置所需要的体积低 33%左右，在能耗和土建费用方面均有所减少。由于 AGS 内外存在溶解氧传质差异，可以同时为厌氧释磷、缺氧反硝化、好氧硝化和好氧过量吸磷反应提供合理的生态位，在单级反应区内实现同步硝化反硝化、反硝化除磷作用。与传统活性污泥工艺相比，AGS 工艺具有更高的氮去除和生物除磷潜力。与厌氧颗粒污泥相比，好氧颗粒污泥的形成周期较短，约 30 d。在耗能方面，好氧颗粒污泥可在常温条件下进行培养，同时在污水浓度方面局限性小，对高浓度工业废水和城市生活污水的处理均有良好效果。在实际应用中，还可以使新建污水处理厂所需用地减少近 75%，并使运行成本降低近 25%，污泥产量和能源消耗共减少约 30%，是一种理想的污水处理生物技术。

技术应用场景：好氧颗粒污泥具有同时脱氮除磷、去除有机污染物、去除重金属等作用，且去除效果良好。在城市污水和工业废水处理中已经有相关应用。

然而我国仍处于大规模应用的初期，污泥培养以试验研究为主，工程化应用进程缓慢。同时缺乏足够的参考案例，相关经验积累较少，导致我国的好氧颗粒污泥技术与国外有较大差距。

第三节　工业园区难降解污水处理技术应用

珠海市某新兴园区规划总面积约为 152.53 km^2，主要包含电子信息产业、生物医药研发、新能源新材料研发、装备制造研发、软件等门类，旨在全力打造科技研发产业集聚区。随着经济的快速发展，园区内污、废水的排放量大幅增长，必将对周边水系的水质造成污染，同时会制约园区经济的发展。为改善投资环境，促进经济的可持续发展，故在园区内建设了工业集中式水质净化厂（图 4-2）。

图 4-2　污水厂实景图

该污水厂于 2018 年开工建设，2021 年 4 月完成竣工验收，总占地面积约为 5 万 m^2，设计工艺技术先进，出水标准严苛。采用半地埋形式建设，地面部分为开放式景观公园，可为周边居民提供一处游憩绿地空间。整个水厂融生产、休闲、科普于一体，彰显绿色、创新的发展理念。

一、工程案例的概况和设计特点

（一）工程概况

1. 服务范围

该污水厂服务范围为周边区域工业废水及配套生活污水，总服务面积约为

11 km^2（图 4-3）。

2. 工程规模

处理规模为 5 万 m^3/d，其中，工业废水 4 万 m^3/d（包含 2 000 m^3/d 含镍、次磷酸盐废水）、生活污水 1 万 m^3/d。

3. 进出水水质标准

(1) 水质特点

园区内主要为线路板、电镀、金属处理等企业，工业废水占比高，含有重金属（为镍、铜、铬）及偏、次磷酸盐，污水处理难度大、可生化性差（B/C 小于 0.3）。具体设计进水水质如表 4-3～表 4-5 所示。

图 4-3 服务范围图

表 4-3 含镍废水设计进水水质 mg/L（pH 值除外）

项目	COD_{Cr}	BOD_5	NH_3-N	TN	TP	SS	pH
设计进水水质	200	50	32	60	2.0	20	6～9
项目	总镍	总铬	总镉	总银	总铅	总汞	总锌
设计进水水质	0.5	0.5	0.01	0.1	0.1	0.005	1.0
项目	总铁	总铝	六价铬				
设计进水水质	2.0	2.0	0.1				

表 4-4　综合废水设计进水水质　mg/L（pH 值除外）

项目	COD_{Cr}	BOD_5	NH_3-N	TN	TP	SS	pH
设计进水水质	200	50	32	60	2.0	120	6～9
项目	总铜	总铬	总镉	总银	总铅	总汞	总锌
设计进水水质	1.5	0.5	0.01	0.1	0.1	0.005	1.0
项目	总铁	总铝	六价铬				
设计进水水质	2.0	2.0	0.1				

表 4-5　园区生活污水设计进水水质　mg/L（pH 值除外）

项目	COD_{Cr}	BOD_5	NH_3-N	TN	TP	SS	pH
设计进水水质	250	160	25	30	5	200	6～9

（2）排放标准

根据当地要求，出水总氮、粪大肠杆菌指标执行《城镇污水处理厂污染物排放标准》(GB 18918—2002）一级 A 标准，其余可生化性指标执行《地表水环境质量标准》(GB 3838—2002）Ⅳ类标准；重金属指标执行广东省《电镀水污染物排放标准》(DB 44/1597—2015）中表 3 标准。具体如表 4-6 所示。

表 4-6　园区生活污水设计进水水质　mg/L（pH 值除外）

项目	COD_{Cr}	BOD_5	NH_3-N	TN	TP	SS	pH
设计出水水质	30	6	1.5	15	0.3	10	6～9
项目	总镍	总铜	粪大肠菌群				
设计出水水质	0.1	0.3	1 000 个/L				

4. 工艺流程

整个水厂进水共分为 3 股，分别为含镍废水（2 000 m^3/d）、综合工业废水（38 000 m^3/d）、生活污水（10 000 m^3/d），经预处理进入生物处理段，后经深度处理、消毒后达标排放。具体工艺流程如图 4-4 所示。

5. 平面布置

将产生二次污染的工艺房间及池体地埋于场地西侧，并配套多重空气净化装置，地面上覆土后增加景观绿化，打造生态园。根据确定边界，将占地较少的综合楼、需要经常运送污泥的预处理设备间及无法放置在地下的臭氧发生间、BFBR 立体生态池、一沉池、臭氧氧化池、二沉池及混凝池、楼梯间、通风口等放置于地面。

建筑尽量布置在场地边角，既有利于生产交通组织，又避免对景观绿化产生过多影响。地面池体在场地东侧集中布置，作为生态园展示的一部分，具体如图 4-5 所示。

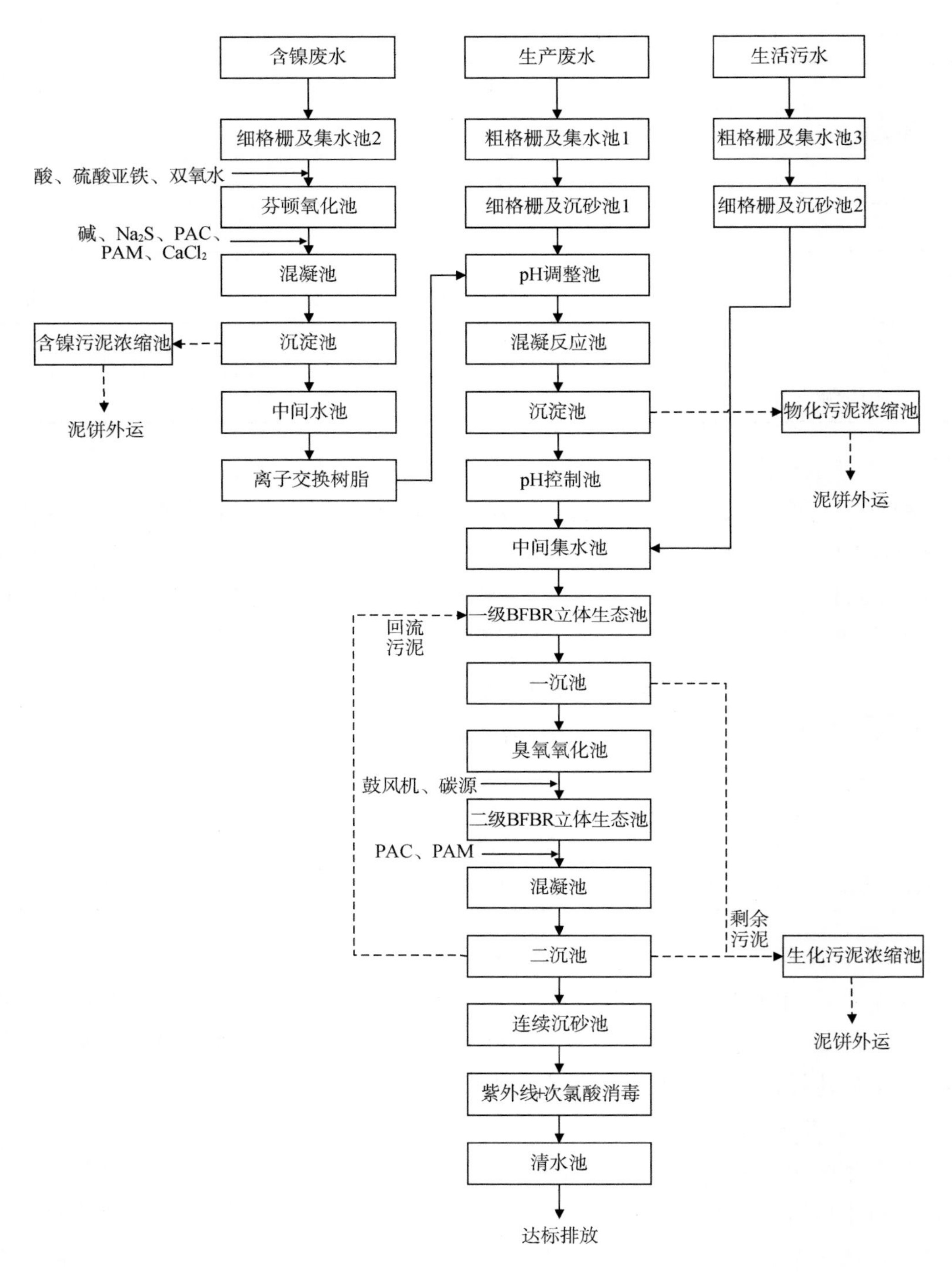

图 4-4　工艺流程图

1.logo标识墙
2.水波纹铺装
3.水滴花坛
4.综合楼
5.生态停车场
6.疏散楼梯间
7.休憩空间
8.地下参观通道出口观景木平台
9.雨水花园
10.条石草阶
11.科普廊架
12.疏林草坪
13.地下参观通道入口
14.预处理设备间
15.地下生产区车辆出入口
16.BFBR立体生态花架
17.一沉池
18.二沉池
19.草花铺地
20.臭氧发生间
21.出水瀑布

图 4-5　平面布置图

（二）项目难点及创新点

1. 项目难点

（1）项目定位高、建设标准高

作为珠海市首个工业废水处理厂，致力于打造集废水处理、生态景观花园、科普教育基地于一体的水处理生态园。该水厂的建设意义重大，能保护工业园周边饮用水源地的水质不受污染，改善园区投资环境，促进园区经济可持续发展。

（2）水质成分复杂，出水标准严苛，设计处理难度大

①进水主要为园区 PCB 线路板生产废水，废水组分包括铬，镍，铜，难降解有机物，偏、次磷酸盐等污染物，水质组分复杂。

②设计出水执行《地表水环境质量标准》(GB 3838—2002）准Ⅳ类标准（总氮、粪大肠菌群除外）、《电镀水污染物排放标准》(DB 44/1597—2015)，出水标准高。

③水质含有大量的重金属，以铬、镍、铜为主。其中，镍主要以离子镍、络合镍的形式存在，离子镍通过加碱和沉淀很容易被去除，而络合镍由于其稳定性导致络合物中的镍很难被去除，络合镍的存在是影响镍指标达标的重要因素。铜与镍在源水中的形态较为类似，源水中的铜通常以铜氨络合物和EDTA铜的形式存在，也是由于络离子的稳定性导致铜难以被去除。而重金属离子（镍、铜）等无法通过生化手段去除，严重时会毒害生化系统，设计处理难度大。

（3）工艺流程长、结构形式复杂

因水质复杂、处理标准高，工艺选择时需综合考虑各个因素，确保水质达标，从而使得整体工艺流程较长。同时，该项目采用地埋式建设，构筑物采用集成式建设，整个基坑总面积为36 679 m^2，最大开挖深度达到14 m，为珠海市在建及已建工业废水厂中基坑深度最深的工程，结构形式尤为复杂。

2. 项目创新点

（1）创建工业与生态发展融合的新理念

该水厂主要处理工序在地下完成，地面采用去工业化设计，打造生态景观花园式净水厂，同时预留了科普展览展厅空间用于建设环境保护的宣教基地。在满足园区污、废水达标排放前提下发挥了标杆示范作用，将水质净化厂建设为一座集生产、休闲、科普于一体的水处理生态园，彰显创新、生态的发展理念。

（2）建立了以“预处理＋BFBR立体生态处理＋深度处理”为核心的新技术

利用“预处理＋BFBR立体生态处理技术＋深度处理”法，大幅度提升出水水质。预处理除常规的格栅初沉外，对工业废水采取混凝沉淀，含镍废水采取芬顿氧化及离子交换树脂的加强处理措施。生化段采用BFBR立体生态处理技术，该技术具有处理效果优、污泥产量少、运营成本低、智能化程度高、景观效果好等优点。深度处理采用“连续砂滤池＋紫外线消毒”，进一步去除水中悬浮物，提高出水水质。

（3）打造人与自然和谐共生的生态样板

该厂建筑外立面结合水滴故事与地下厂房屋顶绿化共同打造公园景观，通过简洁大气的构图手法，营造通透、开阔的空间格局，以横向构图为主的立面削弱建筑体量感，象征蜿蜒的水路，寓意川流不息、循环往复，借水的净化和循环向大自然致敬。

（4）构建了基于“BIM＋GIS”的项目管理平台

该厂采用BIM技术进行三维建模，解决了各专业之间设计内容交叉、融合设计难度大的问题。开发的BIM技术平台，通过“BIM＋EPC”项目管理模式的深度实践，设计、施工全过程BIM技术的深化应用，创新了管理模式，在降本增效、控制质量、施工优化、全景技术辅助项目管理等方面形成一系列创新性成果，共计完成384份数字化模型。通过平台的建设与使用发挥BIM、GIS和项目管理三者的优势，实现项目设计、施工过程中多专业协同，项目信息和工作流程的集中管控，达到沟通效率高、过程可追溯、管理精细化、价值最大化的目的。

（5）实现了技术与经济的双重平衡

该厂采用“双排桩＋扩大头锚索”形式解决了淤泥地层双排桩结构变形较大问题，确保基坑及周边建筑物安全稳定。设置抗拔桩及地梁联合受力，在满足大面积、大埋深地下厂房及水池整体抗浮稳定要求的同时，用较小的代价解决了局部抗浮问题。

二、工程案例的运行效果分析

（一）运行效果分析

该厂自运行以来，出水水质已趋于稳定，近 12 个月各项出水指标如图 4-6～图 4-10 所示。

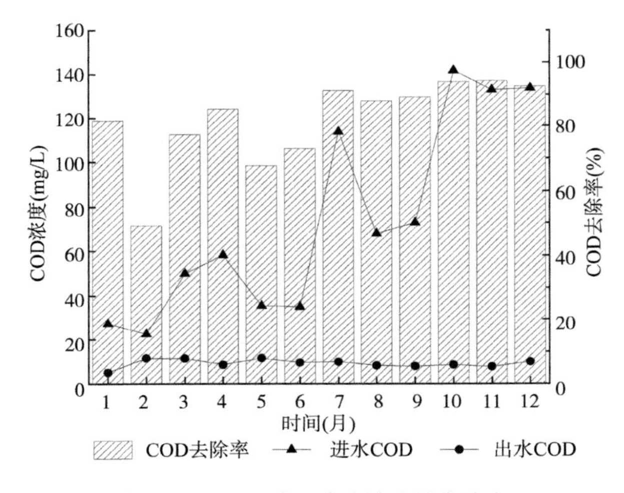

图 4-6　COD 进、出水浓度及去除率

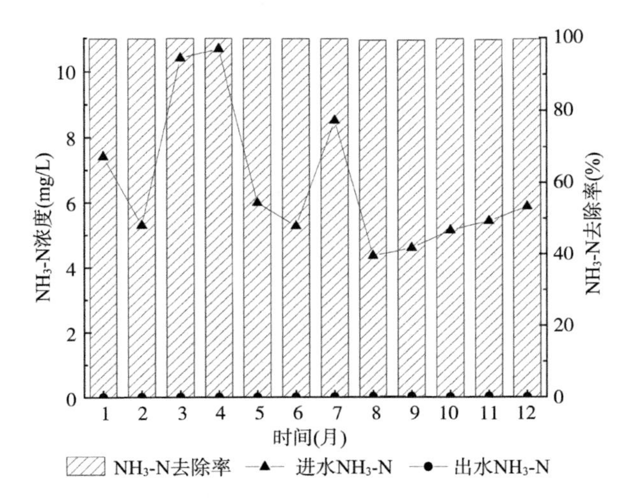

图 4-7　NH_3-N 进、出水浓度及去除率

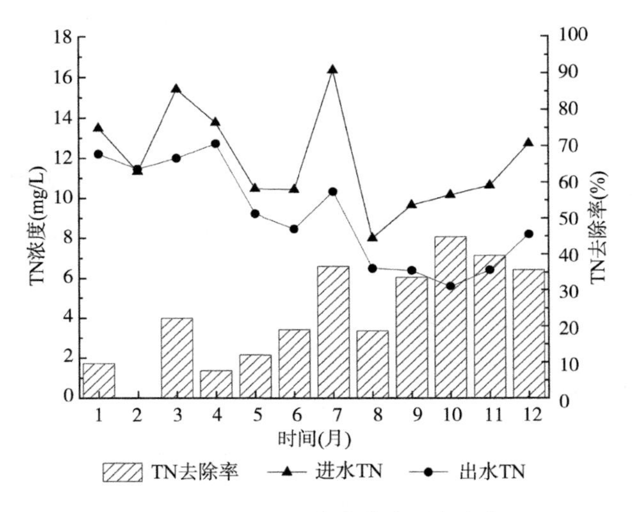

图 4-8 TN 进、出水浓度及去除率

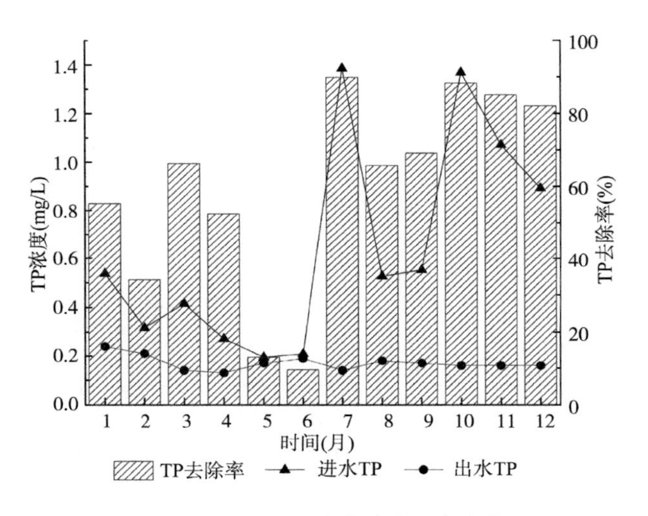

图 4-9 TP 进、出水浓度及去除率

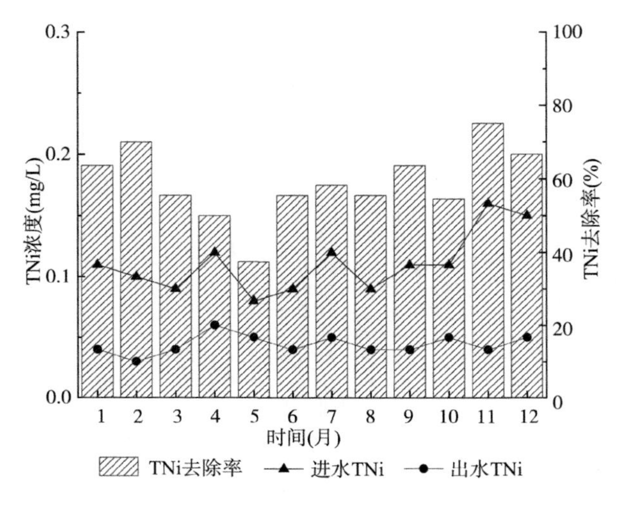

图 4-10 TNi 进、出水浓度及去除率

由图可知，该厂出水皆达到准地表Ⅳ标准（TN除外）和广东省电镀水污染物排放标准，COD_{Cr}、NH_3-N、TN、TP、TNi出水均值分别为10、0.5、12、0.2、0.05 mg/L，去除率分别为90%、95%、45%、90%、80%。

（二）技术经济分析

该厂工程总投资为8.6亿元，其中工程直接费用约为7.3亿元。直接运营费用3.6元/m^3（电费1.0元/m^3，药剂费1.5元/m^3，污泥处置费0.9元/m^3，人工费0.2元/m^3）。

（三）效益分析

1. 环境效益

改善园区范围内的环境卫生，实现流域水污染物总量削减，该项目满负荷运行后，每年可去除COD约3 285 t、TN约711.8 t、TP约42 t、TNi约7.3 t。

2. 经济效益

该项目的实施，区域投资环境将大大改善，不但对现有产业的发展有积极的促进作用，而且对该园区的招商引资有积极、深远的影响，可以吸引更多的投资，创造更多的经济产值，有利于区域经济产值的持续增长。截至目前，该园区已引入鸿钧新型异质结太阳能电池及组件生产基地，爱旭太阳能科技、海四达、纬景储能、万锂新材等企业，以上企业达产后年产值将超过约500亿元。该厂的建设为园区招商引资奠定了坚实的基础。

3. 社会效益

该项目采用半地埋式景观公园建设，不仅能为区域提供休憩场所，而且能与周边环境相融合，降低邻避效应。从而提升区域内生态环境质量，保障经济平稳增长，为实现可持续发展提供有力保障。

第四节　工业园区难降解污水处理行业的市场前景

一、技术发展分析

（一）推进相关法律法规、排放标准的建立，并不断完善

我国虽然逐步完善了工业污水治理方面的相关法律法规，为工业污水治理提供了政策支持。但是，一些相关法律法规并没有得到及时地更新与完善，导致原有的

相关法律法规体系无法适应现代工业污水治理的需求，所以，需不断建立健全相关法律法规。此外，我国目前工业园区污水集中处理设施暂无专门的排放标准，且工业园区污水处理厂现行的排放标准和企业预处理执行的间接排放标准均有待完善。因此，加快推进制定或完善我国工业污水处理方面的相关法律法规和排放标准刻不容缓。

（二）完善部门协调机制，推进工业园区规范化监管

当下，越来越多企业选择将预处理废水排入专门处理工业废水的园区污水处理厂，但现阶段缺乏国家层面的管理条例，各地区管理机制也不尽相同。管理上不但涉及园区管委会和园区环境部门的信息共享和合作机制，还涉及园区环境部门和上级环境部门的水质监管权责分配。因此，未来需完善部门协调机制，推进工业园区规范化监管，使得园区工业污水处理厂能够实时了解企业预处理数据，在进水超标的第一时间做出应急处理，避免进水冲击导致整个系统瘫痪。同时，可以根据园区企业实际排污情况设计管网，综合考虑园区污水成分和排污量等，优化污水处理流程，提高整个工业园区的污水处理效率，节约成本。

（三）未来工业污水处理技术趋势

多年来，我国城镇污水处理厂已形成了一套固定的工艺路线，设计建设以“格栅—沉砂池—生化池—混凝沉淀”等处理单元为主，基本未配备工业污水专用处理单元。而工业园区中行业类型繁多，污水性质差异较大，如印染纺织类园区工业废水可生化性较差、色度高；化工行业废水氮磷浓度高、毒性大；冶金电镀类园区污水富含重金属、氰化物；食品加工类园区污水有机物浓度高、含油量大、悬浮物多等。各类污水需要专门的吸附、过滤、高级氧化、混凝等物化方法与生物厌氧、好氧相组合的工艺才能实现有效处理。随着科技的不断发展，工业污水处理技术也不断成熟，然而许多新型技术看似美好，实际处理成本居高不下，令人望而却步。一些较有成效的技术也由于处理成本较高使得企业运营负担变重，制约了企业的发展。因此，亟须研发高效、经济、节能且无二次污染的新工艺、新技术对工业废水进行处理以提高工业废水处理效率。

未来工业废水处理技术研究趋势主要有三方面：（1）资源化处理研究方向。目前，从我国走可持续发展道路的趋势来看，只要求处理后的废水能达到排放标准是远远不够的，未来成熟有效的技术需要能够将废水中有价值的物质最大化回收和利用。（2）低成本技术研究方向。随着科技的不断发展，污水处理技术也不断成熟，如何在保证水质处理要求达标的同时降低污废水处理成本成为当前工业废水处理技术发展极其重要的方向之一。（3）组合处理技术研究方向。对于单一的（如物化法、生

化法等）传统处理方法无法奏效的问题，尝试将几种（如物化处理、生物处理等）方法相耦合，进行组合处理技术的研究，并力争做到将处理成本降低，是解决工业废水污染问题需要攻克的一个重要方向。

二、市场前景分析

环境税于2018年1月1日开征，此次“费改税”涉及500多万户各类企业，直接向环境排放应税污染物的企业事业单位和其他生产经营者为纳税人。环境税的开征使得收费主体由环保部门转移至税务部门，环保执法刚性增强，同时税率上浮，全面增加了工业企业排污成本。废水排放企业为了减少应税额，主动治理工业污水的意愿上升。环境税的实施推动了工业企业治理需求的提升。

随着工业化进程的不断加速，工业废水成为一个越来越突出的环境问题。工业废水的排放对水资源的污染以及生态环境的破坏带来了极大的挑战。因此，工业废水处理市场应运而生，并呈现出快速增长的趋势。工业废水处理市场的市场规模呈现迅猛增长，目前全球工业废水处理设备市场规模正在不断扩大中。据市场研究机构的数据显示，2018年全球市场规模已经达到1 700亿美元，预计到2030年这一数字将以每年8%以上的速度增长。相关研究机构数据显示，2017—2022年我国工业废水处理市场规模由901.5亿元增长到1 234.1亿元，同比2021年上涨9.6%。2023年，我国工业废水处理市场规模达1 357.5亿元，其年复合增长率为7.06%。同时，在财政投入方面，据生态环境部环境规划院和国家资讯中心的分析，“十二五”和“十三五”期间我国废水治理投入（含治理投资和运行费用）合计分别达到10 583亿元和13 922亿元，其中用于工业和城镇生活污水的治理投资分别达到4 355亿元和4 590亿元；“十四五”期间，随着环保政策的严格实施和环保意识的提高，工业水污染治理投资仍将继续保持较快的增长，大大促进了工业废水处理市场的发展。例如，一些企业将环境保护作为企业社会责任的重要组成部分，环保意识逐渐提升。同时，政府机构也大力推行相关法规标准，规范污染物排放标准，国家加大基础设施和环保投资力度，各项扶持政策出台，社会需求增长，这些都促使我国工业废水处理行业进入快速发展时期，行业规模保持较高扩张速度。

参考文献

[1] 李咏梅，周琪. 工业园区污水治理的现状与发展方向[J]. 给水排水，2016，42(3)：1-3.
[2] 张统，李志颖，董春宏，等. 我国工业废水处理现状及污染防治对策[J]. 给水排水，2020，46(10)：1-4.

[3] 中华人民共和国生态环境部. 2021年中国生态环境统计年报[EB/OL].（2023-1-18）[2023-12-05]. https://www.mee.gov.cn/hjzl/sthjzk/sthjtjnb/202301/t20230118_1013682.shtml.

[4] 张自杰. 排水工程[M]. 北京：中国建筑工业出版社，2015.

[5] 周柏青. 全膜水处理技术[M]. 北京：中国电力出版社，2006.

[6] 刘宏. 环保设备——原理·设计·应用[M]. 北京：化学工业出版社，2019.

[7] 潘涛，田刚. 废水处理工程技术手册[M]. 北京：化学工业出版社，2010.

[8] 李融，陈裕清. 化工原理（上册）[M]. 上海：上海交通大学出版社，2009.

[9] 邹家庆. 工业废水处理技术[M]. 北京：化工工业出版社，2003.

[10] 王国华，任鹤云. 工业废水处理工程设计与实例[M]. 北京：化学工业出版社，2004.

[11] 周瑶，王少坡，于静洁，等. 污水生物处理中的好氧颗粒污泥技术[J]. 工业水处理，2020，40(5)：12-18.

[12] 刘嘉璇，鱼涛，于恒，等. 含氮废水的生物处理技术现状及进展[J]. 应用化工，2023，52(2)：578-584.

[13] 朱紫旋，陈俊江，张星星，等. 基于短程反硝化厌氧氨氧化新型污水生物脱氮工艺的研究进展[J]. 化工进展，2023，42(4)：2091-2100.

[14] 尹国策，魏佳音，何林锟. 短程硝化脱氮技术研究进展[J]. 石油化工应用，2022，41(12)：11-13.

[15] 王胤，吴嘉利，陈一，等. 主流厌氧氨氧化工艺的研究与应用进展[J]. 净水技术，2021，40(11)：16-27.

[16] 李志华，李伟志，贾燕茹，等. 好氧颗粒污泥技术创新与产业化分析[J]. 工业水处理，2023，43(10)：1-8.

[17] 朗盛山东环境科技有限公司. 高浓度难降解废水处理的未来发展趋势[EB/OL].（2023-12-14）[2023-12-26]. https://mp.weixin.qq.com/s/hFHOs5rEF1lEsMj2RjbseQ.

[18] 于泽远. 2022年中国工业废水处理行业发展前景展望，再生水利用量逐年上涨[EB/OL].（2023-04-07）[2023-12-10]. https://www.huaon.com/channel/trend/874150.html.

[19] 巩义净水材料协会. 工业废水处理行业前景及现状分析 未来行业市场规模将进入加快增速的阶段[EB/OL].（2023-09-12）[2023-12-11]. https://mp.weixin.qq.com/s/VohDH-pHu0PzNhzQi2H7dyg.

[20] 中国给水排水. 园区污水处理困境如何破局？中国工业园区污水处理管理研究全文发布！[EB/OL].（2019-05-23）[2023-12-12]. https://mp.weixin.qq.com/s/bCdarQS9DZim2o-0jtWOEQ.

[21] 李佩娟. 10张图了解中国工业废水处理行业市场发展现状[EB/OL].（2020-08-26）[2023-12-14]. https://mp.weixin.qq.com/s/DDTyutIct7euarasQQg7fg.

[22] 工业废水处理市场趋势分析[EB/OL].（2023-08-19）[2023-12-16]. https://mp.weixin.qq.com/s/4c2fFIL-K6U2kaVtZgenww.

[23] 中能智库. 头条|拉动我国工业污水处理需求的主要政策解析[EB/OL]. (2022-01-02)[2023-12-09]. https://mp. weixin. qq. com/s/FM6z8E9H_8IaCFIQrn9L5A.
[24] 济联数字平台 GENIES. 重点分析工业园区依托城镇污水厂处理工业废水问题与解决策略[EB/OL]. (2023-12-14)[2023-12-28]. https://mp. weixin. qq. com/s/yqshL8iCr0TcXD-baf5KiLQ.
[25] 前瞻产业研究院. 重磅！2023 年中国及 31 省市污水处理行业政策汇总及解读(全)[EB/OL]. (2023-04-01)[2023-12-20]. https://mp. weixin. qq. com/s/2TwJQLhGtEBQp0GSh0PGxQ.

第五章　幸福河湖建设关键技术与应用

第一节　幸福河湖建设提出背景

一、我国河湖现状及问题

我国河流众多，水系庞大而复杂，流域面积大于100 km^2 的河流有22 909条，流域面积超过1 000 km^2 的河流有2 221条。常年水面面积1 km^2 及以上湖泊2 865个，水面总面积7.8万 km^2（不含跨国界湖泊境外面积）。

（一）水安全方面

全国水安全持续向好，水旱灾害防御能力实现整体性跃升。通过不断完善流域防洪工程体系，强化预报预警预演预案措施，科学精细调度水利工程，全国洪涝灾害年均损失GDP占比降低。但随着工业化、城镇化快速推进和全球气候变化影响加剧，我国面临的水安全形势依然比较严峻，防洪减灾体系不完善。我国幅员辽阔，各地水情条件千差万别，水利发展不平衡不充分问题突出。防洪排涝工程体系尚不完善，2022年洪涝灾害共造成3 385.3万人次受灾。

（二）水资源方面

2022年《中国水资源公报》显示，全国水资源总量为27 088.1亿 m^3，平均年降水量为631.5 mm。我国水资源时空分布不均，从东南沿海向西北内陆递减，夏秋多、冬春少，降水量和径流量的年内、年际变化很大，并有枯水年或丰水年连续出现。由于降水量的地区分布很不均匀，造成了全国水土资源不平衡现象，长江流域和长江以南耕地只占全国的36%，而水资源量却占全国的80%；黄、淮、海三大流域，水资源量只占全国的8%，而耕地却占全国的40%，水土资源相差悬殊。

（三）水环境方面

根据《2022年中国生态环境状况公报》，全国地表水环境质量持续向好。长江流域、珠江流域、浙闽片河流、西北诸河和西南诸河水质为优，黄河流域、淮河流域和辽河流域水质良好，松花江流域和海河流域为轻度污染。目前，我国河湖水环境仍存在水体污染、水体富营养化、河湖面积日益缩减等问题。河流水资源开发利用程度过高，远远超过河流水资源的承载力，带来河道断流、湖泊萎缩等一系列生态环境问题，严重影响了河流湖泊生态系统平衡，河流湖泊的各项功能出现退化。如海河流域水资源开发程度偏高，导致现阶段部分河流、湖泊出现了断流、干涸现象，流域内湖泊出现大面积萎缩现象，流域水体水质遭到不同程度的污染，下游河道水生生态系统遭到破坏，生物多样性降低等问题。

（四）水生态方面

根据《重点流域水生态环境保护规划》，全国水生生物完整性指数持续改善，新增 0.77 万 km 河湖生态缓冲带修复长度、213 km^2 人工湿地水质净化工程建设面积、127 个河湖水体重现土著鱼类或土著水生植物。但全国水生态方面仍存在河道生态流量保障不足及生态系统功能退化等问题。北方地区年均挤占河道生态水量 120 亿～150 亿 m^3，21 世纪以来，112 条河流出现不同程度的断流现象；南方部分地区围垦侵占河湖生态空间、阻隔河湖自然连通，河湖水动力条件不足，导致湖泊萎缩。由于部分河湖栖息地丧失和破碎化、资源过度利用、水环境污染、外来物种入侵等原因，河湖流域水生态环境不断恶化，水生野生动、植物濒危程度加剧，由水生物种资源严重衰退、多样性丧失导致的生态系统功能衰减已成为影响河湖生态安全的突出问题。

（五）水文化方面

水利部印发《“十四五”水文化建设规划》《水利部关于加快推进水文化建设的指导意见》，到 2035 年，基本建成完善的水文化规划体系和保障体系；建立较为完善的水利遗产保护和认定管理体系，重要水利遗产得到有效保护传承和利用，建成较为完善的水利工程与文化融合体系，治水理念进一步深化，水文化保护传承弘扬工作全面融入新阶段水利高质量发展，水文化建设工作与建成文化强国目标要求基本适应。以治水实践为核心，积极推进水文化建设，是推动新阶段水利高质量发展的应有之义。我国水文化传播力度有待加强，适应新阶段水利高质量发展对水文化建设提出的更高要求，迫切需要加大水文化传播力度，增进全社会节水护水爱水的思想自觉和行动自觉，引导建立人水和谐的生产生活方式。法治文化制度尚不健全。法治文化的健全是水文化传承和发展的必要条件，我国已形成了河湖相关现代水法体系，但这套体系中涉及水文化建设的内容或提法相对略显薄弱、适用性较低。

二、我国河湖建设管理的发展历程

（一）我国河湖治理发展历程

自古以来，我国非常重视河湖治理。纵观我国河湖治理发展历程，大致可以分成以下四个阶段。

第一阶段，被动防御阶段。中华人民共和国成立之前，我国的河道治理基本上是随着自然的变化而被动采取治理措施，如使用柳枝、竹子、块石等措施来稳固河岸和渠道。

第二阶段，资源利用治理阶段。中华人民共和国成立之后至20世纪80年代，由于生产发展模式与实际需求的共同作用，河湖治理往往是通过“人多力量大”的方式建设完成的，缺乏科学的规划。如采取填湖填河造地措施，造成了众多河道整体上的流通不畅。

第三阶段，生态可持续发展阶段。20世纪90年代以后，随着经济社会的快速发展，河湖治理开始从传统的片面发展观念向综合生态的方向转变。在满足对河湖基本功能需求的基础上，融入更多的社会功能与生态功能。如水生态修复措施、水生生物多样性保护技术等。

第四阶段，治河理念不断发展，河流生态治理、美丽河湖建设，在河湖保护与管理的进程中，人们对河湖的治理目标经历了重水量—重水质—重生态到关注人民福祉、人水和谐共生的发展阶段，相关实践探索在全国各地取得了瞩目成效，获得了全社会广泛好评，很大程度上增加了人民群众的幸福感，河湖正朝着幸福河湖迈进。

（二）我国河湖管理发展历程

我国在非常重视河湖治理的同时也非常重视河湖管理。我国河流管理经历了灾害防御管理阶段、资源利用管理阶段、生态修复管理阶段到和谐发展管理阶段。

第一阶段，灾害防御管理阶段。此阶段以改造河流为主，以河湖水资源作为生活用水、灌溉用水等的主要水源，开展防御灾害以及便于灌溉和航运等的水利工程建设，提升灾害防御能力，保障人民生命财产安全和社会安全。

第二阶段，资源利用管理阶段。此阶段是以利用河流为主，满足生存需要的服务阶段。中华人民共和国成立以来，为了防洪、灌溉、航运、发电、供水等目的，大规模开展水利工程建设，对我国河流进行开发利用，出现了河道干涸、水质恶化、生态系统退化等问题。

第三阶段，生态修复管理阶段。此阶段以保护河流为主，恢复其生态健康。在对河流开发利用的同时，人们开始意识到过度开发利用的危害性。1972 年，我国参加了第一届联合国人类环境会议，深刻认识到我国的生态环境问题。自此，以工程措施为主，开展了一系列河流治理和修复工程，有效恢复了河流生态健康。

第四阶段，和谐发展管理阶段。此阶段以守护河流为主，人与河流和谐共生。随着我国河流水质不断改善，人们对河流的需求不断提高。我国河流管理从全局出发，满足民生需要，在发展中保护，在保护中促进高质量发展，最终实现人与河流和谐共生。

经过我国长期河湖管理实践和大量探索，河流水质得到明显好转，生态环境逐渐改善。在此过程中，出现了一系列新的名词，如“健康河流”、“清洁河流”、“生态河流”、“美丽河流”和“幸福河”等。人水和谐理念成为新时期治水思想的核心内容，人与河流和谐相处是人类社会发展的必需和永恒的追求。因此，幸福河湖成为和谐发展管理阶段的新目标。

（三）河湖长制助力幸福河湖建设

河湖长制是我国近年来河湖水环境治理与保护的制度创新，在加强水资源保护、落实水污染综合防治、改善水环境质量等方面发挥了关键作用。全面推行河湖长制，是河湖保护治理领域根本性、开创性的重大举措，是一项具有强大生命力的重大制度创新。

2016 年 10 月，中央全面深化改革领导小组第二十八次会议，审议通过《关于全面推行河长制的意见》，提出全面建立省、市、县、乡四级河长体系。2017 年 12 月，中共中央办公厅、国务院办公厅印发《关于在湖泊实施湖长制的意见》，要求各省区市要将本行政区域内所有湖泊纳入全面推行湖长制工作范围，到 2018 年底前全面建立省、市、县、乡四级湖长制。

2021 年，河湖长制建立后，各省份均建立了以党政主要领导负责制为核心的省市县乡村五级河长湖长组织体系，实现了对行政区域和河湖的全覆盖。31 个省（自治区、直辖市）全部设立党政双总河长，其中明确省级河长湖长 400 多名，市县乡级河长湖长 30 多万名，村级河长湖长（含巡河员、护河员）90 万名。各地县级以上均设立了河长制办公室，其中 14 个省份明确省政府分管负责同志兼任河长制办公室主任。31 个省份的省市县均建立了河长会议、信息共享、信息报送、工作督察、考察问责与激励、工作验收等六项制度，河湖长制工作制度全面建立。

全国河湖长制蓝图已绘就，行动正当时。全国各地按照水利部的统一指导安排，进一步强化落实河湖长制，压紧压实河湖管理保护责任，深化实化流域区域统筹协调，发挥好监督考核激励问责“指挥棒”的作用，持续加强河湖治理保护；严格河湖水域岸线空间管控，纵深推进河湖库“清四乱”（清理乱占、乱采、乱堆、乱建）常态化规范化，加大执法打击力度，创新开展幸福河湖建设的实践探索，将越来越多的河湖打造成造福人民的幸福河湖。以河湖长制为抓手，推动生态文明的美丽幸福河湖建设。建设幸福河湖是当前及今后很长一段时期强化河湖长制的重要着力点。全国将加快推进幸福河湖建设，让人民群众有更多、更直接、更实在的获得感、幸福感和安全感。

第二节　幸福河湖建设政策导向

一、幸福河湖的内涵要义及基本要求

（一）幸福河湖的提出

党的十八大以来，我国对环境保护以及生态文明建设给予高度重视，提出了“保护生态环境就是保护生产力”、“良好的生态环境是最普惠的民生福祉”以及“保护生态环境和发展经济从根本上是有机统一、相辅相成的”等论断，不断加大对河湖的综合整治力度，成效显著。但河湖生态系统恢复还有很长的路要走。习近平总书记多次就治水问题发表重要讲话、作出重要指示，明确提出“节水优先、空间均衡、系统治理、两手发力”治水思路。

2019 年 9 月 18 日，习近平总书记在郑州主持召开黄河流域生态保护和高质量发展座谈会并发表重要讲话时指出，要“着力加强生态保护治理、保障黄河长治久安、促进全流域高质量发展、改善人民群众生活、保护传承弘扬黄河文化，让黄河成为造福人民的幸福河”。

水利部党组迅速贯彻落实，在 2020 年全国水利工作会议上，时任水利部部长鄂竟平强调明确“建设造福人民的幸福河”这个总体目标，明确提出新时代大江大河治理的使命是为人民谋幸福，坚持和深化水利改革发展总基调的总体目标是建设利民便民的“幸福河”。

2021 年 10 月 22 日，习近平总书记在山东济南市主持召开深入推动黄河流域生态保护和高质量发展座谈会时强调，要确保“十四五”时期黄河流域生态保护和高质量发展取得明显成效，为黄河永远造福中华民族而不懈奋斗。党中央将黄河流域生态保护和高质量发展上升为国家战略，发出建设“幸福河”的号召，体现了新时代的治水思想，为黄河治理保护指明了方向，也为新时期我国江河治理保护提供了遵循。

（二）幸福的概念

幸福是什么？国内外对于幸福的概念有着不同的理解与解释。东汉许慎在《说文解字》中对“幸福”释曰：“幸，吉而免凶也。福，佑也。”古文中二字连用，谓祈望得福，是人们对美好生活的向往。“幸福（happiness）”一词最早起源于西方哲学领域。康德认为，幸福的概念是比较模糊和不确定的，虽然人人都想获得，但没有人能够明确地、一以贯之地说出他想要的究竟是什么。费尔巴哈曾说，基于哲学的视角认为幸福是生物本身所特别具有的、关系到它本质和生存的特殊需要和追求得到无阻碍满足的一种状态。《马克思幸福论》表示，幸福是对人生具有重大意义的需要在一定程度上满足的快乐体验。幸福从内容来看，包括主观形式与客观内容；从类型来看，包括物质幸福与精神幸福、创造幸福与享受幸福、个体幸福与社会幸福。幸福是客观性与主观性的统一，绝对性与相对性的统一。

幸福往往因人而异，很难一概而论。通常，幸福是指一种持续时间较长的对生活的满足和感到生活有巨大乐趣并自然而然地希望持续久远的愉快心情，它既是一个人自我价值得到满足时而产生的喜悦，又是人们希望一直保持现状的心理情绪。

（三）幸福河湖的内涵要义

2021年7月，中国水利水电科学研究院发布了《中国河湖幸福指数报告2020》，对幸福河湖的内涵要义进行了深入剖析。幸福河湖就是造福人民的河流湖泊，既要力求维护河流自身健康，又要追求更好地造福人民，具体体现为以下几方面的要求：维护河湖健康是幸福河湖的前提基础，为人民提供更多优质生态产品是幸福河湖的重要功能，支撑经济社会高质量发展是幸福河湖的本质要求，人水和谐是幸福河湖的综合表征，能否让人民具有安全感、获得感与满意度是幸福河湖的衡量标尺。因此，“幸福河湖”的定义如下：

幸福河湖指能够维持河流湖泊自身健康，支撑流域和区域经济社会高质量发展，体现人水和谐，让流域内人民具有高度安全感、获得感与满意度的河流湖泊。幸福河湖就是永宁水安澜、优质水资源、宜居水环境、健康水生态、先进水文化相统一的河湖，是安澜之河、富民之河、宜居之河、生态之河、文化之河的集合与统称。

1. 永宁水安澜

洪水是人类长期面临的最大自然威胁，历史上洪水泛滥成灾、破坏性巨大，给沿岸人民群众生命财产带来深重灾难，影响社会稳定和经济社会发展，改变国家文明和社会发展进程。防治水灾害，保障人民群众生命财产安全，实现“江河安澜、人民安宁”，持续提高沿河沿岸人民群众的安全感，为高质量发展保驾护航，这是幸福河湖的基本保障。

2. 优质水资源

水是生命之源、生存之本、发展之要。提供优质水资源，实现“供水可靠、生活富裕”，让老百姓喝上干净卫生的放心水，让二、三产业用上合格稳定的满意水，让农业灌溉用上适时适量的可靠水，为人民提供更多优质的水利公共服务，持续支撑经济社会高质量发展，这是幸福河湖的基础功能。

3. 宜居水环境

水环境质量是影响人居环境与生活品质的重要因素。建设宜居水环境，既要保护与改善自然河流湖泊的水环境质量，也要全面提升与百姓日常生活休戚相关的城乡水体环境质量，实现“水清岸绿、宜居宜赏”，让人民群众生活得更方便、更舒心、更美好，这是幸福河湖的良好形象。

4. 健康水生态

维护良好的水生态既是人类社会永续发展的必要基础，也是最普惠的民生福祉。维护与修复健康水生态，实现“鱼翔浅底、万物共生”，维护河湖生态系统的健康，提升河流生态系统质量与稳定性，实现人与自然和谐，这是幸福河湖的最佳状态。

5. 先进水文化

文化是民族的血脉，是人民的精神家园，是幸福生活的源泉。在长期的治水实践中，中华民族不仅创造了巨大的物质财富，也创造了宝贵的精神财富，形成了独特而丰富的水文化，成为中华文化和民族精神的重要组成部分。推进先进水文化建设，尊重河流、保护河流，调整人的行为，纠正人的错误行为，传承好历史水文化并丰富现代水文化内涵，实现“大河文明、精神家园”，更好地满足人民日益提高的文化生活需要，这是幸福河湖的最高境界。

（四）幸福河湖的基本要求

根据幸福河湖的内涵要义，提出幸福河湖建设的要求。建设幸福河湖要求：应遵循人水和谐，人水和谐、天人合一即调整人的行为，纠正人的错误行为；基础要求是维持河流健康，像对待生命一样对待河流，还河流以活力、和谐、美丽；基本功能方面要求提供优质生态产品，让人水相近、相亲、相融，让百姓看得见水面、听得到水声、摸得着水流、记得住水事；内在要求是支撑高质量发展，水资源作为最大刚性约束，倒逼经济社会转型。

1. 人水和谐

幸福是人的体验，幸福的主角是人。人与水是生命共同体，人类必须尊重自然、顺应自然、保护自然。人类只有遵循自然规律才能有效防止在水资源开发利用上走弯路，人类对水资源的伤害最终会伤及人类自身，这是无法抗拒的规律。幸福河湖所指的幸福是持续的，而不是暂时的，是全流域综合的，而不是局部的。建设幸福河湖，让河流湖泊永远造福人民，就必须始终坚持并落实人水和谐、天人合一，及时调整人的行为与纠正人的错误行为，不要再有征服自然的思想，不能过度开发利用水资源、污染水环境、破坏水生态、挤占水空间。

2. 维持河湖健康

河湖是有生命的。河湖在水文循环过程中发挥生态调节和环境塑造功能，孕育社会服务功能，伴生经济支持功能。任何一个环节失衡都会引起整个系统的波动。建设幸福河湖，就要像对待生命一样对待河流湖泊，把人类的幸福建立在河湖健康的基础上，还河湖以活力、和谐、美丽。否则，无异于涸泽而渔、饮鸩止渴，幸福也将成为无本之木、无源之水，人类文明必将受到影响，甚至是昙花一现。

3. 为人民提供更多优质生态产品

中国特色社会主义进入新时代，我国社会主要矛盾已经转化为人民日益增长的美好生活需要和不平衡不充分的发展之间的矛盾。建设幸福河湖，让河流湖泊造福人类，首要任务是让河流湖泊提供更多优质生态产品，以满足人民日益增长的优美生态环境需要。建设幸福河湖，就是要着力提供优质水资源、宜居水环境、健康水生态与先进水文化，让人水相近、相亲、相融，让百姓看得见水面、听得到水声、摸得着水流、记得住水事，让河流湖泊成为重要的发展载体和精神依托。

4. 支撑经济社会高质量发展

高质量发展是全面建设社会主义现代化国家的首要任务，也是为人民谋幸福的根本保障。水是生产之要，是高质量发展不可或缺的重要条件。建设幸福河湖，一方面要为经济社会高质量发展提供涉水基础支撑，夯实城乡防洪除涝和供水安全保障能力；另一方面还要将水资源作为最大的刚性约束，倒逼经济社会发展转型，走高质量发展的路子，杜绝用水浪费与水环境污染，让改革发展成果更多更公平地惠及全体人民。

二、幸福河湖建设相关政策

（一）国家层面

中共中央办公厅、国务院办公厅、生态环境部、水利部等单位先后发布了一些与幸福河湖建设相关的政策。

2005年，水利部下发了《关于水生态系统保护与修复的若干意见》，第一次明确提出了水生态系统保护与修复的要求，水生态系统保护与修复的试点工作正式开展。

2010年12月31日，《中共中央国务院关于加快水利改革发展的决定》中明确指出，要继续推进生态脆弱河流和地区水生态修复，基本建成水资源保护和河湖健康保障体系。

2011年，中央一号文件特别指出，要坚持人水和谐原则。这一阶段明显从“重视水利工程建设”向“强调人水和谐发展”逐步转变。

2016年12月11日，中共中央办公厅、国务院办公厅印发了《关于全面推行河长制的意见》，明确要求到当年年底前，在全国范围全面建立河长制。在全国江河湖泊全面推行河长制，构建责任明确、协调有序、监管严格、保护有力的河湖管理保护机制，为维护河湖健康生命、实现河湖功能永续利用提供制度保障。

2018年1月4日，中共中央办公厅、国务院办公厅印发了《关于在湖泊实施湖长制的指导意见》，各省（自治区、直辖市）要将本行政区域内所有湖泊纳入全面推行湖长制工作范围，到2018年底前在湖泊全面建立湖长制，建立健全以党政领导负责制为核心的责任体系，落实属地管理责任。

2021年12月，水利部印发《关于复苏河湖生态环境的指导意见》。意见明确了复苏河湖生态环境的指导思想、基本原则和工作目标，提出了复苏河湖生态环境的主要任务，并系统部署了各项任务措施。

2022年8月，多部门联合印发《黄河生态保护治理攻坚战行动方案》。同月，多部门联合发布《深入打好长江保护修复攻坚战行动方案》。

2022年，水利部办公厅发布《关于开展幸福河湖建设的通知》，决定在江苏、浙江、福建、江西、广东、重庆、安徽等7个河湖长制工作获国务院督查激励的省（直辖市）开展幸福河湖试点建设。

（二）地方层面

福建省是生态大省，是国务院确定的首批生态文明先行示范区，也是国家生态文明试验区。因此，在地方层面重点介绍福建省关于幸福河湖建设的有关政策。

2021年10月，福建省创造性地提出围绕环武夷山国家公园（面积1 001 km^2），划定4 252 km^2的“缓冲区”，即环武夷山国家公园保护发展带，简称“环带”。南平市政府全域推进流域的治水工作，取得显著成效。

2022年2月18日，福建省率先成立“福建省幸福河湖促进会”，经过评价研究，形成福建《幸福河湖评价导则》省级地方标准，成为全国首个幸福河湖建设的省级地方标准项目，以流域面积大于200 km^2的179条河流及重点湖库为对象，开展全域河湖幸福评价。

2022 年 7 月 10 日，福州市幸福河湖促进会成立大会召开，成为福建省率先成立的地市级幸福河湖促进会，标志着福建省市级河湖治理保护工作进入新阶段。

2023 年 6 月 19 日，福建省市场监管局批准发布《幸福河湖评价导则》福建省地方标准，这是全国第一个出台《幸福河湖评价导则》的省级地方标准。导则规定了评价的总体原则、评价指标、评价方法和评价程序，构建了河湖幸福指数测算方法，包括“安全河湖、健康河湖、生态河湖、美丽河湖、和谐河湖”5 个一级指标、10 个二级指标和若干个三级指标。

2023 年 8 月 25 日，在第二届幸福河湖建设交流会上，举行了福建省河湖幸福指数评价系统上线仪式。福建省构建了全国首个河湖幸福实时评价系统，形成了“1 套体系＋2 大版块＋5 个维度＋12 项指标”的河湖幸福评价体系，对区域河湖幸福指数实时更新赋分。

三、幸福河湖建设相关技术文件

河湖健康评价是河湖管理的重要内容，将为判定河湖健康状况、查找河湖问题、剖析“病因”、提出治理对策等提供重要依据。2020 年 8 月 13 日，《河湖健康评价指南（试行）》的出台对于指导各地开展河湖健康评价工作，进一步提升公众对河湖健康认知水平，推动各地进一步深化落实河湖长制，强化河湖管理保护，维护河湖健康生命具有重要的现实意义。

水利部自 2010 年起组织开展全国重要河湖健康评估试点工作，通过近 10 年的研究探索与实践检验，编制完成了《河湖健康评估技术导则》。根据该导则，在全国 7 大流域对 36 个河（湖、库）开展了健康评估，形成了河湖健康评估报告，在流域河湖水生态保护治理工作中发挥了重要支撑作用。

各地展开了一系列幸福河湖建设工作。北京市三年评定出 52 条优美河湖，认定标准从“水清、岸绿、安全、宜人”四方面细化为 55 项指标；天津市、重庆市、贵州省、广东省佛山市开展最美河湖评价；河北省评选出 10 条秀美河湖；福建省发布河湖健康蓝皮书，并率先成立幸福河湖促进会；江苏省构建了首批生态样板河湖；山东省按照 7 要素，每年评选出 80 条美丽示范河湖；湖南省、湖北省、云南省、宁夏回族自治区评出美丽河湖；浙江省从“安全流畅、生态健康、文化融入、管护高效、人水和谐”5 个方面构建了 24 项指标。经过不断的探索与实践，各地形成了地方特有的技术标准体系（表 5-1）。

表 5-1　国家与地方标准体系一览表

序号	级别及名称	发布时间	实施时间
一、国家层面			
1	《河湖健康评价指南（试行）》	2020 年 8 月	—
2	《河湖健康评估技术导则》	2020 年 6 月 5 日	2020 年 9 月 5 日
二、地方层面			
1	安徽省《幸福河湖评价导则》	2023 年 7 月 31 日	2023 年 8 月 31 日
2	福建省《河湖（库）健康评价规范》	2022 年 12 月 27 日	2023 年 3 月 27 日
3	《广东省河湖健康评价导则》	2023 年 8 月 23 日	—
4	《湖北省河湖健康评估导则》	2021 年 12 月 23 日	2022 年 2 月 23 日
5	《江苏省生态河湖状况评价规范》	2019 年 12 月 4 日	2019 年 12 月 25 日
6	江西省《河湖（水库）健康评价导则》	2021 年 6 月 30 日	2022 年 1 月 1 日
7	《辽宁省河湖（库）健康评价导则》	2017 年 2 月 23 日	2017 年 3 月 23 日
8	山西省《幸福河湖建设导则》	2023 年 10 月 8 日	2024 年 1 月 7 日
9	天津市《河湖健康评估技术导则》	2021 年 4 月 30 日	2021 年 8 月 1 日
10	浙江省《幸福河湖评价规范》	2021 年 6 月 30 日	2021 年 7 月 30 日

第三节　幸福河湖建设关键技术

一、幸福河湖建设关键技术与实施路径

（一）幸福河湖建设关键技术

在水安全方面，关键技术包括洪水预警和防控技术、水库安全监测与评估技术等，用于保障河湖的防洪安全和水库安全运行。在水资源方面，关键技术包括水资源合理配置技术、节水灌溉技术、雨水利用技术等，以提高水资源的利用效率和效益。在水环境方面，关键技术包括水污染控制技术、水生态修复技术、水环境监测与评估技术等，用于改善河湖的水环境质量，恢复河湖的生态系统功能。在水生态方面，关键技术包括水生生物多样性保护技术、水生植被恢复技术、水生生态功能区划与保护技术等，旨在保护和修复河湖水生态系统，维护生态平衡和生物多样性。在水文化方面，关键技术包括河湖景观设计技术、文化遗产保护技术等，用于弘扬

河湖文化，传承历史遗产。在水经济方面，关键技术包括水资源价值评估技术、水利工程经济分析技术等，用于评估河湖资源的经济价值和水利工程的经济效益。这些关键技术的综合应用将为幸福河湖建设提供有力支撑，推动河湖管理现代化和可持续发展。

第一，水安全保障技术对于河湖的防洪安全和水库的安全运行至关重要。随着气候变化和人类活动的不断影响，洪水灾害和水库安全问题日益突出。因此，应用洪水预警和防控技术、水库安全监测与评估技术等关键技术，确保河湖的防洪安全和水库的安全运行，是幸福河湖建设的基础和必要条件。

第二，水资源高效利用技术对于解决全球水危机具有重要意义。随着人口的增长和经济的发展，水资源的需求不断增加，而水资源的供给却日益紧张。因此，应用水资源合理配置技术、节水灌溉技术、雨水利用技术等关键技术，提高水资源的利用效率和效益，满足人类社会和自然生态的水需求，是实现可持续发展的必要手段。

第三，水环境治理与修复技术对于改善河湖的水环境质量至关重要。随着工业化和城市化的快速发展，水环境污染问题日益严重，对人类的健康和生态系统的稳定造成威胁。因此，应用水污染控制技术、水生态修复技术、水环境监测与评估技术等关键技术，改善河湖的水环境质量，恢复河湖的生态系统功能，是保障人民健康和生态系统稳定的必要措施。

第四，水生态保护与修复技术对于维护生态平衡和生物多样性具有重要意义。水生态系统是一个复杂的生态系统，涉及多个生物圈层面和自然过程的相互作用。因此，应用水生生物多样性保护技术、水生植被恢复技术、水生生态功能区划与保护技术等关键技术，保护和修复河湖水生态系统，维护生态平衡和生物多样性，是维护地球生态系统的稳定和可持续发展的重要保障。

第五，在水资源日益紧缺的背景下，水资源价值评估技术对河湖资源经济价值的评估至关重要。此技术有助于合理配置与高效利用水资源，为河湖资源的可持续利用提供经济支撑。水利工程经济分析技术则对水利工程的经济效益评估起着关键作用，为决策者提供科学依据，促进水利工程的合理规划和建设。科技的成熟为这些关键技术的应用提供了保障，而社会对水问题的关注则为技术的推广和应用提供了支持。综合应用这些关键技术，不仅有助于解决当前的水问题，还为实现河湖管理的现代化和可持续发展提供有力支撑，因此应加大对其的研发和应用力度。

（二）幸福河湖建设实施路径

幸福河湖建设是一项系统工程，需要从多个方面入手，实施综合性的路径。实施幸福河湖建设，首先制定全面、科学的规划，明确建设目标、治理重点和实施步骤，并充分考虑河湖的自然状况、社会经济发展需求以及公众期望等因素。

在规划的基础上，确保水安全是首要任务。这包括加强防洪减灾体系建设，提高河湖的防洪能力，保障人民生命财产安全。同时，要加强堤防工程和河道整治，确保河道的稳定和通畅，防止洪涝灾害的发生。除了防洪减灾，还需要关注水资源的安全供应。建立健全的水资源调配和供水系统，确保城乡居民和工农业生产的水资源需求得到满足。同时，加强水源地的保护和管理，防止水源污染和破坏，保障饮用水的安全。

在水安全得到保障的前提下，生态保护是幸福河湖建设的核心环节。采取有力措施保护河湖水域岸线生态，恢复和提升河湖生态功能，包括减少污染源、恢复性种植、保护和提升生物多样性等。

在生态保护的基础上，合理利用和管理水资源是幸福河湖建设的重要任务。需要建立健全的水资源管理制度，提高水资源的利用效率，确保水资源的可持续利用。同时，景观建设也是幸福河湖建设的重要组成部分。通过提升河湖的景观品质，可以增强公众的获得感和幸福感。

在景观建设中，应注重保护和挖掘河湖的历史文化价值，打造具有地方特色的文化景观。此外，依托河湖资源优势发展特色经济，也是幸福河湖建设的重要目标之一。需要充分发挥河湖在生态旅游、绿色产业等方面的潜力，推动经济社会的高质量发展。

在实施过程中，应加强科技创新和公众参与和监督。运用先进的科技手段提升幸福河湖的建设水平，并鼓励公众积极参与和监督幸福河湖的建设工作。

最后，建立有效的监测评估机制对幸福河湖建设过程和成果进行实时监测评估以及时发现问题并进行整改优化确保建设工作取得实效。通过以上步骤的实施，可以逐步实现幸福河湖的建设目标让河湖成为人民群众美好生活的重要组成部分。

二、幸福河湖评价指标体系的构建

（一）评价指标选取原则

评价指标体系选取遵循以下原则：

（1）全面性。幸福河湖建设是一项全面系统工程，评价指标体系必须综合考虑经济、环境、社会等诸多因素。

（2）科学性。指标概念明确，遵循经济规律，有其统计与计算的科学依据，能够真实地体现水生态系统的基本特征。

（3）可操作性。评价数据应易于获取。

（4）代表性。能反映河流变化特征。幸福河湖的评价是受动态性和区域性限制的，流域不同，所构建的评价指标体系就会有所不同，相应的评价标准也会发生改变，在指标的选取中，应当结合时间性、区域性的特征，选取代表性强的指标构建评价指标体系。

（5）定量与定性相结合，以定量为主。选取的指标不仅需要量化分析，还需要进行定性分析，因此评价指标研究过程中需要定量与定性相结合。

（二）评价指标的选取

1. 现有评价指标体系建设情况

（1）浙江省湖州市幸福河湖评价规范

2020 年浙江省湖州市出台的规范，建立了以河湖幸福指数为目标的评价体系，考虑了水安全、水资源、水生态、水环境、水经济以及水文化六个方面，作为准则，引申出 24 个小项量化，但管理情况、人民幸福感受等未在准则层中体现出来。

（2）浙江省杭州市幸福河湖评价规范

2021 年浙江省杭州市出台的规范，建立了以幸福河湖指数为目标的评价体系。该指标系对于河道数据资料的完整性和准确性要求很高，基础数据获得比较苛刻。考虑了水安全、水资源、水生态、水休闲、水文化、水经济和水管理等一级指标，并引申出 30 个小项量化。但河道水环境、人民幸福感受等未在一级指标中体现。

（3）江苏省河长办幸福河湖评价规范

2021 年江苏省河长办根据江苏省一号河长令关于幸福河湖建设出台的规范，分层次建立了“目标层”“要素层”“指标层”三大层次构成的江苏省幸福河湖评价体系，其中目标层即江苏省幸福河湖的评价，指标层为河安湖晏、水清岸绿、鱼翔浅底、文昌人和以及公众满意五个方面。要素层引申出 30 个小项量化，但是影响河道的水经济、水管理、公众满意等未在要素中体现。

（4）江苏省南京市幸福河湖评价规范

2021 年江苏省南京市关于幸福河湖建设出台的规范，分层次建立了“一级指标”“二级指标”“三级指标”三大层次，以江苏省幸福河湖评分为目标的评价体系，河湖水安全、河湖水资源、河湖水环境、河湖生态、河湖水文化、河湖管理以及公众满度为一级指标，并引申出 14 个二级指标和 38 个三级指标。

（5）幸福河湖建设成效评估工作方案（试行）

2023 年 8 月，水利部河长办印发了《幸福河湖建设成效评估工作方案（试行）》，为幸福河湖建设项目建设建立了一套评估指标体系，包括通用指标和差异化指标两种类型。由“安澜、生态、宜居、智慧、文化、发展、公众满意度”7 个方面

15 项指标组成，包括 13 项通用指标、2 项差异化指标。通用指标必选，差异化指标由评估单位根据河湖实际情况选用。并确定了各指标赋分缺省值，对于有差异化指标的准则层，如某项差异化指标未选用，则该项指标的缺省赋分值以其他指标的分值为基础加权分配到其他指标。

（6）浙江省全域建设幸福河湖行动计划（2023—2027 年）

2023 年 8 月，浙江省印发了《浙江省全域建设幸福河湖行动计划（2023—2027 年）》，提出五项主要任务，分别为：①实施江河安澜达标提质行动：筑牢江河安全屏障、推进城市内涝治理。②实施河湖生态保护提升行动：加强水生态保护修复、加强水环境综合治理、加强水资源节约集约利用。③实施亲水宜居设施提升行动：建设城乡居民 15 分钟亲水圈、打造高品质沿河文化圈、培育水上户外运动圈。④实施滨水产业富民行动：助力高效生态农业发展、培育涉水产业、发展滨水旅游。⑤实施河湖管理改革攻坚行动：创新河湖管理保护机制、构建智慧高效管护平台、探索水生态产品价值转化机制。

（7）淮河流域幸福河湖建设成效评估指标体系（试行）

2023 年 12 月，淮河流域构建了具有淮河流域特色的幸福河湖建设成效评估指标体系，明确了评估适用范围、原则、前提条件、指标和应用方式。其中，评估指标从水利部《幸福河湖建设成效评估工作方案（试行）》13 个通用指标中选取 8 个指标作为通用指标，其他 5 个通用指标纳入特色指标，并与流域 5 省幸福河湖评价标准相互衔接，由“水安全、水资源、水环境、水生态、水文化与水景观、水经济与水产业、水管理、公众满意”8 个方面 22 项通用指标和 30 项特色指标组成。通用指标 85 分，特色指标 15 分，满分 100 分标准，得分 85 分及以上的，达到淮河流域幸福河湖标准。

2. 评价指标选取

根据幸福河湖评价指标选取原则，结合部委、流域机构及各地已构建的评价指标体系，构建了由 1 个目标层、8 个方面组成准则层、22 个具体指标组成指标层的评价指标体系。

（1）水安全

河道的最基本功能就是其水利功能，防洪、排涝等，即主要考察水利功能是否达标。因此，幸福河湖水安全评价指标包括防洪排涝能力、涉河建筑物、河湖流畅性 3 项指标。

（2）水资源

水资源满足保障生产用水需求、居民生活用水足量、优质供给，即主要考察当地水资源利用情况。因此，幸福河湖水资源评价指标包括水质、水量 2 项指标。

（3）水生态

河湖水生态系统完整与生物物种多样性，即考虑河湖水网水系结构、生物多样性。因此，幸福河湖水生态评价指标包括河道形态、生态修复及生物多样性 3 项指标。

（4）水环境

河道水体清澈、水流的清洁性，和谐的人水空间、完备的景观和便民设施，即主要考察水质是否达标、亲水设施便利性。因此，幸福河湖水环境评价指标包括河岸、水体和亲水性 3 项指标。

（5）水景观与水文化

挖掘、展示与弘扬历史与现代文化，打造百姓精神家园，即主要考察当地水文化挖掘、保存及进行水文化、水情教育宣传工作等情况。因此，幸福河湖水文化评价指标包括水景观、水文化保护、水文化挖掘 3 项指标。

（6）惠民富民

发挥幸福河湖辐射带动作用，提升河湖周围旅游观光、游憩休闲、健康养生、生态文明教育等产业发展，积极推进乡村振兴和美丽乡村建设，不断增强人民群众获得感。幸福河湖惠民富民评价指标包括产业发展、乡村振兴、社会效应 3 项指标。

（7）智慧水利

建立健全管理机构及管理机制，实现信息共享，利用无人机巡航、视频监控、卫星遥感等高新技术推动智慧水利发展。幸福河湖智慧水利评价指标包括基础档案、管理机构与机制、信息共享和高新技术 4 项指标。

（8）附加效应

幸福河湖创建成效显著，积极参选国家级或省级美丽河湖、生态河湖样本或典型案例。幸福河湖附加效应评价指标包括示范效应及荣誉 1 项指标。

（三）评价体系的构建

幸福河湖评价指标体系由目标层、准则层、指标层构成。目标层即幸福河湖建设成效评价指标体系，准则层由水安全、水资源、水生态、水环境、水景观与水文化、惠民富民、智慧水利及附加效应 8 方面组成，指标层由 22 个具体评价指标构成，见表 5-2。

表 5-2　幸福河湖评价指标体系表

序号	目标层	准则层	指标层	指标解释
1	幸福河湖建设成效评价指标体系	1. 水安全	防洪排涝能力	主要评价河湖防洪排涝能力
2			涉河建筑物	主要评价河湖中涉河建筑物情况
3			河湖流畅性	主要评价河湖流畅性
4		2. 水资源	水质	主要评价河湖水质状况
5			水量	主要评价河湖水量情况
6		3. 水生态	河道形态	主要评价河湖河道形态状况
7			生态修复	主要评价河湖生态修复情况
8			生物多样性	主要评价河湖生态多样性
9		4. 水环境	河岸	主要评价河湖岸线治理情况
10			水体	主要评价河湖水体环境状况
11			亲水性	主要评价是否具有亲水设施，亲水设施是否能够满足居民需求，亲水设施状况及质量
12		5. 水景观与水文化	水景观	主要评价河湖景观价值，如水文景观、地质景观、天象景观、生物景观、工程景观、人文景观等，是否具备一定规模，是否具有较好观赏性
13			水文化保护	主要评价河湖及其沿岸历史文化古迹的价值大小及保存状况
14			水文化挖掘	主要评价河湖治水文化、当地人文风情、水文化凝练、挖掘、传承和展示情况
15		6. 惠民富民	产业发展	主要评价河湖提升辐射带动河湖周围旅游观光、游憩休闲、健康养生、生态文明教育等产业发展情况
16			乡村振兴	主要评价推进乡村振兴和美丽乡村建设情况
17			社会效应	主要评价通过幸福河湖建设，是否增强人民群众获得感，是否产生社会效应
18		7. 智慧水利	基础档案	主要评价河湖管理基础档案完整情况
19			管理机构与机制	主要评价河湖管理机构设置情况及管理机制设置情况
20			信息共享	主要评价信息化管理内容是否满足实际管理需要，信息共享情况
21			高新技术	主要评价使用无人机巡航、视频监控、卫星遥感、地质雷达等高新技术情况
22		8. 附加效应	示范效应及荣誉	主要评价幸福河湖建设的示范效应及取得的荣誉情况

三、幸福河湖评价方法

（一）评价原则

依据《幸福河湖建设成效评估工作方案（试行）》，结合全国幸福河湖建设实践经验，推荐幸福河湖评价采用主观评价方法，即人为打分法。通过设置一定的打分项，邀请相关人员对河湖状况进行打分，根据分数高低评判河湖幸福程度，评定幸福等级，为河湖管理提供决策依据。在评分过程中，根据幸福河湖的概念和内涵，本着“全面系统、注重实效、彰显特色”的原则开展评分。

（1）全面系统。评分内容涵盖河湖水安全、水资源、水生态、水环境、水景观与水文化、惠民富民、智慧水利、附加效应等，充分发挥河湖功能。

（2）注重实效。评分导向强调建管并重，注重区域河湖面貌的切实改善或提升，着重体现人民幸福感，充分展现河湖建管成效。

（3）彰显特色。幸福河湖评价应突出地域特色，尤其应能反映河湖安全、健康生态，弘扬河湖文化精神，充分彰显河湖特色底蕴，因此评价指标设置应有所侧重。

（二）评价方法

幸福河湖评价从水安全、水资源、水生态、水环境、水景观与水文化、惠民富民、智慧水利、附加效应 8 个方面开展评分。评分采取专家评分、公众评分、附加评分相结合的方式。

1. 专家评分

依据《幸福河湖建设成效评估工作方案（试行）》，幸福河湖成效评估应聘请一定数量（评估组成员应为单数，至少 5 人）的相关领域的专家组成幸福河湖评分专家组，每位专家按评分细则逐项打分，并记总分，将各位专家的总分汇总，计算平均值作为专家组总评分。制定评分细则可从水安全、水资源、水生态、水环境、水景观与水文化、惠民富民、智慧水利、附加效应等 8 个方面设置评分内容，各评分内容结合河湖特点从不同方面设置评分指标，每一评分指标按照河湖建管实际情况设定不同的评分点，并设定相应的赋分细则。

2. 公众评分

公众评分可采用网站、公众号、App 等方式，通过填写公众满意度调查表开展（表 5-3）。公众主要为沿河（湖）社区居民、民间河（湖）长、义务监督员等。公众评分可按下式计算：

公众评分＝（“满意”个数＋“基本满意”个数）/（问卷份数×10）×100％

表 5-3 幸福河湖评定公众满意度调查表

________河（湖、库） ________年________月________日

姓名（选填）		性别	□ 男 □ 女	年龄	□ 15～30 岁 □ 31～50 岁 □ 50 岁以上

文化程度：	□大学及以上	□大学以下		
河湖对个人生活的重要程度：	□很重要	□一般	□不重要	
与河湖的关系：	□河湖周边居民	□河湖管理人员	□来访人员	□其他
河湖水量：	□适宜	□太多	□太少	
河湖水质：	□清洁	□一般	□较脏	
洪涝、风暴潮灾害防御情况：	□好	□一般	□差	
绿化水平：	□高	□一般	□低	
鱼虾出现情况：	□多见	□少见	□未见	
垃圾清理：	□无垃圾	□有部分垃圾	□较多垃圾	
水景观：	□优美	□一般	□较差	
亲水休闲适宜性：	□适宜	□一般	□较差	
饮水安全满意度：	□满意	□一般	□不满意	
巡河满意度：	□满意	□一般	□不满意	
保洁满意度：	□满意	□一般	□不满意	
工程管护满意度：	□满意	□一般	□不满意	
科普宣传满意度：	□满意	□一般	□不满意	
居住环境满意度：	□满意	□一般	□不满意	
经济带动满意度：	□满意	□一般	□不满意	
生活质量满意度：	□满意	□一般	□不满意	
总体满意度打分：________（很满意 90～100 分，满意 75～89 分，基本满意 60～74 分，不满意 0～59 分）				
不满意的原因：				
建议与意见：				

3. 附加评分

河湖特色鲜明，创建成效显著，并入选国家级或省级美丽河湖、生态河湖样本或典型案例；河流（湖泊）所在乡村为省级及以上历史文化（传统）村或穿越的乡村有省、市荣誉称号，申报河湖当年度获国家级荣誉称号。视情况给予适当加分。

（三）评分细则及结论

1. 评分细则

幸福河湖评分细则参考表 5-4。

表 5-4　幸福河湖评分细则

序号	评分内容/分值	评分指标	赋分细则	满分
1	水安全/10 分	防洪排涝能力	①河湖行洪断面符合防洪、排涝、通航等规划设计标准，得 2 分； ②堤防水库不存在安全隐患，不存在年久失修、损毁病险等情况，得 2 分； ③依据水岸地质边界条件和径流特征评估河势稳定性满足要求，得 1 分	5 分
2		涉河建筑物	①调蓄和排涝工程构筑物使用现状满足设计功能要求，得 1 分； ②河湖管理范围内涉河构筑物满足防洪、排涝等要求，得 1 分	2 分
3		河湖流畅性	①河道内不存在明显淤积点、不合理的缩窄、填埋河道及改道、裁弯取直等减小行洪断面或认为变更河道行为，得 1 分； ②河道内不存在影响河道畅流的弃用涉水建筑物、废渣等，得 1 分； ③用现状水面面积除以全国第一次水利普查水面面积计算湖泊水域保有率，保有率≥1 时，得 1 分	3 分
4	水资源/10 分	水质	①河湖水质满足水功能区水质标准且水质不低于上一年水质状况，得 2 分； ②排水口、排污口按要求建立台账，得 2 分	4 分
5		水量	①有水电站或其他拦河拦湖建筑物的河湖，按要求设置泄放设施或按相关规定泄放生态流量，无脱水段，得 2 分； ②对于没有水电站或上述建筑物的河湖，符合“自然主导、生态优先”原则，得 2 分； ③平原河湖水体连通，流动性好，无断头河浜，得 2 分	6 分
6	水生态/20 分	河道形态	①河湖平面形态自然优美、宜弯则弯，得 3 分； ②河湖堤岸断面形式因地制宜，断面结构及其附属设施有变化、不单调呆板，不同形式断面之间过渡自然，得 3 分	6 分
7		生态修复	①河湖深潭、浅滩、江心洲、湿地等自然景观有效保存或修复，河湖岸带植被覆盖完好，得 3 分； ②采取有效措施防止岸坡坍塌、松动、冲蚀等，得 2 分； ③使用具有污染物处理能力的新结构、新材料、新工艺，得 2 分	7 分
8		生物多样性	①河湖内乔灌草、水陆植物搭配合理，得 2 分； ②鱼鸟等生物栖息地良好，得 2 分； ③历史特征生物生存良好，得 3 分	7 分

续表

序号	评分内容/分值	评分指标	赋分细则	满分
9	水环境/10分	河岸	①河湖的防洪工程、生态治理工程、城市景观绿化等工程项目遵循“人水和谐”的理念进行系统规划，依照山水林田湖草统筹治理，得1分； ②滨岸带植物分布合理、自然优美，与周边环境相协调，得1分； ③河湖岸线卫生情况良好，无垃圾杂物、污垢等污染环境（规定的垃圾堆弃点除外），得1分	3分
10		水体	①河湖水面不存在废弃物、漂浮物（生活垃圾、油污、死鱼，规模性水葫芦、蓝藻等），得2分； ②河湖水体不存在浑浊、黑臭、偷排等情况，得1分； ③河湖水体不存在人为干扰滞水河段、死水湾等情况，得1分	4分
11		亲水性	①沿岸有滨水步道、亲水平台、人行便桥、景观长廊、健身设施等，增强上下通达性、生态性和协调性，得1分； ②遮风避雨设施、照明装备、水站、公厕、垃圾桶、停车场、进出口的设置情况及其适宜性、完备性和协调性，得1分； ③为保障沿岸活动人员安全，在重要位置每隔500m或人群活动密集区按需设置警示标识和安全设施，得1分	3分
12	水景观与水文化/15分	水景观	河湖具有一定的景观价值，如水文景观、地质景观、天象景观、生物景观、工程景观、人文景观等，具备一定规模，有较好观赏性 ①涉河湖的防洪工程、生态治理工程、城市景观绿化等工程项目应系统规划，形成风格，得2分； ②项目改造保留河湖沿岸现有优美自然景观，得2分； ③新建人工景观确有需要、不造作且符合河湖实际及美观性、经济性要求，得1分	5分
13		水文化保护	河湖及其沿岸历史文化古迹的价值大小（古迹级别）及保存状况 ①历史文化古迹（古桥、古堰、古码头、古闸、古堤、古河道、古塘、古井等）保存完好，得2分； ②历史文化古迹有效保护性恢复，得2分； ③历史文化古迹有效展示，得1分	5分
14		水文化挖掘	治水文化、当地人文风情、水文化凝练、挖掘、传承和展示情况 ①河湖水工程文化、治水文化、流域文化、民族习俗以及结合河湖特色定位的创造类水文化的挖掘提炼情况，得2分； ②通过石、墙、雕塑、碑、亭、馆等进行传统文化、水文化展示传承，得2分； ③依托河湖水文化建设开展国民水情教育，建设水情教育基地、水文化公园等，得1分	5分
15	惠民富民/10分	产业发展	河湖提升辐射带动河湖周围旅游观光、游憩休闲、健康养生、生态文明教育等产业发展，得4分	4分
16		乡村振兴	有效推进乡村振兴和美丽乡村建设，得3分	3分
17		社会效应	河湖增强人民群众获得感，产生较强社会效应，得3分	3分

续表

序号	评分内容/分值	评分指标	赋分细则	满分
18	智慧水利/15分	基础档案	河湖管理基础档案完整 ①“一河（湖）一档”全面编制完成，得1分； ②以县域（流域）为单元的河湖综合治理和保护已经开展，得1分； ③在河湖重要位置建立连续水质监测数据档案，得1分	3分
19		管理机构与机制	①河湖管护机构设置完整、职责明确，得2分； ②建立完善的日常保洁、水行政执法、专项检查等河湖科学管护机制，得1分； ③河湖科学管护机制落实到位，得1分	4分
20		信息共享	信息化管理内容满足实际管理需要和做到信息共享 ①建立河（湖）长制信息管理平台，信息平台及时更新，得2分； ②开展水位流量、水质、排污口等信息监测，探索多单位、多部门涉河湖数据共享，得2分	4分
21		高新技术	①采用无人机巡航、视频监控、卫星遥感、地质雷达等新技术，得2分； ②推进利用卫星遥感等高新技术创新河湖监管，得2分	4分
22	附加效应/10分	示范效应及荣誉	①河湖特色鲜明，创建成效显著，并入选国家级或省级美丽河湖、生态河湖样本或典型案例，得5分； ②河流（湖泊）所在乡村为省级及以上历史文化（传统）村或穿越的乡村有省、市荣誉称号，申报河湖当年度获国家级荣誉称号，得5分；获省级荣誉称号，得3分；市级荣誉称号，得1分，不重复计分	10分
总　分				100分

2. 评价结论

根据以上评分细则，对河湖幸福指数进行分级。

60分以下：不幸福；

60分～84分：一般（其中，60分～70分为“一般偏下”，80分～84分为“一般偏上”）；

85分～94分：幸福；

95分～100分：很幸福。

第四节　幸福河湖建设发展前景及市场空间

一、幸福河湖建设试点及经验

（一）试点实施现状

2019年以来，全国多地开展了一系列幸福河湖探索与实践。

1. 国家试点

2022年，水利部根据河湖建设需要，在全国遴选了首批7个幸福河湖建设项目试点，包括江苏省、浙江省、安徽省、福建省、江西省、广东省、重庆市。2023年，水利部组织对中央水利发展资金支持的第一批7个幸福河湖建设项目进行评估，通过实施系统治理和综合治理，建设了一批“安澜、健康、智慧、文化、法治、发展”的幸福河湖，持续提升人民群众的获得感、幸福感、安全感。

2023年，水利部会同财政部遴选第二批15条（个）河湖实施幸福河湖建设项目，指导相关地方制定实施方案，加快项目实施进度。水利部印发幸福河湖建设成效评估指标体系，为各地建设幸福河湖提供了评估指标。

2. 地方试点

2021年，浙江省水利厅、财政厅联合发布了《浙江省水利厅 浙江省财政厅关于开展2022年幸福河湖试点县建设申报工作的通知》，综合评选出杭州市临安区、温州市平阳区、湖州市吴兴区和安吉县、嘉兴市海宁市、绍兴市越城区和上虞区、金华市义乌市、衢州市衢江区、台州市天台县、丽水市莲都区等11个县（市、区）作为2022年度幸福河湖建设试点县。经过幸福河湖建设，基本形成“一村一品一水景、一镇一韵一水乡、一城一画一风光”的幸福河湖网新格局。

2023年，浙江省水利厅、省财政厅联合公布浙江省2024年全域幸福河湖建设项目县（市、区）名单，包括杭州市临安区等20地入选。

（二）试点实施经验

福建省漳州市九十九湾是第一批幸福河湖试点工程。漳州市九十九湾连通水系由北往南贯穿漳州市主城区，涉及龙文区和芗城区，位于福建省南部沿海，连通九龙江北溪、西溪，西连三湘江引水泵站，东接西溪桥闸。其间串联湘桥湖、上美湖、碧湖生态园、西院湖生态园等蓄滞洪区。水系脉络清晰、水流通畅，水系面积202.4 km^2，干支流总长约130 km。排涝（或引水）设施主要包括水闸7处、排涝

（引水）泵站 6 处、水库 5 座、滞涝区 4 处。

1. **建设目标**

依托本底自然生态条件及建设基础，通过实施幸福河湖建设项目，使得九十九湾水系防洪薄弱环节基本消除；入河排污口有效整治，水系自净能力有效改善；城乡集中式饮用水水源地水质达标率 100%；河流水生态功能逐步提升，生态流量有效保障；岸线管控更加严格，河湖岸线廊道和亲水空间进一步美化通畅；河湖管护能力全面提升，实现“防洪排涝管理精细化、河湖管理一体化、环境监督可视化、管理决策科学化”；水治理体系逐步完善，水治理现代化水平稳步提升；公众河湖保护意识加强，水文化、水景观传承进一步弘扬，流域发展健康良性；基本建成“河畅、水清、岸绿、景美、人和”的幸福河湖。

2. **建设任务**

（1）治理防洪排涝薄弱环节

通过开展支渠治理、联排联调能力提升、干流局部卡口治理等措施，基本消除防洪排涝薄弱环节，提高区域防御洪涝灾害能力。

（2）提升水环境质量

坚持污染减排和生态扩容两手发力，强化源头控制、辅助过程削减，实施末端治理。

（3）保护修复水生态系统

通过优化水域与陆域的生态协同功能，保护和修复河岸带，提高区域生物多样性，完善水生生物调查和监管体系，打造人水和谐、健康稳定的水生态体系。

（4）彰显水文化，提升水景观

通过水文化保护、传承、弘扬与利用，建成一批精品水文化工程；通过自然岸线的生态恢复、亲水河漫滩地景观的建设、沿河生态巡查系统和绿化廊道的建设，打造生态绿廊，实现人水和谐。

（5）管护能力提升

强化河湖长制，落实管护责任，完善“一河（湖）一策”，开展河湖健康评价，建立健全河湖健康档案，强化数字孪生流域建设。

（6）助力流域发展

挖掘九十九湾河湖生态价值，依托河湖独特自然禀赋，在保障流域及其周边地区水安全，服务流域综合治理，促进实现流域生态文明建设的前提下，形成流域良性发展机制。

3. **总体布局**

总体布局为“一脉筑廊、两溪互连、八片互通、多点闪耀”。

“一脉筑廊”——九十九湾干流和滨河岸线形成的水生态绿色廊道。

“两溪互连”——九十九湾自北向南沟通九龙江北溪和西溪两条重要河道。

“八片互通”——九十九湾、三湘江、浦头港、吴浦、石井、漳滨、长洲、郭坑片区互连互通，共同承担主城区生态补水、排水防涝任务。

“多点闪耀”——打造多处水文化景观节点，构建“一湾一境一水景、一城一步一风光”的诗画城区。

4. 建设策略

（1）策略一，河湖安澜——高标准水安全保障。

（2）策略二，河湖清洁——高精准水环境治理。

（3）策略三，河清水秀——高质量水生态修复。

（4）策略四，继往开来——高品质水文化景观。

（5）策略五，河湖管理——管护能力提升。

（6）策略六，河湖价值——助力流域发展。

5. 项目实施成效

通过实施幸福河湖，九十九湾在防洪排涝、水环境治理、水生态保护、水文化景观建设、河湖管护、流域经济发展等方面取得了显著的成效。曾经淤泥堆积、又脏又臭的九十九湾重焕清澈光彩，成了“一湾一境一水景、一城一步一风光”的诗画城区，一幅水清、河畅、路通、景美、人和的画卷徐徐展开。如今，清清河水从城市和村庄蜿蜒而过，九十九湾逐渐恢复生机与活力，逐步实现生态与人的和谐共生。

二、幸福河湖建设发展前景及市场空间

近年来，幸福河湖工作的开展如火如荼，可以预见在“十五五”期间我国全面推进幸福河湖建设步伐，河湖面貌发生较大变化，河湖幸福指数将显著提升，幸福河湖建设也将迎来更大的市场、取得更大的成效。

（一）发展前景

1. 注重幸福河湖的持续治理

2022年，安徽省河长办印发《安徽省级幸福河湖建设三年行动计划（2022—2024年）》；2023年8月，浙江省水利厅发布《浙江省全域建设幸福河湖行动计划（2023—2027年）》；2023年9月，芜湖市河长办印发《芜湖市级幸福河湖建设三年行动计划（2023—2025年）》；同时，温州市印发实施《温州市全域建设幸福河湖行动计划（2023—2027年）》。幸福河湖建设进程加快推进。

幸福河湖建设不是一项一蹴而就的工作，而是需要几代水利人的不懈努力。要不断进行幸福河湖评价，科学分析评价结果，合理提出可持续发展、不断改进的意

见和建议，最大程度发挥幸福河湖建设的综合效益。

2. 完善幸福河湖评价指标体系

目前，已有很多学者在界定幸福河湖基本内涵的基础上，探索了幸福河湖评价准则、评价指标体系和评价方法。很多地区制定了适应当地幸福河湖评价的评价指标体系和评价方法，因各地区在评价指标体系的构建和评价方法的选取不统一，百家争鸣，目前尚无一套能够适应全国的评价指标体系和评价方法。

由于我国幅员辽阔，无论是在时间上还是空间上，幸福河湖的界定都极为复杂、差异性非常大，因此，幸福河湖评价应该是多维度的，既要考虑防洪安全、水资源合理需求保障、生态环境要素等“刚性”约束，也要考虑河湖景观、水文化、休闲便民措施等“弹性”指标，还应考虑居民的感受。幸福河湖立足于国家重大战略，作为新时代河流治理的终极目标，要求更高，且各地区幸福河湖建设工作正在加快推进，幸福河湖评价还处于初步探索阶段，其评价指标体系和评价方法有待进一步开展深入研究。

3. 深入研究幸福河湖内在机理与外在表征

我国河湖条件复杂，且差异性极大。每个河湖的内在机理与外在表征不尽相同。应在现有工作基础上，深入研究幸福河湖的深刻内涵，充分考虑经济发展、安全保障、资源优化、生态保护以及居民感受的协调性，尤其重视居民的幸福感，深入探究河湖各要素间的作用机理，掌握内在机制，进而提出适宜的建管措施，真正让河湖成为造福人们的幸福河，保障经济的高质量发展。

4. 加快推进数字河湖建设

数字孪生流域是智慧水利的重要组成部分，是幸福河湖建设中管护能力提升的新模式。建设幸福河湖，要应用数字孪生技术强化数字赋能提升能力，加快构建具有预报、预警、预演、预案能力的数字孪生河湖，提升流域管理智慧化水平，为新阶段幸福河湖管护能力提升赋予强劲的支撑和保障。

数字河湖建设对推动水系精细化管护、维护河湖生命健康具有重要意义，同时为公众参与治水、享水、乐水提供了重要途径，也为新时期幸福河湖管护能力提升提供了重要手段。未来一段时间内全国将积极推进数字河湖建设，促进新阶段水利高质量发展。建立幸福河湖数字化平台。运用云计算、大数据、人工智能、物联网、数据可视化等信息技术，实现“一河一网一平台”，把推进智慧水利和数字孪生建设融合到智慧河湖的系统开发中，建设幸福河湖数字孪生流域。

5. 建立健全幸福河湖共建共享体制机制

幸福河湖共建共享的核心，是建设人人有责、人人尽责、人人享有的社会幸福河湖共同体，确保全国主要河流成为人民心中的安澜之河、富民之河、宜居之河、生态之河、文化之河，保证河湖建设能够持续支撑经济社会的全面发展。

推动幸福河湖建设发展要求完善共建共享体制机制，根本目的在于推动幸福河湖建设成果惠及广大群众。当前和今后一个时期，是我国推动幸福河湖高质量发展的关键时期，要把完善共建共享体制机制作为推动体制机制创新的重要内容，坚持以河湖为中心，以打造幸福河湖为重点，健全多管机制。打造幸福河湖，让人民群众的获得感、幸福感、安全感更加充实、更有保障、更可持续。要始终坚持以幸福河湖为中心的发展思想，把幸福河湖作为发展的根本目的，不断完善共建共享体制机制，在推动高质量发展、建设贯彻幸福河湖的新征程中，促进幸福河湖的全面发展和社会全面进步。

（二）市场空间

当前，我国浙江省、福建省、江苏省等各地区正加快推进幸福河湖建设，全国市场空间大，潜力巨大。

浙江省 2024 年 20 个全域幸福河湖建设项目，共计划投资 120 亿元，其中省水利厅投资 61 亿元，融合投资 59 亿元。为加快推进项目建设，省水利厅会同省财政厅，采取“定额＋绩效”的方式进行补助，对山区 26 县的全域幸福河湖建设项目补助资金 6 000 万元、其他县（市、区）补助资金 4 000 万元，共 9.8 亿元。补助资金主要用于农村水系治理、母亲河保护提升、河湖生态修复与改造等内容，后续根据实施绩效情况再安排激励资金。

福建省三明市池湖溪幸福河湖建设项目，总投资 1.73 亿元，其中中央补助资金 6 662 万元，建设工期为一年。工程从河湖系统治理、管护能力提升、助力流域发展等方面进行建设，包括系统实施河道综合治理、完善沿线水生态环境、创建河长制工作示范、河湖健康评价、智慧监测监管设施建设、池湖溪水利成果宣教提升等多项内容。

2023 年，江苏省水利厅、省发展改革委等 5 家单位联合印发通知，与国家开发银行江苏分行等政策性银行和部分商业银行合作，在全国首创幸福河湖建设基金，首期意向授信额度 1 000 亿元，加快推进江苏省全域幸福河湖建设。

参考文献

[1] 李华. 我国水环境保护管理现状及改善建议[J]. 皮革制作与环保科技，2023(4)：69-71.

[2] 吕娟，刘建刚，李云鹏，等. 河湖幸福指数——文化之河评价研究[J]. 中国水利水电科学研究院学报(中英文)，2023，21(6)：537-545.

[3] 张冰，伍昕晨. 推进幸福河建设与水文化的几点思考[C]//山东黄河河务局聊城市黄河河务局. 适应新时代水利改革发展要求 推进幸福河湖建设论文集(1). 2021：7.

[4] 孙继昌. 全面落实河长制湖长制打造美丽幸福河湖[J]. 中国水利,2020(8):1-3+6.

[5] 幸福河研究课题组. 幸福河内涵要义及指标体系探析[J]. 中国水利,2020(23):1-4.

[6] 中国水利水电科学研究院. 中国河湖幸福指数报告 2020[M]. 北京:中国水利水电出版社,2021.

[7] 张利茹,吴严君,董万钧,等. 幸福河湖内涵梳理及建设成效评估指标体系解析[J]. 水利信息化,2023(6):56-61.

[8] 姜晴霞,徐量. 智慧水利与河湖综合管理应用研究[J]. 治淮,2020(1):40-42.

[9] 吉凤鸣. 江苏省平原河网地区幸福河评价研究[D]. 扬州:扬州大学,2023.

第六章　村镇污水治理关键技术及应用

第一节　村镇污水治理现状及问题

一、我国村镇污水治理的现状

（一）我国村镇污水的排放情况

近年来，发展中国家农村地区的污水分散排放现象和水环境污染问题越来越严重，引起了国内外学者的广泛关注。我国农村污水主要来源于日常生活的厨卫、洗浴排水以及畜禽养殖为主的生产活动相关的用水排放。作为世界上最大的发展中国家，随着对农村地区环保知识宣传的深入和农户美化农村环境意识的增强，我国农村地区污水处理问题也日益受到重视。

我国目前有约 69 万个行政村、261 万个自然村，农村地区人口约 5.1 亿。不同农村地区的水资源量与农户生活条件、生活方式、用水习惯不同，因此污水排放量与排放规律等有很大差异，这也导致了我国农村地区的污水处理水平有很大的地域性差别，东部经济较发达的农村地区处理水平整体高于西北与东北地区。而且，我国农村地区的农户住房基本上都未经总体规划，布局随意导致农村生活污水及部分生产污水的排放极为分散。

随着我国城镇化推进与美丽乡村建设收获实质成效，带动了农村旅游及畜禽养殖等产业的发展，农村居民的生活水平不断提高、生活方式升级变化，促使农村污水的排放总量与污染负荷也不断增加。2017 年我国农村污水排放总量约 214 亿 t，2018 年约 230 亿 t，到 2023 年我国农村污水排放总量已达到 200～300 亿 t，农村污水中的污染物排放总量约占全国水污染物排放量的 50%以上。

（二）我国村镇污水的收集情况

我国部分农村地区的各类污水是与自然降水混合随意排放的，缺乏以村落整体为单位的排水收集管网规划设计，导致污水收集难度大、收集率低，这是农村地区污水分散排放且难以得到有效管理与处理的主要原因之一。此外，部分农村地区也没有针对农户或村落配备完善的污水处理设施，而在地广人稀的农村地区建设排水收集管网、开展农村污水处理需要大量的资金支持，用于前期的工程建设及后期的运行管理与维护。由于我国农村地区普遍经济条件相对落后，尤其是地处偏远山区的农村，还受到自然地理条件的限制。因此，投资成本也是限制农村地区落实污水处理的主要因素之一。

（三）我国村镇污水的治理情况

在经济条件允许的情况下，部分环保意识较强的农村地区通过主动引进污水处理项目落地或接受污水处理技术试点示范等各种方式与模式，发展和带动了一批不同种类农村生活污水处理技术的建设与应用。但我国农村地区开展污水处理的技术力量较为薄弱，过去在摸索与尝试开展农村污水排放与水环境污染整治的过程中，未长远考虑到技术的适用、后期运行维护的重要性等，村集体工作人员中没有配备专职负责污水处理设计、施工尤其是运行管理人员，导致建成的污水处理工程存在长期管理与技术服务方面的不足与缺失，这是限制污水处理设施在建成后长期有效运行的重要技术因素。严重地，最终会造成污水处理项目的瘫痪与废弃，使本以治理环境为目的的处理设施变为不利于环境改善的二次污染源。这样的结果与现状，违背了建设美丽乡村环境与治理农村污水的初衷，还造成了政策、人力、物力、投资等输入要素的浪费。

（四）我国村镇污水治理事业的发展

我国农村环境保护事业总体分为三个阶段。2005—2008 年为起步期，这期间农村环境污染问题逐渐引起国家层面的重视，并尝试通过制定政策从顶层指导农村地区的环保产业发展；2008—2015 年为发展期，国家与地方都加强了针对农村环境保护的政策讨论、资金支持、示范项目建设，开展了全国农村环境连片整治的示范与政策配套；2015—2023 年为加速发展期，国家和地方对农村环境整治的机制与政策不断完善，并大力推进区域综合服务。据住房城乡建设部 2017 年的数据统计，我国建制镇的污水处理厂 10 年间由 763 座增加到 4 810 座，日处理能力由 416 万 m^3 提至 1 714 万 m^3。相比之下，由于污水排放总量与经济支付能力的差别，乡村级污水处理厂仅 874 座，日处理能力仅 49 万 m^3；我国在 2008 年以后对农村地区生活污水的治理率逐步提升，2022 年全国农村生活污水治理率在 31%左右，2023 年达到了 40%以上，相比 2016 年平均 22%的治理率有了明显提升。

（五）我国村镇污水治理的政策要求

住房城乡建设部在 2015 年提出，到 2020 年要有 30%的村镇人口能够享受比较完善的公共排水服务，并使我国各重点保护区内的村镇水污染问题得到全面有效的控制。2015年4月16日发布实施的《水污染防治行动计划》为2016—2020年间的农村环境整治提出明确目标，即以县级行政区为单元实行农村污水处理统一规划、建设、管理。同时，2015年5月5日印发的《关于加快推进生态文明建设的意见》提出加快美丽乡村建设、加大农村污水处理力度。2016年，“十三五”规划明确指出了要加强农村环境整治，并提出到2020年经过整治的农村污水处理率提升到33.6%的要求。2020年的农村地区生活污水处理率已经提至约25.5%，但这仍然滞后于我国城镇污水90%以上的处理率水平。相比于在美丽乡村建设中已取得一定成效的农村生活垃圾管理与村容村貌整治以及逐年明显增长的农村污水排放量，农村污水处理水平的提升显得相对滞后，污水处理基础设施有待完善以及管理水平有待提升。

近五年来，党中央和国务院更加重视并大力推进农村污水处理与水环境保护，相继制定与发布了多个相关法规与政策文件，对农村污水处理明确提出新的要求。2016年8月，中共中央办公厅、国务院办公厅印发的《关于设立统一规范的国家生态文明试验区的意见》提出，从当年起连续开展三年提升农村生活污水处理的专项行动，因地制宜推进农村污水治理。2018年1月起施行的现行《中华人民共和国水污染防治法》第五十二条明文规定，国家支持农村污水处理设施建设。2018年2月，中共中央办公厅、国务院办公厅联合印发了《农村人居环境整治三年行动方案》，明确提出到2020年东部地区的农村生活污水治理率明显提高，中西部地区的农村生活污水乱排放得到管控，地处偏远、经济欠发达等地区实现人居环境干净整洁的基本要求。2019年，国家多部门联合印发《关于推进农村生活污水治理的指导意见》，提出要选择适宜模式，走出具有中国特色的农村生活污水治理之路。2019年2月19日，《中共中央 国务院关于坚持农业农村优先发展做好“三农”工作的若干意见》中明确提出，要开展以农村垃圾污水治理提升为重点之一的农村人居环境整治行动，到2020年要收到明显改善成效。

可以看出，农村污水处理作为提升我国综合环境质量的重要组成部分，国家政策指明要将其与发展生态文明、改善人居环境、建设美丽乡村相结合，解决当前以及今后很长一段时期农村人居环境治理的短板问题。

二、我国村镇污水排放的影响

（一）我国村镇污水排放的典型特征

我国农村污水普遍呈现排放时间随机、排放点分散、点源排放量较小、污染物成分较复杂但基本无毒性、可生化性较高的特点，但随着农村居民生活水平不断提高，生活与生产活动强度与用水总量的增加，导致污水呈现排放总量大、流量不稳定、有机污染负荷及富营养化风险高甚至含有微量化学药品等新的特点。《第二次全国污染源普查公报》显示，农村地区的居民日常生活活动、种植与畜禽养殖等生产活动所排污水中含有的氨氮（NH_4^+-N）、总氮（TN）、总磷（TP）总量占全国污水中各污染物总量的比例分别为45.56%、57.94%、73.81%，仅农村生活污水和畜禽养殖两个来源的污水中化学需氧量（COD）排放总量占全国排放污水中COD总量的70%。

（二）我国村镇污水排放的负面影响

农村各类污水未经有效处理就随意排放，会直接造成污水地表径流甚至黑臭水体，对周边自然水体与土壤环境造成严重污染，影响农村地区较脆弱的生态环境与农作物产品质量，污水地下渗流甚至会影响当地的饮用水水质、地下水环境安全，饮用或使用不达标、受污染、具有传播细菌病毒的水源则会危害农户居民身体健康。这也会影响村容村貌，限制农村居民生活环境的改善和生活质量的提高，破坏农村经济与人居环境的协调发展。

三、我国村镇污水治理的瓶颈与发展需求

随着城乡协调发展和美丽乡村建设，在广大农村通过生态旅游的经营模式使当地天然资源得到开发、经济条件不断改善，但不断回流农村的人口和密集的旅游生产生活活动（如家庭畜禽或水产养殖、农家乐餐饮接待等）使污水排量增加、污染负荷波动，对当地生态环境、人居条件产生了较为严重的负面影响。2020年，我国农村污水排放总量已达到270亿t，且2020年农村污水中的污染物排放总量约占全国水污染物排放量的50%。但目前，西北地区多数农村的污水处理仍以“调节池”“化粪池”“渗水井”“稳定塘”等过渡性基础手段为主，在设施、技术、标准达成、运管等方面存在较多不足，未能达到根治污染、资源回用的目的。因此，农村仍亟须更为经济、节能、高效、协调的分散式污水原位处理技术，为整村推进环境改善、人居条件、经济发展提供持续保障。

第二节　村镇污水治理政策导向

一、我国村镇污水治理事业发展的区域差异

2017年，为推进农村生活污水治理，住房城乡建设部组织编制了东北、华北、东南、中南、西南、西北六个地区的农村生活污水处理技术指南。

（一）我国北方村镇污水治理的发展特色

我国北部典型的华北地区基本为平原和高原地形，气候以干旱、多风、冬季寒冷为主要特征；区域内各地经济发展水平不同，目前大部分农村还没有开展农村污水治理工作；该地区还属严重缺水地区，污水处理应与资源化利用结合；同时应避免污染地下水和地表水；寒冷地区应采用适当的保温措施，保障污水处理设施在冬季正常运行。

（二）我国南方村镇污水治理的发展特色

我国南部的中南地区地形地貌复杂，包括山地、丘陵、岗地和平原等，湖泊多，河流交错纵横；区域内农村人口数量、村镇数目、人口密度均较大，很多行政村位于重要水系（如淮河、巢湖、鄱阳湖、洞庭湖等）流域，未经任何处理的农村生活污水直排，对水环境影响较大；该地区经济总量在全国处于中等偏下水平，区域内经济发展不平衡，农民生活方式、生活水平存在差异。东南地区年平均气温高、降雨充沛，水系发达，河网、湖泊密布，河流纵横交错，也是我国农业发达、经济产值和人均收入增长幅度最快的地区之一；很多村庄已经达到了小康型村庄的标准，农村的生活水平和方式已经与城市接近，农民用水量和农村生活污水的排放量逐年增加，已经成为该地区流域水质下降的主要原因之一，因此，该地区也是国家划定的流域污染控制重点区域；区域内人口密度大，可用作污水处理的土地有限，农村污水处理技术的选择上应充分考虑上述特点，做到因地制宜。

（三）我国村镇污水治理未来的总体要求

我国农村污水处理相关重点政策如表6-1所示。

表6-1　中国农村污水处理相关重点政策汇总

时间	政策	主要内容
2014年5月	《国务院办公厅关于改善农村人居环境的指导意见》	(1) 推行县域农村垃圾和污水治理的统一规划、统一建设、统一管理，有条件的地方推进城镇垃圾污水处理设施和服务向农村延伸；离城镇较远且人口较多的村庄，可建设村级污水集中处理设施，人口较少的村庄可建设户用污水处理设施 (2) 建立村庄道路、供排水、垃圾和污水处理、沼气、河道等公用设施的长效管护制度，逐步实现城乡管理一体化
2016年10月	《培育发展农业面源污染治理、农村污水垃圾处理市场主体方案》	农村污水垃圾收集处置，注重以整县或区域为单元整体推进，采取PPP模式实施建管一体，加强建设和运维，鼓励城乡统筹、推行互联网+环境治理模式等；畜禽养殖废弃物资源化，主要采取第三方治理、按量补贴的方式吸引市场主体参与，强调构建生态农业循环模式，鼓励种养结合和资源化利用；农业废弃物综合利用，按照“废弃物垃圾化、垃圾资源化”原则
2017年2月	《全国农村环境综合整治“十三五”规划》	到2020年，新增完成环境综合整治的建制村13万个，累计达到全国建制村总数的三分之一以上。在农村生活垃圾和污水处理方面提出：重点在村庄密度较高、人口较多的地区，开展农村生活垃圾和污水污染治理。主要建设内容包括： (1) 生活垃圾分类、收集、转运和处理设施建设，包括垃圾箱、垃圾池等收集设施，垃圾转运站、运输车辆等转运设施，以及生活垃圾无害化处理设施。 (2) 生活污水处理设施建设，包括污水收集管网、集中式污水处理设施或人工湿地、氧化塘等分散式处理设施。经过整治的村庄，生活垃圾定点存放清运率达到100%，生活垃圾无害化处理率≥70%，生活污水处理率≥60%
2018年2月	《农村人居环境整治三年行动方案》	(1) 梯次推进农村生活污水治理。根据农村不同区位条件、村庄人口聚集程度、污水产生规模，因地制宜采用污染治理与资源利用相结合、工程措施与生态措施相结合、集中与分散相结合的建设模式和处理工艺，推动城镇污水管网向周边村庄延伸覆盖。积极推广低成本、低能耗、易维护、高效率的污水处理技术，鼓励采用生态处理工艺。加强生活污水源头减量和尾水回收利用。以房前屋后河塘沟渠为重点实施清淤疏浚，采取综合措施恢复水生态，逐步消除农村黑臭水体。将农村水环境治理纳入河长制、湖长制管理 (2) 鼓励专业化、市场化建设和运行管护，有条件的地区推行城乡垃圾污水处理统一规划、统一建设、统一运行、统一管理。推行环境治理依效付费制度，健全服务绩效评价考核机制。鼓励有条件的地区探索建立垃圾污水处理农户付费制度，完善财政补贴和农户付费合理分担机制
2018年9月	《关于加快制定地方农村生活污水处理排放标准的通知》	(1) 因地制宜采用污染治理与资源利用相结合、工程措施与生态措施相结合、集中与分散相结合的建设模式和处理工艺。推动城镇污水管网向周边村庄延伸覆盖。积极推广易维护、低成本、低能耗的污水处理技术，鼓励采用生态处理工艺。加强生活污水源头减量和尾水回收利用。充分利用现有的沼气池等粪污处理设施，强化改厕与农村生活污水治理的有效衔接，采取适当方式对厕所粪污进行无害化处理或资源化利用，严禁未经处理的厕所粪污直排环境 (2) 农村生活污水就近纳入城镇污水管网的，执行《污水排入城镇下水道水质标准》(GB/T 31962—2015)。500立方米/天（m^3/d）以上规模（含500 m^3/d）的农村生活污水处理设施可参照执行《城镇污水处理厂污染物排放标准》(GB 18918—2002)。农村生活污水处理排放标准原则上适用于处理规模在500 m^3/d以下的农村生活污水处理设施污染物排放管理，各地可根据实际情况进一步确定具体处理规模标准
2018年11月	《农业农村污染治理攻坚战行动计划》	(1) 梯次推进农村生活污水治理。以县级行政区域为单位，实行农村生活污水处理统一规划、统一建设、统一管理，优先整治南水北调东线中线水源地及其输水沿线、京津冀，长江经济带、环渤海区域及水质需改善的控制单元范围内的村庄。到2020年，确保新增完成13万个建制村的环境综合整治任务 (2) 开展协同治理，推动城镇污水处理设施和服务向农村延伸，加强改厕与农村生活污水治理的有效衔接，将农村水环境治理纳入河长制、湖长制管理。到2020年，东部地区、中西部城市近郊区的农村生活污水治理率明显提高；中西部有较好基础、基本具备条件的地区，生活污水乱排乱放得到管控

续表

时间	政策	主要内容
2019年11月	《农村黑臭水体治理工作指南（试行）》	充分考虑城乡发展、经济社会状况、生态环境功能区划和农村人口分布等因素，因地制宜采用污染治理与资源利用相结合、工程措施与生态措施相结合、集中与分散相结合的建设模式和处理工艺。有条件的地区推进城镇污水处理设施和服务向城镇近郊的农村延伸。离城镇生活污水管网较远、人口密集且不具备利用条件的村庄，可建设集中处理设施实现达标排放。人口较少、地形地势复杂的村庄，以卫生厕所改造为重点开展农村生活污水治理
2021年6月	《关于加快农房和村庄建设现代化的指导意见》	因地制宜推进农村生活污水处理。乡村宜采用小型化、生态化、分散化的污水处理模式和处理工艺，合理确定排放标准，推动农村生活污水就近就地资源化利用。居住分散的村庄以卫生厕所改造为重点推进农村生活污水治理，鼓励采用户用污水处理方式；规模较大、人口较集中的村庄可采用村集中处理方式；有条件的地方可将靠近城镇的村庄纳入城镇生活污水处理系统。合理组织村庄雨水排放形式和排放路径

二、我国村镇污水治理模式的国家政策指导

（一）我国村镇污水治理模式的分类探索

我国农村因人口数量、地理位置等条件的不同而形成了分布密度不同的类型，因此为了解决不同农村类型存在的污水处理问题以及要达到不同的污水处理目标，不仅不能照搬已经成熟应用且运行控制复杂的城镇污水处理技术，而且也不能只运用单一的处理技术与处理模式。应根据目标农村所处地域的地理与环境条件、土地资源情况、经济能力、人口规模、聚集程度、污水来源、排放特点、水质要求、回收用途等因素的实际情况，选用合适的污水处理技术。

农村污水治理是我国乡村振兴重要的一环，要走中国特色的农村生活污水治理之路并取得长足发展，必须结合我国农村环境实际情况和农村污水治理事业的发展阶段与现状。近几年，国家相关部委和环保行业都逐渐认识到了农村污水治理在生态环境保护事业发展中的重要性，相关顶层法律、政策规定均对农村污水治理有所要求。为深入贯彻习近平总书记关于农村厕所革命的重要指示批示精神，全面落实党中央、国务院的部署要求，进一步做好农村改厕工作，农业农村部、国家卫生健康委办公厅、生态环境部办公厅组织制定了《农村厕所粪污无害化处理与资源化利用指南》，在各省（区、市）推荐的基础上，经专家评审、实地核查和公示，遴选出9种农村厕所粪污处理及资源化利用典型模式。这些模式各具特色、各有侧重，具有较强的针对性和可操作性。

习近平总书记在2019年黄河流域生态保护和高质量发展座谈会上，将黄河流域生态保护提高到国家战略层面，给包括陕西省西安市在内的沿黄各地市农村人居环境改善、农村污水治理促进黄河流域生态环境改善以政策与方向指导。2021年10月，中共中央、国务院印发《黄河流域生态保护和高质量发展规划纲要》，强调要深

入开展农村人居环境整治，积极做好“厕所革命”与农村生活污水治理的衔接，因地制宜选择治理模式，强化污水管控标准，并推动农村再生水等非常规水利用。2022年10月，科学技术部印发《黄河流域生态保护和高质量发展科技创新实施方案》，鼓励开展农村分散式污水处理与资源利用模式的研发。在《关于加快农房和村庄建设现代化的指导意见》中也明确提出，我国应当因地制宜推进农村生活污水处理。乡村宜采用小型化、生态化、分散化的污水处理模式和处理工艺，合理确定排放标准，推动农村生活污水就近就地资源化利用；居住分散的村庄以卫生厕所改造为重点，推进农村生活污水治理，鼓励采用户用污水处理方式；规模较大、人口较集中的村庄可采用村集中处理方式；有条件的地方可将靠近城镇的村庄纳入城镇生活污水处理系统。

目前，我国农村地区生活污水分散处理模式主要为分户处理与以村为单位处理。分户处理模式是指对独户或多个农户家庭产生的生活污水进行处理，适用于人口与住户稀疏分散、地形较为复杂、污水收集难度大、地处偏远且条件相对落后的农村地区。以村为单位处理模式是指建设本村污水收集管网或联合多个地理空间邻连的分散农村统一建设收集管网进行生活污水处理，适用于污水排放量较大、人口聚居、地理位置偏远、经济条件较好的农村地区。以村为单位处理生活污水的技术类型与分散处理技术类似，主要采用分散处理技术合理搭配的复合工艺。

（二）我国村镇污水治理技术的发展指导

在2018年《农村人居环境整治三年行动方案》中，提出要梯度推进我国农村生活污水治理进程，并结合农村实际因地制宜地结合资源利用与污染治理、结合工程措施与生态措施进行工艺技术选择和建设模式制定。在2018年《关于加快制定地方农村生活污水处理排放标准的通知》中，明确提出要积极推广容易维护、成本低廉、节能的处理技术，鼓励应用生态类型的处理工艺。因此，我国农村地区污水处理通常采用具有运行状态稳定、处理效率较高、占地面积较小、微动力或无动力等优势的生物与生态相结合的处理工艺。相比于使用大量机械部件的工业化设备与装置，生态类型的处理技术能更好地结合我国广大农村地区的自然地理与环境条件。不仅在前期基础建设上的投资成本低，而且运行过程不需要密集的高难度技术服务投入与额外的化学药剂添加，实际运行与维护都比较简单便捷。选择处理污染负荷合适的生态技术，达标排放的出水还可以直接回用于庭院植物种养和生活杂用。

工业和信息化部等三部委联合印发的《环保装备制造业高质量发展行动计划（2022—2025年）》，提出要加强关键核心技术攻关、加强先进技术推广，在污水治理领域重点推广农村分散式污水治理等先进技术装备，力求减少污染治理过程中的能源消耗及碳排放。中共中央办公厅、国务院办公厅印发的《农村人居环境整治提升五年行动方案（2021—2025年）》，强调沿黄河流域各地市在开展农村污水治理时要以可持续治理为导向，选择符合农村实际的生活污水治理技术，优先推广运行费用低、管护简便的治理技术，尤其是鼓励居住分散地区探索生态处理技术、模块化污水处理系统，积极推进农村生活污水资源化利用。同时，“十四五”期间推进农村污水治理，还须强化治理设施监管、健全运行管护机制等措施。

“十四五”期间，我国将持续贯彻落实《农业农村污染治理攻坚战行动方案（2021—2025年）》《“十四五”土壤、地下水和农村生态环境保护规划》，开展典型流域农村生活污水治理试点，同时完成8万个建制村的环境整治。到2035年，我国将计划实现农村生态环境基础设施得到完善、农村生态环境根本好转、美丽乡村生态宜居的目标。因此，我国农村污水处理将会更加重视因地制宜。对于规模较大、人口较集中的村庄将会采用村集中处理；对于有条件的地方且靠近城镇的村庄将会纳入城镇生活污水处理系统；而对于人口密度较分散的村庄将会采用分散处理模式。未来，农村污水将会把集中式处理、纳入城镇生活污水处理、分散式污水处理模式进一步相结合。此外，国家政策中也提出要通过保护农村环境、节约用水、循环用水理念的宣传，加强农村地区生活污水在排放源头上实现减量化，并鼓励与支持农村地区污水经过有效处理后作为水资源合理回用，实现污水资源化。

三、我国村镇污水治理装备设施运维监管的政策要求

我国发布的《美丽乡村建设指南》（GB/T 32000—2015）由12个章节组成，基本框架分为总则、村庄规划、村庄建设、生态环境、经济发展、公共服务、乡风文明、基层组织、长效管理等9个部分，明确了美丽乡村建设在总体方向和基本要求上的“最大公约数”，在村庄建设、生态环境、经济发展、公共服务等领域规定了21项量化指标，就美丽乡村建设给予目标性指导。

2020年10月，党的十九届五中全会要求，“因地制宜推进农村改厕、生活污水治理”；2020年12月，习近平总书记在中央农村工作会议上强调“要接续推进农村人居环境整治提升行动，重点抓好改厕和污水、垃圾处理”；2021年颁布的《中华人民共和国乡村振兴促进法》第五章中明确规定各级人民政府应建立共建共享共管机制，治理农村污水，持续改善农村人居环境；2021年，中共中央、国务院印发《关于全面推进乡村振兴 加快农业农村现代化的意见》，提出实施农村人居环境整治提升行动方案，统筹农村改厕和污水治理，因地制宜建设污水处理设施，强化设施建设和运行维护并重，建立村庄人居环境长效管护机制，确保设施发挥作用。

2023年11月12日，生态环境部部长黄润秋主持召开部常务会议，审议并原则通过《关于进一步推进农村生活污水治理的指导意见》。随后，生态环境部、农业农

村部联合发布了《关于进一步推进农村生活污水治理的指导意见》，意见明确要强化设施建设和运维质量管理，要以采取集中式或相对集中式处理模式、资源化利用模式治理农村生活污水的村庄为重点，按照相关技术规范标准要求，做好农村生活污水治理相关工程设计、建设，严把材料质量关，采用地方政府主管、第三方监理、群众代表监督等方式，加强施工监管、档案管理和竣工验收。

同时，该意见明确要求地方各级生态环境部门要加强对农村生活污水处理设施运行情况的评估。以设计日处理能力 100 t 及以上农村生活污水处理设施为重点，组织季度巡查，每半年开展一次出水水质监测，督促建成设施正常运行。鼓励探索将设计日处理能力 100 t 及以上的污水处理设施纳入数字乡村建设，通过耗电量、污水流量或视频监控等方式，与地方生态环境部门监管平台联网，进行实时监管。可根据监管能力和实际需要，因地制宜将巡查和水质监测范围扩大到设计日处理能力 20 t 及以上农村生活污水处理设施，可能危害设施正常运行的其他污水不得排入农村生活污水处理设施。同时，为构建智慧高效的生态环境信息化体系，推动实现生态环境智慧治理，生态环境部发布《生态环境信息化标准体系指南》（HJ 511—2024）国家生态环境标准，自 2024 年 2 月 1 日起实施。

第三节　村镇污水治理关键技术及应用案例

一、典型发达国家的村镇污水治理技术及方法

（一）典型发达国家的村镇污水治理技术

从国际上各发达国家农村地区的污水处理发展过程来看，影响农村污水处理布局的重要因素是国家城镇化率。城镇化率高则人口集中聚居，反之则人口密度较小。但城镇化率不会无限地增长，农村地区分散居住人口始终存在并占有一定的比例。以美国为例，其于 1987 年提出联邦政府鼓励地方政府在美国环保局协助下，结合实际条件开展各种不同分散式污水处理系统的尝试应用，如化粪池结合土地渗滤系统。尽管美国城镇化率已达到 80%的较高且稳定的水平，但有大约 25%的农村人口在长期享受分散式污水处理服务，分散式污水处理设施具有与城镇污水处理技术一样的永久性重要地位。美国还专门制定了与分散式污水处理系统相关的技术手册与管理指南，用于管理指导以及安装、维护引导。目前，美国主要应用化粪池、沉淀池、稳定塘为主要的预处理技术，根据实际条件与土壤基质类型的人工湿地和地下渗滤系统等技术进行灵活组合，实现其就地处理污水的一贯要求（图 6-1）。

图 6-1　美国农村污水治理技术及原理示意图

在亚洲以日本为例，20 世纪 60 年代，日本公司推出净化槽技术及设施，用于无排水管网建设或排水管网未覆盖、污水不能统一收集与处理的偏远地区，改善这类农村地区的生活、卫生条件。1983 年，日本正式制定《净化槽法》，作为其治理农村污水的法规依据。目前，日本使用较多的是以微生物作用为主的生物膜法或以浮游生物生化作用为主的方法，其具有系统装置体积小、建设成本较低、操作简便的优点，但对运行管理及监测维护的技术要求较高（图 6-2）。

图 6-2　日本农村污水治理技术及原理示意图

在欧洲，德国主要采用的农村污水处理技术是前端化粪池搭配填料介质滤池或植物湿地系统，也会单独使用生物膜反应器专门处理与雨水分流后的污水，但对运行成本、技术要求、维护监测等方面的要求较高。

在大洋洲，澳大利亚由于其地广人稀，多以家庭或农场为单位，采用化粪池与氧化塘或人工湿地组合的方式处理分散排放的污水，然后使用处理系统出水进行农作物浇灌。

（二）我国村镇污水治理主要的技术类型

结合我国农村地区的实际经济情况、自然环境条件、基础设施条件、污水排放方向等现状，而且为了避免对已经受到污染的农村环境因处理技术施用不当而造成更严重的影响，一般不采用高级化学原理处理技术及化学药品使用密集型处理技术，主要以物理、生物、生态原理的处理技术为主。因此，兼具理化与生化原理、管网建设要求低、操作运行简单、高效经济节能等优势的生态型分散式污水处理技术与管理模式将得到重点发展。

二、我国村镇污水的物理处理技术及应用案例

常见的物理法技术有格栅池、沉淀池、磁分离技术设施。格栅池是指利用一定间距的排状或一定孔径的网状机械设备对污水中粒径较大的不溶性固体物质进行阻隔的物理技术，是任何水处理技术在实际应用中必须配备的最前端处理单元，以保证后续处理单元或主要处理技术的长期稳定运行。沉淀池是指利用污水中不溶性固体或絮凝物质之间以及与污水的密度差异，在重力作用下实现沉淀分离的物理技术。该技术的建设与运行简单、成本较低，但需要较长的水力停留时间（Hydraulic Retention Time，HRT）来实现分离效果。一般也是作为污水处理技术的前端处理单元或复合工艺各处理技术单元之间的过渡单元。磁分离技术是指利用磁性介质吸附实现对污水中污染物的主动分离净化，磁分离对污水的净化效率较高，污染物得到磁性介质吸附被分离有利于其被后续处理技术去除（图 6-3）。该技术主要适用于经济条件发达、以农村生产活动污水排放为主且总量较大、对出水排放标准要求较高的农村地区。

图 6-3　污水处理磁分离技术出水效果对比图

三、我国村镇污水的生化处理技术及应用案例

（一）好氧生物处理技术

1. 移动床生物膜反应器（Moving-Bed Biofilm Reactor，MBBR）技术

移动床生物膜反应器技术是一种兼具流化床与生物接触氧化法工艺优点的新型生物膜反应器技术，具有生化功能启动快、运行稳定、承载负荷高、脱氮效果好、剩余污泥少、经济高效的优点，解决了固定床反应器需定期反冲洗、流化床需使载体流化、淹没式生物滤池易堵塞且需清洗滤料和更换曝气器的复杂操作等问题，在国外得到较为广泛的应用。

该技术在国内推广应用以来，取得了良好的污水处理效果。以中化学朗正环保科技有限公司的自主知识产权国家发明专利技术及相应项目应用案例为例，基于MBBR 工艺技术原理的景观式一体化污水处理系统应用于陕西省西安市灞桥区农村污水处理项目（图 6-4）。

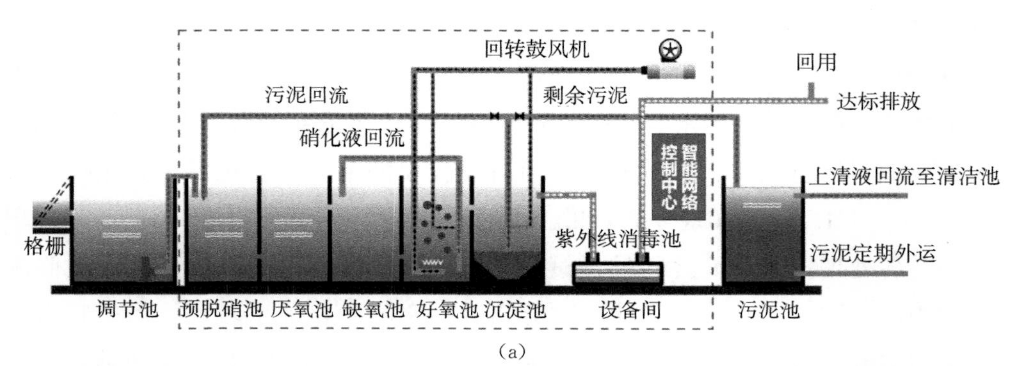

(a)

(b)

图 6-4 中化学朗正环保科技有限公司自主知识产权国家发明专利技术——“景观式一体化污水处理系统”暨 MBBR 工艺流程示意图（a）及典型项目应用案例（b）

2. 序批式活性污泥法

序批式活性污泥法也称作间歇式活性污泥法，集调节、曝气、沉淀功能于一体，无须回流污泥（图 6-5）。该技术方法操作方便、投资成本低、运行效果稳定、污泥膨胀率低、抗污染负荷及水量变化冲击能力强、脱氮除磷效果较好，适用于土地资源紧张且经济条件较好的农村。

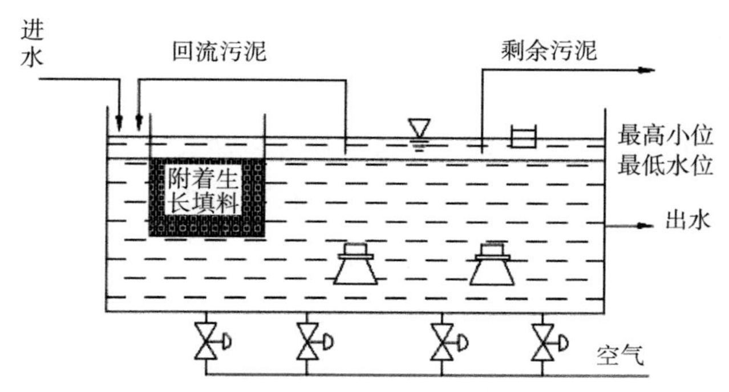

图 6-5　序批式活性污泥法工艺原理示意图

3. 曝气生物滤池

曝气生物滤池兼具活性污泥法和生物膜法的优点，集生物氧化和截留悬浮固体功能于一体（图 6-6）。曝气生物滤池具有占地面积小、投资成本低、能耗低、运行成本低的优势，处理性能上具有抗污染负荷与水量变化冲击能力强、活性污泥产量少等优点。

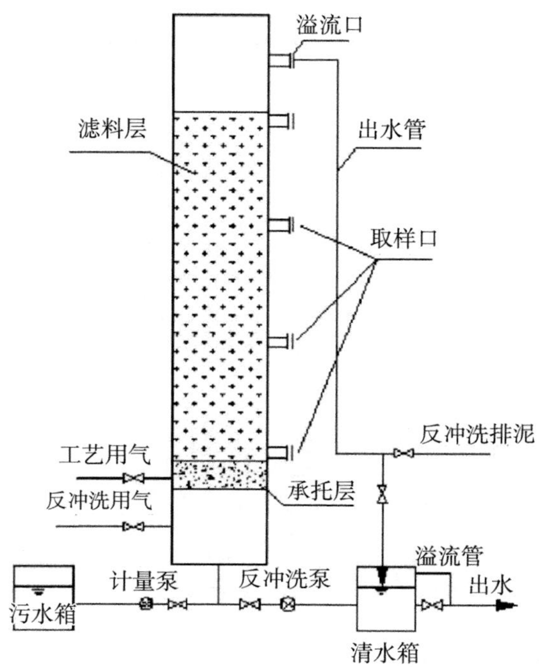

图 6-6　曝气生物滤池工艺原理示意图

4. 生物接触氧化池

生物接触氧化池由活性污泥法和生物膜法派生而来，是兼具这二者优点的生物处理法。生物膜载体填料浸泡于污水中，在曝气过程中使污水与氧气、填料充分接触，主要是利用生物膜载体填料上丰富生长的生物膜来去除污染物。具有高能耗、运行管理与维护操作复杂等症结，比较适合土地资源紧张、环境条件变化大、出水水质要求较高、经济条件较好的农村。

目前，以中化学朗正环保科技有限公司的自主知识产权国家发明专利技术及相应项目应用案例为例，基于生物接触氧化原理的多级生物接触氧化污水处理反应器应用于国家级农业示范区陕西省杨凌示范区的农村污水处理项目（图 6-7）。该工艺通过优化工艺流程，大大降低能耗，同时优化设备选型，加入微电脑控制系统及远

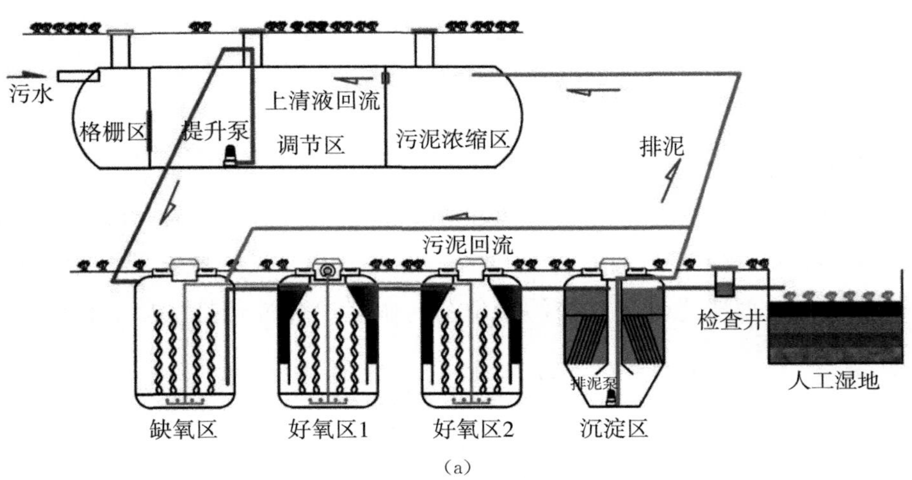

（a）

（b）

图 6-7 中化学朗正环保科技有限公司自主知识产权国家发明专利技术——“多级生物接触氧化污水处理反应器”工艺流程示意图（a）及典型项目应用案例（b）

程监控系统，将设备运行管理智能化，最大程度减少运营人员成本。总体上，该工艺具有以下特点：（1）增加了回流与曝气，具有脱氮除磷功能，出水水质好；（2）有效整合 A^2/O 法、接触法（生物膜）工艺，处理效果好；（3）微电脑自动控制系统与远程在线监控系统的运用，实现在线通信、远程故障报警、远程故障排除等，无须人员管理，解决了农村缺乏专业运行管理人员的现实问题，整个系统可以实现无人值守；（4）无噪声、臭气等二次污染问题；（5）系统结构紧凑，地面上可以做绿化。

总体而言，好氧生物法技术主要适用于经济条件较好、对污水处理出水质量要求较高的农村地区。整体上表现为占地面积较小且污水处理效果好，但由于微生物对好氧环境条件的要求，一般都需要为技术配置机械曝气，因此在长期运行过程中存在持续的能耗，运行费用也相对较高。此类技术对负责运行维护的管理人员有污水处理知识理论储备及实际工作经验的要求。

（二）厌氧生物处理技术

1. 化粪池

化粪池是典型的传统厌氧生物处理技术，主要利用厌氧环境条件下的一系列微生物生化作用，经过有机污染物的水解、发酵酸化、产甲烷等过程，在去除污水中悬浮物质的同时提高污水可生化性，但化粪池出水水质很难满足排放要求。因此，在实际应用中，化粪池被广泛用作复合工艺中各种主要污水处理技术的前端处理单元。具有建造成本低、维护简便、有资源回收优势等特点。

2. 厌氧生物滤池

厌氧生物滤池是将填料填充到密闭装置中，将污水从顶部排入后通过在厌氧环境下与填料载体上附着的生物膜进行接触，去除水污染物的过程（图 6-8）。具有能耗低、易操作、处理能力强、微生物量丰富、无须泥水分离、出水固体悬浮物浓度低等优点，但存在填料昂贵、填料易堵塞、生物膜过厚、进水悬浮固体浓度有严格控制标准等问题。

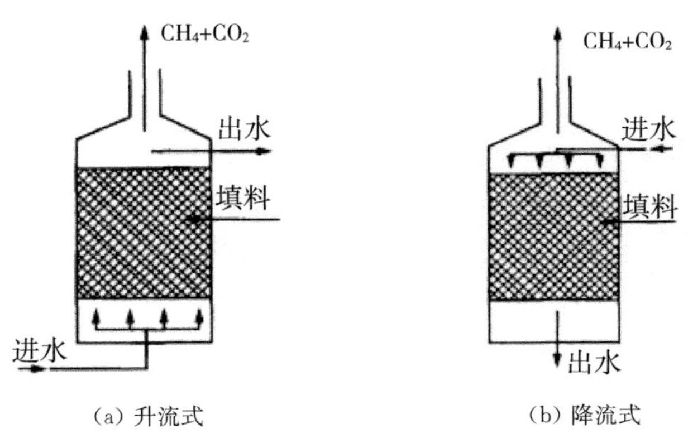

图 6-8　厌氧生物滤池工艺原理示意图

总的来说，厌氧生物处理技术不需要曝气且污泥产生量少，是一种成本较低、运行简单、容易管理的技术类型。

四、我国村镇污水的生态处理技术及应用案例

生态法污水处理技术，是指由土壤、微生物、高等植物、太阳等自然环境要素为基础组成的污水处理系统。区别于常规污水处理设施的印象，生态法污水处理技术不需要大规模土建、无化学药品添加，具有投资成本低、建设周期短、运行能耗低、管理维护简单、无二次污染等优点，而且性能表现为耐污染负荷与水量变化冲击能力强、系统状态稳定、出水水质良好、经改造可具有生态景观价值。但有些生态法污水处理技术的占地面积较大，多适用于地处偏远或土地资源丰富的农村地区进行分散式污水处理。

（一）土地渗滤系统

土地渗滤系统一种比较传统、自然的污水处理方法，是指将污水从土地表面向下逐渐分配，使其在下渗、扩散的过程中，通过土壤过滤与吸附、微生物降解、植物吸收的协同过程达到净化污水的效果。土壤是由有机物、无机矿物、水分、动物、植物和微生物组成的一种特殊介质，也是一种生态系统。废水通过土壤基质时，可发生土壤颗粒吸附、离子交换、氧化还原、迁移沉淀、动植物吸收、生物降解等作用。除理化作用过程外，土壤渗滤技术主要依靠其与生物膜法的共性，即微生物不断附着在土壤载体上成膜状，生物膜在接触污水的过程中代谢有机物，而这也是土壤自净功能的体现。该技术的处理成本较低且不需要人工维护。但存在明显的缺点，即随着运行时间的增长，系统整体通透性会影响污水下渗效率和最终出水水质，这也成为该技术难以推广的原因之一。该技术仅适用于土质疏松且通透性高、经济较落后的农村地区。

（二）人工快速渗滤系统

人工快速渗滤系统是指按照一定周期设置，将污水间歇地灌充到渗滤系统中的模式，通过水流运动引起的气压变化实现高效低耗供氧，并使渗滤系统内部出现周期性的、交替的厌氧、好氧环境，有利于高效运移污水，快速分散污染负荷的同时减少水头损失、避免系统堵塞、保障系统长期稳定运行，因此可以强化系统中功能微生物对污水中氮、磷元素的去除。该技术具有占地面积小、投资成本低、能耗低、运行维护简便、无二次污染、选址灵活、可地埋式建设及顶部地表硬化、无噪无臭、几乎不受气候条件影响等优点，但需要长期的电能消耗来保证间歇供水运行模式。

（三）生态氧化塘

生态氧化塘是利用水体自净功能处理污水的天然或人造池塘，类似于稳定塘系统，即利用自然太阳能培养池塘中微生物与藻类的共生系统用于污水处理。该技术构造简单、基建成本低、无运行费用、易管理维护，而且可以同时实现部分水生植物、水禽产品的资源回收，污水被净化后可进行农村地区的生活与生产过程回用。但对土地面积需求较大，易受气候条件变化的季节性影响，一般适用于经济欠发达且有自然池塘或天然沟渠等条件的农村地区。

（四）人工湿地系统

人工湿地系统是20世纪从西方国家传入我国的代表性污水处理技术，不仅被大量学者用于开展实验室性能研究，在我国广大农村地区也得到了推广应用。人工湿地系统主要是利用填料介质过滤吸附、水生植物根系的养分吸收、根系生物膜吸附与生化降解、系统微生物生化转化等作用处理污水，不同填充粒径的各层填料也可以改善水流。人工湿地分为表流与潜流两种类型，常用的湿地水生植物有芦苇、香蒲、灯芯草等。一般情况下，人工湿地需要通过外加曝气增加系统中的污水溶氧含量，该技术不适用于处理水力负荷及污染负荷过高的污水，对低污染负荷的污水净化效果较好，但需要较长的HRT实现净化效果，易受到气温条件变化的影响。人工湿地的占地面积较大，适用于土地面积广阔、土地资源丰富的地区。类似于土地渗滤系统，经过长期的操作，人工湿地处理污水的效果可能会由于悬浮固体堵塞而降低，这是此类技术的一个关键限制。

（五）塔式蚯蚓生态滤池

塔式蚯蚓生态滤池是利用天然介质的理化作用、土壤微生物作用、蚯蚓的生化作用协同处理污水中有机污染物与氮、磷营养元素的技术，在法国得到发展和推广。生态滤床从上至下依次为大粒径鹅卵石、小砾石、沙石、土壤，土壤层也可以为蚯粪层，可以成为蚯蚓进行有机污染物代谢降解的主要区域，蚯蚓的生物活动还有助于增加土壤通透性。该技术的原理、结构、运行都比较简单，能耗相对较低、处理效率高且效果好。但是，其基建、运维费用均较高，主要适用于经济发展较好的农村地区。常见的是以该技术为核心的复合系统，即污水排放、收集后，依次排入水解酸化池、塔式蚯蚓生态滤池、人工湿地系统。

（六）多介质土壤层（MSL）系统

MSL系统是一种土壤基质的污水生态处理系统，由土壤混合模块（Soil Mixture

Blocks，SMBs）、通水层（Permeable Layers，PLs）两个主要部分组成。SMBs 被 PLs 包围，形成独特的砖砌式搭建结构，使 MSL 系统具有良好的渗透性，有利于污水分布和延长 HRT 的特性，因此起着关键作用。MSL 系统中的 SMBs 和 PLs 分别作为厌氧区、好氧区，发挥不同污染物的去除作用，使 MSL 系统具备良好的污水去除性能。MSL 系统中会发生填料、微生物、污水、气体等多介质间的相互作用，涉及物理过滤、吸附截留、化学沉淀、微生物降解等机理过程，其核心是通过结构优化、填料搭配来充分提升主要基质（即 SMBs）的污水处理功能。即使在较高的水力负荷和污染负荷下，MSL 系统的污水处理性能也能得到保证。MSL 系统所需填料都很容易从农村当地获取，仅需要较低的投资和较少的占地面积，还可以通过砖砌式填料组装结构促进水流均匀分散，以降低传统土壤基质类型系统相关的堵塞风险。该技术具有结构设计巧、占地面积小、建设取材方便、运行与维护成本低、环境适应性好、运行方式灵活、生态零能耗、处理效果好、使用寿命长等优点。经过近 30 年的不断研究与技术升级，MSL 系统已成为一种兼具生态、经济、节能、性能优势的代表性成熟污水处理技术，非常契合分散式污水就地处理的模式，适合向地处偏远、经济欠发达、住户分散的农村地区进行推广。

在小型社区使用 MSL 进行污水处理时，必须仔细设计，以最大限度地去除污染物，同时将成本和对周围环境的负面影响降至最低。虽然已经有研究人员开展了 MSL 系统处理农村污水的基础实验研究，但对该技术实际应用的处理效果研究还相对较少。MSL 系统作为新型分散式污水处理技术，不仅可以用于地处偏远、经济欠发达的地区，还可以因地制宜满足独立居民小区、企业员工宿舍、偏远宾馆酒店、煤矿生活区域、封闭式学校、公路服务区等环境的污水处理需求。因此，有待开展 MSL 相关的实际应用研究，可以验证其实验研究中的处理性能优势，并积累参考数据，奠定推广基础。

我国农村地区污水处理适宜采用具有运行状态稳定、处理效率较高、占地面积较小、微动力或无动力等优势的生物与生态相结合的处理工艺。以上生态型分散式污水处理技术整体上最大的优势就是可以将经济效益与生态效益相结合，有利于实现农村地区污水的低成本资源化；建造模式和规模也相对更灵活，更容易与农村实际条件和农户的意愿要求相契合。相比于要使用大量机械部件的工业化设备与装置，生态类型的处理技术能更好地结合我国广大农村地区的自然地理与环境条件。不仅在前期基础建设上的投资成本低，而且运行过程中不需要密集的高难度技术服务投入和额外的化学药剂添加，实际运行与维护都比较简单便捷。选择处理污染负荷合适的生态型技术，达标排放的出水还可以直接回用于庭院植物种养和生活杂用。

第四节　村镇污水治理标准体系

一、我国村镇污水治理设施水污染物排放标准

农村污水的排放标准是进行处理技术选择与管理的重要依据，关系方面众多，因地制宜制定合理的污水处理排放标准对推动我国农村污水处理有重要意义。我国在 2012 年 3 月的《农村生活污水处理技术项目建设投资技术指南》中要求农村污水排放须满足《城镇污水处理厂污染物排放标准》(GB 18918—2002)。为了指导各地方加快合理制定适用的农村生活污水处理排放标准，整体上推进我国农村地区水污染治理事业并提升我国农村生活污水治理能力与水平，生态环境部、住房城乡建设部于 2018 年 9 月 29 日联合印发了《关于加快制定地方农村生活污水处理排放标准的通知》，对农村生活污水处理及其排放提出了总体要求。

（一）我国村镇污水排放标准的地域差异

从地域差异的角度考虑，我国东部与部分南方地区的农村经济条件较好、基础设施相对完善，可以结合出水去向灵活选择排放标准；中西部地区的农村经济条件相对落后，且农村人口众多，在水环境容量较大的情况下，也可以适当降低处理要求、放宽排放标准；但对于气候干旱、水资源紧缺、水环境容量小的北方地区，农村污水处理排放的标准应当较高。

目前，我国东南部的省市在村镇污水治理技术、设施、水污染物排放标准方面，普遍先行于中西部省市。以位于我国长江经济带的浙江省为例，其省会杭州市为提升农村人居环境质量，提高农村生活污水治理技术水平和处理设施质量，指导实施杭州市农村污水处理设施提质增效三年行动计划，于 2019 年 3 月制定并发布了《杭州市农村生活污水处理设施提升改造技术指南（试行）》。以湖南省为例，2020 年省生态环境厅发相继发布了《湖南省农村生活污水治理专项规划指导意见》《湖南省农村生活污水治理技术指南（试行）》《湖南省农村生活污水治理村考核暂行办法》。以江西省为例，2021 年印发了地方标准《农村生活污水治理技术指南（试行）》(DB36/T 1446—2021)，2022 年 3 月 1 日起施行，该文件规定了当地农村生活污水治理的总体要求、治理模式、推荐工艺及出水标准，适用于处理规模小于 500 m^3/d 的农村生活污水治理，农场、林场、工矿区等聚居点的生活污水治理也可参照执行。以安徽省为例，其省会合肥市于 2023 年 12 月 15 日，由合肥市市场监督管理局发布了地方标准《农村人居环境整治指南》(DB 3401/T 319—2023)，整治内容包括生活垃圾治理、

厕所粪污治理、生活污水治理等内容的技术模式建议和出水标准要求。以广东省为例，2023 年 9 月 10 日，广东生态环境厅发布了关于公开征求《广东省农村生活污水资源化利用指南（试行）（征求意见稿）》意见的公告。

（二）我国村镇污水排放标准的统计分析

我国农村污水处理设施水污染物排放标准如表 6-2 所示。

表 6-2 农村污水处理设施水污染物排放标准一览表 mg/L

标准名称	实施时间	标准	化学需氧量（COD_{Cr}）	悬浮物（SS）	氨氮（以 N 计）	总氮（以 N 计）	总磷（以 P 计）
北京市《农村生活污水处理设施水污染物排放标准》(DB 11/1612—2019)	2019 年 1 月 10 日	一级 A	30	15	1.5（2.5）	15	0.3
		一级 B	30	15	1.5（2.5）	20	0.5
		二级 A	50	20	5（8）	—	0.5
		二级 B	60	20	8（15）	—	1
		三级	100	30	25	—	—
天津市《农村生活污水处理设施水污染物排放标准》(DB 12/889—2019)	2019 年 7 月 10 日	一级	50	20	5（8）	20	1
		二级	60	20	8（15）	—	2
山西省《农村生活污水处理设施水污染物排放标准》(DB 14/726—2019)	2019 年 11 月 1 日	一级	50	20	5（8）	20	1.5
		二级	60	30	8（15）	30	3
		三级	80	50	15（20）	—	—
内蒙古自治区《农村生活污水处理设施污染物排放标准（试行）》(DBHJ/001—2020)	2020 月 4 月 1 日	一级	60	20	8（15）	20	1.5
		二级	100	30	15	—	3
		三级	120	50	25（30）	—	5
河北省《农村生活污水排放标准》(DB 13/2171—2020)	2021 年 3 月 1 日	一级	50	10	5（8）	15	0.5
		二级	60	20	8（15）	20	1
		三级	100	30	15	30	3
海南省《农村生活污水处理设施水污染物排放标准》(DB 46/483—2019)	2019 年 12 月 15 日	一级	60	20	8	20	1
		二级	80	30	20	—	3
		三级	120	60	25	—	—
海南省《农村生活污水处理设施水污染物排放标准（征求意见稿）》	—	一级	60	20	8	20	1
		二级	80	30	20（15）	—	3
		三级	150	80	25（15）	—	—

续表

标准名称	实施时间	标准	化学需氧量（COD_{Cr}）	悬浮物（SS）	氨氮（以N计）	总氮（以N计）	总磷（以P计）
广东省《农村生活污水处理排放标准（发布稿）》（DB 44/2208—2019）	2020年1月1日	一级	60	20	8（15）	20	1
		二级	70	30	15	—	—
		三级	100	50	25	—	—
广西壮族自治区《农村生活污水处理设施水污染物排放标准》（DB 45/2413—2021）	2022年6月27日	一级	60	20	8（15）	20	1.5
		二级	100	30	15	—	3
		三级	120	50	15（25）	—	5
上海市《农村生活污水处理设施水污染物排放标准》（DB 31/T 1163—2019）	2019年7月1日	一级A	50	10	8	15	1
		一级B	60	20	15	25	2
江西省《农村生活污水处理设施水污染物排放标准》（DB 36/1102—2019）	2019年9月1日	一级	60	20	8（15）	20	1
		二级	100	30	25（30）	—	3
		三级	120	50	25（30）	—	—
福建省《农村生活污水处理设施水污染物排放标准》（DB 35/1869—2019）	2019年12月1日	一级	60	20	8	20	1
		二级A	100	30	25（15）	—	3
		二级B	120	50	25（15）	—	—
安徽省《农村生活污水处理设施水污染物排放标准》（DB 34/3527—2019）	2020年1月1日	一级A	50	20	8（15）	20	1
		一级B	60	30	15（20）	30	3
		二级	100	50	25（30）	—	—
山东省《农村生活污水处理处置设施水污染物排放标准》（DB 37/3693—2019）	2020年3月27日	一级	60	20	8（15）	20	1.5
		二级	100	30	15（20）	—	—
江苏省《农村生活污水处理设施水污染物排放标准》（DB 32/3462—2020）	2020年11月13日	一级A	60	20	8（15）	20	1
		一级B	60	20	8（15）	30	3
		二级	100	30	15	30	3
		三级	120	50	25	—	—
浙江省《农村生活污水集中处理设施水污染物排放标准》（DB 33/973—2021）	2022年1月1日	一级	60	20	8（15）	20	2（1）
		二级	100	30	25（15）	—	3（2）

续表

标准名称	实施时间	标准	化学需氧量（COD_{Cr}）	悬浮物（SS）	氨氮（以N计）	总氮（以N计）	总磷（以P计）
陕西省《农村生活污水处理设施水污染物排放标准》(DB 61/1227—2018)	2019年1月29日	特别排放限值	60	20	15	20	2
		一级	80	20	15	—	2
		二级	150	30	—	—	3
甘肃省《农村生活污水处理设施水污染物排放标准》(DB 62/T 4014—2019)	2019年9月1日	一级	60	20	8（15）	20	2
		二级	100	30	15（25）	—	3
		三级A	120	50	25（30）	—	—
		三级B	200	100	—	—	—
新疆维吾尔自治区《农村生活污水处理排放标准》(DB 65 4275—2019)	2019年11月15日	一级	60	20	8（15）	20	—
		二级	60	25	8（15）	20	—
		三级	100	30	25（30）	—	—
宁夏回族自治区《农村生活污水处理设施水污染物排放标准》(DB 64/700—2020)	2020年5月28日	一级	60	20	10（15）	20	2
		二级	100	30	15（20）	30	3
		三级	120	40	20（25）	—	—
青海省《农村生活污水处理排放标准》(DB 63/T 1777—2020)	2020年7月1日	一级	60	15	8（10）	20	1.5
		二级	80	20	8（15）	—	3
		三级	120	30	10（15）	—	5
河南省《农村生活污水处理设施水污染物排放标准》(DB 41/1820—2019)	2019年7月1日	一级	60	20	8（15）	20	1
		二级	80	30	15（20）	—	2
		三级	100	50	20（25）	—	—
湖南省《农村生活污水处理设施水污染物排放标准》(DB 43/1665—2019)	2020年3月31日	一级	60	20	8（15）	20	1
		二级	100	30	25（30）	—	3
		三级	120	50	25（30）	—	3
湖北省《农村生活污水处理设施水污染物排放标准》(DB 42/1537—2019)	2020年7月1日	一级	60	20	8（15）	20	1
		二级	100	30	8（15）	25	3
		三级	120	50	25（30）	—	—

续表

标准名称	实施时间	标准	化学需氧量（COD_{Cr}）	悬浮物（SS）	氨氮（以N计）	总氮（以N计）	总磷（以P计）
贵州省《农村生活污水处理水污染物排放标准》(DB 52/1424—2019)	2019年9月1日	一级	60	20	8（15）	20	2
		二级	100	30	15	30	3
		三级	120	50	25	—	—
云南省《农村生活污水处理设施水污染物排放标准》(DB 53/T 953—2019)	2019年12月23日	一级A	60	20	8（15）	20	1
		一级B	60	20	8（15）	20	1
		二级	100	30	15（20）	—	3
		三级	120	50	15（20）	—	—
四川省《农村生活污水处理设施水污染物排放标准》(DB 51/2626—2019)	2020年1月1日	一级	60	20	8（15）	20	1.5
		二级	80	30	15	—	3
		三级	100	40	25	—	4
西藏自治区《农村生活污水处理设施水污染物排放标准》(DB 54/T 0182—2019)	2020年1月19日	一级	60	20	15（20）	—	2
		二级	100	30	25（30）	—	3
		三级	120	50	25（30）	—	—
昆明市《农村生活污水处理设施水污染物排放限值》(DB 5301/T 51—2021)	2021年3月1日	一级A	50	20	5（8）	15	0.5
		一级B	60	20	8（15）	20	1
		二级	100	30	15（20）	30	3
		三级	120	50	15（20）	—	5
重庆市《农村生活污水集中处理设施水污染物排放标准》(DB 50/848—2021)	2021年12月8日	一级	60	20	8（15）	20	2（1）
		二级	100	30	20（25）	—	3（2）
		三级	120	50	25（15）	—	4（3）
辽宁省《农村生活污水处理设施水污染物排放标准》(DB 21/3176—2019)	2020年3月30日	一级	60	20	8（15）	20	2
		二级	100	30	25（30）	—	3
		三级	120	50	25（30）	—	—
吉林省《农村生活污水处理设施水污染物排放标准》(DB 22/3094—2020)	2020年4月1日	一级	60	20	8（15）	20	1
		二级	100	30	25（30）	35	3
		三级	120	50	25（30）	35	5

通过对比各省排放标准后，排放标准最严的是北京，其次是上海。在北京的标准中也特别提出，农村生活污水处理宜因地制宜，优先选用生态处理工艺，鼓励回

用，在重点地区可执行更严格的排放限值。之所以提出这一点，是因为有些地方制定的标准盲目跟风、过度追求出水水质，不仅造成污水处理的成本大幅增加，还给居民生活带来了不必要的压力。

二、我国村镇污水治理设施运维管理技术指南

2022年，《农村生活污水处理设施运行维护技术指南》（T/CAEPI 51—2022）团体标准由中国环境保护产业协会发布。以位于我国中部的河南省为例，2021年11月19日，河南省生态环境厅、农业农村厅、发展和改革委员会、住房和城乡建设厅、自然资源厅等联合发布了关于印发《河南省农村生活污水处理设施运行维护技术指南（试行）》的通知。其省会郑州市为规范农村生活污水处理设施运行维护，确保农村生活污水处理设施正常、稳定、安全运行，全面提升农村生活污水治理成效，依据《河南省农村生活污水处理设施运行维护管理办法（试行）》等，组织编制了《郑州市农村生活污水处理设施运行维护技术指南（试行）》，是全省首个省辖市农村生活污水处理设施运维管理方面的文件。该指南明确了农村生活污水处理设施的运行、维护、监测、污泥处理处置、档案记录、安全与应急管理等技术要求，创新性地提出了专业运维机构推荐招标条件、运维费用参考价格等。同时，郑州市还配套出台了《郑州市农村生活污水处理设施运维服务机构监督考核办法（试行）》，规定了考核内容、程序、结果的运用和运维效果评估标准，弥补了对运维服务机构如何规范监管的空白，为地级市农村生活污水规范化、专业化、闭环化治理提供了重要依据。我国农村污水处理部分重点标准如表6-3所示。

表6-3 中国农村污水处理行业相关重点标准汇总

时间	标准	主要内容
2019年4月	《农村生活污水处理工程技术标准》（GB/T 51347—2019）	基本框架包括总则，术语，基本规定，设计水量和水质，污水收集，污水处理，施工与验收，运行、维护及管理等内容。标准建议以县级行政区域为单元，实行统一规划、统一建设、统一运行和统一管理
2021年2月	《小型生活污水处理设备标准》	本标准在总结我国农村污水处理设备的现状及借鉴国外先进经验的基础上而编制，包括小型生活污水处理设备的信息登记、设计、制造、运输和安装等标准化信息，适合于预制化、一体化分散型生活污水处理设备，是供相关企业设计与制造以及农村用户和管理部门使用的农村生活污水治理指导性技术文件
2021年2月	《小型生活污水处理设备评估规则》	本标准在系统总结欧、美、日等发达国家小型污水处理设备评估体系经验的基础上，综合考虑我国不同地域的相关气候、地理及经济条件等因素，构建适合我国国情的标准化评估流程；通过在标准进水及变化条件下考察设备对多类污染物的去除效率评价，进行单元工艺与组合工艺、平台标准评估与现场评估等多元化的性能认证，提供设备准确的污染物单元削减能力，保证认证过程的公正性与评估结果的公平性

续表

时间	标准	主要内容
2021 年 2 月	《村庄生活污水处理设施运行维护技术规程》	本标准在总结生活污水治理设施运维标准化主要内容的基础上，提出标准化运维包括设施（收集系统、处理设施）运维、运维过程、运维人员、运维服务机构等主要内容。并在充分调研总结国内外农村生活污水处理设施运行管理经验的基础上，提出包括单户处理的化粪池、一体化设施、村集中处理收集系统及处理设施户内设施的标准化运维参数。为推动农村生活污水治理设施长效运营管理提供保障。本标准适用于行政村、自然村以及分散农户已建生活污水处理工程以及分户厕所污水处理工程的运行维护

村镇污水治理设施的长效运维，不仅需要经济适用的技术产品设施，更需要在长期运维过程中良好的资金投入，而污水治理费用的合理制定，将对技术设施的运维起到长期关键的影响和作用。早在 2020 年 4 月，浙江省为进一步促进农村生活污水治理的可持续发展，满足农村生活污水处理设施运行维护实际需要，根据《浙江省农村生活污水处理设施管理条例》要求，发布了《浙江省农村生活污水处理设施运行维护费用指导价格指南（试行）》。该指南可以作为编制年度农村生活污水处理设施运行维护费用计划、农村生活污水处理设施运行维护招标控制价、投标报价和签订农村生活污水处理设施运行维护合同的参考依据。

第五节　村镇污水治理运维模式的转变

一、我国村镇污水治理的传统运维管理模式

我国农村污水处理设施在长期运行过程中的处理效果和出水水质会受到诸多外部因素的干扰，如格栅间固体杂物未定期清除、布水管道与调节水槽清理不到位、悬浮油脂和厌氧底泥清捞不及时、季节温度变化较大影响功能微生物的污染代谢效能、雨污分流措施不到位导致处理水量负荷过高等。还存在由于管理意识、能耗费用、技术人员、运维经验等多方面的欠缺，导致农村污水处理设施“即建即废”“日晒风吹”的状况。这违背了建设美丽乡村环境与治理农村污水的初衷，而且还造成了政策、人力、物力、投资等输入要素的浪费。

目前，农村污水处理设施的运维管护存在点多面广管理难、巡检复杂成本高、数据孤岛协同差、监管缺乏可视化等诸多越发明显的矛盾痛点，在环保行业监管力度不断加强和人工成本不断上升的情况下，传统农村污水处理的“懒、散”运营模式已无法有效应对，面临淘汰。因此，农村污水处理不仅需要被广大农村用户接受的

适用技术，也亟须“智慧环保”模式的结合应用，确保可以实现对量大、面广、分散的污水处理设施运行状态做到随时掌握、远程管控。因此，应提前开发和布局满足农村环保设施特点的智慧系统软硬件设施，有效应对未来农村在分散式污水处理问题上“运维管理远重于项目建设”的长远需求。

二、我国村镇污水治理的新型运维管理模式

（一）我国村镇污水治理智慧化运维模式

目前，我国重点开展因地制宜地研究具有集布局灵活、施工便捷、土建成本低、近零能耗、抗污染负荷、轻便运维、出水稳定、达标排放等优势特点于一体，能够满足偏远落后农村地区用户刚需、与农村环境相协调的分散式污水生态处理技术，并开展工程应用与示范推广。同时，以“技术＋监管”联合实施的模式，为示范工程搭载可基于农污运维大数据的智能化、可视化、易实操、好监管的智慧软件系统，将实现农村污水处理设施可以远程管控、轻度运维的特点要求，确保农村区域的污水达标排放和回补水资源、污水处理设施可持续长效运行。

从长远角度考虑，未来的农村人居环境整治行动计划与方案，必然要求未实现或已经基本实现人居环境干净整洁的乡村地区，都要对标东部及中西部经济发展较好的农村地区，实现生活污水的有序排放、高效处理、智慧运维。为了超前开展技术研究与模式探索，保障农村地区污水处理项目得到科学规划与有效管理，甚至要达到“方案定制、一村一策”的要求，我国学者正在谋划开展智慧运维农村污水处理系统的研发与示范应用。

这将积极响应国家乡村振兴与黄河流域生态保护和高质量发展战略，不断促进广大农村在分散式污水处理领域的技术体系生态化和模式体系智慧化上的创新与完善，进一步辐射推动广大农村分散式污水处理事业的发展，有效助力美丽乡村建设、彰显生态文明建设成效，具有良好的环境效益和市场前景，对提升各地市村镇人居环境、改善区域生态都具有非常重要和深远的意义。

（二）我国村镇污水治理智慧化运维案例

中化学朗正环保科技有限公司开发了拥有自主知识产权的智慧运维管控系统，创新融合与集成了云计算、物联网、大数据、GIS、移动互联等技术，建立了专注农村分散式污水处理设施运维场景应用的数字化服务网络系统，并通过对运维信息化系统和现场低碳生态工艺的深度融合，形成低能耗、低成本、免维护、易操作的特色服务。如图 6-9 所示，智慧运维管控系统架构主要由感知层、传输层、应用层、展示层 4 个部分组成。感知层是通过感知设备和智能终端从污水处理设施中采集数据信

息，对运维相关要素（如物、人、水等）形成充分的数字化描述；传输层是通过 4G/5G、互联网、GPRS、NB-loT 等将感知信息进一步传输；应用层是通过数据智能化处理与分析，融合设施、人员、资产、运维、安防等要素进行智慧系统构建，实现数据资源的利用和服务价值的创造；展示层通过中央控制舱、大数据界面、移动客户端提供各类信息和功能展示。其中，感知层、传输层为前端功能配置，应用层、展示层为后端功能配置。后端功能将在数字信息化基础上，为用户具体提供以资产全生命周期管理、多媒体监控实时调取、无人无纸运维管控、大数据分析与多维决策调度 4 大功能。

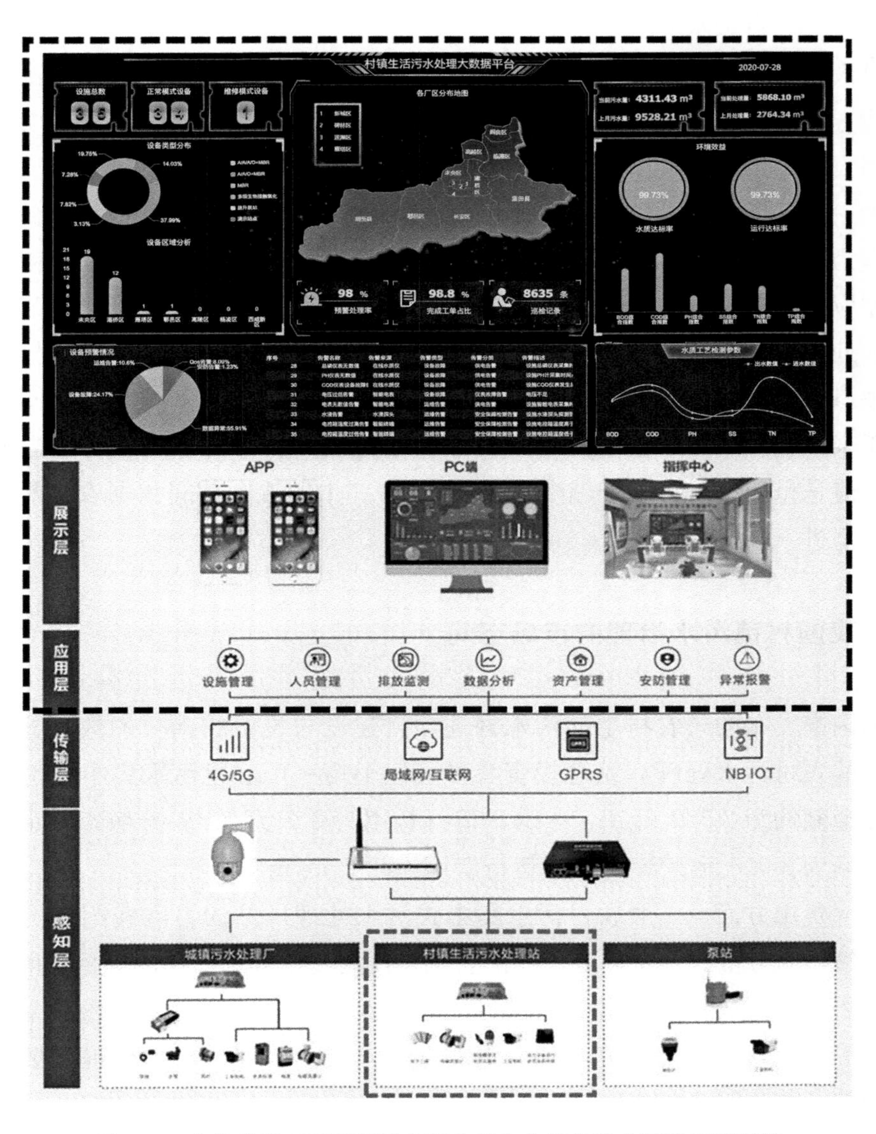

图 6-9　中化学朗正环保科技有限公司自主开发的水环境智慧运维管理平台及智慧运维管控系统架构与功能示意图

第六节　村镇污水治理发展前景及市场空间

一、我国村镇污水治理的发展前景

随着我国社会经济的快速发展，农民经济收入不断提高，农民的生活方式也发生了巨大变化。自来水的普及，卫生洁具、洗衣机、沐浴等设施也走进平常百姓家，使得农村人均生活用水量和污水排放量增加，农村污水科学处理逐渐受到重视，从国家到地方均提倡因地制宜推进农村污水处理，并不断推进标准体系逐步完善。

我国农村污水处理发展迅速，但是目前农村污水处理渗透率仍较低，未达到国家在“十三五”期间对农村污水处理的规划目标（生活污水处理率≥60%）。农村污水处理作为我国打造美丽乡村的一大关键环节，在“十四五”开年之际相关部门便出台了相应的政策，进一步指导我国农村污水处理的建设，预计“十四五”时期我国农村污水处理建设将会进一步提速，建制镇污水处理渗透率有望达到90%，建制村污水处理渗透率有望达到60%。

近年来，我国大力推进农村污水处理设施建设，农村污水处理行业进入快速发展阶段，但是目前农村污水处理渗透率仍较低，“十四五”期间我国农村污水处理事业发展有望进一步提速。

二、我国村镇污水治理的市场空间

根据国家发布的《农村生活污水处理项目建设与投资指南》的数据显示，不同处理规模的农村污水处理厂站总投资各异，但平均一个农村污水集中式污水处理厂站总投资金额约为3 500元/(m^3·d)，运行费用为0.8元/m^3；分散式污水处理厂站总投资金额为3 000元/(m^3·d)，运行费用为0.2元/m^3。

在管网费用方面，一般农村污水集中式污水处理厂站的管网费用为污水处理厂站的2.5倍，而分散式污水处理厂站的管网费用为污水处理厂站的2倍。同时，结合我国农村居民整体居住较广且分散的特点，以及目前农村污水处理渗透率、污水处理厂数量等情况，据初步测算，到“十四五”末，全国农村污水处理市场空间约为2 817亿元。

未来，城镇化率越高，人口越集中，污水处理宜采用集中式处理法，反之则宜采用分散式处理法。2035年，我国总人口将达到15亿，城镇化率将达到70%以上。

2035年，我国城镇人口将从2014年的7.5亿增长到近11亿，农村人口将从6.2亿减少到4亿。因此，对于农村污水处理市场来说，这必将带动一批千吨级规模的污水处理厂建设。据预测，2035年2 000亿元的农村污水处理市场将约有1/3分布于千吨级规模的集中式污水处理市场，2/3分布于百吨级规模的分散式污水处理市场。而未来，分散式农村污水处理设施仍将有很大的市场空间和政策空间。

参考文献

[1] 王波，郑利杰，王夏晖．我国“十四五”时期农村环境保护总体思路探讨[J]．中国环境管理，2020，12(4)：51-55.

[2] JIN L Y, ZHANG G M, TIAN H F. Current state of sewage treatment in China[J]. Water Research, 2014, 66:85-98.

[3] 陈武．农村安全饮水工程的建设与管理[J]．科学咨询，2021(10)：48-49.

[4] 王俊能，赵学涛，蔡楠，等．我国农村生活污水污染排放及环境治理效率[J]．环境科学研究，2020，33(12)：2665-2674.

[5] 杨晓英，袁晋，姚明星，等．中国农村生活污水处理现状与发展对策——以苏南农村为例[J]．复旦学报(自然科学版)，2016，55(2)：183-188.

[6] ZHANG P, HUANG G H, AN C J, et al. An integrated gravity-driven ecological bed for wastewater treatment in subtropical regions: Process design, performance analysis, and greenhouse gas emissions assessment[J]. Journal of Cleaner Production, 2019, 212: 1143-1153.

[7] 李发站，朱帅．我国农村生活污水治理发展现状和技术分析[J]．华北水利水电大学学报(自然科学版)，2020，41(3)：74-77.

[8] 黄进，王俊安，赵雪莲，等．农村生活污水处理设施运行效果评价技术标准研究[J]．标准科学，2020(7)：104-109.

[9] 明劲松，林子增．国内外农村污水处理设施建设运营现状与思考[J]．环境科技，2016，29(6)：66-69.

[10] HONG Y Y, HUANG G H, AN C J, et al. Enhanced nitrogen removal in the treatment of rural domestic sewage using vertical-flow multi-soil-layering systems: Experimental and modeling insights[J]. Journal of Environmental Management, 2019, 240:273-284.

[11] 马军．环保“十四五”的新挑战与新机遇[J]．中华环境，2021(1)：40-43.

[12] PARK Y, PARK S, NGUYEN V K, et al. Complete nitrogen removal by simultaneous nitrification and denitrification in flat-panel air-cathode microbial fuel cells treating domestic wastewater[J]. Chemical Engineering Journal, 2017, 316:673-679.

[13] 齐嵘，周文理，郭雪松，等．我国农村分散型污水处理设施与设备性能评估体系的建立[J].

环境工程学报，2020，14(9)：2310-2317.

[14] 高文超. 我国农村分散式污水处理系统运营管理模式探索——基于格里·斯托克治理理论[J]. 科技经济导刊，2020，28(17)：78-79+81.

[15] 何军辉. 一体化设备在农村生活污水治理中的应用[J]. 环境与发展，2020，32(2)：58-59

[16] AN C J, MCBEAN E, HUANG G H, et al. Multi-Soil-Layering systems for wastewater treatment in small and remote communities[J]. Journal of Environmental Informatics, 2016, 27(2): 131-144.

[17] 张金. 模块化膜生物反应器(MBR)在农村污水处理中的实践分析[J]. 环境与发展，2019(9)：41.

[18] TORREGROSSA D, MARVUGLIA A, LEOPOLD U. A novel methodology based on LCA+DEA to detect eco-efficiency shifts in wastewater treatment plants[J]. Ecological Indicators, 2018, 94:7-15.

[19] 杨杰，戴成燕，叶林康，等. 可持续发展理念下我国农村生态文明建设对策[J]. 乡村科技，2020(10)：57-60.

[20] 陈娟，王超，王沛芳，等. 基于人口分散度的农村生活污水处理模式选择[J]. 中国给水排水，2020，36(23)：81-88.

[21] 罗治华，何洁，李斌，等. 滇池流域农村生活污水处理设施水污染物排放标准制订探讨[J]. 环境科学导刊，2020，39(5)：20-25.

[22] 张奇誉，刘来胜. 农村分散式生活污水源分离技术现状与发展趋势分析[J]. 中国农村水利水电，2020(8)：20-24.

第七章　水生态环境保护关键技术与应用

第一节　水生态环境保护现状及问题

一、水生态环境的基本含义

狭义的水生态指环境水因子对生物的影响和生物对各种水分条件的适应。生命起源于水，水又是一切生物的重要组分。生物体不断地与环境进行水分交换，环境中水的质和量是决定生物分布、种的组成和数量，以及生活方式的重要因素。

水环境与水生态的侧重点不同，水环境关注的重点偏向水质、污染源、水功能区、水环境容量、水体富营养状况、水环境治理工程和水利工程对环境的影响等方面；而水生态更关注生态水量、生物多样性、生态敏感区、植被特征、重要水生生物生境、重要湿地、河湖水系连通状况、河（湖）滨生态保护与修复情况、水生态治理工程等。

二、水生态环境保护现状及存在问题

水是生命之源，水质的好坏直接关系到人类健康与否和经济发展水平的高低。水生态环境问题一度成为困扰我国发展的一大难题，然而随着国家不断加大治理力度，水生态环境保护工作取得显著成效，特别是近十年来，我国水生态环境质量发生了转折性的变化。

（一）生态水量显著增加，但用水结构仍需优化

随着我国生态环境的改善，生态用水量显著增加。自2007年以来，全国生态用水量年均保持在100亿m^3以上，且呈现递增态势。2020年，全国生态用水量达到307亿m^3，是2010年的2.56倍，远高于同期总用水量增长率。但生态用水比例仍然较低，用水结构尚需优化。在流域内实施工程的水量调节中，大多数项目均没有考虑生态用水，威胁流域生态安全。

（二）自然生态空间不断减少，水生态保护措施仍需加强

我国水生态一度受损严重。湿地、海岸带、湖滨、河滨等自然生态空间不断减少，导致水源涵养能力下降。全国湿地面积曾面临不断减少的局面，如三江平原湿地面积大幅度减少，海河流域主要湿地面积减少了83%，自然岸线保有率大幅降低。部分湖泊和水库水体富营养化，水生态功能退化的风险不断加大。

总体来看，水生态环境治理基础设施薄弱、治理资金及技术投入不足、治理工程建设进展有待加快。部分地区未能落实已有规划中的水生态保护与修复措施，对规划方案也未进行细化，没有制定水生态保护与修复专项行动计划。当前的水生态环境治理偏重河道水体的集中治理，对水生态系统功能和水生生物生境的保护与修复重视不够，缺乏有效的生态保护和修复措施。没有将生态保护修复与生态用水量、水环境质量目标管理相结合。

（三）涉及职能部门众多，但主体不协调

水生态环境治理涉及水利、生态环境、自然资源、农业、林草等多个职能部门，存在多机构重复管理现象，缺乏统一协调机制，难以形成区域水生态环境治理体系。流域与行政区的治理边界不能有效叠合，以行政区为单元进行生态功能区划，致使流域上下游地区、跨省界地区矛盾突出。由多个相关部门共同承担治理任务，但各部门的责任和权限不明晰且各自施策，缺乏统筹规划和综合管理。部分流域尚未实施总体布局和科学调控，上下游地区之间难以进行密切沟通和协作，不能有效化解流域内各利益相关者在水生态环境治理方面的冲突。尽管流域上下游地区依据各自资源环境和社会经济条件分别采取相应的治理措施，但这种分散化的水生态环境治理成效存在局限。一些地区过度依靠行政手段开展水生态环境治理，忽视经济管理手段，不能促使上下游地区形成责任和利益共同体。

（四）相关制度陆续推行，但仍需健全机制提高执行力度

水生态环境治理制度建设滞后，执行效果有待提高。我国现有的部分法律法规与水生态环境治理相关，但这些法律法规的制定部门及侧重点不同，相关措施不能落实到位，因此执行难度较大。

河长制、湖长制虽已开始全面推行，但有待进一步形成良性运行体系，社会认知和接受程度亟待提高。水生态环境治理主体的投入不足，尚未在全流域形成完善的水生态保护责任制度。水生态环境治理相关标准和规范不够完善，水生态保护和修复实践在一定程度上缺少指导依据和制度约束。

（五）水生态环境预警系统基础薄弱

我国水生态环境预警系统不健全，针对多数已实施工程中的水生态环境影响缺少定期监测和成效评价。流域水生态环境风险预警和应急机制不完善，流域非重点功能区通常是水生态环境风险高发区域，以现有的流域管理能力，覆盖到这部分区域尚有困难，尚不具备应对全流域突发性水生态环境风险的响应能力。

重点流域水生态环境应急预警系统不完善，尚未全面建立有效的风险预警平台。流域水生态环境监测手段有待提升，应急处置能力有待加强，不能完全适应流域水生态环境治理的形势，部分企业超标排污问题未能得到及时有效遏制。

（六）水生态环境治理监管力度不足

流域规划实施的监管力度不足，缺乏更有效的管理手段，监管责任不到位。现有监管和执法体系无法完全满足新形势下水生态环境治理的实际需求，在一定范围内仍面临违法成本较低、执法成本较高的挑战。在水生态安全信息的实时公开方面存在不足，一定程度上限制了公众监督。社会参与机制不够健全，公众参与水生态环境治理的积极性不高。

第二节　水生态环境保护政策导向

一、政策历程

随着中国经济的发展和城市化进程的加快，尤其是改革开放以来，中国经济发展取得了十分瞩目的成就，与此同时，对资源的需求量越来越大，环境污染问题日益突出，环境承载能力濒临上限，限制了经济社会的可持续发展以及人民的健康生活。在这样的背景下，我国开始重视环境保护和生态建设，采取有效的措施来解决水生态环境的相关问题，以促进可持续发展。

（一）初级阶段——环境保护成为基本国策

生态环境保护政策发展的初级阶段为1978年至1991年，本阶段我国人口由9.6亿增加到11.5亿，中央政府为推动经济快速发展，以满足日益增长的人口温饱需求，实现经济增长的主要发展目标，采取了一些支援工业发展的措施，然而，这些措施在执行过程中，牺牲了生态环境，导致环境问题日益积累，城镇污水无法得到有效处理，重金属以及石油成为我国多条重点河流的主要污染物。

1972年，北京官厅水库污染治理标志着我国开始探索有特色的水环境保护道路。1978年，十一届三中全会报告中提出“应该集中力量制定……环境保护法”；1978年，第五届全国人民代表大会中，国家首次对环境保护做出重要指示，提出“消除污染，保护环境，是一件关系到广大人民健康的大事，必须引起高度重视”，自此，环境保护工作开始进入政府重要的议程中。1979年，第一部《环境保护法（试行）》的诞生标志着我国污水处理正式处于法律法规的管理下。1983年，国务院召开了第二次全国环境保护会议，将保护环境确定为基本国策。1984年，《水污染防治法》第二章水环境质量标准和污染物排放标准的制定专门规定了国家、地方两级水环境质量标准和水污染物排放标准的制定主体、制定原则。随后的“六五”至“八五”时期，我国开展了大量水环境背景值、水体功能分区、水环境容量理论研究等相关工作。1989年，第三次全国环境保护会议强调，向环境污染宣战，确定了“三大环境政策”和“八项制度”。

这个阶段，我国生态环境领域事务在经济发展的背景下得到了关注，以污染物目标总量控制技术为主的规划技术体系、生态环境保护政策初见雏形。

（二）上升阶段——可持续发展成为国家战略

生态环境保护政策发展的上升阶段为1992年至2001年，本阶段中央政府对生态环境保护的注意力初步形成，环境保护工作步入正轨，但环境恶化状况一时难以扭转。随着国家经济步入高速增长期，受工业现代化建设进程的影响，暴露出诸多环境问题。

1992年，党中央通过了《中国21世纪议程》，将“可持续发展”理念贯穿我国社会发展全过程。1994年，淮河再次暴发水污染事故，揭开了我国在流域治理层面开展大规模治水的序幕。1996年，修正《中华人民共和国水污染防治法》，首次明确重点流域水污染防治规划制度，自此大规模的流域治污工作全面展开。同年，制定了重点流域水污染防治“九五”计划，包括“三河”（淮河、辽河、海河）、“三湖”（太湖、滇池、巢湖）、重点工程（三峡工程、南水北调工程）的水污染防治计划，也是国务院批复最早的流域水污染防治计划，并制定了重点流域水污染防治“九五”计划，这也奠定了制定水生态环境保护相关政策的前期基础。1997年，发布了《生活饮用水卫生监督管理办法（1997）》，明确了水质的监测和管理标准。

在这个阶段，我国开始强调水生态环境保护与经济发展相协调，水环境的相关问题得到更多的关注，生态环境保护法律制度初步创建，但立法上仍以原则为主，可操作性不强，且以末端治理为主，治理的手段较为单一。

（三）发展阶段——“两型”社会成为长期战略

水生态环境保护政策的发展阶段为2002年至2011年，本阶段我国社会经济空前发展，工业化、城镇化与污染问题仍相互交织，生态环境成为社会公众强烈关注的敏感问题。随着环境保护议题紧迫性的提高，相关的政策部署步入更高层的制定阶段。

在这一阶段，政府开始关注“水污染”“生态建设”“生态补偿机制”等，生态环境问题关注度均匀广泛，呈“井喷式”特点。在这个时期，国家陆续出台了多项水污染防治的专项规划，如《淮河、海河、辽河、巢湖、滇池、黄河中上游等重点流域水污染防治规划（2006—2010年）》《全国地下水污染防治规划（2011—2020年）》等，水污染防治规划数量明显增加，专业化、细化程度不断提高。在这一系列规划逐步实施后，全国地表水水质有所改善，全国Ⅰ～Ⅲ类水的比例呈稳中向好的趋势。

（四）高度集中阶段——生态文明建设深入推进

生态环境保护政策的高度集中阶段为2012年至今，随着环境保护意识的不断增强，我国持续加大环境治理的力度，不断出台新的政策法规，特别是党的十八大将生态文明建设纳入“五位一体”总体布局，我国水生态环境质量取得转折性变化。党的十八届三中全会提出“山水林田湖是一个生命共同体”这一重要观点，之后不断发展，习近平总书记又将“草”“沙”纳入其中，统筹山水林田湖草沙系统治理。2015年，习近平总书记在洱海边强调一定要把洱海保护好，同年组织实施《水污染防治行动计划》，文件包括十条35项具体的总纲领，成为今后很长一段时期内中国治理水环境的纲领性文件。2016年，在重庆召开的推动长江经济带发展座谈会上，习近平总书记指出，要“把修复长江生态环境摆在压倒性位置，共抓大保护、不搞大开发”。党的十九大深刻认识到“生态环境保护任重道远”，提出“改革生态环境监管体制”。2018年，部署开展污染防治攻坚战。蓝天、碧水、净土三大保卫战齐头并进，挂图作战，打响的七大标志性战役中，涉及水污染防治的就有5个，围绕水源地保护、黑臭水体治理、长江保护修复、渤海综合治理、农业农村污染治理攻坚战等。

在这个阶段，生态环境治理逻辑和理念由“先经济后环保”转变为“经济发展与生态环境辩证统一”，生态环境话语权不断增加。生态环境保护执法力度、公众保护意识明显增强，全社会参与生态环境保护。水生态环境保护政策百花齐放，已经成为中国生态环境高质量发展的重要推手。

二、国家层面政策汇总及解读

（一）国家层面水生态环境治理行业政策汇总

我国水生态环境治理行业政策的发展重点由最初的完善水污染治理基础设施网络及流域污染治理，向目前的立足山水林田湖草沙一体化保护和系统治理的理念逐渐转变，通过构建水生态环境保护新格局，健全流域水生态环境管理体系，强化流域污染防治和系统治理，推进地上地下和陆域海域协同治理，协同推进降碳减污扩绿增长，着力推动我国水生态环境保护由污染防治为主向水资源、水环境、水生态等要素系统治理、统筹推进转变。水生态环境治理行业相关的政策法规及主要内容详见表 7-1。

表 7-1 国家层面水生态环境治理行业政策汇总表

发布时间	发布单位	政策名称	主要内容
2015 年 4 月	国务院	《水污染防治行动计划》	到 2020 年，长江、黄河、珠江、松花江、淮河、海河、辽河等七大重点流域水质优良（达到或优于Ⅲ类）比例总体达到 70%以上，地级及以上城市建成区黑臭水体均控制在 10%以内
2018 年 2 月	水利部	《加快推进新时代水利现代化的指导意见》	深入落实“节水优先、空间均衡、系统治理、两手发力”的新时代水利工作方针和水资源、水生态、水环境、水灾害统筹治理的治水新思路，以全面提升水安全保障能力为目标，以大力推进水生态文明建设为着力点，以全面深化改革和推动科技进步为动力，加快构建与社会主义现代化进程相适应的水安全保障体系
2019 年 9 月	生态环境部	《关于进一步深化生态环境监管服务推动经济高质量发展的意见》	推动完善污水处理费、固体废物处理收费等绿色发展价格机制，合理规划布局，加强污水、生活垃圾、固体废物等集中处理处置设施以及配套管网、收运储体系建设，加快提升危险废物处理处置服务供给能力，加快“一体化”环境监测、监控体系和应急处置能力建设，为企业经营发展提供良好配套条件
2020 年 4 月	水利部	《关于做好河湖生态流量确定和保障工作的指导意见》	积极践行“节水优先、空间均衡、系统治理、两手发力”的治水思路，紧紧围绕“水利工程补短板、水利行业强监管”水利改革发展总基调，以维护河湖生态系统功能为目标，科学确定生态流量，严格生态流量管理，强化生态流量监测预警，加快建立目标合理、责任明确、保障有力、监管有效的河湖生态流量确定和保障体系，加快解决水生态损害突出问题，不断改善河湖生态环境
2020 年 4 月	国家发展改革委等 5 部委	《关于完善长江经济带污水处理收费机制有关政策的指导意见》	按照“污染付费、公平负担、补偿成本、合理盈利”的原则，完善长江经济带污水处理成本分担机制、激励约束机制和收费标准动态调整机制，健全相关配套政策，建立健全覆盖所有城镇、适应水污染防治和绿色发展要求的污水处理收费长效机制

续表

发布时间	发布单位	政策名称	主要内容
2021年1月	国家发展改革委等10部门	《关于推进污水资源化利用的指导意见》	践行绿水青山就是金山银山理念，坚持“节水优先、空间均衡、系统治理、两手发力”的治水思路，按照党中央、国务院决策部署，在城镇、工业和农业农村等领域系统开展污水资源化利用，以缺水地区和水环境敏感区域为重点，以城镇生活污水资源化利用为突破口，以工业利用和生态补水为主要途径，推动我国污水资源化利用实现高质量发展
2021年6月	财政部	《水污染防治资金管理办法》	采用因素法分配的其他防治资金以流域水污染治理、流域水生态保护修复、集中式饮用水水源地保护、地下水生态环境保护等任务量为因素分配，其中流域水污染治理、流域水生态保护修复资金分配为30％、25％
2021年9月	生态环境部	《重点流域水生态环境保护规划（2021—2025年）》（征求意见稿）	坚持山水林田湖草沙系统治理，统筹水环境、水生态、水资源等要素，推进美丽河湖建设，以高水平保护引导推动高质量发展；水环境方面，继续巩固提升工业源、生活源污染治理水平，突破农业面源、城市面源污染防治；水生态方面，按照流域生态环境功能需要完善管控要求，通过河湖缓冲带保护和水域水生植被恢复，逐步提升河湖自净能力和生物多样性；水资源方面，将生态流量管理纳入最严格的水资源管理，制定重点河湖生态流量保障目标并推动落实，针对部分地区河流断流现象，推动被挤占的河湖生态用水逐步得到恢复
2021年11月	中共中央国务院	《关于深入打好污染防治攻坚战的意见》	以精准治污、科学治污、依法治污为工作方针，统筹污染治理、生态保护，以更高标准打好蓝天、碧水、净土保卫战，以高水平保护推动高质量发展、创造高品质生活；要求持续打好城市黑臭水体治理攻坚战、持续打好长江保护修复攻坚战、着力打好黄河生态保护治理攻坚战、巩固提升饮用水安全保障水平、着力打好重点海域综合治理攻坚战
2021年12月	生态环境部	《河湖生态缓冲带保护修复技术指南》	加强水生态环境保护修复，合理规划河湖滨水生态空间，指导各地做好河湖生态缓冲带保护修复相关工作，明确了河湖岸带的类型，针对每种类型河湖岸带提出了相应的生态缓冲带范围确定方法；明确了河湖岸带调查的内容和方法，并根据河湖岸带类型和存在的具体问题提出针对性的保护修复技术措施；给出了生态缓冲带日常维护、工程维护和监测评价等建议
2022年1月	中共中央国务院	《关于做好2022年全面推进乡村振兴重点工作的意见》	要求加强农业面源污染综合治理，开展水系连通及水美乡村建设。实施生态保护修复重大工程，复苏河湖生态环境，加强天然林保护修复、草原休养生息。强化水生生物养护，规范增殖放流。构建以国家公园为主体的自然保护地体系等
2022年3月	国务院办公厅	《国务院办公厅关于加强入河入海排污口监督管理工作的实施意见》	指出坚持精准治污、科学治污、依法治污，以改善生态环境质量为核心，深化排污口设置和管理改革，建立健全责任明晰、设置合理、管理规范的长效监督管理机制，有效管控入河入海污染物排放，不断提升环境治理能力和水平，为建设美丽中国做出积极贡献
2022年8月	生态环境部等17部门	《深入打好长江保护修复攻坚战行动方案》	聚焦持续深化水环境综合治理、深入推进水生态系统修复、着力提升水资源保障程度、加快形成绿色发展管控格局四大攻坚任务，提出了28项具体工作，主要包括巩固提升饮用水安全保障水平、深入推进城镇污水垃圾处理、深入实施工业污染治理、深入推进农业绿色发展和农村污染治理、建立健全长江流域水生态考核机制等，切实保障基本生态流量（水位）等

续表

发布时间	发布单位	政策名称	主要内容
2022年8月	生态环境部等12部门	《黄河生态保护治理攻坚战行动方案》	提出了黄河生态保护治理重点攻坚五大行动。包括河湖生态保护治理行动，重点推动河湖水生态环境保护、加快污染水体消劣达标、保障生态流量、推进入河排污口排查整治、加强饮用水水源地规范化建设、加强地下水污染防治、严格环境风险防控，减污降碳协同增效行动，重点强化生态环境分区管控、加快工业企业清洁生产和污染治理、强化固体废物协同控制与污染防治、推进污水资源化利用，农业农村环境治理行动，强化养殖污染防治、加快农村人居环境整治提升、推进农用地安全利用等
2023年1月	中共中央办公厅 国务院办公厅	《关于加强新时代水土保持工作的意见》	以江河源头区、重要水源地、水蚀风蚀交错区等区域为重点，全面实施水土流失预防保护；实施城市更新行动，推进城市水土保持和生态修复，强化山体、山林、水体、湿地保护，保持山水生态的原真性和完整性；统筹生产生活生态，在大江大河上中游、东北黑土区、西南岩溶区、南水北调水源区、三峡库区等水土流失重点区域全面开展小流域综合治理；大力推进生态清洁小流域建设，推动小流域综合治理与提高农业综合生产能力、发展特色产业、改善农村人居环境等有机结合
2023年2月	中共中央 国务院	《关于做好2023年全面推进乡村振兴重点工作的意见》	要求扎实推进宜居宜业和美乡村建设；推进农村规模化供水工程建设和小型供水工程标准化改造，开展水质提升专项行动
2023年4月	生态环境部等5部门	《重点流域水生态环境保护规划》	要求坚持山水林田湖草沙一体化保护和系统治理，坚持精准、科学、依法治污，统筹水资源、水环境、水生态治理，协同推进降碳、减污、扩绿、增长，以改善水生态环境质量为核心，持续深入打好碧水保卫战，大力推进美丽河湖保护与建设
2023年5月	中共中央 国务院	《国家水网建设规划纲要》	要求加快构建国家水网，统筹解决水资源、水生态、水环境、水灾害问题；围绕国家重大战略，以大江大河干流及重要江河湖泊为基础，以南水北调工程东、中、西三线为重点，科学推进一批重大引调排水工程规划建设，推进大江大河干流堤防达标建设，针对重点河段适时开展提标建设，构建重要江河绿色生态廊道，加快构建国家水网主骨架和大动脉。同时要求加强国家重大水资源配置工程与区域重要水资源配置工程的互联互通，推进主要支流和中小河流综合治理，改善河湖生态环境质量
2023年6月	生态环境部办公厅等4部委	《长江流域水生态考核指标评分细则（试行）》	探索建立长江流域水生态考核机制，在长江流域17省（自治区、直辖市）开展水生态考核试点并确定考核基数，2025年开展第一次考核。试点期间，根据每年的水生态监测数据，开展评价考核试算，并结合实际评估效果修改完善评分细则

（二）国家层面水生态环境治理重点规划汇总

中国的水污染防治规划最早开始于1970年，国家将水污染防治列为国家环境保护五年计划中的水环境保护的重点任务。自“九五”规划以来，主要以工业污染与城镇生活污染为重点污染控制对象，利用目标总量控制模式，在流域水污染防治规划中逐渐强化了规划的可行性与可落地性，到目前为止已经完成了四个五年规划，在实施第五个规划之年，持续开展了“污染控制、水资源调配、生态修复、监督管理与研究示范”等重大项目（表7-2）。

表7-2　国家层面水生态环境治理重点规划汇总表

规划名称	主要内容
《关于国民经济和社会发展“九五”计划和2010年远景目标纲要的报告》	加强大江大河大湖治理，疏浚中小河流，增强抗御水旱灾害的能力，集中必要的力量在水利、能源、交通、通信和重要原材料工业方面，建设长江三峡和黄河小浪底水利枢纽工程、南水北调工程等
《中华人民共和国国民经济和社会发展第十个五年计划纲要》	在加强防洪减灾的同时，把解决水资源不足和水污染问题放到更突出的位置。科学制定并积极实施全国水利建设总体规划和大江大河流域规划。重点加强大江大河大湖防洪工程体系建设和综合治理，对淤积严重的河湖进行整治和疏浚。加强以长江、黄河为重点的堤防建设
《全国生态环境保护“十五”计划》	优先在长江、黄河流域的源头区、重要水源涵养区等建立一批国家级生态功能保护区，保护和恢复重要湿地生态功能，维护水环境安全和水生态平衡。加强水资源管理，探索建立河流基本流量保障制度，科学核定重点河流流域的生态用水；划定用水紧缺地区并建立地下水禁采区，严格控制高耗水产业的发展，开展小流域治理，减少水土流失
《中华人民共和国国民经济和社会发展第十一个五年规划纲要》	加大“三河三湖”等重点流域和区域水污染防治力度，强化对主要河流和湖泊排污的管制，加强城市污水处理设施建设。顺应自然规律，调整治水思路，从单纯的洪水控制向洪水管理、雨洪资源科学利用转变，从注重水资源开发利用向水资源节约、保护和优化配置转变
《中华人民共和国国民经济和社会发展第十二个五年规划纲要》	加强用水总量控制与定额管理，严格水资源保护，加快制定江河流域水量分配方案，实施主要污染物排放总量控制。实行严格的饮用水水源地保护制度，提高集中式饮用水水源地水质达标率，开展重金属污染治理与修复试点示范，加强重点生态功能区保护和管理
《中华人民共和国国民经济和社会发展第十三个五年规划纲要》	强化水安全保障，科学论证、稳步推进一批重大引调水工程、河湖水系连通骨干工程和重点水源等工程建设，统筹加强中小型水利设施建设，加快构筑多水源互联互调、安全可靠的城乡区域用水保障网。推进江河流域系统整治，维持基本生态用水需求，增强保水储水能力。加强江河湖泊治理骨干工程建设。推进长江经济带发展，推进全流域水资源保护和水污染治理，长江干流水质达到或好于Ⅲ类水平，实施长江防护林体系建设等重大生态修复工程，增强水源涵养、水土保持等生态功能
《中华人民共和国国民经济和社会发展第十四个五年规划和2035年远景目标纲要》	立足流域整体和水资源空间均衡配置，加强跨行政区河流水系治理保护和骨干工程建设，强化大中小微水利设施协调配套，提升水资源优化配置和水旱灾害防御能力。加强水源涵养区保护修复，加大重点河湖保护和综合治理力度，恢复水清岸绿的水生态体系。持续推进生态环境突出问题整改，推动长江全流域按单元精细化分区管控，实施城镇污水垃圾处理、工业污染治理、农业面源污染治理、船舶污染治理、尾矿库污染治理等工程。加大上游重点生态系统保护和修复力度，筑牢三江源“中华水塔”，建设黄河流域生态保护和高质量发展先行区等
《淮河、海河、辽河、巢湖、滇池、黄河中上游等重点流域水污染防治规划（2006—2010年）》	到2010年，要使淮河、海河、辽河、巢湖、滇池、黄河中上游等6个重点流域集中式饮用水水源地得到治理和保护，跨省界断面水环境质量明显改善，重点工业企业实现全面稳定达标排放，城镇污水处理水平显著提高，水污染物排放总量得到有效控制，流域水环境监管及水污染预警和应急处置能力显著增强

续表

规划名称	主要内容
《重点流域水污染防治规划（2011—2015年）》	主要涵盖淮河、海河、辽河、太湖、巢湖、滇池、松花江、黄河中上游、三峡库区及其上游、南水北调水源地及沿线（丹江口库区及其上游）等，将重点流域划分为315个控制单元，要求到2015年，城镇集中式饮用水水源地水质稳定达到功能要求；主要水污染物排放总量和入河总量持续削减，化学需氧量排放总量较2010年削减9.7%，氨氮排放总量削减11.3%；跨省界断面、污染严重的城市水体和支流水环境质量明显改善，重点湖泊富营养化程度有所减轻，水功能区达标率进一步提高，Ⅰ～Ⅲ类水质断面比例提高5个百分点，劣Ⅴ类水质断面比例降低8个百分点；水环境监测、预警与应急能力显著提高
《重点流域水污染防治规划（2016—2020年）》	涉及范围主要包括长江、黄河、珠江、松花江、淮河、海河、辽河等七大重点流域，并兼顾浙闽片河流、西南诸河、西北诸河，与“十二五”相比，珠江流域首次纳入重点流域范围。本规划基本原则中首次强调“水陆统筹”，相关内容虽在规划文本中篇幅不大，但被列为水环境治理改善四个基本原则之一。除外部治污、生态修复外，规划中也少见地强调了强化水环境承载能力的约束作用，以水环境承载能力来约束污染物排放
《重点流域水生态环境保护规划》	制定实施该规划是统筹水资源、水环境、水生态治理，推动重要江河湖库生态保护治理的具体行动。提出到2025年，主要水污染物排放总量持续减少，水生态环境持续改善，在面源污染防治、水生态恢复等方面取得突破，水生态环境保护体系更加完善，水资源、水环境、水生态等要素系统治理、统筹推进格局基本形成。展望2035年，水生态环境根本好转，生态系统实现良性循环，美丽中国水生态环境目标基本实现
《“十四五”城镇水污染治理及资源化利用发展规划》	明确到2025年，基本消除城市建成区生活污水直排口和收集处理设施空白区，全国城市生活污水集中收集率力争达到70%以上
《“十四五”水安全保障规划》	到2025年，水旱灾害防御能力、水资源节约集约安全利用能力、水资源优化配置能力、河湖生态保护治理能力进一步加强，国家水安全保障能力明显提升

三、国家层面重点政策解读

《水污染防治行动计划》，2015年4月16日发布，自起实施。工作目标是到2020年，全国水环境质量得到阶段性改善，污染严重水体较大幅度减少，饮用水安全保障水平持续提升，地下水超采得到严格控制，地下水污染加剧趋势得到初步遏制，近岸海域环境质量稳中趋好，京津冀、长三角、珠三角等区域水生态环境状况有所好转。到2030年，力争全国水环境质量总体改善，水生态系统功能初步恢复。到21世纪中叶，生态环境质量全面改善，生态系统实现良性循环。到2030年，全国七大重点流域水质优良比例总体达到75%以上，城市建成区黑臭水体总体得到消除，城市集中式饮用水水源水质达到或优于Ⅲ类比例总体为95%左右。

《深入打好长江保护修复攻坚战行动方案》是由生态环境部、国家发展改革委等17部门于2022年联合印发的文件。涉及范围包括长江经济带上海、江苏、浙江、安徽、江西、湖北、湖南、重庆、四川、贵州、云南等11省（市），以及长江干流、支流和湖泊形成的集水区域所涉及的青海省、西藏自治区、甘肃省、陕西省、河南省、广西壮族自治区的相关县级行政区域。主要目标为到2025年底，长江流域总体水质保持优良，干流水质保持Ⅱ类，饮用水安全保障水平持续提升，重要河湖生态用水得到有效保障，水生态质量明显提升；长江经济带县城生活垃圾无害化处理率达到97%以上，县级城市建成区黑臭水体基本消除，化肥农药利用率提高到43%以上，畜禽粪污综合利用率提高到80%以上，农膜回收率达到85%以上，尾矿库环境风险隐患基本可控；长江干流及主要支流水生生物完整性指数持续提升。

《黄河生态保护治理攻坚战行动方案》，是生态环境部等12部门联合印发的方案，于2022年8月5日发布。攻坚范围是在黄河流域覆盖的青海、四川、甘肃、宁夏、内蒙古、山西、陕西、河南、山东等9省区范围内，以黄河干流、主要支流及重要湖库为重点开展流域生态保护治理行动。黄河干流主要指青海玉树河源至山东东营入海口河段；主要支流包括湟水河、洮河、窟野河、无定河、延河、汾河、渭河、石川河、伊洛河、沁河、大汶河等河流；重要湖库包括乌梁素海、红碱淖、沙湖、东平湖、龙羊峡水库、李家峡水库、刘家峡水库、万家寨水库、三门峡水库、小浪底水库等湖库。工作目标是到2025年，黄河流域森林覆盖率达到21.58%，水土保持率达到67.74%，退化天然林修复1 050万亩，沙化土地综合治理136万hm^2，地表水达到或优于Ⅲ类水体比例达到81.9%，地表水劣Ⅴ类水体基本消除，黄河干流上中游（花园口以上）水质达到Ⅱ类，县级及以上城市集中式饮用水水源水质达到或优于Ⅲ类比例不低于90%，县级城市建成区黑臭水体消除比例达到90%以上。

四、各省市层面的政策汇总及解读

（一）各省市水生态环境治理行业政策汇总

《中华人民共和国国民经济和社会发展第十四个五年规划和2035年远景目标纲要》提出，要持续改善环境质量，推进城镇污水管网全覆盖，开展水污染治理差别化精准提标，地级及以上缺水城市污水资源化利用率超过25%。未来五年，国家将持续推动能源资源合理配置，加强末端污染综合治理，我国水环境治理行业将进入高质量发展新时期。各省市也围绕“十四五”规划，纷纷出台地方水环境治理发展政策规划（表7-3）。

表7-3　各省市水生态环境治理行业政策汇总表

省、区、市	近期水生态环境治理行业政策
北京市	《北京市全面打赢城乡水环境治理歼灭战三年行动方案（2023年—2025年）》
	《北京市水污染防治2023年行动计划》
	《北京市水生态区域补偿暂行办法》
	《北京市“十四五”时期污水处理及资源化利用发展规划》

续表

省、区、市	近期水生态环境治理行业政策
上海市	《上海市水文现代化建设规划（2023—2035年）》
	《上海市水生态“十四五”规划》
	《上海市水系统治理“十四五”规划》
	《关于深入打好污染防治攻坚战迈向建设美丽上海新征程的实施意见》
河北省	《河北省水生态环境保护规划》
	《河北省2023年主要河湖生态补水实施方案》
	《河北省生态环境保护“十四五”规划》
	《河北省2021年度落实河湖长制重点工作推进方案》
河南省	《“十四五”水安全保障和水生态环境保护规划》
	《河南省“十四五”生态环境保护和生态经济发展规划》
吉林省	《吉林省“十四五”重点流域水生态环境保护规划》
	《吉林省生态环境保护“十四五”规划》
海南省	《海南省“十四五”海洋生态环境保护规划》
	《海南省“十四五”水资源利用与保护规划》
	《海南省“十四五”生态环境保护规划》
云南省	《云南省重点流域水生态环境保护“十四五”规划》
	《云南省“十四五”生态环境保护规划》
	《云南省“十四五”环保产业发展规划》
甘肃省	《甘肃省“十四五”生态环境保护规划》
	《甘肃省黄河流域生态保护和高质量发展条例》
山东省	《山东省重点流域水生态环境保护规划》
	《山东省“十四五”生态环境保护规划》
黑龙江省	《黑龙江省“十四五”土壤地下水和农村生态环境保护规划》
	《黑龙江省“十四五”生态环境保护规划》
辽宁省	《辽宁省重点流域水生态环境保护“十四五”规划》
	《辽宁省水土保持规划（2016—2030年）》
	《推进生态环境科技赋能助力深入打好污染防治攻坚战工作方案》

续表

省、区、市	近期水生态环境治理行业政策
江西省	《江西省推进新时代水生态文明建设五年行动计划（2021—2025 年）》
	《江西省重点流域水生态环境保护规划》
	《江西省“十四五”土壤、地下水和农村生态环境保护规划》
陕西省	《陕西省水生态环境保护规划》
	《加快建立健全绿色低碳循环发展经济体系若干措施》
山西省	《黄河流域（山西）水生态环境建设规划（2022—2025 年）》
安徽省	《安徽省“十四五”重点流域水生态环境保护规划》
四川省	《四川省“十四五”地下水生态环境保护规划》
	《四川省“十四五”饮用水水源环境保护规划》
	《四川省“十四五”生态环境保护规划》
湖南省	《湖南湘江新区河湖长制实施方案》
	《湖南省洞庭湖水环境综合治理规划实施方案（2018—2025 年）》
	《湖南省重点流域生态环境保护“十四五”规划》
广东省	《广东省水生态环境保护“十四五”规划》
	《广东省江河湖库水生态环境调查评估工作方案》
	《广东省生态环境保护“十四五”规划》
湖北省	《湖北省生态环境保护“十四五”规划》
	《湖北省生态环境保护综合行政执法事项指导目录（2020 年版）》
	《湖北省湿地保护规划（2023—2030 年）》
江苏省	《江苏省重点流域水生态环境保护“十四五”规划》
	《江苏省水资源综合规划》
	《江苏省淮河流域水生态环境保护“十四五”规划》
浙江省	《浙江省水生态环境保护“十四五”规划》
	《浙江省生态环境保护“十四五”规划》
福建省	《福建省“十四五”重点流域水生态环境保护规划》
	《福建省“十四五”生态环境保护专项规划》
宁夏回族自治区	《宁夏回族自治区“十四五”水生态环境保护规划》
	《关于推进河湖湿地生态保护修复的实施方案》

续表

省、区、市	近期水生态环境治理行业政策
新疆维吾尔自治区	《新疆生态环境保护“十四五”规划》
	《关于创新预防体制机制推动新时代水土保持工作高质量发展的实施意见》
贵州省	《贵州省“十四五”重点流域水生态环境保护规划》
	《贵州省“十四五”生态环境保护规划》
	《贵州省赤水河流域保护条例》
西藏自治区	《西藏自治区“十四五”时期生态环境保护规划》

（二）各省市代表性重点政策解读

《北京市水污染防治2023年行动计划》，目标为全市及各区水生态环境质量稳中向好。水生态保护方面主要提出保障重点河流生态流量：推动潮白河、永定河、北运河、大清河、蓟运河五大流域生态环境复苏，建立主要河道生态流量目标，逐步恢复河道生态基流。继续实施永定河、潮白河流域生态补水。提升水生态系统健康：明确永定河、北运河、潮白河等河流水生态空间管控边界。立足山水林田湖草沙一体化保护修复，编制潮白河流域水生态保护修复规划，持续推进永定河综合治理与生态修复，加强河流生态缓冲带建设，平原段自然岸线保有率不低于75%，降低汛期面源污染影响。开展水生态状况监测评价：完善本市水生态环境质量监测及综合评价体系。各区开展水生态环境状况监测评价。

《广东省水生态环境保护“十四五”规划》明确了“十四五”广东水生态环境保护的发展目标。到2025年，广东水生态环境质量持续改善，“十四五”国控断面地表水质量达到或优于Ⅲ类水体比例不低于90.5%、劣Ⅴ类水体比例为0%，重点河流的主要及重要一级支流全面消除劣Ⅴ类，城市建成区黑臭水体基本消除，重污染河流水质全面达标。饮用水水源安全保障水平进一步提升，县级及以上城市集中式饮用水水源达到或优于Ⅲ类比例100%。重点河流生态流量得到保障，打造一批“有河有水、有鱼有草、人水和谐”的美丽河湖典范，推进河湖生态保护与修复治理，恢复及建设河湖生态缓冲带154.45 km、湿地面积190.51 hm^2。广东将实施水环境差别化管控和保护，优化水功能管控体系，严格水环境质量目标管控。

《云南省重点流域水生态环境保护“十四五”规划》从水环境、水资源、水生态三个方面设置了共10项指标，其中包括3个约束性指标和7个预期性指标。总体目标是到2025年，主要水污染物排放总量持续减少，水生态环境持续改善，在面源污染防治、水生态恢复方面取得突破，水生态环境保护体系更加完善，水生态环境治理体系和治理能力显著提升，水环境、水生态、水资源等要素系统治理、统筹推进格局基本形成，协同推进上下游、左右岸、岸上和水里的污染防治与生态保护，努力构建“三水共治”新格局。

《上海市水生态“十四五”规划》，总体目标是至2025年，基本实现水体水质提升，江河湖海美丽，水生态环境品质明显提升的目标；基本形成水生态环境优美、水生态空间优质、水生态系统健康的“一网五区多廊”水生态现代化治理体系，为达成河湖健康、水城相依、人水和谐的幸福愿景提供坚实保障。其中，“一网”为江河湖海组成的水生态网络；“五区”为五个水生态空间重点示范区，包括长三角生态绿色一体化发展示范区、上海自贸试验区临港新片区、虹桥商务区、崇明世界级生态岛和五大新城；“多廊”指由沿长江口、杭州湾、黄浦江、吴淞江、淀山湖、大治河、金汇港等重要河湖塑造的水岸相连的生态廊道。

《湖南省重点流域生态环境保护“十四五”规划》，确定了绿色低碳、环境质量、生态功能、风险防控、污染防治等5大领域30项指标，其中11项为约束性指标。其中，全省非化石能源消费占比将提升至23%，洞庭湖总磷浓度持续下降，地级城市集中式饮用水水源地水质达标率100%，县级城市集中式饮用水水源地水质达标率95.8%，森林覆盖率不低于59%。

第三节　水生态环境保护关键技术

水生态环境保护是一个复杂的工程系统，需要经过一系列的措施才可以达到整体水生态环境的保护、修复和提升，主要涉及水体外部造成的影响控制和水体内部生态环境的保护。

首先，控源截污是水生态环境保护的基础和前提，是对进入水体的外源污染的控制，主要包含点源污染和面源污染的有效拦截，在进入水体之前最大限度地进行污染防控和净化。其次，水体自身的生态系统健康也至关重要。本章节的水生态环境保护技术的定位主要体现在两个方面，一方面是促进水环境的整体改善，另一方面是维护生物多样性，主要可以总结为水动力重构技术、河湖形态修复、清水生态系统构建、栖息地构建四大技术体系。

一、水动力重构技术

（一）生态基流

生态基流相关理论最早出现在1940年左右，当时国内外学者就生态基流的问题做了诸多探索与研究。英国在1963年《水资源法》中提出“可接受最低流量”，并将其确定为流量历时曲线中95%频率时的流量；美国在生态用水方面建立了最小流量制度，强制要求确保河道必要的基础流量；西班牙《水法》要求水资源利用过程中必须考虑“最小河道内流量”，粗略选择多年平均流量的10%。

我国对生态基流的研究起步于2004年左右，首先以《水电水利建设项目河道生态用水、低温水和过鱼设施环境影响评价技术指南（试行）》为指导，将河道目标断面多年平均流量的10%作为生态基流下限值，这是我国首次规定了生态基流的管理要求。而后又提出了《河湖生态需水评估导则》及《河湖生态需水量计算规范》等一系列相关管理规定，加强落实河道生态基流的保障措施，并规范关于河道生态基流的计算。

现在国内外对于生态基流的研究已十分广泛，计算方法多达百余种，可归纳为四大类：水文学法、水力学法、生境模拟法、整体分析法。此外，对生态基流进行科学分配和管理，不但可以补偿和缓解水库大坝、水电站等水利工程修建对河流生态系统带来的不利影响，而且还能维持生态系统稳定和实现经济效益可持续发展，使人类在开发利用水资源时能与大自然和谐共处，这是生态基流管理的最终目标（图7-1）。

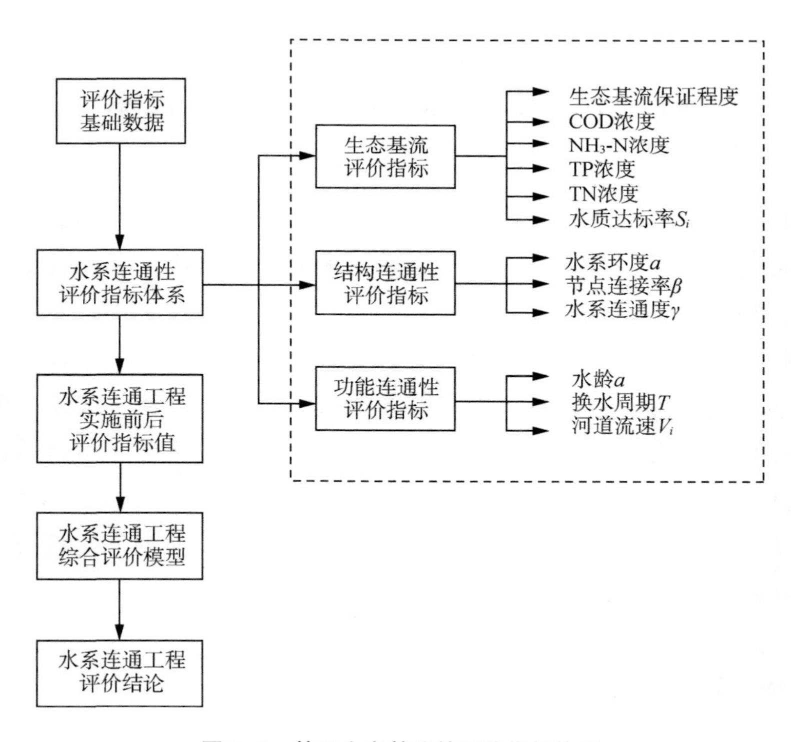

图7-1 基于生态基流的评价指标体系

（二）调水、补水与水体循环

调水、补水与水体循环通常指跨流域调水、生态补水以及水体循环工程实现河湖水系的连通，来缓解水资源时空分布不均，解决局部地区缺水严重等问题，是水资源统筹配置的综合措施，具有恢复受水区域生态系统功能、实现受水区生态动态平衡的作用。

我国从 1980 年开始兴建调水、补水与水体循环工程，但大规模的兴建则是从 2000 年至今。数据显示，截至 2023 年初，全国已建在建的调水工程共 149 项，设计年调水能力 1 406 亿 m^3，其中已建工程 121 项，在建工程 28 项。

这类工程主要具有四大优点：一是优化了水资源时空配置格局，如南水北调、东深供水、江水北调等工程对水资源配置优化都具有不可替代的作用；二是提升了供水安全保障能力，极大地保障了区域用水安全，提升国民经济，如引黄济青工程已成为山东省青岛市的主要水源，占青岛城区日供水量的 95%以上；三是保障了饮水安全，极大地改善了受水区供水水质，如南水北调工程通水以来地表水水质稳定保持在Ⅱ类以上，Ⅰ类水的监测断面占比逐年提升；四是改善河湖生态环境，有效缓解了城市生活生产用水挤占农业用水等水资源的问题，如牛栏江滇池补水工程加大水环境容量，提升水体自净能力，持续改善沿江城市及滇池水生态环境（图 7-2）。

图 7-2　牛栏江滇池补水工程线路图

目前，我国正面临着调水、补水与水体循环的新形势，如需要应对河湖水域空间保护、生态流量水量保障、水质维护改善、生物多样性保护等多方面挑战。新形势下的调水、补水与水体循环要求重视生态环境保护，以提升生态系统多样性、稳定性、持续性为目标，在保障调出区生态安全的前提下，结合区域水资源供需形势，我国多地重要河湖的生态流量保障目标纳入重大调水工程论证目标，进一步充分发挥调水工程河湖生态补水效益，保障河湖水量水质，维持河湖生态廊道的相关功能。

（三）雨水回用

雨水回用，即将雨水根据需求进行收集后，并经过对收集的雨水进行处理后达到符合设计使用标准的系统。雨水回用系统通常由弃流过滤系统、蓄水系统、净化系统组成。

雨水回用的研究起源于20世纪70年代，到90年代时，超过35个国家已经深入研究雨水的再利用性，并将其应用于实践。例如，美国提出低影响发展相关理念，从小型水源地治理和分散化治理的角度出发，研究城市雨水资源化的使用；澳大利亚通过开发、保护天然水体并建立城市雨水系统，将二者有机结合，逐步形成雨水回用系统。

目前，国内雨水回用的方法主要有三种。一是构建屋面雨水集蓄系统，集下来的雨水主要用于家庭、公共场所和企业的非饮用水；二是构建雨水截污与渗透系统，道路雨水通过下水道排入沿途大型蓄水池或通过渗透补充地下水；三是建立生态雨水利用系统，沿着排水道建有渗透浅沟，表面植有草皮，供雨水径流流过时下渗。超过渗透能力的雨水则进入雨水池或人工湿地，作为水景或继续下渗。例如，横琴新区海绵型街头绿地——忆园，在开发前项目地块内部存在湿塘，按照低影响开发对水的尊重原则，保持原有湿塘的水域面积，并在水岸边设置草坡。在道路、停车场等径流污染严重的区域，设置雨水花园、透水铺装、旱溪等措施，将径流处理后再导入湿塘内，将园林景观与海绵措施有机结合，保护水系自净系统和生态系统（图7-3）。

图7-3　横琴新区忆园雨水蓄滞工程建设前后对比图

（四）中水回用

中水回用是一种新的水资源再利用方式，由于其供水可靠性成为各国政府和环保组织考虑的重要供水水源（图 7-4）。“中水”因其水质介于给水和排水之间而得名，是经过物化、生化等手段使出水水质达到回用标准的一类水。常用于农田农作物灌溉、城市道路浇洒、绿化用水、中水回用等方面，合理利用和开发中水不仅可改善城市用水紧张的局面，而且对于江河湖泊的生态系统改善有很大的促进意义。

因中水回用的用途不同、经济因素和环境因素限制，选择合适的中水处理方式以达到经济适用的目的至关重要，工业废水和生活污水的常规处理方法主要有五种。①物理法。通过机械分离、沉淀、过滤等常规物理方式净化污水以达到出水水质标准，配套的设备及构筑物包括格栅、膜处理设备、气浮池、调节池和沉淀池等。②化学法。化学法即利用化学反应来将污水中的有毒有害物质转化或消除，常规的化学法主要有氧化还原法、中和法、混凝法和絮凝法等。③物化法。物化法是利用物理手段和化学反应相结合的一种处理方法，主要包括混凝、吸附及膜技术，它不仅利用了药剂的化学作用，而且利用了物理分离等手段达到去除污水中污染物质的目的。④生物法。生物法是利用微生物的新陈代谢作用将污水中呈溶解态的难降解大分子污染物分解成小分子物质的处理技术。⑤膜生物反应器工艺（MBR）法。MBR 是将膜分离技术与生物处理技术相结合的污水回用处理技术，既利用了膜对不同分子量的选择透过性，又利用截留的微生物达到高效降解污染物的目的。

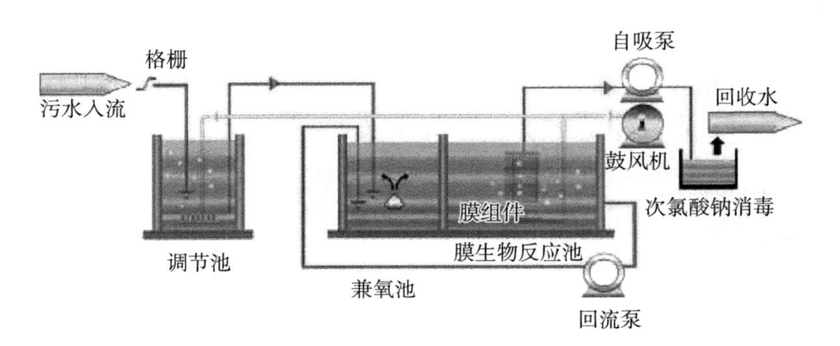

图 7-4　中水回用系统示意图

二、河湖形态修复

（一）自然外形的重构

在传统的河湖治理工程中，仅仅关注河湖本身的功能价值（如防洪、水运、灌溉等），通常采用渠道化、硬化的方法对河道进行人工改造，如裁弯取直、疏挖河道、建设硬质堤岸等。但随之也出现了河道的裁弯取直减少了径流在河道中的滞留时间，使水流流速增大，加剧了对河床底部和河岸的冲刷，造成下游河段的淤积等不利影响。重建河湖自然多变的形态，是恢复水体生态功能的基础条件，从而创造丰富的滨水栖息地，保育多样的生态群落。

对于河湖形态的修复采取分层次、分等级的设计手法，多以种植植物为主，最大限度地模仿自然形态，恢复河湖主要的自然轮廓，恢复河床自然泥沙状态，并且应当具备栖息地功能、过滤屏蔽功能、廊道功能以及汇源功能等。例如，剑川县剑湖流域水环境综合治理工程 PPP 项目湖滨缓冲带保护与恢复工程，通过地形改造及微地形塑造，一方面保证缓冲带与环湖路顺接，有利于后期管护；另一方面，有助于形成丰富的群落形态（图 7-5）。

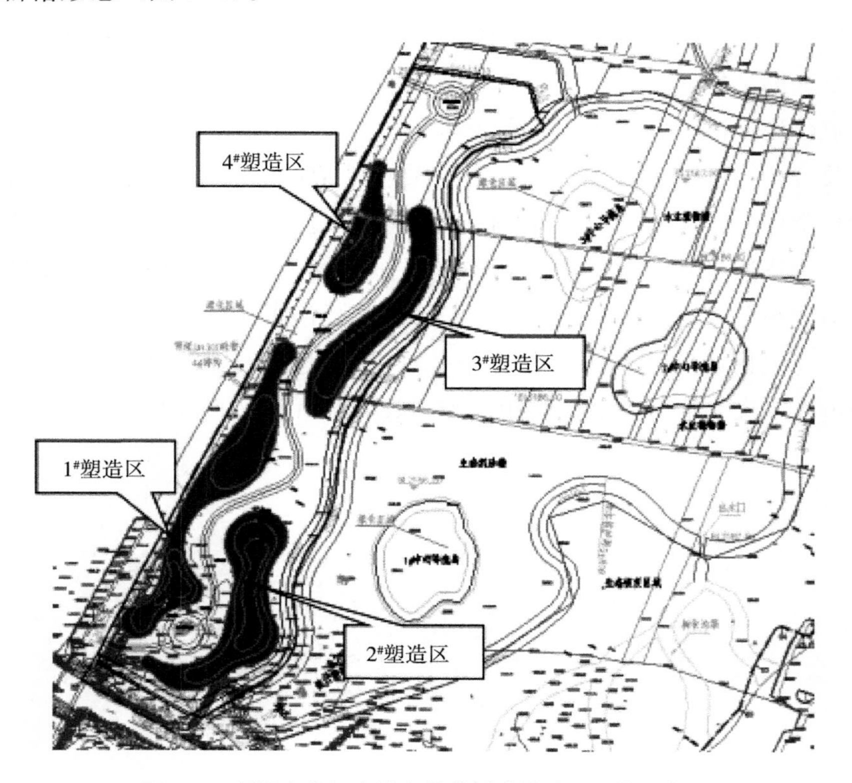

图 7-5　剑湖金龙河左岸条带状缓冲带地形重构示意图

（二）软质堤防与生态边坡

软质堤防也被称为生态堤防，是以保护、恢复生物良好的生态环境与自然景观为前提，通过植物等“软质”搭配建设的河流、湖泊堤防，具有良好的抗洪能力。由于软质堤防的植物会受水流影响，所以通常选择耐淹、固土效果好的乡土植物，增强堤防护坡的抗冲刷能力，进而保持河床的稳定性。同时，对植物的合理布置与搭配也有助于水体净化，植物错落的层次感可以提升景观效果。软质堤防把水流、河道、堤防、植被、生物融为一体，有利于多种动植物和谐共存，从而构建一个完整的河流生态系统。

生态边坡也被称为坡面生态工程、植物护坡、边坡生态防护等，是涉及农林学、环境学、生态学等学科，综合性很强的工程技术。该技术能够对边坡进行加固防护，进而使边坡稳定，恢复生态系统的平衡，改善人们的居住环境，是一种效果良好的防护手段（图 7-6）。

生态边坡的设计原则主要有结构稳定性原则及生态性原则。随着生态边坡理念越来越受到欢迎，植被护坡的方法也被应用到实际的工程中，常见的植物固土护坡方法有人工种植草、液压喷播植草、多孔混凝土护坡和土工网垫客土植生植物护坡等。

图 7-6　生态边坡建设工程示意图

（三）水下地形的塑造

水下地形塑造是水生态修复的基础，通过营造搭配适合水生植物的自然生态模拟环境，促进生态系统良好循环，为后期大面积种植水生植物创造良好条件。水下地形设计，与水体温度、水流速度、水中污染物的沉积和水生生物的繁衍都有直接的关系。水下地形设计最为重要的一个环节就是水生植物的布设，同时搭配水下土质改良，以此达到水生植物的种植要求，最终形成水下森林，提升水体景观，修复水生态（图 7-7）。

图 7-7　水下地形塑造示意图

水下地形塑造中选用的植物包括沉水植物、挺水植物以及浮叶植物。这三种植物在系统中的作用不尽相同，例如，沉水植物可以大量吸收水体中的氮、磷等营养物质，同时通过光合作用快速提高水体中的溶解氧浓度；沉水植物的枝叶具有较大的比表面积，能有效地吸附和促沉水体的悬浮物，提高水体的透明度。挺水植物可以通过其庞大的根系从湖底底泥中吸收营养元素改善沉积物的氧化还原条件，同时为涉禽等鸟类提供更好的生境。浮叶植物的叶子一般浮在水面进行光合作用，生长过程中对水体的透明度要求较低，常作为水生植物系统构建的先锋物种。目前，水下地形设计中最常使用的植物是苦草、狐尾藻、轮叶黑藻等。

（四）漫滩与湿地系统构建

漫滩主要指河漫滩，指不同重现期洪水能够淹没或干扰到的河谷地带，具有高度的生物多样性和巨大的社会价值。漫滩包含河曲型河漫滩、汊道型河漫滩、堰堤型河漫滩、平行鬃岗型河漫滩。其主要受洪水位的高度、洪水期河流含沙量这两个因素变化的影响，同时还受许多自然地理条件影响，如水文、植被、气候、地质和地形等。

湿地系统是形成于陆地和水域之间的生态系统，兼具两者特征，其独特之处是长时期被水淹没，是生产力最高的生态系统之一，具备水源涵养、水质净化、气候调节和生物多样性保护等多重生态功能和经济价值，尤其是近年来，湿地系统构建在生态修复和水质改善中得到了广泛应用（图 7-8）。人工湿地的构建形式可以分为表面流湿地、潜流湿地和氧化塘。就运行效果而言，表面流人工湿地虽具备富氧程度高的优势，但存在占地面积大、水力负荷低、TP 去除效率低及夏季蚊虫滋生的问题；潜流人工湿地在水质净化效果和水力负荷上较前者有明显提升，但系统结构相对复杂，长期运行中基质层易出现堵塞现象。

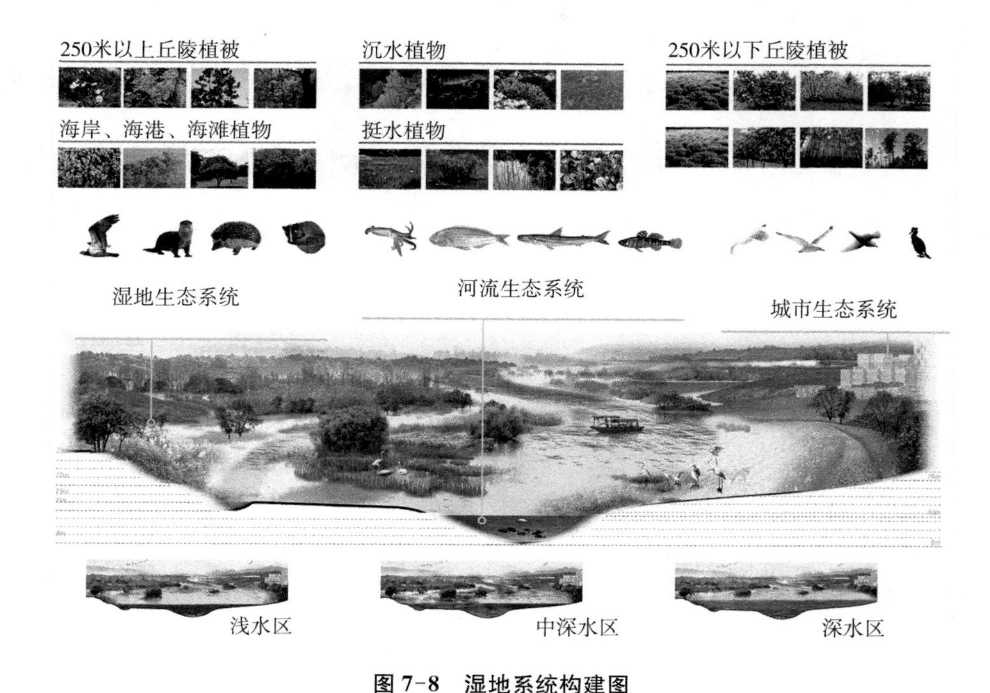

图 7-8 湿地系统构建图

三、清水生态系统构建

（一）沉水植物群落与人工水草

1. 沉水植物群落

沉水植物是指整个植物的大部分生命周期被淹没在水中，扎根在基底，有性繁殖部分被淹没或漂浮在水面上的一类水生植物。这种植物通气组织非常发达，气孔大而多，叶面要么没有气孔，要么气孔已经丧失功能，光合作用产生的氧气被储存起来，以供呼吸作用使用。由于沉没在水面以下，其对水环境的适应性尤为突出。我国常见的沉水植物有金鱼藻、茨藻、黑藻、苦草、菹草、竹叶眼子菜等。

沉水植物作为重要的初级生产者，在水生态系统中具有重要的生态功能，包括：直接吸收水体中的营养盐、为浮游动物提供庇护所以避免鱼类捕食、为底栖动物提供栖息地、与浮游藻类竞争营养、抑制沉积物再悬浮、通过根系从沉积物中吸收营养、通过根系泌氧作用改善沉积物环境以及吸附悬浮物提高水体透明度等。

简而言之，沉水植物的净水机制是沉水植物和浮游生物对营养物质、生存空间和光照等一系列环境因素的竞争，通过这种竞争关系抑制水中藻类的生长，保持水体的高度生物多样性和良好的环境，使水保持在草型水体模式来净化水体（图 7-9）。

图 7-9　沉水植物群落

2. 人工水草

人工水草技术是一种基于生物膜法的新型原位水体治理技术。人工水草是利用耐污纤维材料模仿水生植物的外观特征而设计的（图 7-10）。当污水流经人工水草时，载体表面可以形成一层比表面积较大的生物膜。这层生物膜是由真菌、藻类、原生动物和后生动物组成的立体微生物生态系统，可以有效提高水的透明度，吸附和降解水中的氮、磷、重金属、有机物等污染物。

图 7-10　人工水草

人工水草技术的净化过程本质上是附着在载体上的微生物通过自身代谢对污染物进行降解转化的过程。当被污染的水流过人工水草的表面时，与生物膜相互接触并发生相对运动；此时，物质交换发生在固液相变中，有机物在生物膜的厌氧和好氧层中被降解和氧化，生物膜中的微生物不断生长和繁殖，水体中的污染物得以去除。与其他生物膜载体相同，人工水草生物膜降解和消化污染物的过程也包括四个阶段：污染物向生物膜表面的扩散；污染物在生物膜内的扩散；污染物在生物膜内被吸附降解；老化的生物膜脱落，代谢物排出。由于比表面积较大的生物膜附着在人工水草上，因此能够生长出生命周期较长的微生物，如硝化细菌。此外，丝状细菌、线虫、轮虫等增强净化能力的菌类和原生动物也会出现在生物膜表面，从而提高其脱氮除磷能力。

在国内外学者的研究下，人工水草技术新材料已发展出耐浸没、耐腐蚀、耐污染等特点；其优点是成本低、效果好，部署后可全年运行，不受季节影响。在工程实践中发现，人工水草对小流量的河流、湖泊、水库等水体具有较好的净化效果；在大流量河流中，增加人工水草布放密度，也可以减缓水流速度，增加水力停留时间，使得净化效果显著。在实际工程中，应综合考虑工程成本和河流的实际情况来选择净化水体的方式。

（二）浮叶植物和漂浮植物群落

1. 浮叶植物群落

浮叶植物是指植株扎根基底，光合作用发生于部分漂浮于水面的叶片或仅部分叶片漂浮于水面的水生植物，其适应水深范围为 0.15～5 m，可以与其他生活型植物组合，以达到净化水质、美化景观的作用（图 7-11）。常见用于水体治理和生态修复的浮叶植物主要有睡莲、荇菜、水鳖、四角菱等。

浮叶植物不仅能吸收水中的汞、铅、苯酚等有毒物质，还能通过生态位分化显著提高其营养利用效率。此外，还可以更有效地吸收和利用水中的氮、磷等营养物质，为水体净化提供更好的生态系统服务。目前，浮叶植物在城市水体绿化美化建设中受到高度重视，在水生态环境治理中得到广泛应用。

图 7-11　浮叶植物

2. 漂浮植物群落

漂浮植物又称完全漂浮植物，其根不生活在底泥中，整个植物漂浮在水面上，随水漂浮，分布在湖泊、池塘中或浮叶植物与挺水植物之间，如槐叶萍、浮萍、凤眼莲、黄花水龙、空心莲子草等（图 7-12）。漂浮植物的根通常不发达，体内具有发达的通气组织或膨大的叶柄（气囊）以保证与大气进行气体交换，同时可以减轻其重量，使植株更易于浮于水面之上。

漂浮植物生长过程中生物量的增加是通过吸收受污染水体中的营养物质来实现

的，可以直接有效地减少水体中的污染元素。相关研究表明，漂浮植物对水体氮、磷吸收的贡献率明显高于挺水植物，可以显著降低富营养化水体中铵态氮、总氮和总磷的浓度，提高水体透明度。

图 7-12 漂浮植物

（三）岸缘植物群落

岸缘植物群落位于水陆分界敏感区，环境条件明显。在自然状态下，岸缘植物群落相对广泛，组成物种大多为在河岸栖息地条件下生长良好的原生植物。坡度、坡向和海拔等因素会影响岸缘植物群落，这些因素引起的边缘效应更为突出。

岸缘植物群落是岸缘带生态系统的主要组成部分，其主要功能包括：（1）提供栖息地。岸缘植物群落是沿岸动物迁徙繁殖的重要栖息地、食物来源和生命走廊，形成水陆复合共生生态系统。（2）岸坡稳定性。岸缘带的存在和岸缘植物群落的根系效应降低了水流对岸堤边缘土壤的侵蚀作用；同时，岸缘带植物能够有效阻止水体中的漂浮物对岸边的冲撞，从而减少水土流失，使坝坡更加稳定。（3）水体营养来源。水体在自然环境中，由于水流和水中某些营养物质的限制，一般处于贫营养状态，周围环境产生的落物和木质成分为水体提供了充足的养分。（4）美学效应。在景观方面，植被为休闲、娱乐、旅游、观光提供了基础。

岸缘植物群落可以吸收和去除水中大量的氮和磷。植被的根部也为微生物的生长提供了良好的环境，由此产生的生物膜可以去除水中的有机污染物，并对水体进行初级净化。此外，不平整的驳岸形成自然的鱼道和鱼巢，可以形成不同的流速带和水的紊流，使水体的溶解氧增加，促进水体的净化。例如，洱海岸缘原生湖滨滩地及林地中本地植物云南柳，又名滇大叶柳，生于洱海湖滨、林缘等湿润处，间或与水杉群落混交（图 7-13）。此类群落与洱海的水位变化已形成了较好的环境响应机制，适应性强，具有较高的保护价值。

图 7-13　洱海岸缘植物群落

（四）水生生物

水生生物修复技术，又称生物操纵技术，包括经典的生物操纵法和非经典的生物操纵法（图 7-14）。经典的生物操纵法是通过捕杀或放养肉食性鱼类（如鳜鱼、乌鳢），去除以浮游生物为食的鱼类，保护浮游动物以便增加其对浮游植物的摄食量，从而降低藻类生物量，提高水体透明度，改善水质。非经典的生物操纵法是直接添加滤食性鱼类（如鲢鱼、鳙鱼），防止水体富营养化，从而直接控制藻类的生长繁殖。由于滤食性鱼类不仅滤食浮游动物，有些还能滤食浮游植物，相关研究表明，当鲢鱼、鳙鱼等滤食性鱼类达到阈值密度时，对大型藻类或蓝绿藻等种群确实有很好的控制效果。生物操纵技术利用水生生态系统的生物链来实现生态恢复，主要有以滤食性鱼类和滤食性贝类为工具种两种方式。

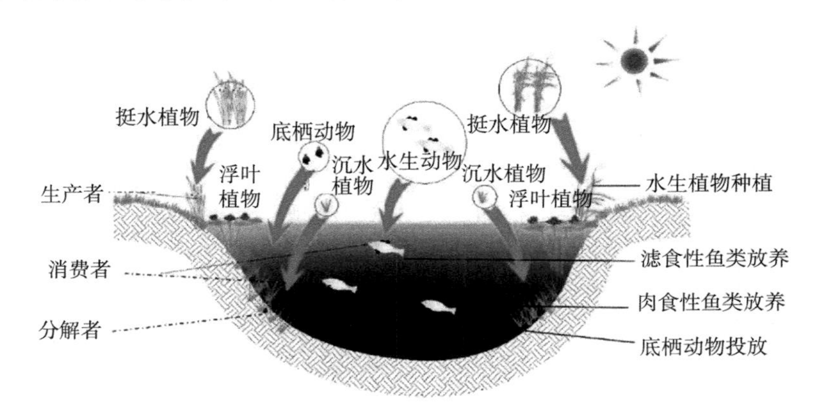

图 7-14　水生生物修复技术示意图

以滤食性鱼类为工具种的生物链：食鱼性鱼类捕食滤食性鱼类，后者捕食浮游动物或草食性鱼类，浮游动物或草食性鱼类又滤食浮游藻类。当鱼类的群落结构被改变，如食鱼性鱼类生物量增加，引起滤食性鱼类生物量降低，进而导致浮游动物生物量增加，浮游动物以浮游植物、细菌和悬浮的有机碎屑为食，从而改善水质。

滤食性贝类对水环境的净化主要体现在两个方面：（1）消除藻类和去除营养物质。滤食性贝类作为工具种使用时所发生的生物反应为浮游藻类吸收氮磷营养物，淡水贝类滤食藻类同化或以假粪的形式排出，假粪沉降到水体底层。滤食贝类可以有效减少水中悬浮颗粒和微藻的数量，同时也有一定的净水效果。（2）河蚌等贝类也可以通过“生态岛”效应等手段调节水质。每个蚌壳都可以看作是一个“生态岛”，蚌壳上生长着大量的微藻、细菌等微生物，形成一层生物膜，起到净化水中营养物质的作用。目前，河蚌、河蚬、螺蛳等贝类在富营养化水体和养殖废水处理中的应用越来越广泛。

（五）底泥生态清理

随着上覆水水质的改善，水土界面的浓度差变大，这也导致底泥污染物的释放速度加快。在这种情况下，即使切断了外源污染，内源污染也会在相当长的一段时间内阻碍水质的改善。内源污染也会阻碍水体由浑水向清水的稳步转变，给水体生态修复带来困难。因此，在有效控制外源污染物输入的前提下，水体内源污染的治理成为改善水质、恢复水生态系统的关键。

污染底泥治理是水综合治理的重要组成部分，是指利用物理、化学或生物的方法，降解底泥中的污染物，阻止污染物在生态系统中的迁移，降低污染物的浓度并将其转化为无害物质，或从被污染的河湖中去除或隔离污染的底泥，以达到修复底泥和净化河湖水质的目的。目前，国内外已有多种技术方法在底泥修复中得到应用或研究，根据其处理位置的不同，可分为异位底泥修复技术和原位底泥修复技术两大类。

原位底泥修复技术是指不需要将污染底泥从水中移出，而是就地处理污染底泥，减少污染底泥的体积，降低底泥污染物的含量、溶解度、毒性或迁移性，防止污染物向上覆水释放的技术。例如，物理修复技术中的引水冲刷、底泥覆盖、曝气充氧等；化学修复技术中的投加化学药剂等；生物修复技术中的植物修复技术、微生物修复技术等。

异位底泥修复技术是指从河流中移出受污染的底泥，转移到专门场所进行相应的处理、固化填埋或物理、化学、生物再处理，最常见的是生态清淤技术。生态清淤主要是吸收河湖底泥表面的污染层和部分底泥过渡层，而清淤深度和扰动程度直接关系到经济投入，也会影响后续的生态修复（图 7-15）。

图 7-15　底泥生态清理

四、栖息地构建

（一）滨水绿化带

滨水绿化带涉及两个范畴，一是滨水区范畴，是水域与陆地相连的部分；二是绿地系统范畴，具有开放性、系统性、生态性等特点。总的来说，滨水绿化带是指规划用地范围内，与水域（河流、湖泊、海洋等）相连的一定范围内的公共绿地（图 7-16）。

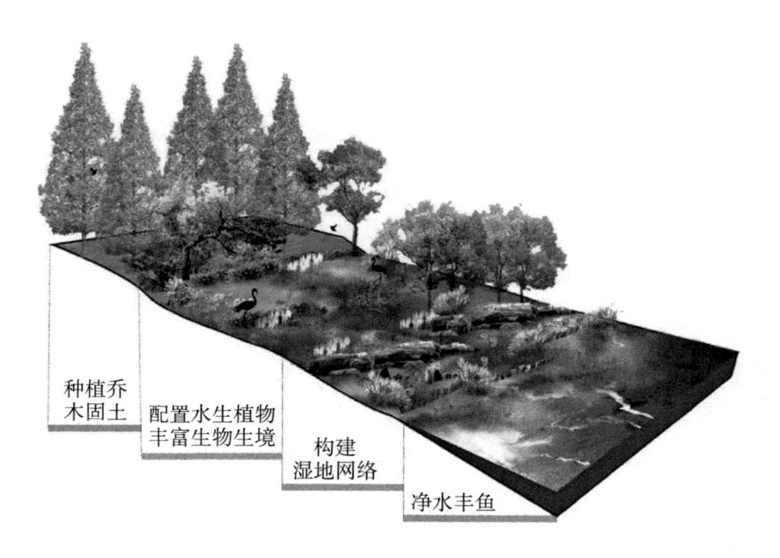

图 7-16　滨水绿化带栖息地示意图

河湖的滨水绿化带具有明显的边缘效应，在自我修复、水土保持、提供生物栖息地等方面都有不可替代的作用，其具有多维角度下的生态功能：（1）动植物栖息地。滨水绿化带截留的氮、磷等营养物质为植物提供了湿润、营养丰富的生长环境。其位于水陆过渡地带，气候条件独特，适合陆生植物、湿生植物、水生植物等各类植物生长，保育了许多植物物种，同时也为动物提供了充足的食物和良好的栖息场所。(2) 基本的自我修复能力。滨水绿化带除了保持良好的生物多样性和稳定的生态结构外，还具有截留过滤、改善水质、控制沉积侵蚀等功能，有效缓解了人类干扰对滨水带的压力，能够自我修复一些人类活动造成的不合理影响。(3) 过滤净化功能。滨水绿化带能有效控制和净化污染水体，同时也是河、湖清水产流机制的末端功能区，陆地30%的污染物以漫流方式通过滨水带进入河、湖，因而滨水绿化带成为控制污染水体进入河湖的关键地带。(4) 生态屏障功能。滨水绿化带位于陆地和水生生态系统之间，可通过过滤、渗透、吸收、滞留、沉淀等方式减少进入水体的有机物和无机物，起到缓冲、过滤和屏障作用。(5) 串联生态廊道。滨水绿化带能够沟通连接空间分布上较为孤立和分散的生态景观单元，将滨水区域内的绿化带串联，形成新的景观生态系统空间类型。(6) 防护作用。滨水绿化带内植被的茎、枝、叶能在一定程度上抑制水岸附近的湍流，降低水流速度；植物根系对土壤有固定作用，能抵抗水流侵蚀，减少水土流失；一些低矮的植物也可以截留淤泥和有机质，进一步巩固河岸带的土壤。

因此，构建具有生态防护和景观效果的滨水绿化带，发挥植物对滨水生态廊道的构建和防护作用，提升滨水生态系统在水体保护、岸堤稳定等方面的效果，对当地生态系统和生态功能的恢复以及生态文明建设具有重要意义。

（二）岸缘滩地

岸缘滩地是水域与陆地之间的过渡地带，植物群落生长较为稀疏，也有水位下降不生长植物的泥滩、石滩等类型，具有隐蔽性和隔绝性较差等特点，往往是底栖生物较为丰富的地带。由于该区域水位较浅或者无水，十分适合不善游泳的涉禽在滩涂上用形态各异的鸟喙翻找贝类等无脊椎动物，因此滩涂是涉禽较好的觅食场所。泥沙、卵石、礁石等构成了不同的岸缘滩地形态；淡水、咸水、淡咸水等不同的水质特点也为岸缘滩地栖息环境的形成创造了有利条件；水流、水温、水位和淹没条件，盐度和营养物质的富集，使得岸缘滩地成为生产力最高的栖息地类型之一。

岸缘滩地植物群落以挺水植物群落为主体，浮叶、漂浮、沉水植物群落为辅。挺水植物能充分地吸收和利用水体的有机物和氮磷等营养物质，可以为藻类和微生物的生长和繁殖提供附着位点，同时，还能抑制藻类等沉水植物的疯狂生长，维护岸缘滩地生态系统的稳定。浮叶植物和沉水植物的存在一方面为藻类和微生物的生长和繁殖提供附着的场所，另一方面也会控制藻类的疯狂生长，维护生态系统的稳定。此外，岸缘滩地植被群落还具有为鸟类、鱼类等提供栖息地，景观美化等作用。具体做法可参考河南郑州的西川生态修复项目，依据动物食性与偏好设计多样的栖息场所。通过不同类型物种栖息地构建和物种的培养，最终构架出健康可持续的生态体系，如图 7-17 所示。

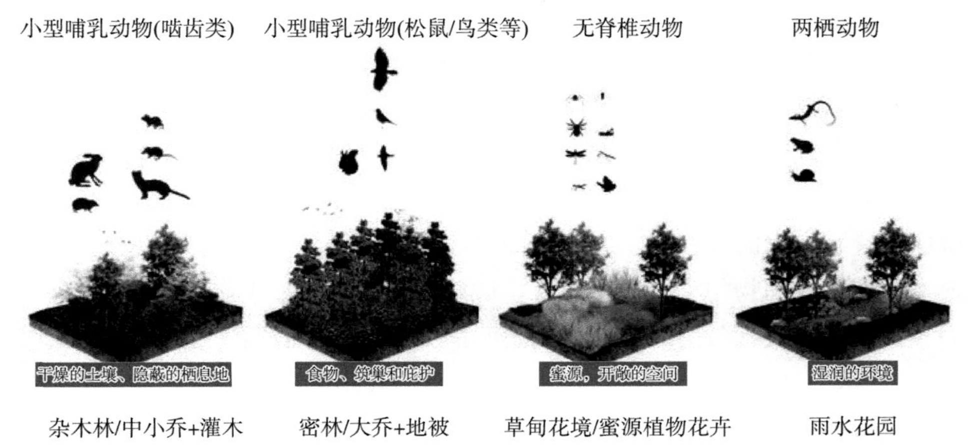

生态复育步骤	内容	类型	动物品种
第一	培养一级消费者	浮游动物和底栖昆虫	藻属、水蚤、轮虫、田螺、耳罗卜螺、园顶珠蚌、虾、纹绍螺、小长臂虾、秀丽白虾
第二	培养二级消费者	鱼类和两栖类	黑斑狗鱼、鲤鱼、鳟鱼、哲罗鱼、泥鳅、小鲵、林蛙等
第三	培养三级消费者	爬行类	黄脊游蛇、虎斑游蛇、鳖等
第四	培养四级消费者	鸟类	大天鹅、普通秋沙鸭、大白鹭、针尾鸭、鸳鸯等

图 7-17 西川生态修复工程中岸缘栖息地构建

（三）水下栖息地

近年来，人类活动对全球水下栖息地的影响日益严重，导致水下生物多样性持续下降。保护和可持续利用水下生物多样性已成为人类面临的重要难题。水质、水体流速、水温、光照条件等直接影响着水中各种微生物的分布，也影响着在水中生长和栖息的动植物的生存和繁殖。因此，构建多样化的水下栖息地至关重要。构建多样化的水下栖息地，就是通过人工手段对这些影响水环境的因素进行干预，以促进水生生物群落的形成和发育（图 7-18）。

水生生物具有区域依赖性强、迁移能力弱的特点，通常对环境污染和水体变化缺乏有效的自我保护能力，其群落生态系统容易遭到破坏，重建周期长。同时，栖息地环境建设应注重水下景观建设，丰富栖息地空间。主要的水下栖息地营造有：（1）人工渔岛。它可以促进水体向上运动，补充水体营养，促进水体交换；提供遮阴和躲避捕食者、洪水的庇护所。人工渔岛可以是圆柱形、三角形等，其大小可以根据栖息地类型和栖息动物的种类进行设计。（2）石头群。基底放置石块，增加水体栖息空间的多样性，对改善鱼类、底栖生物、两栖动物、微生物等生物的栖息环境有积极影响。（3）岸设计。将河岸进行生态化改造，提供较多的栖息场所。（4）废弃构筑物。对于高度、落差较大的地形（如矿区、水库等），可以放置无污染的废弃构筑物，增加水体空间的多样性。废弃构筑物的空隙也可以为鱼类、底栖类、微生物和其他生物提供庇护场所和栖息地。（5）水下植物。以沉水植物为主，不仅能创造良好的景观效果，提高水的自我净化能力，还为水生动物和微生物提供了必要的栖息地。

在构建水下栖息地时，要根据气候、水文和各种动植物所需的其他条件，并考虑水体的深度和形状等进行科学设计。水下栖息地的营建在保护生物多样性等方面具有重要的现实意义。

图 7-18　水下栖息地

（四）岛屿与浮岛

岛屿和浮岛是重要的离岸陆地栖息地，许多鸟类等动物会首选这类较少天敌干预的环境筑巢育雏。岛屿只占地球陆地表面的一小部分，但其生物多样性远胜于其他地区。其中，人工生态岛是近年来水生态环境治理的常用技术，常见的构造方法为通过挖深埋浅，扩展水面，增加深水区域，将淤积较重的坑塘扩大挖深，形成深水区和开敞水面，为水生生物越冬创造条件。将扩大水面产生的土方就近堆至地势相对较高处，形成生态岛，为鸟类创造适宜的栖息地（图 7-19）。

浮岛是生物和微生物生存和繁殖的载体。在富营养化水体中，浮岛上植物悬浮于水中的根系，除了能够吸收水中的有机质外，还能给水中输送充足的氧气；为各种生物和微生物提供适宜的栖息、附着和繁殖空间，在水生动植物和微生物的吸收、摄食、吸附、分解等功能的共同作用下，使水体污染得以修复，形成良好的自然生态平衡环境。此外，浮岛还具有美化景观的功能。

植物选择配置以栖息地恢复为目的。植物配置遵循低干扰的原则，以保持其栖息地独有特点，岛屿植物的类型可分为浅滩植物、隐蔽植物、筑巢植物和食源植物，其中食源植物种植在浅滩营造区域的水中。浮岛植物（如美人蕉、再力花、千屈菜等）具有净化水质和提供栖息地等多重作用。

岛屿与浮岛栖息地的构建，不仅具有净化水体的作用，还有利于城市景观多样性以及物种多样性的构建，在水生态环境治理中具有重要意义。

图 7-19　岛屿与浮岛栖息地

（五）生物通道与仿自然跌水

生物通道是连接动物栖息地，为动物提供自由迁徙和扩散，增加动物间交流的通道。它连接了两个或多个曾在一起，但由于破碎化而使其分裂开来的斑块，使得动物和植物可以在这些斑块之间移动，增加了隔离种群之间的联系。此外，可以为缺乏繁殖空间的物种提供栖息地，许多物种利用生物通道进行物种繁衍。其重要结构特征包括通道长度、通道宽度、周围斑块位置、环境坡度、生物种类、植被密度等。

在河流和湖泊中修建的水坝、水闸、船闸、堰坝等构筑物已经成为鱼类洄游的障碍，对洄游鱼类的生存和繁殖构成了重大威胁。水体本身也是重要的生物通道，其直接功能是保证洄游鱼类的通行；在人工拦蓄水构筑物的位置，应该同时构建方便鱼类洄游的仿自然跌水和鱼类通道，它模拟了自然水道的环境，并通过一系列的堰、水槽和通道等结构将鱼类引导至目的地。生物通道通常根据鱼类的游泳能力、跳跃能力和导向性等因素设置；鱼类生物通道的构建保证了鱼类的迁徙需求，有助于维持鱼类种群和物种的多样性，也可以帮助鱼类繁殖。

水系所发挥的生物通道功能，不仅对水生生物和两栖动物具有重要价值，也对其他陆生生物意义重大，如候鸟。候鸟的迁徙往往选择水系条件较好的环境作为踏脚石。候鸟依靠水及其相关栖息地，如湖泊、河流、溪流、池塘和沿海湿地，进行迁徙、越冬、繁殖和筑巢，是其在漫长的季节性迁徙中休息和补充食物、能量的地方（图 7-20）。

图 7-20　生物通道栖息地

（六）人工巢穴

在水生态环境保护技术中，人工巢穴已成为一种有效的保护手段，利用人工巢穴可以有效提高目标物种的繁殖成功率，增加该地区物种群落的丰富度。在人工巢穴的建造过程中，根据被吸引动物形态的大小、生活习惯以及不同人工巢穴材料的可用性，制作不同风格和材料的人工巢穴。如利用鱼巢砖、水泥管、陶罐、石块等制作水下巢穴，给鱼虾、螃蟹等水生动物提供栖息地；利用干草、挺水植物捆绑、人工巢管等制作陆上巢穴，为鸟类、蜜蜂等动物提供栖息地。

人工巢穴的主要功能有：（1）为动物提供相对安全舒适的栖息地。（2）人工巢穴对促进动物繁殖和生长也有重要作用。许多动物在繁殖季节会选择适合的巢穴进行产卵或育雏，而人工巢穴的构建可以为动物提供繁殖场所，让其更好地完成繁殖过程。（3）人工巢穴在动物研究和保护中发挥着重要作用。通过人工巢穴的设置和观察，可以更好地了解动物的生活和繁殖习性，为动物保护和研究提供重要的数据支持；同时，人工巢穴还可以帮助保护濒危物种，提高它们的繁殖和存活率，有助于保护生物多样性。例如，洱海周边，以巢树为中心，形成 3 000～5 000 m^2 的营巢林。根据鹭类的栖息偏好，营建水深 0～30 cm，植被覆盖度在 75％的草甸湿地环境。在湿地常水位以上 0～0.3 m 处摆放枯木、石块，维持湿度及温度的微栖息地，能为昆虫提供生存空间，同时为鸟类提供食物（图 7-21）。

图 7-21　洱海边为鸟类提供的人工巢穴

第四节　水生态环境保护发展前景及市场空间

随着人口和经济的不断增长，水生态环境面临的压力不断增大，水质污染和水生态退化已成为严峻的全球问题。因此，水生态环境治理行业的市场前景非常广阔，将得到各国各级政府的持续关注和支持。探索一条保护与绿色发展相得益彰，推动生态价值转化为经济价值的治理之路任重而道远。以下三个典型案例皆为生态修复样板工程，为城市和区域带来新机遇、新发展，既有绿水青山，又得金山银山。

一、成都兴隆湖——树立城市湖泊生态修复样板

兴隆湖生态系统得到国际认证，被认为是实现公园城市建设使命、提升城市生物多样性、城市与湖泊共荣共生的最佳实践范例之一（图 7-22）。

从最初的一处洼地到如今的“网红”打卡地和创新策源地，兴隆湖的进化历程是四川天府新区在“公园城市”建设中先行先试的缩影。天府新区坚持“以水定城”的原则，顺应自然山水脉络，用“重新自然化”的方法形成水域面积达 4 500 亩，蓄水量超过 670 万 m^3 的湖面。

2020 年 8 月，为了进一步构建和完善兴隆湖水生态系统，增强和丰富兴隆湖相关配套服务功能，天府新区正式启动了兴隆湖水生态综合提升工程，基于自然的解决方案，从湖泊整体生态系统设计角度，耦合“山水林田湖草城”综合要素，设计并实施了兴隆湖的生态修复和景观优化。

为维持兴隆湖的水生生态平衡，增强生态系统的承载力和生命力。兴隆湖通过湖底地形与水下生态空间设计，结合沉水植物种植与鱼类、底栖动物群落构建，形成“水上—水下”一体化的水生生命网络并提升湖泊水体自净能力。

兴隆湖的植物群落中有苦草、狐尾藻、竹叶眼子菜、黑藻等10种类型的沉水植物，菖蒲、香蒲、鸢尾、水葱等20余种挺水植物，“水下森林”稳定丰富。

在鱼类群落方面，兴隆湖除了草鱼、鲫鱼、鲤鱼等杂食性鱼类，还选择了鳜鱼、鲶鱼、鲢鱼、鳙鱼等肉食性与滤食性鱼类。目前，兴隆湖鱼类品种已超过15种。

兴隆湖以“林水一体化”为创新理念，通过林泽、草洲、滩岛的协同设计，形成多维生机湖岸，创造蜿蜒多变的湖岸生态缓冲带并增加生境类型。

基于鸟类及鱼类等野生动物的需求，兴隆湖设计湖心岛屿生态系统，形成天府新区物种源地及“踏脚石”生境，成为成都平原淡水鱼类种质资源库和冬季最大的水鸟越冬地。

图7-22 成都兴隆湖生态修复现状图

以水为魂，兴隆湖畔8.848 km的慢跑绿道、“最美”篮球场、湖畔书店、儿童艺术中心、兴隆长滩、独角兽码头等配套功能空间，为居民的诗意栖居创造了条件。国家级水上运动训练基地，极限运动公园，集露天音乐会、时尚秀场为一体的新经济路演中心等，清华新能源互联网研究中心，中国科学院大学成都学院，中移（成都）5G联合创新产业研究院等创新技术产业项目相继落户湖畔，成为新经济增长的发动机。

二、昆明滇池——湿地串珠成链，守护高原明珠

按照“自然恢复为主，人工措施为辅，宜湿则湿、宜林则林、宜草则草”的原

则，昆明建设以湿地为主的环滇池生态带6.29万亩，其中湿地52个3.89万亩，形成了一条平均宽度约200 m、植被覆盖率达81%的湖滨闭合生态带。目前，滇池鱼类恢复至26种，水生植物从2010年的238种增至303种，鸟类从2012年的96种增至175种。昆明市生态环境局有关负责人说，消失多年的海菜花等水生植物、滇池金线鲃等土著鱼类重现滇池，濒临灭绝的珍稀鸟类彩鹮出现在滇池之滨，滇池保护治理的生态效益得到极大提升。每到冬季，在滇池海埂大坝、翠湖公园等地，红嘴鸥成群结队在空中翱翔，人鸥和谐已成为一道靓丽风景。从近几年的统计数据看，来昆明越冬的红嘴鸥每年有4万只左右（图7-23）。

图7-23 昆明滇池生态修复现状图

滇池绿道规划全长137 km，平均离湖岸线距离约250 m。其中，滇池绿道草海段和海埂公园至三个半岛段的滇池绿道长约37.1 km，于2022年4月30日实现基本贯通，此外，总长约100.5 km的滇池绿道外海段力争尽快实现路基贯通，届时，总长137 km的滇池绿道将成为环绕滇池最美的“翡翠项链”。

整个滇池绿道建成后，绿道内湖滨生态带面积28.21 km^2，将比滇池一级保护区范围线内陆域生态空间增加3.14 km^2。而绿道生态过渡带，如螺洲湿地最大限度利用原有植物，注重保留自然野趣，选用乡土植物，根据沿线不同的立地条件，全线考虑了农业、湿地、林地、山体、村庄、城市6大类空间型和26小类的生态过渡带模式。

三、大理洱海——生态廊道，诗和远方

洱海生态廊道涉及生态、景观、道路、桥梁、市政、环保、林业、水利、智慧等多个领域，主要包括五大工程。生态修复及湿地建设工程总面积为 460.2 hm^2，其中农用地清退区生态修复 239.4 hm^2，建设用地拆除区生态修复 72.4 hm^2、湿地建设 148.4 hm^2；生态廊道建设工程主线长 129 km，新建、改建 6 个水域监测管理站点，新建 11 个陆域监测管理站点，10 个巡驻点；生态搬迁工程包括 8 个镇 23 个村 1 806 户，涉及城乡建设用地 121.4 hm^2；管网完善工程新建 23 个自然村的 29.9 km 管网和 3 座提升泵站；科研试验地建设工程将建设洱海流域生态环境研究、洱海水生植物苗等 5 个科研试验地。

生态环境部公布的洱海水质评价结果显示，2020 年、2021 年、2022 年，洱海水质连续三年为“优”，洱海湖体透明度 2022 年达到 2.29 m，为近 20 年最高水平。

整个洱海的水生态环境正呈现出良性发展的趋势。洱海春鲤、杞麓鲤、裂腹鱼等土著种类有所恢复，鱼类种群结构正逐步优化。鸟类增加到 162 种，其中水鸟 63 种、湖滨林鸟 99 种；湖蚬等底栖类动物正逐步恢复；18 种沉水植被结构得到优化，海菜花作为标志性物种也得到极大恢复，目前，其在整个洱海的分布面积已达到 9.2 万 m^2（图 7-24）。

图 7-24 大理洱海生态修复现状图

参考文献

[1] 中华人民共和国生态环境部. 2021年中国生态环境统计年报[EB/OL]. (2023-1-18)[2023-11-10]. https://www.mee.gov.cn/hjzl/sthjzk/sthjtjnb/202301/t20230118_1013682.shtml.

[2] 张自杰. 排水工程[M]. 北京:中国建筑工业出版社,2015.

[3] 周柏青. 全膜水处理技术[M]. 北京:中国电力出版社,2006.

[4] 刘宏. 环保设备——原理·设计·应用[M]. 4版. 北京:化学工业出版社,2019.

[5] 前瞻产业研究院. 重磅! 2023年中国及31省市污水处理行业政策汇总及解读(全)[EB/OL]. (2023-04-01)[2023-12-20]. https://mp.weixin.qq.com/s/2TwJQLhGtEBQp0GSh0PGxQ.

[6] 武燕,吴映梅,陈云娟,等. 基于"三生"空间演变的高原湖泊流域生态环境效应及影响因素——以滇池流域为例[J]. 西南农业学报,2022,35(10):2265-2275.

[7] 杨枫,许秋瑾,宋永会,等. 滇池流域水生态环境演变趋势、治理历程及成效[J]. 环境工程技术学报,2022,12(3):633-643.

[8] 傅侃,柴夏,万陆军,等. 兴隆湖水生态修复前后浮游动物群落演变及水质评价[J]. 环境生态学,2023,5(3):75-80.

[9] 殷春雨. 沉水植物群落在修复后湖泊中演替趋势的研究[D]. 上海:上海海洋大学,2018.

[10] SHARMA A, DAS S, BORA A, et al. Phycoremediation of water of Ellenga beel polluted with paper mill effluent using Chlorella ellipsoidea and Desmodesmus opoliensis[J]. Bioremediation Journal,2023,27(2):93-103.

[11] 白国梁. 浅水湖泊底质改良协同沉水植物修复及其微生态效应研究[D]. 武汉:中国地质大学,2022.

[12] 王瑞霖,邹晶,狄剑英,等. 河流旁路生态系统构建及应用实践[J]. 环境生态学,2023,5(10):103-108.

[13] QIU Z,ZHANG S H,DING Y, et al. Comparison of Myriophyllum Spicatum and artificial plants on nutrients removal and microbial community in constructed wetlands receiving WWTPs effluents[J]. Bioresource Technology,2021,321:124469.

[14] 赵文倩,刘振中,郭文莉,等. 浅水湖泊浮水植物芡实收割对浮游植物群落的影响[J]. 生态学报,2023,43(13):5558-5570.

[15] 徐寸发,刘晓利,闻学政,等. 基于污水处理厂尾水深度净化的漂浮植物生态治理工程模式比较研究[J]. 生态环境学报,2020,29(4):786-793.

[16] YI C Y,LI J F,ZHANG C R, et al. In situ monitoring of a eutrophicated pond revealed complex dynamics of nitrogen and phosphorus triggered by decomposition of floating-leaved macrophytes[J]. Water,2021,13(13):1751.

[17] 张芳.不同水生植物对富营养化水体净化效果和机理的比较[D].南京:南京理工大学,2016.

[18] LAND M, BUNDSCHUH M, HOPKINS R J, et al. Effects of mosquito control using the microbial agent Bacillus thuringiensis israelensis (Bti) on aquatic and terrestrial ecosystems: A systematic review[J]. Environmental Evidence, 2023, 12(1): 26.

[20] 崔庆飞.沉水植物及组合对缓滞水体水质净化研究[D].张家口:河北建筑工程学院,2020.

[21] GUELLAF A, KASSOUT J, BOSELLI V A, et al. Short-term responses of aquatic ecosystem and macroinvertebrate assemblages to rehabilitation actions in Martil River (North-Western Morocco)[J]. Hydrobiology, 2023, 2(3): 446-462.

[22] RAZA M, NOSHEEN A, YASMIN H, et al. Application of aquatic plants alone as well as in combination for phytoremediation of household and industrial wastewater[J]. Journal of King Saud University—Science,2023,35(7):102805.

[23] 陈妍汐,查泽宇,毛鑫羽,等.底泥-苦草系统对景观水体氮磷的去除效果及其中微生物群落的结构变化[J].环境工程学报,2023,17(7):2391-2401.

[24] 倪其军.富营养化湖泊底泥低扰动射流清淤及其余水人工湿地净化关键技术研究[D].无锡:江南大学,2020.

[25] 田量.新县城市供水应急处理方案及用水变化规律研究[D].武汉:武汉理工大学,2018.

[26] 付丽亚,宋玉栋,王盼新,等.突发环境事件中典型水污染物应急去除技术及案例[J].环境工程技术学报,2022,12(1):322-328.

[27] 王子涵.基于小型哺乳动物栖息地构建的郊野公园设计研究[D].北京:北京林业大学,2021.

[28] 霍然,吴亦红,李春友,等.大清河河岸缓冲带及其植物群落构建[J].中国水利,2021(16):33-34+37.

[29] 陈虹伊.滩涂湿地植物组成与土壤特征的层次对应分析[D].南京:南京大学,2019.

[30] 易雨君,张尚弘.水生生物栖息地模拟方法及模型综述[J].中国科学(技术科学),2019,49(4):363-377.

[31] 李欣.珠江河口岸线及地形变化对生物栖息地适宜性的影响研究[D].东莞:东莞理工学院,2023.

[32] 袁子奥.人工生态岛屿对黑龙江富锦国家湿地公园大型底栖动物与鸟类群落的影响作用[D].哈尔滨:东北林业大学,2017.

[33] 郭冰玉,张斌,许心佳,等.基于仿生学理念的生境修复与景观重塑——以三峡大坝鱼类洄游鱼道设计为例[J].华中建筑,2023,41(8):53-57.

[34] 吴建辉.长江口中华鲟种群特征及栖息地鱼类群落结构的研究[D].上海:上海海洋大学,2020.

[35] 董哲仁,张晶,赵进勇.论恢复鱼类洄游通道规划方法[J].水生态学杂志,2020,41(6):1-8.

[36] 王思莹,杨文俊,黄明海,等.我国鱼类洄游通道和生境恢复技术研究现状分析[J].长江科学院院报,2017,34(8):11-17.
[37] 刘益帆.车八岭保护区人工巢管独栖蜂物种及生物学研究[D].保定:河北大学,2022.
[38] 黄敦元,朱朝东,肖忠优,等.人工巢穴技术在昆虫学研究中的应用[J].安徽农业科学,2012,40(10):5974-5975+5977.

第八章　数字孪生流域关键技术与应用

第一节　数字孪生流域提出背景

一、数字孪生流域概念演进

数字孪生流域构想可追溯到21世纪初提出的“数字黄河”，随着数字孪生技术发展，数字流域和数字孪生逐步融合嬗变，诞生“数字孪生流域”。

（一）数字孪生技术

2002年，美国密歇根大学Michael Grieves教授首次明确提出“物理产品的数字等同体或数字孪生体”概念；2017年，我国提出“数字中国”概念，数字孪生技术与流域及城市管理等行业逐步融合，形成了数字孪生技术下的数字孪生城市等一系列新概念。

（二）数字黄河

数字黄河的基础是数据，核心是模型，目标是应用。围绕模型这个核心，清华大学王光谦等主持研发了数字流域模型，数字流域理论和技术在水利信息化的推动下逐步深化拓展，为流域水循环及其伴生过程耦合模拟提供了关键支撑。

（三）数字孪生流域

2021年，水利部正式启动数字孪生流域建设工作，指出要按照“需求牵引、应用至上、数字赋能、提升能力”要求，以数字化、网络化、智能化为主线，以数字化场景、智慧化模拟、精准化决策为路径，以算据、算法、算力建设为支撑，加快推进数字孪生流域建设，实现预报、预警、预演、预案功能。在现代人类活动的影响下，流域物理空间实体既包括自然地貌、植被和水系，也包括水库、堤防、闸坝、泵站等水利工程体系，以及流域和水利工程监测、管理及服务机构等，对象种类繁多、关系复杂、系统耦联，亟待研发一套技术以实现上述实体与自然水系数字体、水利工程智能体和水利管理智慧体的全要素映射、多过程模拟和复杂场景推演。

二、全球数字孪生流域发展历程

数字孪生流域通过数字技术和数据模型创建的与实际地理流域相对应的虚拟环境，这种虚拟环境可以模拟和监测流域中的自然资源、环境变化、人类活动等情况，为科学研究、决策支持和可持续发展提供重要信息。全球数字孪生流域的发展历程可以概括如下。

（一）技术基础阶段

早期数字孪生流域的发展主要依赖于地理信息系统（GIS）、遥感技术和数学建模等技术。这些技术用于获取和处理地理数据，创建基础的数字模型。

（二）传感器和物联网的应用

随着传感器技术的发展，数字孪生流域开始集成更多实时数据，如气象数据、水质监测数据等。物联网技术的应用使得不同类型的传感器可以联网协同工作，提供更全面的数据。

（三）大数据和云计算的兴起

大数据和云计算的兴起为数字孪生流域提供了更强大的计算和存储能力，使得处理庞大的地理数据集变得更为高效。这一时期还见证了人工智能和机器学习技术的迅速发展，为数字孪生模型的精细化和智能化提供了支持。

（四）跨界合作与应用拓展

随着数字孪生流域的发展，越来越多的跨领域合作涌现，包括学术界、政府机构、产业界等各方的合作。数字孪生流域的应用领域也逐渐拓展，包括水资源管理、环境保护、城市规划等。

（五）可持续发展与决策支持

数字孪生流域的发展逐渐与可持续发展目标紧密相连，成为支持决策制定的重要工具。通过数字孪生流域，决策者可以更好地理解自然资源的分布和变化趋势，从而制定更具针对性和可持续性的政策。

数字孪生流域的发展历程是一个逐步演进的过程，受益于地理信息技术、传感器技术、大数据、云计算和人工智能等多个领域的发展。随着技术的不断创新和应用领域的不断拓展，数字孪生流域将继续在全球范围内发挥越来越重要的作用。

三、数字孪生流域应用领域拓展

数字孪生技术作为一门新兴的技术，在治理理念、治理模式、治理手段上都深刻地改变了城市治理主体的观念，提升了治理主体的治理能力，赋予了其实时洞察能力，帮助城市治理主体借助虚拟空间的“孪生体”，对现实城市的定位、规划、建设、生活、安全、发展进行实时监控、准时反馈、按时汇总、及时修正。它最大的优势是给予了治理主体一定的试错空间，降低了决策成本。因为虚拟空间的决策是对现实世界发展趋势的高可信度模拟预测，即使得出了决策失败的结果，也不会真正影响现实世界的发展，所以数字孪生技术脱胎于现实而又高于现实，是智慧城市建设的关键技术。

雄安新区是我国利用数字孪生技术“提效-赋能”助推城市治理现代化的一大典范。雄安新区城市规划、设计、建设、运维的全生命周期都被数字孪生技术所覆盖，其在规划之初就致力于打造三座城市，即地上一座城、地下一座城、“云”上一座城。雄安新区主抓“一中心四平台”建设，以城市计算（超算云）中心项目为数字根基，作为雄安新区的“脑”“眼”“芯”，超算云为数据平台、物联网平台、视频一张网平台、CIM 平台提供源源不断的动力。政府利用“一中心四平台”收集城市中所有的初始数据，在筛选分类后加以利用，实现数字城市和物理城市同步规划、同步建设。得益于“一中心四平台”的强劲支撑，一方面，雄安新区在所有的市政、道路、桥梁、水源等设施中安装了传感器，传感器 24 小时收集大气、水质、大楼承压等关键信息，确保数据准确可靠；另一方面，雄安新区充分挖掘了数据这一生产要素的价值。在雄安新区的建设中，孪生的数字建筑早于物理建筑“竣工”。排水、供电、管廊、智能感应等系统可以在数字建筑上进行模拟实验，经过多次优化后得出最佳方案，显著降低了人工成本，减少了资源浪费，使城市的规划和建设进入智能时代，实现了全域智能环境的建构。

容东片区是短期内新区建设的根据地，承担着政务服务、规划展示、会议举办、企业办公等功能。在这里，数字孪生技术构建起智慧交通和智慧物流，深刻改变了治理方式和居民生活，也筑牢了城市安全网。这里布置的每一根灯杆都是一个“信息节点”，整合了通信照明、城市监测、交通管理、信息交互等多重功能。目前，容东片区已建成 153 km 的数字道路，布设了 3 000 多根智能信息杆。数字道路实现了对真实道路的全真模拟，使得居民可以乘坐更为安全、便捷的智能网联汽车。当真实道路存在风险隐患时，数字道路会提前进行事故模拟，在必要时向车辆或行人发出预警并呼叫道路管理者，帮助规避风险。此外，数字道路也可以有效推动智慧物流的发展。在智慧物流模式下，居民提前扫码预约，物流公司依托数字道路设定快递无人车的路线，无人车就能将快递包裹准确送到客户指定地点，极大便捷了城市居民的生活。未来，容东片区的数字道路和智能信息杆还将不断增加，数字孪生技术将重塑城市治理方式和城市生活。经过近 6 年的建设，数字孪生技术使雄安新区发生了深刻改变，也使雄安新区的城市定位得到了进一步明确。在数字孪生平台上把城市各类数据信息进行集成，从而实现规划一张图、监管一张网、城市治理一盘棋，数字孪生的应用场景愈来愈广，不断迈向数字孪生的新阶段，最终实现整个新区全要素数字化和孪生化。

第二节　数字孪生流域政策导向

一、数字孪生流域政策框架及制定背景

当前数字孪生技术在水利方面的应用刚起步，2021 年水利部首次提出“数字孪生流域”概念，即以物理流域为单元、时空数据为底座、数学模型为核心、水利知识为驱动，对物理流域全要素和水利治理管理活动全过程的数字映射、智能模拟、前瞻预演，与物理流域同步仿真运行、虚实交互、迭代优化，实现对物理流域实时监控、发现问题、优化调度的新型基础设施。2021 年 12 月，水利部召开推进数字孪生流域建设工作会议，部署在全国范围内推进数字孪生流域建设，推动新阶段水利高质量发展。2022 年 2 月，水利部组织开展数字孪生流域建设先行先试，涉及全国范围 56 家单位 94 项任务；7 月，水利部完成“十四五”七大江河数字孪生流域建设方案、11 个重要水利工程数字孪生水利工程建设方案审查工作。数字孪生流域建设正在全国范围内推进并已取得成效。

二、政府引导与支持数字孪生流域发展的政策工具

水利部编制了《“十四五”数字孪生流域建设总体方案》，作为开展数字孪生流域建设的重要指导和相关项目前期工作的重要依据。方案中对共建共享具体要求进行了明确。数字孪生流域共建共享要以流域为单元、空间范围为边界，三级数字孪生平台建设为抓手、共建共享制度和标准规范为依据，紧扣数据底板共建共享重点，突破水利模型共建共享难点，开展水利知识共建共享试点，注重网络安全联防联控，按照任务分工进行共建，按照业务履职需要开展共享。

为强化数字孪生流域共建共享，保障数字孪生流域建设协调有序开展，提升建设和应用效益，依据《政务信息资源共享管理暂行办法》《国家政务信息化项目建设管理办法》《水利信息资源共享管理办法（试行）》等有关规定，2022年3月，水利部制定并印发《数字孪生流域共建共享管理办法（试行）》，旨在解决"重建、漏建、未按要求建""能否共享、共享什么、如何共享"等系列问题。该办法有总则、职责分工、共建管理、共享管理、监督管理、附则共六章三十条。

基于水利部本级数字孪生流域、流域（省）级数字孪生流域、数字孪生水利工程三级平台共建共享，构建资源共享平台，形成一体化数字孪生流域共享机制，具体实施数据、模型、知识等资源共建共享。

为有力有效推进数字孪生流域建设先行先试，水利部网信办制定了《数字孪生流域建设先行先试中期评估工作方案》。其中，将"共建共享"作为重要评估内容，重点评估各单位数字孪生流域建设先行先试实施方案确定的共建共享内容完成情况与实际成效，数据底板与先行先试任务所在流域管理机构一张图、全国水利一张图共享情况，模型、知识等被调用或应用情况。

三、促进数字孪生流域技术的政策措施

在信息技术领域，《"十四五"信息通信行业发展规划》《"十四五"软件和信息技术服务业发展规划》等规划文件强调，要强化数字孪生技术研发和创新突破，加强与传统行业深度融合发展，推动关键标准体系的制定和推广。规划文件还强调，要加快推进城市信息模型（CIM）平台建设，实现城市信息模型、地理信息系统、建筑信息模型等软件创新应用突破，支持新型智慧城市建设。

《"十四五"信息通信行业发展规划》中指出："加强云计算中心、物联网、工业互联网、车联网等领域关键核心技术和产品研发，加速人工智能、区块链、数字孪生、虚拟现实等新技术与传统行业深度融合发展。推动建立融合发展的新兴领域标准体系，加快数字基础设施共性标准、关键技术标准制定和推广。""加快推进城市信息模型（CIM）平台和运行管理服务平台建设；实施智能化市政基础设施改造，推进供水、排水、燃气、热力等设施智能化感知设施应用，提升设施运行效率和安全性能；建设城市道路、建筑、公共设施融合感知体系，协同发展智慧城市与智能网联汽车；搭建智慧物业管理服务平台，推动物业服务线上线下融合，建设智慧社区；推动智能建造与建筑工业化协同发展，实施智能建造能力提升工程，培育智能建造产业基地，建设建筑业大数据平台，实现智能生产、智能设计、智慧施工和智慧运维。"

《"十四五"软件和信息技术服务业发展规划》中提出："支持城市信息模型、地理信息系统、建筑信息模型和建筑防火模拟等软件创新应用，实施智能建造能力提

升工程，推进建筑业数字化、网络化、智能化突破。”

第三节　数字孪生流域关键技术

一、三维数据底板建设关键技术

数据底板是数字孪生流域中的“算据”部分，也是支撑模型平台、知识平台和“四预”业务平台的数据基底。《数字孪生流域建设技术大纲（试行）》明确了数据底板建设中基础、监测、业务管理、跨行业共享、地理空间5类数据时空基准和内容要求。由于地理空间数据能够提供统一的空间基底，是其他数据联接和传递的中枢，大纲进一步指出地理空间数据是数据底板建设的重点。地理空间数据主要包括各类GIS和BIM数据，天然具备三维属性。

地理空间数据具体包括DEM（数字高程模型）、DOM（数字正射影像）、DLG（数字线划地图）、BIM（建筑信息模型）等类别。数据多源异构、标准化程度低、数据体量巨大，是三维数据底板建设的难点所在。数字孪生流域三维数据底板建设技术需突破海量数据融合、数据轻量处理、数据渲染发布、数据可视可算、数据共享共建等关键技术。

（一）海量数据融合

三维数据底板建设首先要解决数据源的问题，并对数据质量进行评价。BIM数据一般是利用工程设计施工图纸结合三维激光扫描等技术建模生成；对于设计图纸缺失等情况，可采集适宜分辨率的倾斜摄影数据进行单体化修模处理，或者利用3ds、skp等效果图模型，实现工程外观结构的精细化建模。

数据标准是地理空间数据应用的重要课题。以BIM为例，目前国内外常见的BIM文件有十余种格式。为了使各BIM系统有一个信息交换的标准，1997年，IAI（International Alliance for Interoperability，国际互操作性联盟）提出IFC（Industry Foundation Class，工业基础类），这是一个标准的、公开的数据表达和存储方法，不同的BIM软件都能导入导出IFC格式的数据文件。通过将多种格式的BIM模型统一转化为IFC格式，实现BIM的标准化、结构化。目前，IFC标准主要应用于建筑工程领域，缺少水利工程领域特有构件和属性描述。解决这个问题的方法是IFC标准扩展，参考《水利水电工程设计信息模型分类和编码标准》，借助Revit API开发IFC定义设置功能，进行水利工程构件对象的IFC定义，同时建立构件之间的关联关系，支持多格式水利 BIM 数据融合。

除了数据标准问题，各类地理空间数据在对象的几何特征、属性特点和空间关系方面可能存在偏差，需进行一致性处理。比如，常见的矢量与影像数据无法套合问题，需通过专业工具进行坐标转换，以保证各归其位、无缝融合。此外，还包括多类数据之间的接边处理。比如，通常 DEM 数据为大范围公共原始地形，当建筑物 BIM 模型与 DEM 融合后，尚需对 DEM 进行局部开挖和坡面衔接，以避免地形将部分 BIM 模型遮盖，即物理世界的工程开挖，在数据底板中也需完成。这一过程一般借助 Arcgis、Supermap idesktop 等专业 GIS 软件来可视化操作完成。

多源异构海量数据融合是数据底板建设中不可回避的关键问题，解决此问题的关键在于地理空间数据的标准化和一致性处理，具体技术路径为开发或者应用专业软件首先将各类数据转化为统一的通用格式，然后完成坐标配准、开挖接边等复杂操作。

（二）数据轻量处理

BIM 模型由于结构精细、信息丰富，其三角面片数多，数据体量大。另外，随着新型测绘技术的发展，测绘的准确性得到有效提升，能够通过数字化等多种形式更加直观地呈现采集对象，同时也使得测绘成果的数据体量迅速增长。以倾斜摄影数据为例，通常倾斜摄影数据量约为 1.5 G/km^2（5 cm 精度）。可以预见，当数据底板范围拓展到全流域，多源、多维、多分辨率的地理空间数据总量可达 TB 级，轻量化是必然需求。

（三）数据渲染发布

水利数字孪生的推进带动了 BIM＋GIS 应用的快速发展。许多具备三维场景建模、应用能力的企业，与研究院、设计院合作，开辟水利行业的三维可视化业务，在数字孪生三维可视化这个细分领域加大投入、抢占先机。要真正实现数字孪生流域和物理流域的同步仿真运行、虚实交互还需进行深入研究积累，拓展出适应范围更广、渲染效率更高的数字化场景技术。

（四）数据可视可算

数字孪生平台主要由数据底板、模型平台、知识平台等构成，数据底板与两个平台的关联为数据底板汇聚水利信息网传输的各类数据，经处理后为模型平台和知识平台提供数据服务。区别于以往侧重于可视化效果的数字场景，数字孪生流域中水旱灾害“四预”协同、水资源精准调控、幸福河湖智能监管等专业应用对数据基础要求较高，这就要求三维数据底板不仅“可视好看”，还要“可算好用”。三维数据底板从“可视”到“可算”的突破，需要与水利专业模型、业务规则深度融合。

（五）数据共享共建

数据底板采用水利部本级、流域管理机构和省级水利部门、工程管理单位三级布局、内容互补、共享共用的建设模式，共建共享是数字孪生流域建设和运行的重中之重。

由于三级底板责任主体不同，“共享共建”可以避免建设低水平重复和缺漏。目前，“共享共建”的原则明确，即各级建设主体按照统一时空基准进行建设，确保共享数据的统一性、时效性和同步性，保障各单位建设成果能够集成为有机整体。但成果如何共享尚无应用示范。从技术角度出发，可根据实际情况选用数据交换、调用服务、离线拷贝等方式，科学性和适用性有待实践检验。

二、知识平台建设关键技术

知识图谱是构建领域知识平台的关键技术，包含知识表示、抽取、融合、推理和存储等关键技术。将知识图谱技术应用于水利行业，既能为流域管理决策提供归因分析、方案推荐等辅助支持，也可为方案编制和方案计算等应用提供驱动因子。相较而言，传统的流域管理知识较为分散，缺乏统一整合和关联应用。流域防洪预案、典型水旱灾害事件的调度方案、专家经验、水利工程调度规则等主要以文件档案形式管理，难以在会商决策中及时调用和充分整合，对决策智能化的支撑不足。知识图谱旨在利用图模型来描述真实世界中存在的实体/概念间的关联关系，其“实体、属性、关系”的三元组结构非常适合表达流域、河网、管网之间的网状关系。知识图谱已经被广泛应用于互联网、诊疗、呼叫中心等领域，包括搜索、推荐、问答、自动文本生成等，它擅长就复杂问题给业务人员提供知识赋能，也擅长作为载体把顶尖专家的能力传递给普通从业者。引入知识图谱技术构建知识平台不仅是数字孪生流域建设的必要方法，也是提高水利业务知识管理水平的有效途径。

管理与决策的智能取决于外部的信息和内部的经验。因此，需要在全景式耦合网络上构建基于数据和事件的推理框架，融入模型算法、历史场景模式匹配、专家经验等方法，最终形成完整的智能决策推理系统，以事件为驱动，以数据反馈形成决策闭环。其中的关键技术包括全景式耦合网络构建、基于知识的智能预演和数字孪生映射矩阵设计。

（一）全景式耦合网络构建

全景式耦合网络以知识图谱为理论支撑，刻画知识体系，能作为数字孪生流域平台的大脑发挥指挥作用。它由主题图谱与逻辑、专业与智能模型、事理图谱与场景模式和基础对象关系图谱组成。

主题图谱与逻辑是以业务为导向、以主题分析为系统功能目标，形成的“业务—主题—要素”层次关联网络。其由数据驱动，事件触发自动切换主题，实现自动化业务分析与聚焦。构建的关键点在于如何从大数据中自动挖掘层次主题、形成动态主题关联，以及主题与要素的关联。

专业与智能模型通常指的是在构建知识图谱时，用于处理和分析数据、提取知识、构建和维护图谱的一系列专业方法和技术模型。这些模型通常包括一个或多个本体模型，本体模型是知识图谱中用于描述实体类型、属性和它们之间关系的框架。本体建模是确定知识图谱结构的基础，然后通过关系抽取、属性值抽取、知识融合、知识推理、自然语言处理、机器学习、深度学习等技术手段，实现本体模型的专业化与智能化。

事理图谱是一个事理逻辑知识库，描述了事件之间的演化规律和模式。结构上，事理图谱是一个有向有环图，节点代表事件，有向边代表事件之间的时序、因果、条件和上下位等逻辑关系。理论上，事理图谱中的事件是具有一定抽象程度的泛化事件。这些事件可以表示为抽象、语义完备的谓词性词或词组，也可以表示为可变长度的、结构化的（主体、事件词、客体）多元组。事理图谱的构建可分为事件抽取、场景模式库构建和事理规则挖掘三部分。事件抽取主要基于非结构化数据，采用模式匹配、机器学习等方法挖掘出事件所对应的时空数据。场景模式库构建主要基于时间序列分割与聚类方法先生成场景，通过挖掘时间序列间的关联规则形成场景中的典型模式。事理规则挖掘主要基于机器学习方法，通过挖掘历史事件中的事件转移概率，形成事件演化规则。由于大数据存在时空异质性，如何生成自适应多时空场景的事理图谱与场景模式是其能应用到实际业务的关键。其中，事理图谱构建的关键技术包括基于模型的图谱节点组织技术、基于机理模型的流域决策推理技术、模型要素与实体属性关联关系挖掘技术等。

基础对象关系图谱利用图模型来描述业务场景中存在的实体/概念间的关联关系。它能灵活表示和关联概念性知识和事实性知识，耦合多源异质数据，因此基础对象关系图谱是全景式耦合网络的基础构件。该图谱构建的关键在于利用人、机、物融合的数据采集网络，获取流域水资源多源异构数据，研究本体建模、知识抽取、知识融合、知识更新、知识存储、知识推理等技术，构建基于水资源管理领域认知框架的对象关系图，支撑流域状态全面动态感知。

（二）基于知识的智能预演

基于知识的智能预演能利用全景式耦合网络在统一表示模型方面的优势，聚合海量数据，以数据驱动的方式自动生成推演结果并形成优化方案。但大数据存在多源异质的问题，且决策方案不能仅仅限制于单一时空场景中，因此通过使用基于因果关系发现的事件归因方法、基于深度学习的事件预测、基于时空特征模式库的决策方案生成和优化、基于多目标学习和博弈论的方案仿真与评估等一系列方法，最终形成全空间、多过程、多情景、多维度的决策方案。

基于知识的智能预演包含事前预警、分析事件、预测模拟和方案优化 4 个部分。

1. 事前预警

事前预警能主动或超前触发预演系统，是保证即时性的关键。事前预警的关键在于可扩展性，要能与全景式耦合网络有效关联，自动从网络中获取实时数据进行预警。

2. 分析事件

分析事件发生的机理和过程是辅助预演模拟、增加系统可信度的重要方法。发现事物间潜在的因果关系是众多科学研究的终极目标。然而现实中海量实体以及匮乏的数据使人工发现因果关系几乎不可行。但大数据时代的到来，使从数据中挖掘因果关系成为可能。为此可使用基于因果关系溯源的事件归因方法进行反向的归因溯源，此方法实施的关键在于如何应对大数据的异质非平稳特征。

3. 预测模拟

预测模拟用于预测未来出现的事件，正向模拟事件发展过程，为决策提供参考。大数据包含丰富的时空特征，使用神经网络能捕获数据的时空特征，为基于深度学习进行事件预测提供了可能。此方法的关键在于如何使用合适的深度学习模型对数据特征进行建模，以实现准确预测。

4. 方案优化

在方案优化中，以决策支撑为目标，利用时空特征模式库实现基于历史信息的场景匹配和决策推荐，基于多目标学习和博弈论实现复杂场景中的决策方案动态生成和迭代优化。历史信息是决策调度的重要参考，时空特征模式库能有效利用历史场景，因此基于时空特征模型库能有效生成与优选决策方案。流域大数据的时空数据产生机制是动态的，如何适应动态变化的数据产生机制是时空特征模式库构建的关键。决策调度目标不是单一的，还涉及社会经济、生态等一系列目标，因此决策方案是一系列目标的综合考量。使用多目标学习和博弈论方法能解决多目标、多方案、不确定性规划问题，这其中如何优化帕累托解集、提高可扩展性与博弈规则是此方法的关键。

（三）数字孪生映射矩阵设计

映射矩阵将物理事物与全景式耦合网络形成实时映射关系，是保证知识平台正常运行的关键。大数据时代海量动态数据的集成建模成为关键基础技术问题，如何构建动态性、集成性、可扩展的数字孪生模型是关键所在。此外，映射矩阵与全景式耦合网络息息相关，因此另一个关键点是基础对象关系图谱中如何对物理事物的本体进行定义，从而实现实时映射。

三、模型平台建设关键技术

模型平台是数字孪生流域构建的核心技术，也一直是流域水管理决策支持技术的关键。国内外多家研发机构或单位经过多年的研究已形成系列化、产品化、平台化的模型基础。丹麦水力研究所提供的MIKE＋模型管理平台与荷兰Deltares开发的Delft-FEWS模型管理平台，作为目前国外最具有代表性、最为先进的水利模型平台，技术与品牌优势明显，但在推广应用过程中仍存在一定问题。其中，MIKE＋模型平台管理的多为DHI开发的模型，不方便其他非MIKE系列模型的集成应用；Delft-FEWS在模型集成与调用方面更为开放，但对于调用的模型精度等表现则依赖于模型开发者。相较于国外，国内专业计算模型在理论技术上并不逊色，但也仍然存在模型通用性不足、模拟精度提升有限、多种类模型配置技术缺失等突出问题，一定程度上影响了模型精度提升和实用价值。

（一）通过制定模型标准提升模型通用性和复用性

由于缺乏统一的标准，大部分现有模型接口结构多样、输入输出格式不同，且由于程序与水利对象、数据强耦合，模型只能供具体某一水利对象使用而不能迁移至其他同类型水利对象上，通用性不足、可复用性与可推广性较差，不能满足数字孪生流域（工程）共建共享的要求。此外，大部分系统的定制化开发使得模型参数变化都需要修改模型程序，降低了模型优化效率，增加了模型维护成本。因此，应聚焦通用模型的开发，将模型实现与参数进行分离、与对象进行解耦，所有的计算边界都通过外部传入，保障模型本身的通用性。模型输入和输出格式均采用轻量级数据交互格式（Java Script Object Notation，JSON），数据均采用“字段：值”的方式进行组织，后期增加输入边界或修改参数值均不影响接口的结构；模型封装规范，约定模型的接口形式，保持模型的一致性，使采用不同开发手段的模型都能够用统一方法调用。通用模型的调用通过模型输入输出来实现：模型输入包含模型实现需要的所有数据项和数据格式定义，包括边界条件、模型参数、地理空间数据等，不同模型所需的输入不同，应单独定义，如水文预报模型需要的输入有降雨资料、产流参数、汇流参数等，防洪工程联合运用调度模型需要的输入有径流资料、防洪工程特征信息等。模型输出指模型实现计算后得到的各类成果，包括计算结果、变化过程、条件符合性识别等。例如，防洪工程联合运用调度模型的输出主要包含水库调度过程、各目标控制站调度后的水位和流量过程等。模型实现的本质是数据和算法的设计，包含数据的存储、管理，算法的构建、验证等。这种通用模型的构建和调用方式解决了 MIKE＋和 Delft-FEWS 两种平台的劣势，即既可以集成平台自有的、经过检验和论证认可的、精度时效性等较好的模型，也方便其他模型开发者上传自己开发的模型并进行调用。

（二）机理模型与数据驱动方法结合提升模型精度

流域水文模型是流域内降雨径流关系的数学定量表达，而稳定的降雨径流关系是水文模型径流预报成果可靠性的重要保障。近半个世纪以来，随着全球气候的显著变化以及人类活动的日益剧烈，流域下垫面条件发生了不同程度的变化，这些变化直接或间接影响了流域内的水文循环过程。在变化环境这一大背景下，流域内的降水-径流关系可能呈现出“非平稳”的特征；此外，传统的水文模型原理主要基于产流汇流机理，并未将地形对于产流或者汇流的变化用机理的方式给予考虑。因此，寻求提升水文模型参数在不同时期间可转移性的方法，以及面对不同下垫面和地形条件的参数特性，提高水文模型在变化环境下预报能力的稳健性，具有重要的科学意义和实用价值。

近年来，长江水利委员会水文局采用数据驱动的方法识别敏感参数的时变序列，构建基于新安江模型的时变参数函数式，对参数进行动态预测，从而实现变化环境下自适应的洪水预报。研究成果在汉江流域得到广泛运用，通过数据驱动方法，建立了旬河向家坪以上流域时变参数与降雨、潜在蒸散发因子的相关系数，水文模型确定性系数提高了 0.02，模拟水量相对误差减小了 12％。

（三）模型配置工具提升数字孪生响应效率

传统业务模型搭建多采用定制化方式开发，若业务需求临时变化，如流域内增加了工程、河流发生变化或者为其他河流新开发系统等，这些定制化开发的模型需要进行重新开发或者部分重新开发，灵活性较差，不能满足数字孪生动态快速响应以映射物理世界变化的要求。为解决上述问题，提升模型的适用性和系统计算功能的配置灵活性，研发了可实现模型上传、下载、配置、调用的通用平台，即模型平台，基于 B/S 架构进行模型和接口资源管理功能设计，模型集成与管理的资源包括可执行程序、动态库、程序包或服务接口等多种类别。针对接入的模型实现注册、上传、下载、编辑、删除等管理功能；对已注册的模型资源实现正确性校验、性能测试和评估等功能；平台还提供模型资源调用的关闭和启用管理功能，多层次实现模型资源的细粒度功能和权限管理。

此外，为满足如洪水预报、河道演进、水工程调度、水动力模拟、水质模拟、大坝安全评估等不同的水利业务计算需求，研制了模型配置功能，包括拓扑编辑、业务构建、流程执行三个部分。①拓扑编辑采用实例化的水利对象图元，根据对象水力联系，构建具体业务的拓扑关系图。②业务构建则根据具体业务案例的多阶段计算需求，将水利拓扑关联到前述对象管理中定义的计算流程上，使得每个水利对象都包含多个阶段的计算任务。在每个阶段的计算任务中，可根据案例需求为每个计算节点配置不同的计算模型，实现对象与模型的多阶段计算任务编排，平台将自动解析计算任务并进行各类案例自动求解。③流程执行功能则将构建好的业务案例直接通过业务生成功能生成业务预览页面，进行模拟计算且可动态更新计算流程、模型配置、计算范围等所有案例配置内容，包含方案设置、边界约束、交互展示 3 个子功能界面，可设置计算节点范围、计算时间步长、计算模型，并根据设置的信息进行模拟计算。基于多元业务矩阵和图理论开发的模型配置工具，除了可任意设置构建服务业务管理的各项计算流程外，还提供了在每一个水利对象上配置多个可用的备选模型的功能，在实际业务应用中根据需求自动切换，提高数字孪生响应速度。例如，为三峡水库配置最大出库流量最小防洪模型、发电量最大模型、生态保证率最高模型等备选集，实际调度时可根据防洪、发电、生态需求灵活快速切换，而不用重新开发程序。

第四节　数字孪生流域发展前景及市场空间

一、数字孪生流域发展趋势与未来展望

数字孪生流域作为流域治理管理所需的感知、数据、知识、模型、服务等核心的载体，为流域治理管理融合的潜力释放创造了有利条件。网络化是感知单元、数据单元、知识单元、模型单元、服务单元等打破孤岛、协同联动激发更大价值的发展趋势。随着感知网、数据网、知识网、模型网和服务网形态的构建，数字孪生流域才能真正在流域治理管理中具有增值效益，为元流域（元宇宙在流域治理管理中的应用）或水利元宇宙或更大尺度的元水圈发展奠定基础，循序推进智慧流域建设。

（一）感知网

中国已形成了地面站网体系，以水利部门为例，截至 2020 年底，中国县级以上水利部门各类信息采集点达 43.4 万处，其中，水文、水资源、水土保持等各类采集

点共约 20.9 万处，大中型水库安全监测采集点约 22.5 万处。另外，中国对地观测卫星初步建成了包括气象、海洋、资源、环境和减灾及高分系列等较为完善的对地遥感器和卫星系统及应用系列卫星体系。未来流域感知体系的发展趋势就是构建具有感知、计算和通信能力的传感器网络与万维网结合而产生的空天地集成化观测网络，构建智慧流域的综合感知基站，对物理流域各种状态进行立体、即时和准确感知，通过一系列接口提供观测数据与空间信息服务，为流域资源优化配置、生态环境等综合管理提供数字化基础。

（二）数据网

2010 年 3 月，*Science* 的文章指出科学技术的发展正在变得越来越依赖数据，图灵奖获得者 Gray 也指出数据密集型科学发现将成为科技发展的第四范式，中国学者也指出流域科学研究需要更加注重大数据的研究。随着流域计算和大数据研究的发展，如何基于动态实时观测大数据、快速提取流域事件和行为的格局和过程信息、科学分析其演化规律并提供主动的智能服务，是流域时空大数据实践所面临的新挑战和新机遇。截至 2020 年底，中国省级以上水利部门存储的各类数据资源约 2 887 项，数据总量约 6.02 PB，但是水利数据仍存在内容不全面、准确性不高、频次参差不齐、价值密度较低、共享程度不高、更新周期长、开发利用水平低等问题，可用数据的供给与流域防洪、水资源管理与调配、河湖管理保护等智慧化应用的需求尚无法实现时空精准匹配。数据供给与需求失衡成为制约水利大数据分析和应用亟须克服的“痛点”，更是实现数字孪生流域理想目标亟须打破的“瓶颈”。因此，涉水大数据的获取、处理、分析与挖掘在数字孪生流域研究中仍是重中之重。大数据时代对流域科学中的数据集成、数据和模型的集成提出了新的挑战，需要加强无缝、自动、智能化的数据-模型对接，为此，高级别的自动数据质量控制、高层次的数据集成以及数据向模型的推送技术都十分关键。

（三）知识网

知识图谱能够提升数字孪生流域的语义理解和知识推理能力。流域知识图谱是领域知识图谱在流域治理管理和科学研究中的具体应用，与通用领域知识图谱相比，往往需要更可靠的知识来源、更强的专业相关性和更优质准确的内容，它将流域的数据信息表达成更加贴近人类认知世界的知识表现形式，具有规模巨大、语义关系丰富、质量优秀、结构友好的特性。流域知识图谱旨在充分利用流域物联网承载的数据信息，以结构化方式刻画流域系统中的概念、实体、事件及其间的关系，为涉水行业产业链提供一种更有效的跨媒体大数据组织、管理及认知能力。结合大数据与人工智能技术，流域知识图谱正逐步成为推动流域人工智能发展的核心驱动力之一。

但目前流域知识图谱应用场景相对有限、应用方式不够创新，因而在一定程度上显得内生驱动力有所不足。如何有效推动知识图谱的应用，实现基于流域原生数据的深度知识推理，提高大规模知识图谱的计算效率与算法精度，一方面，需要认真剖析流域数据与知识的特性，在认知推理、图计算、类脑计算以及演化计算的算法上多下功夫；另一方面，知识图谱标准化测试工具的建设有待加强。

（四）模型网

流域虚拟模型是数字孪生流域建设的核心，是能够体现数字孪生智能化协同交互和自主性进化的根本。通过对水文过程的模拟，促进对流域水循环和生物化学过程的理解，重点在天空地集成化感知网支持下，以区域气候模式为驱动，以分布式水文模型和陆面过程模型为骨架，耦合地下水模型、水资源模型、生态模型和社会经济模型，形成具有综合模拟能力的流域集成模型，全面揭示水循环及其伴随物理、化学和生物过程的发生及演化规律。但由于水系统的复杂性，传统的机理模型过参数化和建模条件简化，导致模型运行过程中的误差累积效应使模拟预测轨迹越来越偏离真实轨迹，为了解决上述问题，一是要开展流域科学基础研究，利用大数据深化对水系统演变规律与相互作用机理的认识，改进模型结构对物理流域的精准描述；二是在模型运行演进中动态融合持续的观测数据，实时校正模型状态变量和参数，调整模型运行轨迹；三是以机器学习和深度学习为基础构建数据驱动模型，并融合多维度、多尺度模型形成高保真模型。除了对模型进行研发外，需要开发一个支持集成模型高效开发、已有模型或模块的便捷连接、模型管理、数据前处理、参数标定、可视化的计算机软件平台。模型平台应具有的特征包括：

①既包括地表水、地下水、陆面过程、生态过程、植被生长等自然过程模型，也包括土地利用、水资源调配与管理、经济、政策等社会经济模型。

②支持模型向流域尺度扩展。

③支持从分钟到年、数十年甚至上万年的时间尺度模拟。

④支持数据同化和模型-观测融合。

⑤集成知识系统，充分利用非结构化信息。

⑥集成机器学习技术。

⑦具有在网络环境下运行的能力，支持云计算。

⑧具有快速定制决策支持能力。

二、创新商业模式：数字孪生流域在产业升级中的作用

2022 年以来，水利部持续推进数字孪生流域建设，打造以 AI 智能算力为基础、

满足核心业务模型训练和过程推理等需求的数字孪生流域平台。在此过程中培育出“互联网＋水利”“业务＋技术”“水利专业模型＋数字可视化模型”“宏观＋微观”等多种应用模式，融合多学科、多业态、多维度，串联设计、研发、制造、互联网等多行业企事业单位，推动高等学校、研究机构、企业等共同参与智慧水利建设，共同助力绿色低碳发展、促进共同富裕、带动产业链上下游高质量发展。

例如，对于数字孪生流域，可衍生出气象大模型及水利大模型等，以及降水预报、洪水预报、内涝预报、水库抗暴雨能力计算、水库水位调度和土石坝渗压验证预警等场景化大模型。针对数字孪生降水、水库、河流、城镇内涝等场景，可以构建L0级科学计算基础大模型，采用AI数据建模和AI方程求解的方法，以更快更准地解决气象、水文和水动力计算问题。随着国内外企业加速研发各垂直分类领域AI大模型，算力需求必将持续向上。

同时，随着水利行业和信息技术的深度融合，为防洪减灾、水资源调配决策提供了更直观、更优质的调度方案，大幅提升防洪保障能力，降低洪涝灾害损失，提高水资源利用效率，增加粮食产量，保障生态环境用水，促进人与自然和谐相处，经济社会协调发展，助推更多产业数字化转型和高质量发展。

三、数字孪生流域发展中的投资机会与挑战

数字孪生流域通过数字技术模拟和复制实际地理空间的区域，包括自然资源、基础设施、社会经济系统等，以实现可持续发展和智能化管理。在数字孪生流域发展中，涉及许多投资机会和挑战。

（一）数字孪生流域的机会

数字孪生流域的发展为投资者提供了多方面的机会。

1. 数字化基础设施建设

数字孪生流域需要建设高度数字化的基础设施，包括传感器网络、物联网设备、云计算平台等。这为投资者提供了在数字技术和通信领域投资的机会。在数字化基础设施的支持下，实现流域范围内的智能城市解决方案成为另一引人注目的投资机遇。投资于交通管理、能源管理、环境监测等智能城市解决方案的公司，将有望受益于数字孪生流域的快速发展。

2. 数据分析与人工智能

数字孪生流域的运作离不开先进的数据分析和人工智能技术。实时数据的大规模处理和分析将为投资于数据科学和人工智能领域的公司提供良机。这些公司可以为数字孪生流域提供决策支持、优化管理，并在资源配置和风险评估方面发挥关键

作用。

3. 可持续能源和资源管理

另一个引人瞩目的投资领域是可持续能源和资源管理。数字孪生流域的目标之一是通过智能化管理实现更有效的能源和资源利用。因此，投资于可再生能源、能源存储技术和资源管理技术的公司，有望在数字孪生流域的发展中得到丰厚的回报。

4. 智慧农业

数字孪生流域可以实现精准农业、智能灌溉和作物监测，为农业科技公司提供了广阔的投资机会。通过数字技术的应用，农业生产效率和可持续性都有望得到显著提升。

（二）数字孪生流域的挑战

数字孪生流域的发展为投资者带来了丰富的机会，然而，随之而来的挑战也是不可忽视的。

1. 安全和隐私问题

安全和隐私问题是数字孪生流域发展中的首要挑战。由于数字孪生流域涉及大量敏感数据的采集、传输和处理，确保这些信息的安全性成为首要任务。投资者需要致力于开发先进的数据加密和网络安全技术，以确保数字孪生流域系统的稳健性。面对不断增加的网络威胁和隐私侵犯，保护数字孪生流域的信息资产将成为重要职责。

2. 标准化和互操作性

标准化和互操作性是数字孪生流域发展中的另一重要挑战。由于涉及多个领域和系统，缺乏统一的标准可能导致各种组件难以有效协同工作。因此，投资者需要投入资源，积极参与标准化和互操作性的研究与制定，以促进数字孪生流域系统的整体协调发展。通过建立通用标准，投资者可以降低系统集成和管理的复杂性，推动数字孪生流域各个组成部分的有效对接。

3. 成本与回报

成本与回报问题在数字孪生流域投资中至关重要。尽管数字化基础设施和智能城市解决方案等领域的投资潜力巨大，但高昂的投资成本可能成为投资者的负担。投资者需要权衡长期回报与短期成本，制定合理的投资战略，确保在追求创新的同时保持可持续性。精细的成本核算和有效的资金管理将成为数字孪生流域项目获得成功的关键因素，可以帮助投资者在竞争激烈的市场中保持竞争力。

4. 技术更新与维护

技术更新与维护也是数字孪生流域发展中的一项挑战。由于科技的快速发展，系统可能迅速过时，需要不断进行维护和更新。因此，投资者需要考虑投资于具备良好升级路径和可维护性的技术和系统，以确保其投资在未来仍然具备竞争力。定期的技术更新和维护计划将帮助投资者降低系统崩溃和安全漏洞的风险，确保数字孪生流域的可持续发展。

参考文献

[1] 冶运涛,蒋云钟,梁犁丽,等.数字孪生流域:未来流域治理管理的新基建新范式[J].水科学进展,2022,33(5):683-704.

[2] 陈建平.提效与赋能:数字孪生技术助推智慧城市现代化的双维逻辑[J].河南社会科学,2023,31(12):96-104.

[3] 钱峰,周逸琛.数字孪生流域共建共享相关政策解读[J].中国水利,2022(20):14-17.

[4] 侯毅,华陆韬,王文杰,等.数字孪生流域三维数据底板建设研究及应用[J].人民长江,2024,55(5):234-240.

[5] 冯钧,朱跃龙,王云峰,等.面向数字孪生流域的知识平台构建关键技术[J].人民长江,2023,54(3): 229-235.

[6] 黄艳,张振东,李琪,等.智慧长江建设关键技术难点与解决方案的思考与探索[J].水利学报,2023,54(10):1141-1150.

[7] 黄艳.数字孪生长江建设关键技术与试点初探[J].中国防汛抗旱,2022,32(2):16-26.

第九章　新污染物治理形势与策略

第一节　新污染物治理背景

一、新污染物概述

（一）新污染物的定义

目前，国际上对新污染物的定义尚未达成共识，联合国环境规划署、联合国教科文组织、美国、欧盟和我国等对新污染物的定义均有不同。国际上将“新污染物”表述为 Emerging Pollutants、Emerging Contaminants 或 Contaminants of Emerging Concern。

联合国环境规划署认为，新污染物是指直到最近才确定为对环境存在潜在威胁，并且尚未受到国家或国际法律广泛监管的化学品和化合物。被归类为“新污染物”，并不是因为污染物本身是新的，而是因为人们对它们的关注程度不断提高。联合国教科文组织将新污染物定义为缺乏环境监测数据，或尚未管控，但是具有已知或潜在有害生态和健康危害的合成化学物质、天然化学物质或微生物。

美国环保署将新污染物定义为目前尚没有环境标准，但是由于分析化学检测水平的提高而发现在自然环境中存在，并有可能在环境相关浓度下具有潜在的生态毒性和健康影响的污染物。欧盟诺曼网络将新污染物定义为已经在环境中检测到，但是目前尚未包含在欧盟常规环境监测计划中的污染物，可能会成为未来环境管控的备选物质，其最终是否能进入管控物质清单取决于其生态毒性、潜在健康效应和公众认知程度，也取决于其在不同环境介质中的监测数据。

在我国，“新兴污染物”和“新型污染物”两种称呼曾在学术界长期共存。2020 年 11 月，《中共中央关于制定国民经济和社会发展第十四个五年规划和二〇三五年远景目标的建议》将其统称为“新污染物”。2021 年，我国《新污染物治理行动方案(征求意见稿）》明确指出，新污染物是指新近发现或被关注，对生态环境或人体健康存在风险，尚未纳入管理或者现有管理措施不足以有效防控其风险的污染物。

相对于常规污染物而言，新污染物的“新”，体现在以下四个方面。一是新监测，新污染物种类繁多，许多化学物质可能已存在于环境中很长时间，但直到开发了新的监测方法才被识别；二是新物质，新合成的化学物质释放到环境中导致新污染物的产生；三是新排放，现有化学物质的用途或处置方式发生了改变，导致化学物质释放到环境中形成了新污染物；四是新危害，我们刚刚开始认识到某些环境污染物对环境或人体健康的不利影响。随着环境监测技术的不断发展和对化学物质风险认识的不断深入，可能被识别出的新污染物还会持续增加。

（二）新污染物的分类

新污染物的生产和使用是新污染物的主要来源，如农药、兽药、药品、化妆品等。目前，国内外广泛关注的新污染物类型包括持久性有机污染物（Persistent Organic Pollutants，POPs）、内分泌干扰物（Endocrine Disrupting Chemicals，EDCs）、抗生素和微塑料等。

1. 持久性有机污染物（POPs）

POPs是一类具有高毒性、持久性、生物积累性和远距离迁移性的化学物质，能持久存在于环境中，对环境和人类健康造成严重危害。典型POPs包括全氟/多氟烷基化合物、中短链氯代烃、短链氯化石蜡等。这些物质主要来源于人类活动，如工业生产、农业生产、城市垃圾焚烧等。POPs在环境中降解缓慢，并且可通过水循环进行迁移，污染饮用水，影响饮水安全。POPs具有高度的生物蓄积能力，可以在食物链中不断累积，破坏生态系统平衡。

2. 内分泌干扰物（EDCs）

EDCs是指能干扰人类或动物内分泌系统诸环节并导致异常效应的物质。EDCs主要包括天然激素、人工合成雌激素、植物和真菌雌激素以及工业化学品［双酚A（BPA）、邻苯二甲酸酯类、多氯联苯（PCBs）、二噁英、壬基酚］等。BPA是广泛用于生产聚碳酸酯塑料和环氧树脂的工业原料，邻苯二甲酸酯类物质常被用于塑料增塑剂，壬基酚主要用于生产非离子型表面活性剂和润滑剂添加剂。EDCs对新陈代谢、生长、睡眠甚至情绪可产生负面影响。此外，神经行为障碍（如智力迟钝、自闭症和多动症）的发病率增加也与接触EDCs有关。

3. 抗生素

抗生素是指由微生物（细菌、真菌、放线菌）或高等动植物产生的，或以化学半合成法、微生物发酵法制造的相同或类似的具有抗病原体或其他活性的一类次级代谢产物。抗生素主要包括β-内酰胺类、磺胺类、四环素类、喹诺酮类和大环内酯类等类型。抗生素具有抑菌或杀菌的作用，其作用机制主要包括抑制细菌细胞壁合成、增强细菌细胞膜通透性、干扰细菌蛋白质合成和抑制细菌核酸复制转录等。抗生素过度使用或滥用可能导致耐药性细菌的出现，给生态环境和人类健康带来威胁。

4. 微塑料

微塑料是指粒径小于 5 mm 的塑料颗粒。根据其来源，微塑料可分为原生微塑料和次生微塑料两种类型。原生微塑料主要是指商业用途的小粒径塑料颗粒，包含药物载体、个人护理产品和清洁剂中的塑料微珠。次生微塑料是指由物理风化、磨损破碎、化学氧化和生物降解等作用产生的微塑料。微塑料具有粒径小、比表面积大、不溶于水、易迁移、难降解、分布广、吸附污染物的能力强等特性。目前，在水环境、大气环境和土壤环境中广泛存在，甚至在偏远地区（如青藏高原、极地地区等）同样存在。微塑料具有生物富集的特征，会在生物体内大量积累，给生物健康带来危害。

（三）新污染物的特点和危害

新污染物的特点包括以下五个方面。

①危害严重性。新污染物多具有器官毒性、神经毒性、生殖和发育毒性、免疫毒性、内分泌干扰效应、致癌性、致畸性等多种生物毒性，其生产和使用往往与人类生活息息相关，使生态环境和人体健康存在较大风险。

②风险隐蔽性。多数新污染物的短期危害并不明显，即便在环境中存在或已使用多年，人们并未将其视为有害物质，而一旦发现其危害性时，它们可能已经通过各种途径进入了环境中。

③环境持久性。新污染物多具有环境持久性和生物累积性，在环境中难以降解，可长期蓄积在环境中和生物体内，并沿食物链富集，或者随着空气、水流长距离迁移。

④来源广泛性。我国现有化学物质约 4.5 万种，每年还新增上千种新化学物质，这些化学物质在生产、加工使用、消费和废弃处置的全过程都可能存在环境排放的现象，还可能来源于无意产生的污染物或降解产物。

⑤治理复杂性。对于具有持久性和生物累积性的新污染物，即使以低剂量排放进入环境，也将在生物体内不断累积并随食物链逐渐富集，进而危害环境生物和人体健康，因此，对其治理程度要求高。此外，新污染物涉及行业众多，产业链长，替代品和替代技术不易研发，需多部门跨界协同治理，实施全生命周期环境风险管控。

由于新污染物区别于常规污染物的独特性，新污染物可能导致的健康危害以及引发相关疾病的分子机制仍是国际性科学难题。随着工业快速发展和各类化学品的大量生产使用，一些新污染物对公众健康和生态环境的危害正逐步显现。新污染物可能会导致人类的生殖能力下降、发育迟缓、内分泌系统紊乱、免疫能力降低等，部分新污染物还存在致癌、致畸、致突变等风险。新污染物正逐步成为当前制约我国大气、水、土壤环境质量持续深入改善的新难点之一，因此亟待加强新污染物治理。

二、新污染物治理相关政策法规

2018 年 5 月 18 日，习近平总书记在全国生态环境保护大会上指出，要对新的污染物治理开展专项研究和前瞻研究。

2020 年 10 月 29 日，党的第十九届中央委员会第五次全体会议审议通过《中共中央关于制定国民经济和社会发展第十四个五年规划和二〇三五年远景目标的建议》，首次提出“重视新污染物治理”的国家战略需求。

2021 年 3 月 11 日，十三届全国人大四次会议通过了《中华人民共和国国民经济和社会发展第十四个五年规划和 2035 年远景目标纲要》，提出“重视新污染物治理”，明确“健全有毒有害化学物质环境风险管理体制”。

2021 年 4 月 30 日，习近平总书记在中央政治局第二十九次集体学习时再次强调“重视新污染物治理”。

2021 年 11 月 2 日，中共中央、国务院印发《关于深入打好污染防治攻坚战的意见》，提出“加强新污染物治理”，并要求到 2025 年，新污染物治理能力明显增强。

2022 年 3 月 5 日，时任国务院总理李克强代表国务院在第十三届全国人大五次会议上做的政府工作报告中提出“加强新污染物治理”工作。

2022 年 5 月 4 日，为深入贯彻落实党中央、国务院决策部署，加强新污染物治理，切实保障生态环境安全和人民健康，国务院办公厅印发《新污染物治理行动方案》，对新污染物治理工作进行全面部署。

2022 年 12 月 29 日，《重点管控新污染物清单（2023 年版）》发布，自 2023 年 3 月 1 日起施行。

2023 年 5 月 17 日，我国大陆 31 个省（自治区、直辖市）以及新疆生产建设兵团全部印发《新污染物治理工作方案》。

2023 年 7 月 18 日，习近平总书记在全国生态环境保护大会上指出，把新污染物治理等作为国家基础研究和科技创新重点领域。

第二节　新污染物治理行动方案

我国的新污染物治理工作起步晚、工作基础薄弱，对标党中央、国务院的决策部署要求，在法律法规、管理体制、科技支撑、资源配置等方面仍存在诸多短板和不足，需要着力解决。为此，生态环境部会同国家发展改革委、科技部、工业和信息化部、财政部、住房城乡建设部、农业农村部、商务部、国家卫生健康委、海关总署、税务总局、市场监管总局、银保监会、国家药监局等14个部门，深入贯彻落实党中央、国务院决策部署，共同研究编制《新污染物治理行动方案》(以下简称《行动方案》）上报国务院。2022年5月，国务院办公厅正式印发《行动方案》，对新污染物治理工作进行全面部署。本方案深入贯彻落实习近平生态文明思想，提出加强新污染物治理的目标任务，有利于深入打好污染防治攻坚战，进一步延伸深度、拓展广度，对于加快补齐新污染物治理工作短板，有效防范新污染物环境与健康风险，持续改善生态环境质量，推动实现高质量发展，创造高品质生活，切实维护人民群众身体健康和生态环境安全，具有重要意义。

一、国家新污染物治理行动方案

2001年，我国环境内分泌干扰物研究的首个“863”项目“环境内分泌干扰物的筛选与控制技术”立项，标志着我国新污染物风险防范相关工作正式起步。由于新污染物的隐蔽性、现有检测技术的局限性以及公众对新污染物危害的认知不足，导致新污染物长期未受关注。2018年，习近平总书记在全国生态环境大会上指出，要重点解决损害群众健康的突出环境问题，并要求对新的污染物治理开展专项研究和前瞻研究。自此国家针对新污染物陆续出台一系列重大决策部署，新污染物治理得到前所未有的重视。

2022年，《新污染物治理行动方案》的颁布标志着我国新污染物治理工作进入了新的阶段。《行动方案》明确了我国新污染物治理的总体思路，提出了构建新污染物环境风险管理“筛、评、控”体系，以及“禁、减、治”的全过程管控体系，即通过开展化学物质环境风险筛查和评估，精准筛评出需要重点管控的新污染物，科学制定并依法实施全过程环境风险管控措施，包括对生产使用的源头禁限、过程减排、末端治理。《行动方案》明确，到2025年，完成高关注、高产（用）量的化学物质环境风险筛查，完成一批化学物质环境风险评估；动态发布重点管控新污染物清单；对重点管控新污染物实施禁止、限制、限排等环境风险管控措施；有毒有害化学物质环境风险管理法规制度体系和管理机制逐步建立健全，新污染物治理能力明显增强。

《行动方案》部署了六条行动举措：(1）完善法规制度，建立健全全新污染物治理体系。(2）开展调查监测，评估新污染物环境风险状况。(3）严格源头管控，防范新污染物产生。(4）强化过程控制，减少新污染物排放。(5）深化末端治理，降低新污染物环境风险。(6）加强能力建设，夯实新污染物治理基础。为确保新污染物治理各项行动举措落地见效，《行动方案》提出加强组织领导、强化监管执法、拓宽资金投入渠道、加强宣传引导等保障措施，为深入打好污染防治攻坚战，为美丽中国和健康中国的建设提供基础科学支撑。

二、省级行政区新污染物治理行动方案

为落实《行动方案》要求，按照国家统筹、省（自治区、直辖市）负总责和市县落实的原则，各省（自治区、直辖市）结合实际，制定《新污染物治理工作方案》(简称《工作方案》)，细化本省（自治区、直辖市）重点任务，以实现精准治污。从时间历程、重点行业、重点新污染物种类以及责任主体等方面出发，结合产业布局特征和国内外其他管控措施，对各省级行政区《工作方案》进行了比较分析，总结了各省级行政区在标准建立、调查监测和风险评估与控制等方面的工作进展。

截至目前，我国31个省级行政区以及新疆生产建设兵团全部出台本地区《工作方案》，其正式发布时间见表9-1。2022年8月，广西壮族自治区、四川省和黑龙江省率先出台《工作方案（征求意见稿）》。2022年11月，广西壮族自治区、黑龙江省、陕西省和海南省正式印发《工作方案》。截至2022年12月31日，我国18个省级行政区正式发布《工作方案》。2023年1—3月，福建省、甘肃省、新疆维吾尔自治区、上海市、海南省、山东省、内蒙古自治区、安徽省、广东省和湖北省在内的10个省级行政区及新疆生产建设兵团相继出台《工作方案》。2023年4、5月，重庆市、北京市和辽宁省正式发布《工作方案》。

表9-1　省级《新污染物治理工作方案》出台时间

时间	自治区、直辖市
2022年11月	广西壮族自治区、黑龙江省、陕西省、海南省
2022年12月	山西省、江苏省、云南省、四川省、河北省、宁夏回族自治区、江西省、天津市、西藏自治区、贵州省、吉林省、浙江省、青海省、湖南省
2023年1月	福建省、甘肃省、新疆维吾尔自治区、上海市、海南省
2023年2月	山东省、内蒙古自治区
2023年3月	安徽省、广东省、湖北省
2023年4月	重庆市
2023年5月	北京市、辽宁省

各省级行政区《工作方案》提及需开展新污染物调查监测和治理的行业广泛，重点行业包括医药制造业、石油、煤炭及其他燃料加工业、化学原料和化学制品制造业等。新污染物种类较多，各省级行政区《工作方案》重点关注的新污染物种类有

所不同，这与区域特点有关。共有13个省级行政区的《工作方案》中提及具体关注的新污染物种类，包括全氟/多氟烷基化合物、汞、铅、铬、二噁英、多环芳烃、BPA、壬基酚、三氯甲烷和二氯甲烷等。

三、重点管控污染物清单

加强新污染物治理，是贯彻落实习近平生态文明思想的重要行动，是切实保障生态环境安全和人民群众身体健康安全的必然要求，是深入打好污染防治攻坚战的具体体现。自2021年开始我国生态环境部连续三年颁布“新污染物清单”（2021年版、2022年版、2023年版）。

2021年10月11日，生态环境部按照《中华人民共和国国民经济和社会发展第十四个五年规划和2035年远景目标纲要》中有关“重视新污染物治理”的工作部署，首次发布《新污染物治理行动方案(征求意见稿）》。征求意见稿中的《重点管控新污染物清单（2021年版）》确定了28种新污染物并规定了其主要的管控措施。主要的新污染物包括抗生素类、全氟化合物类、内分泌干扰物类以及农药类物质。规定的主要管控措施包括禁止生产、使用和进口；相关物质按照危险废物实施环境管理；对新污染物识别和管控有关的环境（土壤和地下水）风险等。

2022年9月27日，生态环境部发布《重点管控新污染物清单（2022年版）（征求意见稿）》，确定了四大类14种新污染物及其主要环境风险管控措施。这些重点管控新污染物包括持久性有机污染物、有毒有害污染物、内分泌干扰物类以及抗生素类。

2022年12月29日，生态环境部、工业和信息化部、农业农村部、商务部、海关总署、国家市场监督管理总局发布《重点管控新污染物清单（2023年版）》，自2023年3月1日起施行。该版清单包含14个种类重点管控新污染物，即全氟辛基磺酸及其盐类和全氟辛基磺酰氟（PFOS类）、全氟辛酸及其盐类和相关化合物(PFOA类)、十溴二苯醚、短链氯化石蜡、六氯丁二烯、五氯苯酚及其盐类和酯类、三氯杀螨醇、全氟己基磺酸及其盐类和其相关化合物（PFHxS类)、得克隆及其顺式异构体和反式异构体、二氯甲烷、三氯甲烷、壬基酚和抗生素等。清单根据有毒有害化学物质的环境风险，结合监管实际，经过技术可行性和经济社会影响评估后确定；对于列入本清单的新污染物，应当按照国家有关规定采取禁止、限制、限排等环境风险管控措施；并且各级生态环境、工业和信息化、农业农村、商务、市场监督管理等部门以及海关，应当按照职责分工依法加强对新污染物的管控和治理。

综上所述，2022年版与2023年版清单所确定的重点管控的新污染物及其环境风险管控措施基本保持一致，与2021年版清单具有一定的差异。目前，清单所确定的

14 种新污染物主要考虑了我国当下所重点关注的、环境和健康危害大且在我国环境风险中已经显现的、群众反映强烈的，以及国际社会广泛关注的、环境公约管控的新污染物。清单的制定及执行对于加强新污染物管控工作，深化环境污染防治，保护国家生态环境安全，防范环境与健康风险的意义重大。进一步明确新污染物治理“治什么、怎么治”，是全面落实《行动方案》的主要抓手；防控突出的新污染物环境风险，对于切实保障生态环境安全和人民群众身体健康十分重要。

第三节 新污染物治理关键技术

为有效防范新污染物的环境和健康风险，亟待开发和完善新污染物控制技术。现阶段，新污染物控制技术主要包括生物处理技术、物理分离技术、高级氧化技术以及多技术耦合等（图 9-1）。

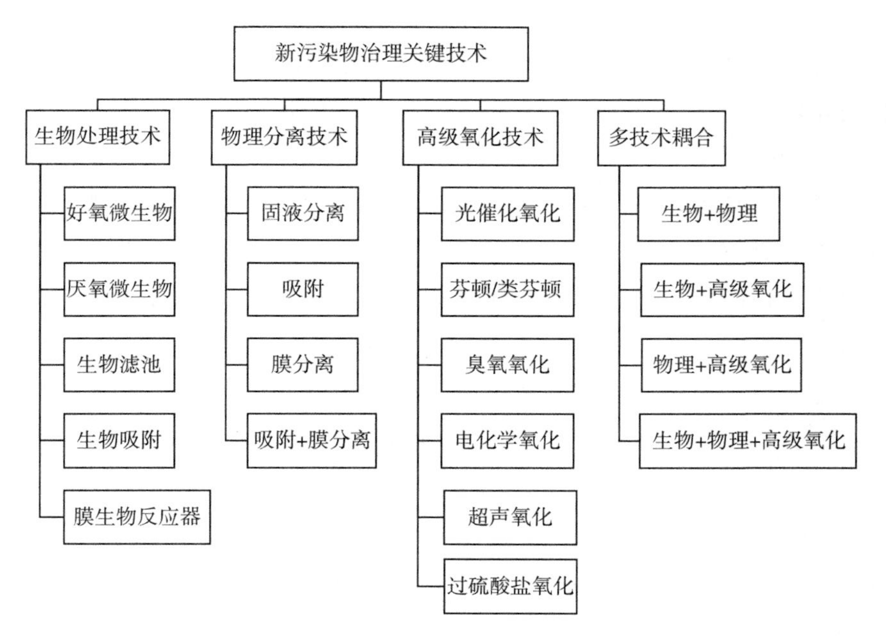

图 9-1 新污染物治理关键技术

一、生物处理技术

污水的生物处理技术是利用微生物的代谢作用，将污水中的有机污染物转化为无害的无机物，以实现污水净化。这种技术是建立在环境自净作用基础上的人工强化技术，其意义在于创造有利于微生物生长繁殖的良好环境，增强微生物的代谢功能，促进微生物的增殖，加速有机物的无害化过程。

根据处理过程中是否需要氧气，生物处理技术可分为好氧生物处理技术和厌氧生物处理技术两种。好氧生物处理技术是在充足的空气供应下，通过好氧微生物（如细菌、真菌等）分解废水中的有机物质，产生二氧化碳和水等无害物质；厌氧生物处理技术则是在缺氧或无氧环境下，通过厌氧微生物（如甲烷菌等）分解废水中的有机物质，产生甲烷和二氧化碳等无害物质。

（一）好氧生物处理技术

1. 技术概述

好氧生物处理技术是依赖好氧微生物和兼氧微生物的生化作用，在有氧条件下进行废水处理的工艺。该工艺通过微生物的参与，在适宜的碳氮比、含水率和氧气等条件下，可将有机物降解，转化成二氧化碳和水等物质。根据好氧微生物在处理系统中所呈现的状态，好氧生物处理技术可分为活性污泥法和生物膜法。其中，活性污泥法包括缺氧/好氧、厌氧/缺氧/好氧、氧化沟、间歇式活性污泥法等；而生物膜法则涉及在固体载体上生长的微生物形成的生物膜。根据附着固体的运动方式或形态，好氧生物膜处理法可以分为生物滤池和生物流化床等。

2. 优势特点

好氧生物处理技术是一种在有游离氧存在的条件下，依赖好氧微生物降解有机物，使其稳定、无害化的处理方法。好氧生物处理反应速度较快，所需的反应时间相对较短，废水停留时间较短，因此处理构筑物的容积也较小。在处理过程中，好氧生物处理法散发的臭气较少，对环境影响小。此外，该方法能使有机物完全分解，转化为无机物，达到无害化的要求。好氧生物处理技术对五日生化需氧量（BOD_5）浓度在 600 mg/L 以下的废水较为适用。同时，此方法适用于处理净化程度高和稳定程度要求较高的污水。

3. 应用现状

目前，好氧生物处理法已被用于处理含内分泌干扰物、抗生素、抗生素抗性基因、微塑料等新污染物的废水。其对新污染物的去除效果主要受新污染物的类型和工艺运行条件的影响。好氧活性污泥对抗生素和内分泌干扰物等新污染物具有较好的去除效果，但对微塑料、全氟/多氟烷基化合物和抗生素抗性基因等新污染物无法实现有效的降解，甚至可能会增加其在水中的浓度。由于实际废水成分复杂，除了含有新污染物还可能有其他生活污水混合排入，导致水质和水量波动大。生物处理技术的应用需要增加对操作规模、设备要求、质量控制和成本控制方面等的考虑。在实际处理过程中，在保证对新污染物处理效率的同时，还要考虑到实际经济效益，减少各个处理单元的占地面积，降低基建成本，减少污泥产生量，降低运行和操作成本。

（二）厌氧生物处理技术

1. 技术概述

厌氧生物处理技术是一种在无氧环境下，由兼性厌氧和专性厌氧微生物群体将有机物转化为甲烷和二氧化碳的过程。根据微生物的凝聚形态，厌氧生物处理技术主要可分为厌氧活性污泥法和厌氧生物膜法两大类。厌氧活性污泥法包括厌氧接触消化池、厌氧折流板反应器（ABR）、升流式厌氧污泥床（UASB）、厌氧颗粒污泥膨胀床（EGSB）等方法。而厌氧生物膜法则包括厌氧生物滤池、厌氧流化床和厌氧生物转盘等。

2. 优势特点

厌氧生物处理能处理高中低浓度的各类废水，适用于处理不同来源的有机废水。特别对于难降解新污染物，厌氧生物处理体现出好氧生物处理不可比拟的优势。厌氧生物处理不需要充氧，因此能耗较低。同时，厌氧处理过程中产生的沼气量巨大，可以作为能源回收利用。此外，厌氧生物处理具有相当高的有机负荷和水利负荷，反应器容积比传统工艺减少90%以上；在不利条件下（如低温、冲击负荷、存在抑制物等）仍具有高的稳定性；反应器投资小，适合在各种规模的处理技术中应用。

3. 应用现状

采用厌氧活性污泥法能对含有抗生素和内分泌干扰物等的废水进行高效处理。在不同的厌氧活性污泥法中，UASB对多种常见抗生素及其抗性基因表现出良好的处理效果。ABR具有不同的设计和流动方式，以提高废水的接触时间，进而提高污染物的去除效率，同时，推流式特性使其在处理抗生素抗性细菌或其他耐药性细菌时具有潜在的优势。与ABR相比，EGSB具有更优越的性能和更强的适应性，处理效率提高，在处理新污染物方面具有应用潜力。厌氧活性污泥法有助于调整废水中有机物负荷的分布，改善处理系统的稳定性，提高后续处理工艺的处理效率。相较于厌氧活性污泥法而言，厌氧生物膜法在新污染物去除方面的应用相对较少。

二、物理分离技术

目前，新污染物控制常用的物理分离技术主要包括吸附技术和膜分离技术，它们可将新污染物从一种相态（如液态）转变为另一种相态（如固态），从而实现去除污染物的目的。吸附技术是利用多孔性的固体吸附剂将环境介质中的一种或数种组分吸附于表面，再利用解吸技术，以达到污染物分离和富集的目的。膜分离技术是以外界能量或化学势差作为推动力，利用分离膜的选择性透过功能而实现对不同物质进行分离、纯化和浓缩的过程。吸附技术和膜分离技术具有能耗低、操作简单、适用性强的特点，在新污染物控制方面应用较为广泛。

（一）吸附处理技术

1. 技术概述

吸附技术主要利用吸附剂表面对周围介质（液体或气体）中分子或离子的吸着作用。吸附类型主要包括物理吸附、化学吸附和离子交换吸附。在物理吸附中，被吸附的原子或分子通常只是被吸附在吸附剂表面，它们之间的作用力较弱，所以容易被解吸。在化学吸附中，吸附质分子与固体表面原子或分子发生电子转移、交换或共有，形成吸附化学键，因此化学吸附一般比物理吸附要强烈，也更难被解吸。离子交换吸附是因静电引力的作用，使吸附质离子聚集在吸附剂表面带电的活性吸附位点上，并置换出原本固定在这些位点上的其他离子。该过程通常是可逆的，且容易受到溶液 pH 值的影响。

2. 优势特点

吸附技术具有处理过程操作简单、设备投入小和能耗低的优点，只需将吸附材料与污染物接触，就可实现去除污染物的目的。吸附材料通常具有较大的比表面积和丰富的孔隙结构，可提供大量的吸附位点，能够有效地与污染物接触并吸附，其对污染物的去除率相对较高。吸附过程通常受温度、压力、流速等操作条件的影响，通过调节操作条件可以改变吸附剂与目标物质之间的相互作用，进而提高吸附效果。

3. 应用现状

吸附技术在处理水环境中新污染物（包括内分泌干扰物、全氟/多氟烷基化合物、抗生素和微塑料等）方面具有广泛的应用。常见的吸附剂包括碳基材料（生物炭、活性炭、碳纳米管）、矿物材料（蒙脱石、沸石）、高分子材料（吸附树脂、离子交换树脂）、有机多孔材料（金属有机骨架、共价有机骨架、芳香有机骨架）等。其中，碳基吸附材料是目前研究最为广泛的材料，在去除水中新污染物方面具有良好的应用前景。通过吸附材料改性和优化，可提高其对新污染物的吸附去除效果。但吸附剂的回收和再生，是实际应用中需要考虑的主要问题。

（二）膜分离处理技术

1. 技术概述

膜分离技术是一种在分子水平上实现混合物中不同粒径分子选择性分离的技术，这种分离过程主要依赖于半透膜的作用。膜分离技术的核心是膜，当原料侧施加某种推动力（如压力梯度、浓度梯度、电位梯度、温度梯度等）时，原料侧的组分可以有选择性地透过膜，从而实现料液中不同组分的分离、纯化及浓缩。膜是一种起分子级分离过滤作用的介质，其作用原理主要基于渗透压和选择性通过。膜壁布满小孔，根据孔径大小可分为微滤膜（MF）、超滤膜（UF）、纳滤膜（NF）、反渗透膜（RO）等。

2. 优势特点

膜分离过程一般在常温下进行，被分离物质能保持原来的性质，特别适用于热敏性物质，如抗生素等医药的分离与浓缩。由于在常温下进行，因此有效成分损失极少。膜分离过程中无相态变化，无须添加其他物质。膜分离可以选择性地拦截某些物质，从而使溶液中的不同组分得以分离。膜分离是一个高效的分离过程，比传统的蒸馏、吸附、萃取等分离技术更为有效。由于膜分离是在常温下进行的物理过程，因此节能效果显著。

3. 应用现状

随着科技的发展和工业的进步，产生的新污染物日益增多，膜分离技术由于其高效、可选择性和环保等特点，成为处理新污染物的重要手段。因为新污染物的分子尺寸一般小于 UF 的孔径，所以直接利用 UF 处理新污染物难以实现其分离。因此，膜分离技术在去除水环境中新污染物的应用主要包括纳滤、正渗透和反渗透。其中，反渗透和正渗透的去除效果最好，它们对于部分有机污染物的去除效率可以达到 99%。但是，膜分离技术的成本一般较高，因而开发稳定性高、抗污染、易清洗的膜材料是膜分离技术发展的重要方向。此外，单独的膜分离技术具有功能局限性，通常需要与其他分离技术联合使用，如吸附技术。吸附和膜分离耦合技术主要是通过吸附和膜截留增强污染物去除效果，同时降低吸附剂和（或）污染物对膜的污染，进而提高膜的分离性能。

三、高级氧化技术

高级氧化技术又称作深度氧化技术，是指在高温高压、电、声、光辐照、催化剂等反应条件下，通过产生具有强氧化能力的自由基［多为羟基自由基（·OH）］，使大分子难降解有机物氧化成低毒或无毒的小分子物质的过程。其最显著的特点是以·OH 为主要氧化剂与有机物发生反应，反应中生成的有机自由基可以继续参加·OH 的链式反应，或者通过生成有机过氧化自由基后，进一步发生氧化分解反应直至降解为最终产物二氧化碳和水，从而达到氧化分解有机物的目的。因此，凡反应过程中涉及·OH 的氧化过程，都属于高级氧化技术。高级氧化技术主要包括光催化氧化、芬顿和类芬顿氧化、臭氧氧化、电化学氧化、超声氧化、过硫酸盐氧化等。

（一）光催化氧化技术

1. 技术概述

光催化氧化技术是指利用光能进行物质转化，特别是通过光激发半导体催化剂（如二氧化钛等）来产生强氧化性的自由基，从而将有机污染物氧化分解为无害或低毒的小分子物质的过程。在光催化过程中，当能量大于或等于能隙的光照射到半导体纳米粒子上时，半导体材料价带中的电子将被激发跃迁到导带，在价带上形成相对稳定的空穴，从而形成电子-空穴对。电子和空穴通过参加氧化还原反应，生成·OH 等强氧化性的自由基，进而实现去除污染物的目的。

2. 优势特点

光催化氧化技术是一种新型环保技术，可以高效降解有机污染物，并且对污染物的矿化程度高，降解产物绿色安全，无二次污染。光催化氧化技术依赖于可再生的光能源，如太阳光或人工光源。相比传统的化学氧化方法，光催化氧化技术具有绿色节能、可持续的优点。光催化氧化技术无须高温高压，在室温下可实现污染物的去除。光催化氧化技术依赖光催化剂，无须添加其他化学品，运行成本低、操作简单。此外，光催化氧化技术的应用范围广，对多种污染物均能实现降解和矿化。

3. 应用现状

目前，光催化氧化技术在各类新污染物控制方面均有应用，包括内分泌干扰物、有机磷酸酯、抗生素、抗生素抗性基因等。光催化降解效率受催化剂种类和投加量、光照类型和强度、目标新污染物的种类和浓度，以及各种环境因素，如温度和 pH 值等的影响。在不同的光催化剂中，二氧化钛（TiO_2）是最常用的半导体催化剂。在紫外光照射下，有机磷酸酯、抗生素及其抗性基因的降解效率均能达到 90%以上，降解效果较为显著。开发可见光响应的光催化材料，提高太阳光的利用率，提高催化性能，降低处理成本，是实际应用中需要考虑的主要问题。

（二）芬顿和类芬顿氧化技术

1. 技术概述

芬顿（Fenton）氧化技术的基本原理是在酸性条件下，利用二价铁离子（Fe^{2+}）和过氧化氢（H_2O_2）之间的链反应催化生成具有强氧化能力的·OH，从而引发更多的其他活性氧，实现对有机物的降解。类芬顿氧化技术是指在均相芬顿技术的基础上，结合光照、超声、电和臭氧等其他技术条件，使其发挥协同效应以提高对污染物降解效率的技术。因此，从广义上讲，可以把除芬顿法外，通过 H_2O_2 产生·OH 处理有机物的其他所有技术都称为类芬顿法。

类芬顿技术可分为均相类芬顿和非均相类芬顿两类。其中，均相类芬顿反应是在传统芬顿反应的基础上，利用 Fe^{3+} 、Cu^{2+} 、Mn^{2+} 、Co^{2+} 等铁基和非铁基催化剂替代传统 Fe^{2+} 催化剂来实现 pH 值范围扩大化。或者通过 UV 强化、外加电极、超声等手段干预反应催化分解过程来增强 ·OH 的产生效率，如光芬顿、电芬顿和超声辅助芬顿技术等。非均相类芬顿技术是指利用非均相催化剂和过氧化氢协同作用产生高度反应性氧化自由基的过程。常见的非均相催化剂包括铁基催化剂、铁矿类催化剂、负载型铁催化剂等。

2. 优势特点

芬顿氧化法具有处理工艺流程简单、设备投入小、处理效果好等优点。但传统芬顿氧化技术具有 pH 值应用范围窄、易产生铁泥、H_2O_2 利用率低等缺点。相较于芬顿氧化，类芬顿氧化具有更强的氧化降解性，可以处理多种化学结构和特性不同的污染物，在处理复杂废水和低浓度新污染物方面更具潜力。同时，类芬顿氧化技术对亚铁的消耗量少，pH 值适用范围广，碱耗低，可大幅减少铁泥产生量。此外，在非均相类芬顿反应中，非均相催化剂可重复利用，大大降低了运行成本。

3. 应用现状

芬顿和类芬顿氧化技术在污水深度处理领域获得广泛的应用，芬顿和类芬顿技术对新污染物的降解能力较强，如内分泌干扰物、全氟/多氟烷基化合物、抗生素等。与芬顿氧化技术相比，类芬顿氧化技术在新污染物处理方面的应用更加广泛。利用类芬顿技术处理废水中的有机磷酸酯和抗生素，其降解效率均可达到 90%以上，降解效率较高。在不同类型的类芬顿技术中，光芬顿氧化技术对新污染物去除具有普适性，而电芬顿氧化技术与超声辅助芬顿氧化技术在去除新污染物方面的应用相对较少。非均相类芬顿氧化技术可以利用不同类型催化剂对新污染物进行降解，新污染物去除率基本可达到 90%以上。

（三）臭氧氧化技术

1. 技术概述

臭氧氧化技术是以臭氧作为强氧化剂，氧化水或废水中的有机物或无机物，以达到消毒、氧化或脱色目的的水处理技术。该技术利用臭氧的强氧化性，可以有效地降解难降解有机污染物，将其转化为无害或低毒的小分子物质。根据氧化方式和氧化物种的不同，臭氧氧化可分为直接氧化、间接氧化和臭氧催化氧化三种类型。直接氧化是指臭氧与污染物直接进行氧化反应；间接氧化是指臭氧在水中分解产生自由基，这些自由基与废水中的有机物发生氧化还原反应；臭氧催化氧化则通过催化剂等手段，使臭氧分解产生 ·OH 来引发污染物的降解。

2. 优势特点

臭氧氧化技术的优势在于该技术可以快速有效地降解生物难降解物质，对于大分子难降解有机物具有良好的处理效果。臭氧能有效破坏致病菌的代谢酶、遗传物质或细胞膜的通透性等，将微生物杀灭，其杀菌能力优于氯消毒。同时，臭氧还可以破坏碳氮双键、偶氮等发色或助色基团，并氧化去除氨、硫化氢、甲硫醇等恶臭气体。由于剩余的臭氧会自行分解并增加水体中的溶解氧，因此臭氧氧化无二次污染。臭氧氧化法与常规水处理方法相比，具有占地面积小、自动化程度高的优点，并且浮渣和污泥产生量较少。

3. 应用现状

臭氧氧化技术对于水中大部分新污染物（如内分泌干扰物、全氟/多氟烷基化合物、抗生素、抗生素抗性基因等）均有较好的降解效果。臭氧氧化技术的去除效果与工艺条件和新污染物的性质等因素有关。据报道，臭氧氧化对抗生素和全氟/多氟烷基化合物的去除效果较好，去除率可达80%～100%。然而，由于设备复杂、投资运行成本高，限制了该技术在处理工艺中的应用。因此，未来如何通过技术创新和经济优化来进一步提高臭氧的生产效率、降低成本和运行费用，使臭氧氧化技术在水处理中发挥更大的作用，将是研究工作的重点。

（四）电化学氧化技术

1. 技术概述

电化学氧化技术主要通过阳极氧化水生成·OH以及直接电子转移，从而去除废水中的污染物。该技术包括阳极氧化技术、电芬顿氧化技术、光电芬顿氧化技术、超声波电芬顿氧化技术等。在电化学氧化过程中，污染物可在电极上发生直接电化学反应，转化为无害物质；也可通过间接电化学转化，利用电极表面产生的强氧化活性物种（如·OH和超氧根离子等）使污染物发生氧化还原转变。

2. 优势特点

电化学氧化法具有温和的反应条件，设备在常温常压下就可以运行。此外，反应过程的可控性强，可以通过改变外加电压、电流等方式灵活调节反应条件。电化学氧化法具有高效的处理能力，能够有效地去除全氟/多氟烷基化合物和回收高浓度、有价值的金属。此外，电化学氧化法可以节省占地面积，药剂投加量少，运行成本低廉。电化学氧化法没有二次污染问题，反应过程中产生的自由基可直接与废水中的有机物反应，将其降解为水、二氧化碳和简单有机物质。

3. 应用现状

近年来，电化学氧化技术在处理抗生素和全氟/多氟烷基化合物废水方面取得了显著的成果，对于大部分有机污染物的去除率可以达到70%以上。然而，由于其电极材料不易选择、电极寿命不长和能耗较大等不利因素，导致运行成本提高，使得电化学方法在水处理的应用中受到限制。因此，开发高效、耐用的电极材料，提高电极性能，降低运行成本，是推广电化学氧化技术需要突破的重要问题。

（五）超声氧化技术

1. 技术概述

超声氧化技术是通过超声波的作用产生空化气泡，使进入空化气泡的水分子和有机物蒸汽迅速发生热分解反应，从而去除污染物的过程。超声氧化的降解机理包括空化效应、热效应、机械效应和自由基效应。超声氧化技术的主要影响因素为超声波频率、超声功率或声能密度以及废水性质等。目前，超声氧化技术主要分为超声波单一降解法、添加催化剂或与其他水处理技术联用等类型。

2. 优势特点

超声氧化技术降解水体中的污染物具有设备操作简单、易于控制和维护等优点，对于非极性、易挥发有机污染物降解效果尤为显著。特别是对于毒性高、难降解的有机污染物，超声氧化技术具有显著的处理效果。超声氧化技术可高效降解有机污染物，通过反应产生的·OH将难降解的有毒有机污染物有效地分解，直至彻底地转化为无害的无机物。超声氧化技术的反应时间短、反应速度快、无选择性，能将多种有机污染物全部降解。

3. 应用现状

超声氧化技术是一种极具发展潜力的水处理技术。该技术对抗生素和全氟/多氟烷基化合物等新污染物的去除率可达70%以上。然而，这项技术也存在一些局限性。例如，处理费用普遍偏高、氧化剂消耗大，碳酸根离子及悬浮固体对反应干扰性大等。此外，该方法仅适用于高浓度、小流量的废水的处理，对低浓度、大流量的废水处理应用难。

（六）过硫酸盐氧化技术

1. 技术概述

过硫酸盐氧化技术是一种新型的高级氧化技术，其基本原理是利用过硫酸盐分解产生强氧化性的自由基，从而引发有机物的降解，实现对有机污染物的去除。常用的过硫酸盐包括过一硫酸盐（PMS）和过二硫酸盐（PDS）两种，它们可通过多种活化方式（热活化、紫外活化、超声活化、微波活化、过渡金属催化活化、碱活化等）产生硫酸根自由基（$SO_4^{\cdot -}$）和·OH。与·OH相比，$SO_4^{\cdot -}$氧化还原电位更高，半衰期更长，可以更高效地去除难降解有机物。

2. 优势特点

过硫酸盐氧化技术氧化能力强，反应速度快，对环境污染小，能够有效地降解各种有机污染物。过硫酸盐氧化技术具有pH值适用范围广的优点，在不同pH值范围内均具有较好的处理效果。

3. 应用现状

近年来，过硫酸盐的高级氧化技术发展迅速，成为环境水处理领域的研究热点，被广泛应用于处理水中的各类污染物。过硫酸盐氧化技术对抗生素、内分泌干扰物和全氟/多氟烷基化合物等新污染物的去除效率普遍较高。影响过硫酸盐氧化技术性能的因素很多，在实际应用中需要考虑氧化剂浓度、污染物理化特性、pH 值等的影响。随着研究的深入，新的复合工艺和基于新型催化剂的过硫酸盐氧化技术逐渐出现。

四、多技术耦合

（一）技术概述

单一的控制技术面临许多问题和瓶颈，如处理成分复杂的新污染物废水时，往往难以满足同时去除不同污染物的需求。为了应对这些挑战，新污染物控制技术正朝着综合方向发展。目前，应用广泛的耦合技术包含生物-物理、物理-高级氧化、生物-高级氧化和生物-物理-高级氧化。耦合技术的目的在于利用生物、物理和高级氧化技术各自的优点，使其有机结合，提高污染物的降解效果和降低运行成本。其中，生物技术包含好氧、厌氧和膜生物反应器等；物理处理技术包含吸附、过滤和膜分离等；高级氧化技术主要包含光催化、过硫酸盐高级氧化和电化学氧化法等。

（二）优势特点

多技术耦合的主要优势在于它结合了不同工艺的优点，可以提高处理效率和降低运行成本。在生物-物理技术耦合工艺中，生物处理技术能去除废水中大量的有机物和悬浮物，降低后续工艺有机负荷；物理处理技术将新污染物富集，方便进一步处理。在生物-高级氧化技术耦合工艺中，生物降解技术目的在于降低污染物浓度，以减少高级氧化技术的运行负荷，使其达到合适的运行条件。物理-高级氧化技术耦合工艺主要针对一些特定的工业废水，其有机物和悬浮物浓度含量相对较少。物理处理技术高效地将新污染物富集；高级氧化技术进一步处理实现完全降解。该工艺的优点在于工艺占地面积小，减少前期的投资成本，处理效率高，运行条件可控性强，针对不同污染物可灵活地调控运行参数。生物-物理-高级氧化技术耦合可充分利用三者的优势，生物技术降低后续工艺处理负荷；物理处理技术将新污染物富集；高级氧化技术进一步降解矿化。该工艺的优点在于新污染物的处理效果好，可实现污染物的完全降解，不会造成二次污染。

综上所述，工艺中不同处理技术可以相互补充，提高处理工艺的处理效率和稳定性，提高工艺的灵活度，可以根据具体的污水特性和处理需求进行调整，通过改变操作参数或者增加某些处理单元来适应不同的处理目标。经过合理设计可以减少占地面积，减少投资成本。组合工艺不仅提高出水水质，还降低了运营成本和环境影响，具有较强的稳定性和灵活性，是现代污水处理中一种常用的有效方法。

（三）应用现状

在实际应用过程中，新污染物针对性的处理工艺相对较少，目前主要停留在实验室研究阶段。混合污水的成分复杂多样，其中不仅包含有机物和无机物，还包括各种新污染物。考虑到成本问题，一般先采用生物法等较为经济的方法将有机物的含量降低到一定程度再进行深度处理（吸附和膜分离）。生物处理技术和物理处理技术对于新污染物的处理具有一定的局限性，如生物处理技术导致抗生素抗性基因的丰度增加，吸附和膜分离技术不能实现新污染物的完全降解。因此需采用高级氧化技术进一步处理，将生物技术、物理技术与高级氧化技术有机结合，实现新污染物的有效降解。目前，常见的耦合工艺有 A^2/O＋吸附、A/O＋膜分离、膜分离＋电化学高级氧化、吸附＋好氧生物处理＋芬顿氧化、A^2/O＋砂滤＋臭氧氧化等。新污染物控制技术的发展趋势倾向于多工艺的耦合，以在节能和高效的同时，应对新污染物带来的挑战。这种综合性方法不仅有助于新污染物的有效处理，还将推动环境领域的可持续发展，构建清洁和健康的生态环境。

第四节　新污染物治理发展前景及市场空间

一、行业现状

近年来，尽管我国对新污染物的管理制度、检测评估和科学研究等方面有显著提升，但仍面临一些挑战。具体体现在以下几个方面。

（1）管理制度方面。国家层面在相关法律法规建设方面有待加强，配套法律法规不够完善。国家已经制定了《行动方案》，但企业管理理念体现不足，按物质、区域、行业分级的优先管理理念，风险预防和监控理念体现不够，企业主体、政府监督、公众参与的社会共治理念有待加强。市场对于化学物质管理制度不够健全，缺少成体系的化学物质风险评估和管理制度。

（2）检测评估方面。目前，检测评估技术相对落后，对于新污染物的认知还不足，底数不清、目标不明，缺乏系统化的检测和风险评估技术。新污染物的分析包括样品前处理和仪器分析过程。液体样品的提取常用液液萃取、固相萃取、液相微萃取、固相微萃取等方法。仪器分析多采用色谱分析法、光谱法、酶联免疫法等。高分辨率质谱用于未知污染物和非靶标筛查、鉴定和定量。超临界流体色谱技术适用于一些高极性、热不稳定性、高分子量单体的分离和检测，且具有有机溶剂消耗少的优点。酶联免疫分析法灵敏度较高、特异性较强、操作简单、速度快、分析成本低，但可能出现假阳性结果。目前，液相色谱检测技术的使用最为广泛，尤其是高效液相色谱-质谱联用技术，但其样品前处理烦琐，检测费用高，不适合现场检测。

（3）科学研究方面。支撑该产业的科研技术相对薄弱，新污染物传播途径、转化机理不清，生态毒性、生态风险评估体系不够完善，替代品、减排技术、治理技术的研究力度不足，检测方法手段较少。目前，新污染物的降解技术是受关注的热点，新污染物的去除主要有生物、物理和高级氧化去除技术及组合联用工艺。生物处理技术主要有活性污泥法、生物滤池、膜生物反应器、生物吸附法和人工湿地等。生物处理技术运行成本低，但处理周期较长，通常需要预处理。物理处理技术主要包括吸附和膜分离。吸附法的研究重点是制备环保型复合吸附剂，提高吸附效率和重复使用率。膜材料成本和运行费用是膜分离技术的重要限制因素。高级氧化技术存在试剂消耗量大、运营费用高、易产生二次污染等问题。提高氧化效率、降低成本是氧化技术广泛应用的关键。单一处理技术在实际应用中的去除效果并不理想，应根据处理需求采用联合技术处理。

（4）实际应用方面。目前，新污染物治理实际案例主要是关于制药厂废水中抗生素的处理，通常采用的方法为生物和物理方法（表 9-2）。尽管高级氧化技术是一种高效的技术，但在实际应用方面也有其局限性。大多数关于高级氧化技术处理新污染物废水的研究仍然停留在实验室的模拟废水处理阶段，缺乏在真实废水中验证这些工艺的实际去除效率数据。

表 9-2　新污染物治理实际应用案例

项目名称	工程概述	主体工艺	工程投资
北京某制药厂中药制药废水处理	废水中主要含有各种天然有机污染物，具有组成复杂、有机污染物种类多、浓度高等特点	SBR	工程总投资 88 万元，其中土建投资 39 万元、设备仪表投资 20 万元、安装工程 16 万元、其他 13 万元
某制药企业废水处理	该企业共有 6 个生产车间，主要产生 7 类废水，排放废水总量约 193 m^3/d。工程总水量按 400 m^3/d 设计	铁碳微电解/混凝/臭氧氧化工艺	运行成本为 5.98 元/m^3

续表

项目名称	工程概述	主体工艺	工程投资
河南某制药股份有限公司废水处理	废水来源主要为中药材淘洗废水、中药煎煮废渣残液及容器清洗废水、锅炉废水、办公生活废水。生产废水属于有机废水，水中污染物主要是多环芳烃等难以降解的大分子物质	UASB＋周期循环活性污泥法(CASS)	工程总投资为 408.06 万元
重庆某制药企业废水处理	该企业生产废水为 800 m^3/d、生活污水为 200 m^3/d。废水中污染物的主要成分是生产过程中残余的原料及溶媒、中间产物等，如氯仿、DMF、三乙胺、克林霉素及相关中间产物	铁碳微电解＋UASB＋A/O＋混凝工艺	工程总投资为 1 375 万元
山东新时代药业有限公司废水处理	废水具有有机物含量高、悬浮物浓度高、成分复杂、存在生物毒性物质、色度高、pH 值波动大、间歇式排放等特点。含有甲苯、乙酸乙酯等有机溶剂以及红霉素、青霉素等抗生素残留效价。处理水量为 6 000 m^3/d	好氧活性污泥＋芬顿氧化＋曝气生物滤池	工程总投资 6 500 万元，合计运行费用 494 万元/a
西安市某污水处理厂	处理量为 50 万 m^3/d，年径流量为 5.86 亿 m^3 的灞河为其受纳水体，共检出 5 种抗生素，分别为诺氟沙星、环丙沙星、恩诺沙星、磺胺甲噁唑和磺胺嘧啶，浓度范围在 25.0～349.7 ng/L，抗生素去除率 47.20%～82.56%	曝气沉砂池＋A^2/O＋接触消毒	ND
西安市某污水处理厂	处理量为 20 万 m^3/d，出水排放至年径流量为 2.22 亿 m^3 的浐河，进水中共检出 4 种抗生素，分别为诺氟沙星、环丙沙星、恩诺沙星和磺胺甲噁唑，浓度范围 28.0～212.5 ng/L，抗生素去除率 38.86%～85.64%	曝气沉砂池＋厌氧＋氧化沟＋接触消毒	ND

注：ND 表示无相关信息。

以山东新时代药业有限公司废水处理工艺为例，其主体工艺为好氧活性污泥法、芬顿氧化和曝气生物滤池组合工艺，工艺流程如图 9-2 所示。该厂原始进水中抗生素浓度为 380 mg/L，经芬顿氧化池后出水中未检测到抗生素，可实现抗生素的完全去除。

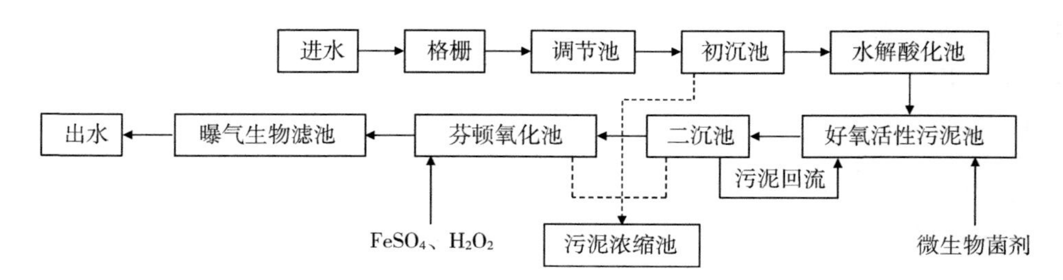

图 9-2　山东新时代药业有限公司废水处理流程图

总体来说，新污染物监管配套的技术规范和指南不够完善；化学物质管理能力不足，缺少各层级协调机制、稳定的专业技术团队、财政资金支持，地方管理能力薄弱。对于新污染物，虽部分纳入优先控制物质名录，但未纳入环境质量管理体系，在摸清底数、评估风险、识别重点、技术支撑等基础工作方面短板尤为突出，离精准管控相距尚远。新污染物识别技术较为落后，导致国际谈判和国内工业行业发展易受牵制。目前关于新污染物的减排技术主要集中于实验室研究阶段，实际应用的相对较少，因此亟须将其推广到实际生产应用中。

二、未来挑战与机遇

新污染物治理的未来挑战主要包括法律法规体系的完善、跨部门协调机制的建立、环境风险底数的清晰化，以及人才队伍和科技支撑能力的提升等方面。当前，虽然我国在新污染物治理方面取得了一些进展，但仍面临许多问题。新污染物大部分为新化学物质，其治理应纳入化学物质环境风险管理，将生态环境管理推向科学化、精准化、系统化。

一是谋划顶层设计，构建法规制度体系。建立化学物质环境风险管理基本框架，推动制定上位法。建立健全化学物质环境风险识别和评估、经济社会影响等评估制度，化学物质环境调查监测、企业信息数据收集、数据质量监督等信息数据制度，损害赔偿、信息公开和公众参与等配套制度。加强与环评，排污许可，水、大气、土壤等生态环境部门管理制度以及与其他部门化学物质管理制度的衔接，对接相关名录和标准。进一步完善现有优控物质筛选制度和新物质审核登记制度。

二是建立协调机制，加强管理能力建设。建立国家层面化学物质管理协调机制，推动部门间信息数据共享、法律法规衔接、联合执法等；建立部门内协调机制，推动与水、大气、土壤、固废管理体系衔接；建立对地方的纵向管理机制，将化学物质管理纳入对地方的考核体系。开展部门间联合执法培训、基层生态环境部门管理执法人员技术培训。

三是持续调查评估，实现分层精准管控。充分开展水、大气、土壤环境监测、危害调查、行业调查，摸清底数，建立基础数据库。持续推动环境风险评估和社会经济影响评估，识别重点物质、重点区域、重点行业、重点环节、重点介质，制订专项战略计划，分阶段精准管控。

四是支持科技研究，加强技术推广应用。推动建立国家和地方科技专项，加快化学物质的监测预警方法、毒性机理与替代、减排、治理措施研究以及潜在高关注物质识别和前沿探索等研究。推动编制相关技术规范和标准。建立化学物质环境风险管理专家委员会，鼓励和培养企业技术团队。

五是重视国际合作，辩证利用履约机制。加强化学物质科学、技术、管理的国际交流。辩证利用国际公约履约机制，结合我国实际，一方面积极参与和引领全球环境治理，以外促内，推动国内化学物质管理和行业创新；另一方面谨慎签署国际公约，防止技术壁垒效应，掌握行业发展主动权。

参考文献

[1] 国务院办公厅. 关于印发新污染物治理行动方案的通知[EB/OL]. (2022-05-24)[2024-01-31]. https://www.gov.cn/zhengce/content/2022-05/24/content_5692059.htm.

[2] 生态环境部，工业和信息化部，农业农村部，等. 重点管控新污染物清单(2023年版)[EB/OL]. (2022-12-30)[2023-01-31]. https://www.mee.gov.cn/xxgk2018/xxgk/xxgk02/202212/t20221230_1009167.html.

[3] 蒋明，赵刚. 水中新污染物的处理技术研究进展[J]. 资源节约与环保，2023(9)：144-148.

[4] 阚西平，隋倩，俞霞，等. 我国省级行政区新污染物治理工作方案分析及需求展望[J]. 环境科学研究，2023，36(10)：1845-1856.

[5] 李江蕴. 我国新污染物治理现状与对策[J]. 质量与认证，2023(7)：81-83.

[6] 孟小燕，黄宝荣. 我国新污染物治理的进展、问题及对策[J]. 环境保护，2023，51(7)：9-13.

[7] 王蕾，邢维龙，范德玲，等. 新污染物治理面临的技术挑战与科技支撑建议[J]. 环境影响评价，2023，45(2)：1-6.

[8] 韦正峥，向月皎，郭云，等. 国内外新污染物环境管理政策分析与建议[J]. 环境科学研究，2022，35(2)：443-451.

[9] 张丛林，刘宝印，邹秀萍，等. 我国新污染物治理形势、问题与建议[J]. 环境保护，2021，49(10)：20-24.

[10] 宗丁雯，许航，丁明梅，等. 纳滤工艺去除水体中新污染物的研究进展[J]. 净水技术，2024，43(1)：23-31+57.

[11] 江传春，肖蓉蓉，杨平. 高级氧化技术在水处理中的研究进展[J]. 水处理技术，2011，37(7)：12-16+33.

[12] 张玉斌. 加强新污染物治理助力污染防治攻坚战[J]. 环境保护与循环经济，2022，42(9)：1-3.

[13] 王燕飞，蒋京呈，胡俊杰，等. 新污染物治理国际经验与启示[J]. 环境保护，2022，50(20)：61-66.

[14] 叶杰旭，李伟，何志桥，等. 微电解/混凝/臭氧氧化强化生物工艺处理制药废水[J]. 中国给水排水，2014，30(10)：72-75+78.

[15] 周林军，邢维龙，张冰，等. 新污染物环境暴露评估与调查监测总体要求[J]. 环境监控与预警，2024，16(3)：1-8.

[16] 李秋爽，於方，曹国志，等. 新污染物治理进展及“十四五”期间和长期治理思路研究[J]. 环境保护，2021，49(10)：12-19.

[17] 李鸽，任宇婷，林衍. 铁碳微电解-UASB-A/O-混凝工艺处理制药废水[J]. 中国给水排

水，2017，33(2)：82-86.

[18] 赵静，刘晓建，杜鹏，等. 2020 年后国际新形势下加强我国新污染物治理的对策建议[J]. 生态毒理学报，2023，18(6)：91-97.

[19] 王佳钰，王中钰，陈景文，等. 环境新污染物治理与化学品环境风险防控的系统工程[J]. 科学通报，2022，67(3)：267-277.

[20] 刘沛，黄慧敏，余涛，等. 我国新污染物污染现状、问题及治理对策[J]. 环境监控与预警，2022，14(5)：27-30+70.

[21] 邹秀萍，李振玮，张丛林，等. 构建中国特色新污染物风险防控体系[J]. 环境生态学，2022，4(Z1)：111-115.

[22] DAVOODBEYGI Y，ASKARI M，SALEHI E，et al. A review on hybrid membrane-adsorption systems for intensified water and wastewater treatment：Process configurations，separation targets，and materials applied [J]. Journal of Environmental Management，2023，335：117577.

[23] RATHI B S，KUMAR P S，SHOW P-L. A review on effective removal of emerging contaminants from aquatic systems：Current trends and scope for further research [J]. Journal of Hazardous Materials，2021，409：124413.

[24] RATHI B S，KUMAR P S. Application of adsorption process for effective removal of emerging contaminants from water and wastewater [J]. Environmental Pollution，2021，280：116995.

[25] COCCIA M，BONTEMPI E. New trajectories of technologies for the removal of pollutants and emerging contaminants in the environment [J]. Environmental Research，2023，229：115938.

[26] TRAN N H，REINHARD M，GIN K Y-H. Occurrence and fate of emerging contaminants in municipal wastewater treatment plants from different geographical regions-a review [J]. Water Research，2018，133：182-207.

[27] MICHAEL I，RIZZO L，MCARDELL C S，et al. Urban wastewater treatment plants as hotspots for the release of antibiotics in the environment：A review [J]. Water Research，2013，47(3)：957-995.

[28] SIVARANJANEE R，KUMAR P S. A review on remedial measures for effective separation of emerging contaminants from wastewater [J]. Environmental Technology & Innovation，2021，23：101741.

[29] SOPHIA A C，LIMA E C. Removal of emerging contaminants from the environment by adsorption [J]. Ecotoxicology and Environmental Safety，2018，150：1-17.

第十章　绿色金融与可持续发展

第一节　概述

一、绿色金融概念

绿色金融——即对环境技术、基础设施和相关服务的投资——是实现绿色未来的有力工具（表10-1）。2016年，中国人民银行、财政部、国家发展改革委、环境保护部、证监会等七部门联合发布了《关于构建绿色金融体系的指导意见》。意见首次确立了中国绿色金融体系建设的顶层架构，并给出了绿色金融的“官方”定义，绿色金融是指为支持环境改善、应对气候变化和资源节约高效利用的经济活动，即对环保、节能、清洁能源、绿色交通、绿色建筑等领域的项目投融资、项目运营、风险管理等所提供的金融服务。经过多年实践探索，绿色金融作为“绿水青山变为金山银山”的重要市场手段，在支持中国低碳转型和高质量发展方面发挥着越来越重要的作用。

表10-1　主要国际组织及我国对绿色金融的表述

国家/组织	定义
联合国	旨在提高公共、私营和非营利部门向可持续发展优先事项提供，且主要来自银行、小额信贷保险和投资等的资金流动。其中一个关键部分是更好地管理环境和社会风险，并平衡好商业回报与环境保护的关系
世界银行	如果我们要向可持续的全球经济过渡，我们就需要扩大提供具有环境效益的投资融资，即所谓的“绿色金融”
国际货币基金组织	金融部门通过支持减少气候变化风险和减轻不利气候事件的影响，在应对气候变化的斗争中可以发挥重要作用。长期机构投资者可以帮助重新平衡和分配与气候相关的风险，维护金融稳定。对冲工具（如灾难债券、指数保险）有助于防范日益增加的自然灾害风险，其他金融工具（如绿色股票指数、绿色债券、自愿去碳化举措）有助于将投资重新分配给“绿色”部门
经合组织	绿色金融的目标是减少温室气体和提高气候弹性；改善环境目标，如空气和水质、生态系统和生物多样性以及资源利用效率
亚洲开发银行	绿色金融是为可持续的地球提供资金，涵盖了项目的金融服务、体制安排、国家倡议和政策以及产品（债权、股权、保险）或担保的各个方面，旨在促进资金流向可以实现环境改善，减缓和适应气候变化，并提高自然资本保护和资源利用效率的经济活动和项目

续表

国家/组织	定义
中国	2016年8月31日，中国人民银行等七部委发布的《关于构建绿色金融体系的指导意见》中，绿色金融是指为支持环境改善、应对气候变化和资源节约高效利用的经济活动，即对环保、节能、清洁能源、绿色交通、绿色建筑等领域的项目投融资、项目运营、风险管理等所提供的金融服务

二、绿色金融发展史

绿色金融发展的历史可追溯至1974年联邦德国设立的第一家政策性环保银行“生态银行”（表10-2），主要为商业银行不愿意受理的环境保护项目提供优惠贷款。1997年《京都议定书》的签订，标志着绿色金融正式纳入发达国家重点关注的对象。2002年，世界银行下属的国际金融公司和荷兰银行提出企业贷款准则“赤道原则”，即金融机构投融资时需综合评估该项目对环境和社会可能产生的影响。自此，绿色金融逐步得到各国政府的重视，并在全球范围内快速发展。2005年，《京都议定书》正式生效，开启了全球碳金融时代的新篇章，自此之后，国际碳交易市场发展逐步成熟，碳交易量以及交易额迅速增长，金融机构参与度不断提高，市场机制建设不断完善，碳金融业务逐步渗透到交易的各个环节，包括碳排放权、碳交易业务、碳金融衍生品、低碳项目开发投融资等，国际发达地区的碳金融体系基本形成。目前，主要碳金融市场包括欧盟排放交易系统（EUETS）、芝加哥气候交易所（CCX）、澳大利亚新南威尔士州温室气体减排系统（NSW GGAS）、日本自愿排放交易系统（JVETS）等。

表10-2 全球绿色金融演进历程

时间	事件
1974年	1972年6月，联合国人类环境会议在瑞典斯德哥尔摩举行，这是世界各国共同讨论当代环境问题的第一次国际会议，各国开始关注环境问题带来的全球性影响，并探讨解决方案 1974年，联邦德国成立了全球第一家政策性环保银行，专门为环境保护和社会、生态业务提供融资项目支持，成为国际上早期的绿色金融探索实践。随后以发达国家为首，各国政府、非营利组织、金融机构等开始了多种尝试与探索，为后续的绿色金融发展积累了一定的实践经验
1980年	1980年，美国出台“超级基金法案”，要求企业处理潜在的或已发生的环境损害问题。这一法案的出台对世界各国通过立法解决环境相关问题有着重要的借鉴意义，是世界上有记录的最早的“绿色金融”制度
1992年	1992年，联合国环境规划署（UNEP）发布《银行业关于环境和可持续发展的声明书》，同年在里约峰会上成立金融行动机构（UNEP FI），督促金融系统为环境污染、气候治理等可持续发展内容提供支持，标志着联合国环境规划署银行计划（UNEP BI）的正式成立
1995年	1995年，联合国环境规划署将该计划拓展到保险业，与瑞士再保险等公司发布《保险业关于环境和可持续发展的声明书》

续表

时间	事件
1997 年	1997 年，在日本京都由联合国气候变化框架公约参加国三次会议制定了《京都议定书》，其目标是“将大气中的温室气体含量稳定在一个适当的水平，进而防止剧烈的气候改变对人类造成伤害”。同年，联合国环境规划署保险机构计划（UNEP III）正式成立。为适应金融行业的发展态势，联合国环境规划署银行计划对声明书内容进行适当修正，从单一银行业务扩展到一般性金融服务，其后银行计划更名为金融机构计划（UNEP FII）
2003 年	2003 年，在 UNEP III 和 UNEP FII 的联合年会上，保险计划和金融计划正式合并为金融计划，简称 UNEP FI
2003 年	2003 年，花旗、荷兰银行、巴克莱等全球各大银行牵头，制定了一套自愿性的绿色信贷原则——赤道原则（Equator Principles，缩写为 EPs），这成为国际性的衡量社会和环境风险的非强制性准则
2007 年	2007 年，欧洲投资银行（European Investment Bank，EIB）向欧盟 27 个成员国投资者发行全球首只绿色类债券——“气候意识债券”，推动了绿色债券的国际化发展，并加速其规模扩张
2015 年	全球金融稳定委员会（FSB）成立气候相关财务信息披露工作组（Task Force on Climate-Related Financial Disclosures，TCFD）。TCFD 旨在就气候相关风险和机遇（包括与全球向低碳经济转型有关的风险和机遇）的重大财务影响征求一致、可用于决策和前瞻的信息，已发布《与气候有关的财务披露问题工作组的建议》等报告
2019 年	可持续金融国际平台（IPSF）由欧盟倡议发起，中国也作为第一批发起成员加入。在这个平台之下，由中国和欧盟共同牵头成立了一个可持续金融标准工作组，共同推动形成一套基于中国绿色金融标准和欧盟可持续金融标准的统一标准

三、绿色金融与可持续发展

践行绿色发展新理念，助力双碳战略是新发展阶段下金融体系服务实体经济的重要内容。近年来，随着气候、环境和生态问题外部性效应的加速显现，全球主要经济体都在大力推进绿色转型发展。2016 年，绿色金融首次列入 G20 峰会议题，全球 30 多个国家开始制定绿色金融政策，2021 年 G20 可持续金融研究小组恢复设立，完善绿色金融服务体系成为全球金融市场的重要主题。随着绿色金融制度体系与市场建设不断完善，绿色金融正逐渐成为实现“双碳”目标的强有力抓手。

2016 年，中国人民银行等七部委联合印发《关于构建绿色金融体系的指导意见》，我国成为全球首个由政府部门制定系统性绿色金融政策框架的国家。2021 年，中国人民银行设立碳减排支持工具和支持煤炭清洁高效利用专项再贷款两项货币政策工具，激励和引导更多金融机构以市场化方式支持绿色低碳发展。在新发展理念的指引和国家政策的推动下，绿色金融发展日益成为金融部门和全社会的共识。我国已经形成以绿色贷款和绿色债券为主、多种绿色金融工具蓬勃发展的多层次绿色金融市场体系。截至 2023 年 6 月末，我国本外币绿色贷款余额 27.05 万亿元，同比增长 38.4%，高于各项贷款增速 27.8 个百分点，比年初增加 5.45 万亿元；两项货币政策工具余额分别达 4 530 亿元和 2 459 亿元，比上年末增加 1 433 亿元和 1 648 亿元，其中，碳减排支持工具支持金融机构发放碳减排贷款超过 7 500 亿元，带动年度碳减排量超过 1.5 亿 t 二氧化碳当量。绿色金融的快速发展，提升了金融业的适应性、竞争力和普惠性，为应对气候变化和治理环境污染提供了有力资金支持和综合性金融服务，成为我国参与全球经济金融治理的重要领域和亮点之一。2023 年 7 月，习近平总书记在全国生态环境保护大会上指出，要完善绿色低碳发展经济政策，强化财政支持、税收政策支持、金融支持、价格政策支持。绿色是高质量发展的鲜明底色。近年来，在新发展理念引领下，我国金融机构积极发展绿色金融，为生态文明建设提供多种形式的金融服务，让金融活水持续滋养绿水青山。绿色金融在推动经济社会高质量发展方面发挥显著作用，推动金融业创新服务绿色发展。

四、我国的探索与努力

我国绿色金融起步相对较晚，但政策环境不断完善（表 10-3）。2021 年 10 月，国务院发布《2030 年前碳达峰行动方案》，其中对绿色金融做出总体规划与战略布局。2021 年 12 月 23 日，生态环境部、国家发展改革委、工业和信息化部等九部门印发《关于开展气候投融资试点工作的通知》及《气候投融资试点工作方案》，提出有序发展碳金融。指导试点地方积极参与全国碳市场建设，研究和推动碳金融产品的开发与对接，进一步激发碳市场交易活力。鼓励试点地方金融机构在依法合规、风险可控前提下，稳妥有序探索开展包括碳基金、碳资产质押贷款、碳保险等碳金融服务，切实防范金融风险，推动碳金融体系创新发展。展望未来，绿色金融服务“双碳”主题和实体经济可能是绿色金融政策发展的主要方向。

表 10-3 我国绿色金融演进历程

时间	政策
2012 年 1 月 29 日	银保监会出台《绿色信贷指引》，指出银行业金融机构需建立绿色信贷评价体系和奖惩体系，及时公开相关战略、政策及发展情况，从战略高度推进绿色信贷的发展
2015 年 12 月 22 日	央行发行绿色金融债券，为绿色产业项目创建新的融资渠道，并在附件《绿色债券支持项目目录》中给出绿色产业项目的范围。业界范围内普遍认定 2015 年为“中国绿色金融发展元年”
2015 年 12 月 30 日	央行联合国家标准化管理委员会等五部门发布《金融业标准化体系建设发展规划（2016—2020 年）》，针对产品、基础设施、统计和监管风控等方面建立了标准化体系，将绿色金融标准化工程上升为重点工程
2016 年 8 月 31 日	央行等七部委印发《关于构建绿色金融体系的指导意见》，提出要大力发展绿色信贷，推动证券市场支持绿色投资，设立绿色发展基金，通过政府和社会资本合作（PPP）模式动员社会资本，发展绿色保险，完善环境权益交易市场，丰富融资工具，支持地方发展绿色金融，推动开展绿色金融国际合作，防范金融风险，强化组织落实等意见

续表

时间	政策
2016 年 12 月 26 日	中国银行业协会发布《中国银行业绿色银行评价方案》，规范银行机构绿色信贷工作，制定绿色银行评价方案，引导银行业支持绿色循环、低碳经济产业的发展，提升社会贡献度
2018 年 6 月 16 日	党中央和国务院出台《关于全面加强生态环境保护 坚决打好污染防治攻坚战的意见》，提出大力发展绿色信贷、绿色债券等金融产品的实践手段，助力打赢蓝天保卫战、碧水保卫战、净土保卫战
2019 年 5 月 31 日	央行发布《关于支持绿色金融改革创新试验区发行绿色债务融资工具的通知》，支持绿色金融改革创新试验区内企业注册发行绿色债务融资工具，放宽募集资金用途不仅有助于专项扶持试验区的绿色企业扩大投融资，还将帮助试验区获得更多的资金以支持绿色经济转型
2020 年 5 月 28 日	2020 年 5 月，中国人民银行和国家发展改革委印发《绿色债券支持项目目录（2020 年版）的通知（征求意见稿）》，对绿色产业进行划分，包括节能环保产业、清洁生产产业、清洁能源产业、生态环境产业、基础设施绿色升级以及绿色服务，在此基础上对《绿色产业指导目录（2019 年版）》三级分类进行了细化
2021 年 2 月 22 日	国务院发布《关于加快建立健全绿色低碳循环发展经济体系的指导意见》，为我国建立健全绿色低碳循环发展的经济体系提出指导性意见，以确保实现碳中和、碳达峰目标，从全局高度上对绿色发展进行了全面系统的规划
2021 年 4 月 2 日	央行、国家发展改革委、证监会三部门联合印发《绿色债券支持项目目录（2021 年版）》。新目录明确了绿色债券的定义，绿色债券是指将募集资金专门用于支持符合规定条件的绿色产业、绿色项目完成绿色经济活动，依照法定程序发行并按约定还本付息的有价证券，包括但不限于绿色金融债券、绿色企业债券、绿色公司债券、绿色债务融资工具和绿色资产支持证券。新目录对绿色债券支持领域和范围进行了科学统一的界定，是专门用于界定和遴选符合各类绿色债券支持和使用范围的绿色项目和绿色领域的专业性目录清单及统一标准
2021 年 5 月 17 日	生态环境部发布《碳排放权登记管理细则（试行）》《碳排放权交易管理规则（试行）》《碳排放权结算管理规则（试行）》文件，进一步规范全国碳排放权登记、交易、结算活动，保护全国碳排放权交易市场参与方合法权益
2021 年 6 月 9 日	人民银行发布《银行业金融机构绿色金融评价方案》，对 2018 年 7 月制定的《银行业贷款类金融机构绿色信贷业绩评价方案（试行）》进行了修订，扩展了考核业务覆盖范围，统筹考虑境内绿色贷款和境内绿色债券业务开展情况，修订绿色金融评价评估体系，鼓励中国人民银行分支机构、监管机构、各市场参与者积极探索和依法依规拓展绿色金融评价结果的应用场景
2021 年 7 月 7 日	国常会决定加大金融对实体经济的支持，推出支持碳减排的措施，提出推动绿色低碳发展，设立支持碳减排货币政策工具，以稳步有序、精准直达方式，支持清洁能源、节能环保、碳减排技术的发展，并撬动更多社会资源促进碳减排
2021 年 7 月 27 日	央行集中发布多项金融标准，此次发布的 28 项新金融行业标准中，包括绿色金融行业首批行业标准。分别为《金融机构环境信息披露指南》和《环境权益融资工具》，制定了统一的绿色债券标准，不断丰富绿色金融产品与服务标准，并支持建立绿色项目库标准，加快制定金融机构碳排放核算、ESG 评价等标准，支持绿色发展和低碳转型
2021 年 10 月 24 日	中共中央、国务院印发《关于完整准确全面贯彻新发展理念做好碳达峰碳中和工作的意见》提出，推进绿色低碳金融产品和服务开发，设立碳减排货币政策工具。引导银行等金融机构为绿色低碳项目提供长期限、低成本资金。扩大绿色债券规模。研究设立国家低碳转型基金。鼓励社会资本设立绿色低碳产业投资基金。建立健全绿色金融标准体系
2021 年 10 月 26 日	国务院印发《2030 年前碳达峰行动方案》，提出完善绿色金融评价机制，建立健全绿色金融标准体系。大力发展绿色贷款、绿色股权、绿色债券、绿色保险、绿色基金等金融工具。鼓励社会资本以市场化方式设立绿色低碳产业投资基金。发挥全国碳排放权交易市场作用，进一步完善配套制度，逐步扩大交易行业范围

续表

时间	政策
2021年11月8日	人民银行创设推出碳减排支持工具这一结构性货币政策工具，向金融机构提供低成本资金，引导金融机构在自主决策、自担风险的前提下，向碳减排重点领域内的各类企业一视同仁提供碳减排贷款，贷款利率应与同期限档次贷款市场报价利率（LPR）大致持平。碳减排支持工具发放对象暂定为全国性金融机构，人民银行通过先贷后借的直达机制，对金融机构向碳减排重点领域内相关企业发放的符合条件的碳减排贷款，按贷款本金的60%提供资金支持，利率为1.75%
2021年12月23日	生态环境部、国家发展改革委、工业和信息化部等九部门印发《关于开展气候投融资试点工作的通知》及《气候投融资试点工作方案》，提出有序发展碳投资。指导试点地方积极参与全国碳市场建设，研究和推动金融产品的开发与对接，进一步激发碳市场交易活力。鼓励试点地方金融机构在依法实现风险可控前提下，稳妥有序探索开展包括碳基金、碳资产质押贷款、碳保险等碳金融服务，切实防范金融风险，推动碳金融体系创新发展
2022年2月8日	央行、银保监会、证监会等印发《金融标准化“十四五”发展规划》，其中提到加快完善绿色金融标准体系，具体包括探索制定碳金融产品相关标准，助力金融支持市场建设等

2018年，中国人民银行牵头的G20绿色金融研究小组更名为可持续金融研究小组。同年，商务部与联合国开发计划署合作，设立了中国可持续发展目标影响力融资（SDGIF）研究与促进项目。项目旨在搭建SDGIF合作平台，促进政策对话与投融资创新，开发SDGIF工具，促进SDGIF在中国的发展，推动可持续发展议程本地化和可持续发展目标的实现。目前，项目已经发布了《可持续发展投融资项目支持目录（中国）》和《中国可持续发展投资者地图》，开发了小额信贷行业可持续发展目标影响力评估手册等工具。以深圳市为代表的部分地方政府也积极探索可持续金融发展。深圳市在“金融+环境”“金融+社会”等领域进行了大量创新实践，并着力打造全球可持续金融中心，可持续金融生态体系逐步形成。例如，2020年10月29日，深圳通过了一套绿色金融发展规定，要求资产管理者公开其投资项目对环境影响的信息。这些强制性的绿色金融管理规定也对当地金融机构适用，目标是构建一个绿色金融管理生态系统。该规定于2021年3月1日生效，成为中国乃至世界第一项由地方立法机构通过的绿色金融法令。

第二节　绿色金融政策、产品及标准

一、绿色金融政策

（一）政策环境由顶层设计向标准化、规范化演进

自“双碳”目标提出以来，我国绿色金融快速发展，对推动国内经济社会绿色可

持续发展起重要作用。随着绿色金融驶入发展“快车道”，与之匹配的绿色金融政策体系也亟须完善。2022 年，从中央部委到地方政府，以标准化、规范化为着力点，不断完善细化绿色金融政策体系，为绿色金融高质量发展保驾护航。

从国家战略层面高度重视绿色金融的发展。整体来看，2022 年政府工作报告强调有序推进碳达峰碳中和工作，处理好发展和减排的关系；党的二十大报告中“绿色”“低碳”成为高频词汇，并针对能源调控、能源革命、碳市场建设以及应对气候变化明确重要任务，推动绿色金融服务政策呈现自上而下、内外接轨的规范化特征，引导金融工具及机构成为绿色发展的重要抓手。具体来看，国务院与多部委形成合力，通过细化政策部署，为绿色金融在不同领域赋能绿色发展提供明确思路，其中，在重点产业方面加强绿色金融推动能源行业绿色转型，在重点区域鼓励绿色金融因地制宜特色发展，在重点要素方面强调人才、技术等创新要素对绿色金融发展的赋能。

绿色金融工具政策聚焦探索具有中国特色的标准。一是聚焦重点绿色金融工具出台国家标准。随着全国碳市场的落地，为规范碳金融产品发展，广州碳排放权交易中心和北京绿色交易所共同牵头编制《碳金融产品》，成为首份碳金融领域的国家行业标准；针对绿色债券面临的市场标准不统一等问题，经中国人民银行和证监会同意，绿色债券标准委员会发布《中国绿色债券原则》，建立起国内统一、国际接轨的中国特色绿色债券标准。二是地方政府因地制宜细化评价标准。一方面，衢州等绿色金融改革创新试验区重视绿色载体建设，针对低碳工厂、低碳工业园区、小微企业等不同主体建立评价办法，先行先试建立多元化地方绿色金融评价体系；另一方面，其他地区借鉴绿色金融改革创新试验区的实践经验，制定绿色企业与项目认定办法，形成多点开花的新局面。三是积极参与国际绿色金融标准制定，牵头发布《可持续金融共同分类目录》《支持绿色金融发展的项目、活动和资产环境准则指南》两大国际绿色金融产品标准，有效提升中外绿色金融标准的可比性、兼容性和一致性。

规范化、差异化的指导文件集中发布，银行业、保险业金融机构在绿色金融发展中发挥引领作用。一方面，国家层面聚焦银行保险机构的内控管理，出台《银行业保险业绿色金融指引》《绿色保险业务统计制度的通知》等引导性文件，在业务流程、组织管理、风险控制、信息披露等多方面建立统一的规范，涵盖不同性质、类型和规模的银行保险机构，对中小金融机构开展绿色金融业务形成有效的思路和办法具有较为明显的助推作用。另一方面，地方层面依托重点主题制定差异化的指引性文件。例如，湖州根据“转型金融”“碳中和”等主题分别出台《转型金融贷款业务管理规范》《“碳中和”银行机构建设与管理规范》，在全国范围内率先推出相关的机构、业务运营管理规范，通过标准制定发挥示范引领效应。

《中华人民共和国国民经济和社会发展第十四个五年规划和 2035 年远景目标纲

要》明确指出，大力发展绿色金融。2021年2月，国务院印发《关于加快建立健全绿色低碳循环经济发展指导体系的意见》，其中包括对发展绿色金融的任务安排。大力发展绿色金融，要发展绿色信贷和绿色直接融资，加大对金融机构绿色金融业绩评价考核力度。统一绿色债券标准，建立绿色债券评级标准。发展绿色保险，发挥保险费率调节机制作用。支持符合条件的绿色产业企业上市融资。支持金融机构和相关企业在国际市场开展绿色融资。推动国际绿色金融标准趋同，有序推进绿色金融市场双向开放。推动气候投融资工作。

2021年9月，中共中央、国务院印发的《关于完整准确全面贯彻新发展理念做好碳达峰碳中和工作的意见》指出，积极发展绿色金融，要有序推进绿色低碳金融产品和服务开发，设立碳减排货币政策工具，将绿色信贷纳入宏观审慎评估框架，引导银行等金融机构为绿色低碳项目提供长期限、低成本资金。鼓励开发性政策性金融机构按照市场化法治化原则为实现碳达峰、碳中和提供长期稳定融资支持。支持符合条件的企业上市融资和再融资用于绿色低碳项目建设运营，扩大绿色债券规模。研究设立国家低碳转型基金。鼓励社会资本设立绿色低碳产业投资基金。建立健全绿色金融标准体系。

（二）绿色金融政策法规体系逐渐完善、日益严格

1. 国家政策法规体系

中国是全球第一个建立系统性绿色金融政策框架的国家。2016年，中国人民银行等七部委发布的《关于构建绿色金融体系的指导意见》，是全球首个由中央政府部门制定的绿色金融政策框架，明确了绿色金融将积极支持环境改善、应对气候变化和资源节约高效利用三大方面。2022年，中国银保监会印发《银行业保险业绿色金融指引》，要求银行保险机构深入贯彻落实新发展理念，从战略高度推进绿色金融。目前，中国的绿色金融体系已确立“三大功能”“五大支柱”的政策思路，以及通过完善绿色金融标准体系，强化金融机构监管和信息披露要求。

欧盟的绿色金融政策是很多国家的重要参考标准，其政策框架以2018年的《可持续发展融资行动计划》(Action Plan：Financing Sustainable Development）为核心，重点在绿色分类法、监管和披露要求上。欧央行和英国央行分别已经使用压力测试来评估银行应对经济和金融冲击的能力，欧央行的压力测试主要分为年度压力测试、特定风险压力测试和以宏观审慎为目的的压力测试三种类型。

英国是全球首个立法承诺2050年实现净零排放的国家。2019年，英国发布《绿色金融战略》(Green Finance Strategy)，其核心要素是金融绿色化、融资绿色化和紧握机遇。

美国于2021年再次重返《巴黎协定》，拜登上台后通过联合国、七国集团

（G7）以及二十国集团（G20）等多边机制积极开展“气候外交”。但美国绿色金融政策体系没有更新，该体系以1980年《超级基金法》(CERCLA 或 Superfund Law）为起点，核心是推进环境净化和控制温室气体排放，因此对气候风险防控同样适用。

2. 国家政策工具

中国人民银行于2021年推出两个新的结构性货币政策工具，分别为碳减排支持工具和支持煤炭清洁高效利用专项再贷款。两个工具坚持“先立后破”，鼓励“两条腿走路”，在发展清洁能源的同时继续支持煤炭煤电清洁高效利用。

欧央行体系通过公共部门资产购买计划（Public Sector Purchase Programme，PSPP）和企业部门资产购买计划（Corporate Sector Purchase Programme，CSPP）购买绿色债券，并将可持续发展挂钩债券纳入抵押品合格资产范围。

英国在2009年颁布《贷款担保计划》(Mortgage Guarantee Scheme)，鼓励中小企业将资金投向绿色产业。

3. 主流监管法规

目前，主流的监管重点措施有强制将气候风险纳入管理全流程、引入气候压力测试和加强气候信息披露，其中强化环境信息披露已成为全球监管共识。中国人民银行在2021年出台《金融机构环境信息披露指南》，指引金融机构逐步开展环境信息披露工作。截至目前，欧盟、英国、瑞士、新西兰等相关国家和地区的监管已将气候相关财务披露工作小组（TCFD）建议纳入信息披露要求；欧盟、英国、美国等都建立了环境披露合规制度，并在披露监督上建立多种数据质量保障机制。如美国每年抽取3%左右的企业开展数据核查。

二、绿色金融产品

绿色金融产品按产品形式分类，包括绿色融资产品、绿色投资及交易类产品、环境风险管理产品以及环境信息类产品等。绿色融资产品包括绿色信贷、绿色债券等。翁智雄等将绿色金融产品归纳为环保产业指数产品、环保节能融资产品和碳金融产品三大类。陈亚芹等以集团、企业、个人、金融市场绿色金融产品及环境权益类对绿色金融产品进行划分。

绿色金融的代表产品有以下几种。

（一）绿色信贷

绿色信贷是银行对初创企业、中小企业和跨国公司研究和开发创新产品的一种特殊的中短期金融支持。绿色信贷为绿色创新企业提供启动资金，使其具有竞争力，尤其是对高科技公司。此外也可加强小型企业的资本结构，以使其免受项目融资中的财务困境。银行会通过增加发放贷款的金额，降低贷款利息并延长还款期等做法，提高公司投资环保项目的兴趣。

（二）绿色债券

绿色债券是指募集资金专门用于符合规定条件的新建或存量绿色项目的债券工具。2015 年，《中国人民银行公告〔2015〕第 39 号》提出，在银行间债券市场发行绿色金融债券，为金融业提供融资渠道。绿色债券市场为绿色企业和项目开辟了新的融资渠道，助力提高金融科技公司的财务业绩，同时为长期绿色投资提供渠道。下一步要完善绿色债券市场的发展。我国应建立和完善绿色债券的国内定义，探索绿色债券第三方评估和评级标准。

（三）绿色保险

我国的绿色保险主要是环境污染责任保险。环境污染责任保险是指对因污染事故造成的第三者损害承担赔偿责任的保险业务。2014 年修订的《中华人民共和国环境保护法》明确提出鼓励和投保环境污染责任保险。2015 年 9 月，中共中央、国务院印发了《促进生态文明建设综合改革方案》，提出在环境风险高地区建立环境污染强制责任保险制度。当前，应更多地开展环境责任保险试点，为在全国推广环境责任保险创造条件。

（四）绿色基金

产业基金通过向多数投资者发行基金份额设立基金公司，由基金公司自任基金管理人或另行委托基金管理人管理基金资产，委托基金托管人托管基金资产，从事创业投资、企业重组投资和基础设施投资等实业投资。与普通产业基金相比，绿色产业基金要求投向节能环保、新能源与可再生能源、循环经济等绿色领域。

（五）碳金融产品

《绿色金融体系建设指导意见》指出，要推动建立全国统一的碳市场，有序发展碳远期、碳互换、碳期权、碳租赁、碳资产债券等碳金融产品。随着全国碳市场的建立，碳交易市场纳入企业增多，市场活跃度上升，全国碳排放权交易信息由上海环境能源交易所进行发布和监督。碳金融系列产品可鼓励银行、证券、保险、基金等金融机构参与，促进形成大规模金融交易的制度安排。

除二氧化碳权交易外，排污权交易工作交易标的物包括化学需氧量、氨氮、二氧化硫、氮氧化物等污染物，并引入竞价方式交易，扩展了绿色金融产品的种类。可促进排污单位开展深度治理，改善环境质量。

三、绿色金融标准

（一）净零标准

格拉斯哥净零排放金融联盟（GFANZ）是引领全球金融机构以金融力量驱动净零目标实现的倡议组织，该倡议的目标是整合全球类似倡议或联盟，通过对会员强制实施净零要求和实践，整合、统一全球金融机构的净零步伐。

（二）绿色经济活动标准

欧盟于2021年发布的《欧盟可持续金融分类方案》(EU Taxonomy，下文简称《欧盟分类法》）是目前国际上被广泛参考的绿色分类标准。我国于2021年4月发布了《绿色债券支持项目目录（2021年版）》，该版目录采用了《欧盟分类法》“无重大损害”原则。此外，我国于2022年发布的《金融标准化“十四五”发展规划》，为国家金融标准化的建设工作开展提供了根本指引。

在国际合作层面，我国和欧盟联手于2021年11月发布了中欧《可持续金融共同分类目录》(The EU-China Common Ground Taxonomy，下文简称《共同分类目录》），并在持续更新中。这份目录以《欧盟分类法》和我国《绿色债券分类目录》为主体，编制了一套普适性的绿色语言体系。截至2022年6月，已有中国建设银行、中国银行和德意志银行（中国）分别用《共同分类目录》完成了债券和融资项目。

（三）绿色金融产品界定标准

绿色债券的国际主流标准框架由国际资本市场协会（ICMA）以及气候债券倡议组织（CBI）的标准构成。前者侧重于为绿色债券发行流程提供原则和指引，后者则是气候债券的认证体系，为发行人提供了一系列满足CBI贴标条件的标准。

绿色信贷的国际主流标准框架由赤道原则、贷款市场协会（LMA）的绿色贷款原则（GLP）和可持续相关贷款原则（SLLP）组成。前者是目前最严格的针对金融行业的环境社会影响的自愿性标准，用来判断、评估和管理项目融资中环境和社会风险；后者与ICMA的债券原则和结构一致，目的是为绿色信贷业务流程提供一套标准指引，在绿色贷款的资金使用、项目评估和筛选、资金管理、信息披露上提供具体的标准和要求。

（四）信息披露标准

目前，国际主流披露标准分别来自气候相关财务披露工作小组（TCFD)、碳披露项目（CDP)、气候披露标准委员会（CDSB)、全球报告倡议组织（GRI）和可持续发展会计准则委员会（SASB）等。

以上倡议均为针对可持续或气候相关的重大财务信息披露的自愿原则，各自有不同的披露侧重点，且相互借鉴和融合。比如，TCFD针对披露框架，CDSB侧重对企业价值有影响的ESG信息，CDP和GRI则关注对经济、环境和人类所产生的重点影响事件。

值得关注的是，在COP26大会上成立的国际可持续发展准则理事会（ISSB），其目标是推动可持续发展汇报信息在逻辑和框架上的全球一致性、可比性和可靠性。ISSB发布了两份可持续披露准则的征求意见稿，分别聚焦于可持续性相关财务信息的IFRS S1《可持续相关财务信息披露一般要求》与气候相关风险和机遇的IFRS S2《气候相关披露》。IFRS S1要求公司披露其面临的所有显著的可持续发展相关风险和机遇，IFRS S2整合了TCFD的建议，并额外包含了针对不同行业附加要求的披露指标。

（五）碳核算标准

目前，国际上金融机构投融资组合碳核算方法以《金融行业温室气体核算和披露全球性标准》(PCAF）为标准。该标准推出后已经温室气体核算体系审核，获得联合国、TCFD工作组、科学碳目标倡议（SBTi）等国际组织的认可，并被指定为金融机构碳核算的唯一蓝本。

第三节　绿色金融绩效评价及风险管控

一、绩效评价指标及体系

2016—2020年，应对气候变化成为全球关键性议题，作为缓解气候问题的重要工具，银行业的绿色金融业务发展迅速。绿色金融绩效评价也经历了从局部到整体、从定性到定量、从试行到推行的发展过程（表10-4），评价体系的覆盖范围、评价指标的科学性和精准性、评价结果的应用场景、评价对象的适用性等不断完善，为银行提高绿色金融绩效指明方向。

表10-4　银行业绿色金融绩效评价相关文件

发布时间	发布机构及文件	相关内容
2014年6月	银保监会《绿色信贷实施情况关键评价指标》	围绕绿色信贷的三大支柱来开展对银行的绿色信贷评价：一是支持绿色、低碳、循环经济；二是加强环境和社会风险管理；三是提升自身环境和社会表现，设计了定性指标和定量指标

续表

发布时间	发布机构及文件	相关内容
2017 年 12 月	银行业协会《中国银行业绿色银行评价实施方案（试行）》	综合考察各行绿色信贷有关的组织管理、政策制度及能力建设、流程管理、内控与信息披露、监督检查等 5 个维度，对评价项设置不同权重分值
2018 年 7 月	央行《银行业存款类金融机构绿色信贷业绩评价方案（试行）》	绿色信贷业绩评价指标设置定量和定性两类，其中，定量指标权重 80%，定性指标权重 20%。绿色信贷业绩评价定量指标包括绿色贷款余额占比、绿色贷款余额份额占比、绿色贷款增量占比、绿色贷款余额同比增速、绿色贷款不良率 5 项
2021 年 1 月	财政部《商业银行绩效评价办法》	考察服务生态文明战略情况。绿色信贷占比：年末绿色信贷贷款余额/年末各项贷款余额×100%。采用综合对标（行业对标＋历史对标）评价方法
2021 年 6 月	央行《银行业金融机构绿色金融评价方案》	在业务覆盖范围、考核指标调整和评价结果运用等方面对《银行业存款类金融机构绿色信贷业绩评价方案（试行）》进行修订

（一）与绿色信贷业绩评价方案相比：从局部到整体

2018 年央行发布的《银行业存款类金融机构绿色信贷业绩评价方案（试行）》（以下简称《评价方案》）是相对完整的评价体系，《评价方案》根据绿色金融发展的情况和趋势，与时俱进对先前的绿色信贷业绩评价方案进行了修订。主要有以下几个较大的变化。

第一，扩大绿色金融业务的覆盖范围。原来的《绿色信贷业绩评价方案》考核业务只包括绿色信贷，目的是引导银行业存款类金融机构加强对绿色环保产业的信贷支持。《评价方案》明确表示绿色金融业务不仅包括绿色信贷，还应包含绿色证券、绿色股权投资、绿色租赁、绿色信托、绿色理财等。考虑到业务界定标准和数据的可得性，当前纳入评价范围的业务仅包括境内绿色贷款和境内绿色债券，后续会根据业务标准和统计制度的完善将评价范围进行动态调整，为考核绿色股权投资、绿色租赁、绿色信托、绿色理财等预留了空间。绿色债券也明确了包含品种，即绿色金融债、绿色企业债、绿色公司债、绿色债务融资工具、绿色资产证券化、经绿色债券评估认证机构认证为绿色的地方政府专项债券等产品。此外，将银行业存款类金融机构改为银行业金融机构，是为了考虑租赁公司、信托公司、消费金融公司、汽车金融公司等非存款类金融机构的绿色租赁、绿色信托等相关业务。考核范围的扩大顺应了多元化的绿色金融产品市场发展趋势，而绿色信贷和绿色债券都只考虑境内，从绿色信贷来看，六大行具有绝对优势；加入绿色债券后，对于以发行境内绿色债券为主的政策性银行、股份制银行、城商行更加利好。

第二，定量考核指标纳入绿色债券，考核权重有所调整。原来的《绿色信贷业绩评价方案》定量考核内容包括绿色贷款余额占比、绿色贷款余额份额占比、绿色贷款增量占比、绿色贷款余额同比增速、绿色贷款不良率等五大指标，各自权重为

20%，其中纵向指标权重为 4%，横向指标权重为 16%。《评价方案》定量考核内容包括绿色金融业务总额占比、绿色金融业务总额份额占比、绿色金融业务总额同比增速、绿色金融业务风险总额占比四大指标，各自权重为 25%，其中纵向指标权重为 10%，横向指标权重为 15%（表 10-5）。绿色金融业务总额是绿色信贷和绿色债券余额的加权总和。从考核指标来看，《评价方案》将绿色信贷改为了绿色金融业务，删除了绿色贷款增量占比。不再考核绿色金融业务增量并不意味着降低了对增量的考核要求，《评价方案》提高了纵向评分的权重，降低了横向评分权重，将二者比例由之前的 1∶4 改为了 2∶3，而纵向评分就是依据银行自身近三期指标平均数的比较，其实也是增量的另一种考核方式，简化了考核方案。

表 10-5　定量考核指标及权重

<table>
<tr><th colspan="3">原《绿色信贷业绩评价方案》(80%)</th><th colspan="3">2018 年《银行业存款类金融机构绿色信贷业绩评价方案（试行）》(80%)</th></tr>
<tr><td rowspan="2">绿色贷款余额占比（20%）</td><td>纵向</td><td>4%</td><td rowspan="2">绿色金融业务总额占比（25%）</td><td>纵向</td><td>10%</td></tr>
<tr><td>横向</td><td>16%</td><td>横向</td><td>15%</td></tr>
<tr><td rowspan="2">绿色贷款余额份额占比（20%）</td><td>纵向</td><td>4%</td><td rowspan="2">绿色金融业务总额份额占比（25%）</td><td>纵向</td><td>10%</td></tr>
<tr><td>横向</td><td>16%</td><td>横向</td><td>15%</td></tr>
<tr><td rowspan="2">绿色贷款增量占比（20%）</td><td>纵向</td><td>4%</td><td rowspan="2">绿色金融业务总额同比增速（25%）</td><td>纵向</td><td>10%</td></tr>
<tr><td>横向</td><td>16%</td><td>横向</td><td>15%</td></tr>
<tr><td rowspan="2">绿色贷款余额同比增速占比（20%）</td><td>纵向</td><td>4%</td><td rowspan="2">绿色金融业务风险总额占比（25%）</td><td>纵向</td><td>10%</td></tr>
<tr><td>横向</td><td>16%</td><td>横向</td><td>15%</td></tr>
<tr><td rowspan="2">绿色贷款不良率（20%）</td><td>纵向</td><td>4%</td><td rowspan="2" colspan="3"></td></tr>
<tr><td>横向</td><td>16%</td></tr>
</table>

第三，定性指标更加注重银行自身绿色金融制度建设和业务发展情况。原来的《绿色信贷业绩评价方案》定性考核指标包括执行国家绿色发展政策情况、《绿色贷款专项统计制度》执行情况、《绿色信贷业务自评价》工作执行情况，三者权重之比为 4∶3∶3。《评价方案》将三个指标改为执行国家及地方绿色金融政策情况、机构绿色金融制度制定及实施情况、金融支持绿色产业发展情况，三者权重之比为 3∶4∶3（表 10-6）。可见，新的评价方案更加注重银行自身绿色金融发展战略和规划、相关制度制定等内容；以金融支持绿色产业发展情况代替《绿色信贷业务自评价》工作执行情况，贯彻落实了 2021 年《政府工作报告》中加大金融机构对绿色发展领域定向支持的要求，也是综合考虑各类绿色金融业务的表现。

表 10-6 定性考核指标及权重

原《绿色信贷业绩评价方案》(20%)		2018 年《银行业存款类金融机构绿色信贷业绩评价方案(试行)》(20%)	
执行国家绿色发展政策情况	40%	执行国家及地方绿色金融政策情况	30%
《绿色贷款专项统计制度》执行情况	30%	机构绿色金融制度及实施情况	40%
《绿色信贷业务自评价》工作执行情况	30%	金融支持绿色产业发展情况	30%

第四，拓宽了评价结果的应用场景，强化了正向激励作用。《评价方案》将绿色金融绩效评价结果由纳入宏观审慎评估体系（MPA）拓展为纳入央行金融机构评级等人民银行政策和审慎管理工具，并鼓励中国人民银行分支机构、监管机构、各类市场参与者积极探索和依法依规拓展评价结果的应用场景。2017 年 12 月，央行正式启动金融机构评级工作，《中国金融稳定报告（2018）》首次公布央行金融机构评级结果。评级体系在存款保险风险评级、稳健性现场评估基础上充分吸收 MPA 的相关内容，且评级结果是开展宏观审慎评估、核准金融机构发债、发放再贷款和核定存款保险差别费率等差别化管理的重要依据。评级较差的银行不仅费率较高，还会受到规模扩张、业务准入、再贷款等货币政策支持工具使用等多方面限制，银行业更加有动力发展绿色金融业务以提高央行金融机构评级，强化了正向激励作用。此外，《评价方案》指出鼓励银行业金融机构主动披露绿色金融评价结果，这也能够倒逼表现较差的银行改善绿色金融绩效，以吸引更多的投资者关注。

第五，从试行到推行体现了绿色金融制度和产品的日益完善。原来的《绿色信贷业绩评价方案》仅设定了 2018 年为试行期，经过两年的发展，绿色金融制度体系和产品市场相对成熟，信息披露更加透明，为评价体系的正式推行奠定了基础。《评价方案》从 2020 年 7 月开始向社会各界征求意见，正式稿采纳了明确绿色债券品种、考虑绿色债券发行承销情况、扩大绿色金融评价结果应用范围等相关建议，充分结合当前绿色金融发展现状。自 2021 年 7 月 1 日起施行，为银行业金融机构预留了准备时间。

（二）与绿色银行评价方案相比：从定性到定量

2017 年，银行业协会发布《中国银行业绿色银行评价实施方案（试行）》（以下简称《绿色银行评价实施方案》），组织成立“绿色银行评价工作组”和“绿色银行评价专家组”开展绿色银行评价工作。《评价方案》和《绿色银行评价实施方案》是两套系统、两种评价方式，具体有以下区别。

第一，《评价方案》的参评银行范围更大。《绿色银行评价实施方案》仅针对 6 大行、12 家股份制银行、3 家政策性银行，共 21 家银行，并表明将随着经验的积累，评价范围逐步扩大至中小商业银行。《评价方案》在 21 家银行的基础上加入了北京银行、上海银行、江苏银行，这 3 家城商行绿色金融业务发展较好，环境信息披露质量相对较高，数据具有可得性。将城商行加入考核范围，可以使评价结果更加科学、全面，同时也为绿色金融基础相对薄弱的中小银行提供先行经验。

第二，《评价方案》以定量指标为主，着重考察绿色金融业务的发展情况。从《绿色银行评价实施方案》的考核指标体系来看，绿色银行评价主要是定性指标，从组织管理、政策制度能力建设、流程管理、内控与信息披露、监督检查等五个方面考察（表 10-7），其中董事会职责、高管职责的权重较高，强调绿色金融业务与公司治理的有机结合。整体来看，《绿色银行评价实施方案》注重的是银行发展绿色金融业务的过程，不是业务发展情况的评价，且评价结果主观性较强。虽然也有定量指标的考核，如节能环保项目及服务贷款和节能环保、新能源、新能源汽车贷款两类合计年内增减值，但评价分数是以加分项的形式，最高只能加 5 分，分数较低无法拉开评级差距，且没有强制性填写的要求，可能会造成银行主动拿分的积极性不高。相比而言，《评价方案》定量指标权重为 80%、定性指标为 20%，在重视绿色金融业务发展结果的基础上兼顾发展过程，能够更好地激励银行业开展绿色金融业务。

第三，评价结果的应用场景和公开方式不同。《绿色银行评价实施方案》评价结果将提交中国银保监会用于银行业非现场监管、监管评级等参考使用，并择机向社会公布。《评价方案》用于央行金融机构评级，央行不会公开发布银行业金融机构的绿色金融评价结果，但鼓励银行主动披露。2020 年 4 月，银行业协会公布了 2019 年的绿色银行评价结果，21 家主要银行绿色金融制度逐步完善，17 家银行的绿色银行总体评价表现优秀，绿色银行整体评价显著提升。

表 10-7 《绿色银行评价实施方案》考核指标及权重

	一级指标	权重	二级指标	评价分值
定性指标	组织管理	30%	董事会职责	12
			高管职责	10
			归口管理	8
	政策制度能力建设	25%	制定政策	8
			分类管理	5
			绿色创新	5
			自身表现	2
			能力建设	5

续表

	一级指标	权重	二级指标	评价分值
定性指标	流程管理	25%	尽职调查	5
			合规审查	3
			授权审批	3
			合同管理	5
			资金拨付管理	3
			贷后管理	5
			境外项目管理	1
	内控与信息披露	15%	内控监测	5
			考核评价	5
			信息披露	5
	监督检查	5%	自我评估	5
定量指标	节能环保项目及服务贷款和节能环保、新能源、新能源汽车贷款两类合计年内增减值		年度同比增减值为正加3分；年度同比增减值为负不加分	加分项最多3分
			全部填写加2分；核心指标填写完整但可选指标填写不全加1分；核心指标和可选指标填写均不完整不加分	加分项最多2分

二、风险类型及管控手段

（一）绿色金融风险类型

绿色发展理念已深入到各行各业，绿色金融为环境与经济协同发展发挥了越来越实质的支撑作用，但在其蓬勃发展的背后，仍要面对两项基础风险。一是应对产业路径上的不确定性，如绿色产业作为新兴领域，其发展路径面临扩张过热、产能过剩、政策转向、研发失利等可能存在于不同经济发展阶段内的各种不同类型的问题，以环境规制为代表的制约因素增加了相关产业投融资活动的风险管理难度。二是融资方式的不规范性，绿色融资的低成本和发行优势给部分融资者带来了吸引力，部分金融机构在相关政策指引下也有发展绿色金融业务的需求和动力，这使得绿色信贷和绿色债券存量规模屡创新高，但相关募集资金的专项管理机制目前还不够完善，绿色融资带动环境效益的测算方法缺乏信息化基础，这就可能导致部分企业与金融机构联合进行不规范的绿色信贷扩张活动，并演化为潜在的绿色不良贷款。

从具体表现形式上，绿色金融市场风险既包括绿色信贷不良率、绿色债券违约率等绿色资产风险，也包括物理风险、转型风险等气候和环境风险。《评价方案》将绿色金融业务风险总额占比纳入定量考核指标，权重由20%提升至25%，并将气候和风险管控纳入定性考核指标，充分体现了对防范绿色金融市场风险的重视。

（二）绿色金融风险管控

开展绿色金融风险管理需要考虑包括环境和气候等领域在内的更多层面，这有待于进一步跟踪和完善相关配套的组织体系和管理机制，防范和应对潜在的金融风险，构建起绿色金融的标准体系、激励约束体系和风险防范体系的综合发展框架。

为更好地防范和应对绿色金融相关风险与不确定性，一是未来需要实现融资机制的绿色模式转型，进一步规范绿色融资工具的发行或审批流程。当前一些发行人将绿色融资作为补充资金缺口的便捷方式，没有将资金合理运用到符合绿色清洁或低碳转型的项目中去，或是通过包装、伪造等方式对绿色融资进行“洗绿”和“漂绿”，金融机构需要认识到这一行为造成的金融风险并不亚于项目活动与融资工具的财务违约。

二是细化可持续融资工具的种类并完善监管体系，为“双碳”目标下适用于不同主体绿色融资需求的金融工具设立对应的风险预警和防范机制，不仅要建立和强化绿色信贷和绿色债券的全周期持续监管，也要对可持续挂钩类的融资产品设立违约标准。与此同时，开展信贷业务的金融机构可以考虑将ESG指标纳入绿色信用评级和违约风险预警之中，提升信用模型的可靠性。

三是需要将绿色发展理念融入绿色金融违约的判断标准之中，而并不仅以无法支付本息或者发生财务问题等状况来判断是否发生违约。这表明，金融机构可以在明确界定“深绿”“浅绿”“非绿”的基础上，进一步将这一标准融入风险管理之中。即使发行人按时支付本息，但是在绿色贷款或者绿色债券的存续期限内，如果发行人相关行为不符合《绿色信贷指引》或者《绿色债券原则》等相关规范的具体要求，或者实际生产经营方式不符合环境责任要求、产生超过标准的污染物排放，以及融资并未用于绿色业务的多种情况，也都应当纳入绿色金融违约，提升金融业绿色风险管理的综合水平。

第四节　绿色金融对可持续发展的助力

一、绿色金融案例

（一）三省坡风电项目绿色贷款带活一方经济

湖南省怀化市的通道侗族自治县全境多山且海拔较高，风力能源丰富，特别是三省坡，主峰海拔 1 337 m，是风能开发的理想之地。2021 年，在前期建设的基础上，通道新天绿色能源有限公司启动了三省坡风电场二期工程大规模建设，但遇到了资金难题。新能源发电项目普遍投资金额大、回报周期长，单靠企业自有资金投入，无法满足项目进度要求。随着项目铺开，购买风电设备需要大量资金，该公司尝试向金融机构申请融资支持。而由于绿色能源项目贷款的前期审批、中期放款和后期贷后管理等流程非常烦琐，不少金融机构工作人员对该领域的业务望而生畏。

2021 年 9 月，通道县为探寻绿色金融发展的新路径、新模式、新实践，由建设银行通道支行牵头，对该企业三省坡风电场二期项目进行调研评估，考虑到新能源发电项目投资金额大、回报周期长以及绿色能源项目贷款审批、放款、管理相关流程较为专业等问题，建设银行通道支行副行长禹络怀主动请缨，下到企业一线驻企帮扶，以“管家式”一对一服务，量身定制授信方案，顺利完成签约，让碳减排支持工具在该县首次落实，让通道新天绿色能源有限公司成为第一个“吃螃蟹”的企业。建设银行通道支行为通道新天绿色能源有限公司提供绿色信用贷款总额 3.6 亿元，为期 15 年，银行还对碳减排企业项目进行了降息让利，利率仅为 1.75%，比同期贷款优惠了不少，估算下来为企业降低融资成本 2 100 万元，解决了困扰企业的融资难、融资贵的问题，让三省坡风电场二期项目顺利进行。2021 年 10 月，在碳减排金融支持下，三省坡风电场二期建设顺利推进，共增设 24 台风力发电机组，总装机容量 48 MW，有效满足湘桂黔交界地区特别是通道县一些偏远乡镇企业及群众用电的需求，每年收益约为 2 500 万元，减排二氧化碳 7.51 万 t，节约标准煤 3.1 万 t，实现了经济效益和生态效益双丰收。

三省坡山脚下，通道县独坡镇上岩村发展起“风电景观＋民族文化”特色旅游业，吸引周边游客前来游玩，让村里“高山茶园”的名号成为远近闻名的特色品牌，带动茶农增收。2022 年，全村村级集体经济收入达到 22.3 万元。一笔绿色贷款，带活一方经济，富了一方百姓，正是我国绿色金融发展的生动写照。

（二）创新金融产品，竹林变身“绿色银行”

浙江省安吉县有着“中国竹乡”的美誉，植被覆盖率常年保持在70%以上。

1亩毛竹每年能够吸收二氧化碳约24.5 t。为了将毛竹的生态价值高效转化为经济价值，2022年，安吉县印发《竹林碳汇推动共同富裕改革试点县总体方案》，通过成立竹林碳汇收储交易平台，建立起“林地流转—碳汇收储—基地经营—平台交易—收益反哺”的全链条体系。

如今，安吉县的老百姓除了可以直接卖毛竹赚钱外，还可以卖竹林里的“空气”，也就是把毛竹林新增的碳汇卖给企业。而推动企业购买碳汇的动力之一，就是金融机构的创新支持。据安吉兴能溶剂有限公司总经理谢飞武统计：“购碳1 564.62 t，支出11.6万元，获得‘碳汇惠企贷’2 900万元，利率下调50个基点，全年节省利息支出14.5万元，一来一去，相当于节约了2.9万元的财务成本，还增强了绿色发展意识。”谢飞武口中的“碳汇惠企贷”，是浙江安吉农商银行围绕当地碳汇“生产—收储—交易”全产业链，针对需求端创新推出的绿色金融产品，在不增加财务负担的前提下，对符合生态要求的企业给予利率优惠，用于购买碳汇，推动形成购碳群体。安吉农商银行越来越多地将资金投向“环境友好型企业”，截至目前，该行已创新六大系列25款绿色普惠产品，绿色信贷余额124.5亿元，占所有贷款比例的30.6%。

随着生态文明建设持续推进，金融需求越来越多样化、复杂化，而持续不断的金融创新，为绿色发展提供了高效的金融服务。2017年以来，我国在浙江省湖州市、江西省赣江新区、贵州省贵安新区等地建立绿色金融改革创新试验区，支持试验区在绿色金融政策架构、绿色金融产品服务创新等方面积极探索。

安吉县所在的浙江省湖州市，就是首批绿色金融改革创新试验区之一。为推进绿色金融高质高效发展，湖州市建立起“绿贷通”网上平台，用数字化手段缓解企业“融资难”“融资贵”、银行“获客难”“尽调难”。截至目前，“绿贷通”已累计帮助超3.8万家企业与银行对接，获得银行授信超4 500亿元。

安吉农商银行“绿贷通”服务便捷，在这个开放式平台上，企业发布项目和融资需求后，系统会自动进行企业ESG（环境、社会、治理）评价，并根据ESG评价差异给予不同力度的贷款贴息补助，然后由当地36家银行来“抢单”，好的绿色项目完全不愁资金。

（三）绿色保险服务蓬勃发展

广东湛江红树林国家级自然保护区被誉为“世界湿地生态恢复的成功范例”。红树林具有净化海水、防风消浪、固碳储碳、维护生物多样性的重要作用，是各种野生动物和鱼虾蟹贝等海洋生物的栖息地。为保护红树林生态环境，2022年9月，人保财险广东省分公司与湛江市遂溪县人民政府合作开发红树林碳汇价值综合保险，为该县全辖7个红树林片区提供261.4万元的风险保障。按照谁修复、谁受益的原则，该项目所获赔偿将用于红树林修复管护和科普宣教等，进一步调动各方参与红树林修复的工作积极性。

在福建省，阳光财险创新性开发了“福建森林气象指数保险”，支持当地林业发展及固碳增汇事业，并通过加强与各地碳交易市场和高耗能企业的深度合作，创新研发“低碳项目机器损坏碳交易损失保险”，探索为参与碳交易的各类企业提供减排设备碳损失保障。

在江苏省，2023年1月，中国太保签署该省首单绿色生态环境救助责任保险，保护太湖生态岛生态建设；2月，签发无锡市首单水生态领域“水质无忧”保险，为裕巷浜、钟巷浜、下旺浜3条河道提供保险产品与服务。

中国经济在高质量发展的进程中，会不断催生丰富的绿色金融需求，绿色金融产品正如雨后春笋般出现，金融机构只有加快产品和服务创新步伐，才能不断满足经济社会发展的需要，加快培育和提升自身核心竞争力。

（四）抢抓发展机遇，完善绿色金融“生态圈”

中国式现代化是人与自然和谐共生的现代化。党的二十大报告提出：“完善支持绿色发展的财税、金融、投资、价格政策和标准体系，发展绿色低碳产业。”“十四五”开局之年，各地区各部门正加快落实生态文明建设各项部署，以绿色金融高质量发展加快推动美丽中国建设。

在广东省，中国人民银行广州分行联合地方相关部门推动广州市、肇庆市先行先试设立企业碳账户、构建企业碳信用体系，将企业碳排放数据和评级结果加载形成标准化碳信用报告，引导金融机构运用碳信用报告开展银企融资对接。

在黑龙江省，中国人民银行哈尔滨中心支行锚定碳达峰碳中和目标，以夯实绿色金融服务基础为主线，以建立健全绿色金融相关体制机制为抓手，推动构建绿色金融体系，推动辖内金融机构绿色信贷投放实现快速增长。

在重庆市，重庆市政府分别与7家银行就支持重庆绿色金融改革创新试验区建设签署战略合作协议，将在“十四五”期间为重庆市带来超3 000亿元的绿色融资支持。

工商银行绿色贷款余额达3.98万亿元，中国银行境内外绿色债券发行规模达877亿元，中国平安全年绿色保险原保险保费收入达251.05亿元。翻开上市公司2022年年报，各家金融机构正在抢抓绿色金融发展的新机遇，加快战略布局。

中国人民银行发布的《中国区域金融运行报告（2022）》显示，近年来，金融机构加快建立健全绿色金融重大项目库、创新系列绿色金融产品，加大对整个绿色低碳领域发展的支持力度，推动绿色贷款、绿色债券规模快速增长。

为更好推进绿色金融发展，建设银行设立绿色金融委员会，以银行业为主，结合证券、基金、信托等各种现代金融业态，丰富多层次绿色金融产品，并制定了2022—2025年绿色金融发展战略规划等纲领性文件。

（五）普惠金融助力打赢脱贫攻坚战

党中央、国务院历来高度重视普惠金融的发展。2013年，党的十八届三中全会提出“发展普惠金融”，标志着普惠金融成为中国的国家战略。2015年末，国务院印发《推进普惠金融发展规划（2016—2020年）》，该规划成为中国首个国家普惠金融发展规划。2016年，在中国担任G20主席国期间，中国政府推动的《G20数字普惠金融高级原则》在杭州峰会上获得G20领导人核准，成为普惠金融国际顶层设计的关键一环。

金融部门和社会各方面认真贯彻落实党中央、国务院决策部署，持续探索经验、总结规律、指导实践，推动中国普惠金融发展取得了显著成效。在脱贫攻坚阶段，扶贫小额信贷为建档立卡贫困户精准提供了发展所需的资金，为中国消除农村绝对贫困和实现全面建成小康的第一个百年奋斗目标产生了直接和巨大的积极影响。

农村金融物理网点、服务机具和线上服务渠道不断完善，基础金融服务基本实现城乡全覆盖；普惠金融资源配置力度持续加大，农户、小微企业金融服务状况明显改善；金融服务效率和便捷性大幅提升，金融消费权益保护更加有力，金融服务满意度显著提高。中国已基本建成与全面建成小康社会相适应的普惠金融服务体系，形成了具有中国特色的普惠金融发展模式。

实践证明，绿色金融既是经济社会高质量发展的重要推动力，也是金融业自身转型发展的长久动力源。在实体经济大规模向低碳、零碳转型的过程中，金融业必须加快自身转型和创新发展，更好满足实体经济转型带来的巨大绿色低碳投融资需求。实现碳中和需要大规模的绿色投资，这将为有准备的金融机构提供绿色金融业务快速成长的机遇。

二、经验总结

（一）国际经验

1. 自上而下推动发展

虽然绿色金融是在自下而上的社会责任投资等实践基础上发展而来的，但时至今日，欧美等发达国家均是按照自上而下的模式积极推动绿色金融的发展。欧盟最早建立了“自上而下”的发展体系，以顶层设计统领和协调政策的实施。由欧盟委员会统筹，成立高级别专家组和技术专家组协助制定具体政策，欧洲银行管理局

(EBA)、欧洲证券和市场管理局（ESMA）以及欧洲保险和职业养老金管理局(EIOPA)三大金融监管机构协同推进。英国成立绿色金融专家组，加拿大成立可持续金融专家团，澳大利亚成立澳大利亚可持续金融倡议组织。欧盟发布的《可持续金融分类方案》《绿色债券标准》，英国发布的《绿色贷款原则》一系列文件，补充了相关认定标准，细化了基准，这些都是按照自上而下的模式来推动可持续金融的发展。我国政府在绿色金融领域引领全球发展步伐，也得益于央行自上而下的积极推动。

2. 完善分类标准和工具

欧盟一直致力于构建一套支撑可持续投资和发展的金融体系，其可持续金融走在了全球的前列。目前，欧洲银行管理局已发布《可持续金融行动计划》，欧洲证券和市场管理局已发布《可持续金融战略》，欧洲保险和职业养老金管理局正在制订可持续金融行动计划。其中，《可持续金融战略》中的《可持续金融分类方案》要求相关经济活动有助于实现环境目标（气候变化减缓、气候变化适应、海洋与水资源可持续利用和保护、循环经济、废弃物防治和回收、污染防控、保护健康的生态系统），明确了相关技术筛选标准，是构建可持续金融体系最为关键的基石，将成为欧洲金融领域新监管框架的制定基准。联合国系统为积极推动可持续发展目标影响力融资(SDGIF)，也将其开发的可持续发展目标影响力评价体系的成果运用其中，发布了SDGIF国别产业目录和可持续发展目标投资者国别地图。

3. 提高环境相关信息披露和报送要求的兼容性

信息披露对于企业与金融机构均非常重要。强化信息披露有助于明确投资期限内相关的重大风险因素，促使面临能源转型风险的大型机构开展气候压力测试。发达国家的探索主要有：一是设立工作组，将非金融机构的报告指令与气候风险金融信息披露工作组相结合，并将非金融机构的报告指令纳入风险金融信息披露工作组框架。二是将风险金融信息披露工作组与其他ESG信息披露要求对自愿参与的私人部门进行短期测试，评估是否需要补充完善以及披露方法是否一致。三是基于欧盟发布的非金融机构信息披露标准，提升世界各国对气候风险金融信息披露工作组工作的参与程度。

4. 金融机构主动践行可持续金融理念

美国摩根士丹利坚持“可持续金融领袖”的愿景，进行战略定位，构建长期可持续的，涉及组织变革、纵向统御、横向贯穿、深度整合等流程。摩根士丹利在商业模型、投资评估和人类发展前途三个方面拟定了三个战略目标。在商业模型方面，建立了一个抗压性更强、能贡献于全球金融系统健全发展的可持续商业模型。在投资评估方面，建立了一套嵌入式的可持续评估流程。在人类发展前途方面，投入时间、人才与资源，推动人类的可持续成长未来。同时，将这些业务应用于摩根的所有业务，包括最核心的财富管理、机构证券及投资管理3个部门。经过十余年的发展，摩根的三大战略不仅将其推上声誉高峰，更带来了丰厚利润。摩根财富管理平台的客户投资额高达250亿美元，远远超过了十几年前拟定的100亿美元目标。

5. 社会组织广泛参与

公益慈善机构与大学及研究机构也是可持续金融领域的积极参与者和推动力量。在全球可持续发展领域前十大公益慈善基金会中，已经有一半开始在影响力投资上进行布局，成为全球影响力投资领域的领军机构。2017年，洛克菲勒基金会、比尔·盖茨夫妇、斯科尔等著名影响力投资机构和慈善家发起成立了Co-Impact的合作网络，将投资5亿美元用于发展中国家的卫生、教育和社区经济发展。2017年，世界14所知名院校发起创办“国际可持续金融研究联盟”（Global Research Alliance for Sustainable Finance and Investment，简称GRASFI）。联盟首次年会在荷兰马斯特里赫特大学召开，来自全球40余所高校及资产管理公司的100余人参加会议。联盟旨在推进绿色、可持续金融的跨学科、高质量研究，并在此领域促进高校的国际交流合作、培养年轻学术人才，最终助力经济社会绿色可持续发展目标的实现。

（二）我国绿色金融发展建议

1. 我国绿色金融面临的问题

（1）顶层设计不完善

目前，我国的可持续发展金融处于发展的初期阶段，整体认可度不高。在可持续金融的大范畴中，我国发展的重点是普惠金融和绿色金融，并在普惠金融和绿色金融方面建立了完善的顶层制度，在实践中取得了举世瞩目的成就。但是，我国在可持续金融体系建设发展方面还处在探索阶段，作为整体尚未纳入国家发展战略，“十四五”规划尚未有明确的整体要求。

根据欧美等主要国家可持续金融发展实践经验，我国可持续金融的顶层制度设计还有待进一步加强和完善。中国人民银行作为G20可持续金融工作组联合主席牵头起草了《G20可持续金融路线图》等文件，下一步可结合中国实际做好可持续金融顶层制度设计和具体实践。

（2）规则标准不统一

目前，我国在普惠金融和绿色金融方面已经建立了相关披露标准，但是尚未建立统一的与可持续发展相关评价体系和评估工具，以及非财务信息披露和考核标准，也未建立强制性披露制度。

相较发达国家而言，我国相关信息依法披露的法律法规尚不够完善，针对环境信息披露的内容、格式出台的规定多为指导性意见或准则，缺乏统一标准，并未形成一个系统性、规范性的制度体系，环境信息披露质量不高、定量信息少、内容不全面，使得环境信息披露制度并没有很好地发挥应有作用。

很多金融机构的信息披露仍以自愿披露为主，而且披露的内容主要是定性描述，披露标准和数据口径不相同，导致投资者与企业之间存在信息不对称的问题。

（3）市场机制不完善

一个成熟的可持续金融市场，需要大量市场参与主体和金融产品创新。当前，可持续金融存在市场分割、参与主体较少、定价机制有效性不足等问题。以碳市场为例，我国刚刚建立了全国性的碳交易市场，由于参与企业不多，碳市场交易并不活跃，碳市场流动性不足导致碳定价不合理，反过来影响了参与主体的积极性。

（4）产品创新不充分

目前，我国可持续金融产品创新主要集中在直接融资市场和绿色金融领域，如绿色债券、绿色基金、绿色 ETF、绿色 ABS 等，而在间接融资市场，信贷产品（绿色贷款除外）供给还十分不足，授信流程和管理体系有待变革，产品定价机制、抵押和评估设计还有待完善。

2. 推进我国可持续金融发展的建议

（1）以自上而下为方式，完善可持续金融顶层制度设计

将可持续发展目标对标我国“十四五”规划和第二个百年奋斗目标，为可持续金融找到中国的出发点。可持续金融必须向符合长远发展的顶层制度设计迈进，在国家层面上制定“可持续金融”发展战略。由于可持续发展项目具有公共产品的属性，因而必须有自上而下的改革以及合理的市场激励机制。

一是可持续金融要以市场经济的自我调节和产业配置为主导，政府的引领和推动为基本手段，自上而下的顶层设计要给予系统性的宏观指导和相匹配的制度设计，旨在营造良好的政策环境，创造可持续金融发展的基本条件。

二是随着可持续金融体系顶层设计的日渐明晰，各级各地的行政部门要依据顶层设计进行中长期干预可持续金融市场的手段设计和后果预测评估，落实创新机制，将政策资源合理分配。

（2）以强制披露为依托，统一界定可持续金融披露标准

推动强制性环境信息披露制度的建立和实施，将投资项目的环境法律责任与放贷的金融机构直接挂钩，即项目在未来实施过程中出现环境污染问题导致的损失要由贷款企业和审批放贷的金融机构共同承担，从资金源头上遏制非可持续发展类项目的诞生。

一是建立强制性的环境信息披露标准，从自愿性逐渐过渡到强制性，细化相关规定，提高相关标准，增强金融机构社会责任，实现从“要我披露”到“我要披露”的转变。

二是提升为企业提供环境信息服务的专业化水平，加强第三方机构培育，帮助

企业增强依法合规披露环境信息的能力，加快解决金融机构不会披露、难以披露的问题。

三是加强社会监督和公众参与，畅通投诉举报途径，拓宽环境污染问题发现渠道，引导社会公众、新闻媒体等对环境信息强制性披露进行有效监督，搭建企业和公众沟通环境信息的桥梁，充分发挥社会监督作用。

（3）以可持续发展为目的，推动可持续金融相关产品创新

鼓励金融机构注重可持续指数的投资应用，加大可持续金融相关产品的创新，推动可持续金融产品被大范围地推出和应用。一是创立支持可持续发展的货币政策工具，有序推进可持续金融产品和服务开发，为可持续发展项目提供低成本资金；二是加大在绿色债券市场、绿色信贷产品、绿色保险、可持续股票指数和相关投资产品方面的创新力度，推动自身业务结构转型和我国可持续金融的发展。

（4）以金融科技为支撑，推动可持续金融的数字化水平

要重视金融科技的作用，持续推动金融科技在可持续金融领域，尤其是在农业、消费、小微企业等领域的应用。如利用金融科技，可以更高效地识别可持续资产、项目、产品和服务，开展环境效益数据的采集、溯源、处理和分析，支持绿色资产交易平台等；可以在金融监管政策工具、企业碳中和、系统性气候风险分析、绿色投融资金融产品和创新服务、绿色金融市场机制建设等细分应用领域提供更高效的解决方案。同时，要加快金融科技在金融监管中的运用，为可持续金融的信息披露和考核评估提供更为有效和便捷的数字化工具。

（5）以多措并举为手段，加快激励政策制定和落地生根

要实现可持续发展目标，促进可持续金融的发展，需要更多正向激励的可持续金融政策的推出和落地生根，用多种金融工具和手段来推动可持续投资，与权责分明的惩罚机制相配合，可以更好地激励和推动可持续发展。

现有的可持续金融政策，以限制污染性投资的金融政策为主，对节能环保、清洁能源等的投资激励性措施较少，需要加快建立更多的正向投资激励机制，如绿色优惠贷款、绿色金融债券的贴息、可持续金融产品增信、简化环保企业融资的审批程序，为相关企业降低融资成本提供更多的渠道等。

参考文献

[1] 陈亚芹，别智. 商业银行绿色金融产品体系与业务创新[J]. 金融纵横，2021(3)：46-52.

[2] 陈骁，张明. 中国的绿色债券市场：特征事实、内生动力与现存挑战[J]. 国际经济评论，2022(1)：104-133.

[3] 崔海燕. 碳中和目标下我国绿色金融的发展路径探究[J]. 广东经济，2023(2)：60-63.

[4] 黄伟彪,付霞.绿色金融:国际经验、启示及对策[J].改革与战略,2018(4):113-117.
[5] 何虹.美、德、英财政支持绿色金融的经验与借鉴[J].上海立信会计金融学院学报,2017(2):35-39.
[6] 刘一闻,张文娟.我国绿色金融改革创新的地方实践与经验启示[J].河北金融,2023(7):14-23.
[7] 兰佳佳.碳中和目标下完善我国绿色金融统计标准的建议[J].河北金融,2022(3):7-11+20.
[8] 翁智雄,葛察忠,段显明,等.国内外绿色金融产品对比研究[J].中国人口·资源与环境,2015,25(6):17-22.
[9] 王军,盛慧芳.国内外绿色金融标准比较研究[R]//中国国际经济交流中心,美国哥伦比亚大学地球研究院,阿里研究院.中国可持续发展评价报告(2019).北京:社会科学出版社,2019:143-161.
[10] 文书洋,张琳,刘锡良.我们为什么需要绿色金融?——从全球经验事实到基于经济增长框架的理论解释[J].金融研究,2021(12):20-37.
[11] 吴强,唐明知,肖丹然,等.绿色金融,碳减排与金融风险——基于碳减排情景与风险缓释的视角[J].经济研究参考,2023(8):45-62.
[12] 胡梦达,郑浩然.绿色金融风险评价指标体系构建与治理对策[J].统计与决策,2020,36(24):129-132.
[13] 张承惠,谢孟哲.中国绿色金融:经验、路径与国际借鉴[M].北京:中国发展出版社,2015.
[14] 张桂芝,孙红梅.绿色金融绩效评价体系的构建研究[J].区域金融研究,2020(12):5-11.
[15] 朱金富.关于碳中和目标下的绿色金融创新路径研讨[J].经济管理,2023(1):150-152.

第十一章　中国水环境治理产业前景预测

第一节　水环境治理面临挑战

进入“十四五”时期，污染防治攻坚战由“坚决打好”向“深入打好”转变，水环境治理由传统的“水污染防治为主”向“水资源、水环境、水生态等流域要素协同治理、统筹推进”转变。党的二十大报告提出要统筹水资源、水生态、水环境保护，推动江河湖库生态环境治理。加强水生态环境治理，推进水生态文明建设，对于促进经济社会可持续发展、满足人民日益增长的生态环境需求，具有十分重要的意义。从国际比较看，我国水环境理化指标已与中等发达国家相当。但同时，我国水生态环境保护工作还有一些明显短板，不平衡不协调的问题依然突出。“十三五”时期，水环境治理取得了一定成效，但我国生态环境质量改善仍问题突出，面临诸多挑战。

一、水环境质量改善不平衡、不协调问题突出

（一）区域水环境质量改善不平衡

近年来，我国工业和城市治污设施建设和管理力度不断加强，但水环境治理短板问题仍然突出，城市黑臭水体尚未实现长治久清。《城市蓝皮书：中国城市发展报告 No. 14》(以下简称《报告》）中指出，全国城镇生活污水集中收集率仅为 60%左右，全国农村生活污水治理率不足 30%，城乡环境基础设施欠账仍然较多，特别是老城区、城中村以及城郊接合部等区域。污水收集能力不足，管网质量不高，大量污水处理厂进水污染物浓度偏低，汛期污水直排环境现象普遍存在。

2020 年，在长江、黄河、珠江、松花江、淮河、海河、辽河流域和浙闽片河流、西北诸河、西南诸河监测的 1 614 个水质断面中，Ⅰ～Ⅲ类占 87.4%，劣Ⅴ类占 0.2%。在地表水监测的区域中，西北诸河、浙闽片河流、长江流域、西南诸河和珠江流域的水质优良，黄河、松花江和淮河流域的水质较好，辽河和海河流域为轻度污染。《报告》指出城乡面源污染防治瓶颈亟待突破，受种植业、养殖业等农业面源污染影响，汛期特别是 6 月至 8 月是全年水质相对较差的月份，长江流域、珠江流

域、松花江流域和西南诸河氮磷上升为首要污染物。研究表明，将近67.8%的磷来自农业污染，而这些量大面广的农业和农村的分散污染源是污染控制和管理工作的重难点之一。

（二）水生态失衡

部分地区还存在水生态失衡问题。太湖、巢湖、滇池等重点湖泊虽经多年治理，但蓝藻水华仍居高不下，原因除了氮磷等营养盐浓度较高，还有这些湖泊的水生态系统严重失衡，表现为水生植被严重退化、关键生态链条缺失等。这说明，开展水生态环境保护不能仅仅依靠污染减排，还要深入做好生态保护和恢复工作。

（三）水生态环境治理主体不协调

水生态环境治理涉及水利、生态环境、自然资源、农业、渔业、林草、城建等多个职能部门，客观上存在多机构重复管理现象，以及各行政管理部门之间配合程度较低的问题，缺乏统一协调机制，导致流域生态环境治理存在多头管理，难以形成区域水生态环境治理体系。我国流域水生态环境治理体制不尽完善，流域管理机构与地区相关部门实行条块分割，流域与行政区的治理边界不能有效叠合。以行政区为单元进行生态功能区划，致使流域上下游地区、跨省界地区矛盾突出。由多个相关部门共同承担流域生态保护和环境污染治理的任务，但各部门的责任和权限不明晰且各自施策，缺乏统筹规划和综合管理。部分流域尚未实施总体布局和科学调控，上下游地区之间难以进行密切沟通和协作，不能有效化解流域内各利益相关者在水生态环境治理方面的冲突。另外，作为水生态环境治理主体的企业缺少外部激励，治理成本不能实现内部化，难以提高企业参与水生态环境治理的积极性。即使流域上下游地区依据各自资源环境和社会经济条件分别采取相应的治理措施，但这种分散化的水生态环境治理成效存在局限性。一些地区过度依靠行政手段开展水生态环境治理，忽视经济管理手段，不能促使上下游地区形成责任和利益共同体。

（四）环境风险企业管控难度大

我国环境风险企业数量庞大、近水靠城，区域性、布局性、结构性环境风险突出。大量化工企业临水而建，长江经济带30%的环境风险企业位于饮用水水源地周边5 km范围内，因安全生产、化学品运输等引发的突发环境事件处于高发期；河湖滩涂底泥的重金属累积性风险不容忽视。虽然我国水环境质量总体上呈改善态势，常规水质监测指标正在逐步改善，但环境激素、抗生素、微塑料等新型污染物尚未纳入日常的监测评价考核，管控能力不足。

（五）区域水生态环境治理能力弱化

区域水生态环境治理的顶层设计与整体规划布局缺失，联动协调能力弱化。许多地区对水生态保护与修复的投入不足，未能落实已有规划中的水生态保护与修复措施，对规划方案也未进行细化，没有制定水生态保护与修复专项行动计划。

区域水生态环境治理目标制定未能与水生态环境质量改善效益评估、流域上下游地区生态环境治理绩效评估相衔接。随着资源约束趋紧，粗放型经济增长方式下规模化资源开发难度加大，投资边际效益递减，无法长期维持投资规模持续扩大的格局。全国水生态环境治理基础设施薄弱、治理设备投入不足、治理工程建设进展迟缓。部分地区基础设施不能满足水生态环境治理的实际需要，尽管已经增加了生产和生活节水设施建设投入，但城乡管网漏损率依然没有明显下降。部分工业行业的生产工艺和重点环节耗水严重，万元工业增加值用水量保持较高态势。我国城市污水集中处理率逐年提高，但一些地区的农村乡镇却由于基础设施建设滞后而难以对污水进行集中处理。部分工业园区由于没有建设配套的污水处理设施，成为水环境污染排放聚集区。

生态环境治理水平的一些方面仍需提高。比如，有的地区抓生态环境保护主动性不足、创造性不够；生态环境治理缺乏整体性、系统性，统筹山水林田湖草沙等生态要素不够；市场主体和公众参与的积极性有待提升；水生态环境保护的法规、标准、制度等需要进一步完善，监测、执法、环评、应急等能力和队伍建设还有短板，需要加快补齐。

二、水环境改善效果不稳定

（一）水质反弹现象频发

生态环境部发布的《关于2022年一季度全国水环境情况通报的函》中指出，2022年一季度，3 641个国家地表水评价考核断面中，Ⅰ～Ⅲ类断面比例为88.2%，同比增加5.2个百分点；劣Ⅴ类断面比例为1.0%，同比减少1.1个百分点，水环境质量持续改善。但同时，部分断面水质出现反弹，部分地区消除劣Ⅴ类工作滞后，旱季“藏污纳垢”、雨季“零存整取”等问题突出，城乡面源污染正在上升为制约水环境持续改善的主要矛盾。

生态环境部发布的《关于2023年一季度全国水环境情况通报的函》中指出，2023年以来，一些地区城乡面源污染严重，部分断面水质恶化、反弹，有的重点湖库水华防控形势严峻，水环境风险不容忽视。2023年一季度，国家地表水评价考核断面中，Ⅰ～Ⅲ类断面比例为89.1%，同比上升0.9个百分点；劣Ⅴ类断面比例为0.4%。

（二）水生态环境治理制度功效有限

水生态环境治理制度建设滞后，执行效果有待提升。我国现有的部分法律法规与水生态环境治理相关，但这些法律法规的制定部门及侧重点不同，相关措施不能落实到位，因此执行难度较大，“河长制”“湖长制”虽已开始全面推行，但尚未完全形成良性运行体系，社会认知和接受程度亟待提高。水生态环境治理主体的投入不足，尚未在全流域形成完善的水生态保护责任制度。没有全面建立水生态环境治理相关标准和规则规范，水生态保护和修复实践缺少充分的指导依据和制度约束。

另外，我国流域生态补偿目前以政府财政转移支付方式为主，市场化补偿方式为辅，大部分地区市场化补偿处于探索实践中。流域生态补偿主体单一、补偿责权利不明晰、流域生态服务成本和收益分配不均，如果长期依赖于政府补偿模式，将导致流域生态补偿的实施缺乏稳定性。流域生态补偿采取均一标准，容易导致客体受偿额度不足或超标。流域生态补偿制度执行力不强，补偿资金使用效率较低。生态补偿投融资渠道单一，补偿时长周期较短、补偿实施范围较小。许多地区生态补偿投入水平较低，少数地区的部分补偿资金来源于国际机构赠款、贷款和资助项目等。

（三）水生态环境治理监管力度不足

流域水生态环境治理的职责不明确，流域规划实施的监管力度不足，缺乏有效的管理手段，监管责任不到位。现有监管和执法体系不能满足新形势下水生态环境治理的实际需求，在一定范围内仍面临违法成本较低、执法成本较高的挑战。不能实时公开水生态安全信息，难以实行公众监督。区域水生态环境治理的投入高于针对生态环境保护的补偿，导致无法发挥流域生态补偿应有的激励效应，难以引导流域上游地区积极开展生态环境建设。流域生态补偿标准制定与补偿实施保障制度安排脱节，流域生态补偿方式可操作性较弱，一些地区在流域生态补偿实践中缺少全程监管和绩效考核。

三、污水处理体系亟待升级转型

随着城市化进程的不断加快，生活污水和工业污水排放量显著增加，城镇治污任务艰巨。

（一）降低能耗，绿色低碳运行

我国污水处理行业总规模大，是全球十大温室气体排放行业之一，其碳排放量占全球碳排放总量的2%～3%。污水处理行业在全球能耗占比为1%～3%，呈逐年上升趋势，属于高耗能产业，也是重要的碳排放行业，亟须系统全面地开展碳减排工作。污水处理行业被列为甲烷的第六大排放源和氧化亚氮的第三大排放源，其中，甲烷排放主要是化粪池、管道淤积、物耗等产生的间接碳排放，取决于污水厂的管理水平。

（二）工业废水处理难度大、成本高、耗能多

工业废水处理面临着许多难点。首先，工业废水的成分复杂多样，不同行业甚至同一行业不同企业的废水成分都可能存在差异。其次，工业废水中的污染物浓度通常较高，对环境造成的潜在危害较大。此外，大部分工业废水排放量较大，处理和处置需要大量的资源和设施投入。

工业废水处理技术复杂。首先，对治理工艺的选择要考虑很多方面，处理技术的选择和优化需要根据废水的特性和成分进行定制，包括污染企业的生产工艺、污染物种类、处理成本等。其次，处理工艺的操作和维护成本较高。其中，难降解工业废水长期以来是处理难度最大、处理技术最复杂、处理成本特别高的一类废水。此外，废水处理后产生的污泥和副产物的处置也是一个挑战，需要安全和可持续的处理方法。

（三）新污染物去除难度大，处理工艺不完善

去除新污染物的方法目前以吸附、催化氧化和生物法为主，常见处理技术的性能比较见表11-1。吸附法是用于去除水中抗生素等新污染物常见的物理化学方法，但由于吸附剂的能力有限、再生成本高等限制而难以推广；氧化技术是常用的化学方法，效果稳定，但处理成本高且可能在降解过程中引入新的污染物而存在二次污染的风险。

表11-1　新污染物处理技术

处理技术	去除效率	优点	缺点
吸附、化学氧化、光降解等物化法	可达50%以上	去除效率稳定	添加化学药品易引起二次污染、成本高、不宜处理大量污水
超声降解	对磺胺类抗生素效果良好	专一性强	成本高、耗能大、难推广

续表

处理技术	去除效率	优点	缺点
等离子体	效果明显	反应快	反应过程、速率难控，副产物多，潜在风险高
生物法	对不同抗生素效果差异较大	能耗低，可同时降解常规污染物	微生物存活要求高、系统稳定性差
改良型活性污泥法	水质明显提高	去除能力强，环境友好	处理过程复杂、难控
人工湿地	对各类抗生素均有去除作用	节能、环保	占地大、容积负荷低
膜技术	效果明显	工艺灵活	前处理要求高、成本高，浓水处理难度大，规模受限

四、水生态空间和水生态容量不足

（一）河流湖泊断流干涸或生态流量不足

我国人多水少，水资源时空分布不均，供需矛盾突出，部分河湖生态流量难以保障，河流断流、湖泊萎缩等问题依然严峻。黄河、海河、淮河、辽河等流域水资源开发利用率远超40%的生态警戒线；根据《2022年全国水利发展统计公报》，全国已建成流量为5 m^3/s及以上的水闸96 348座，其中大型水闸957座，受水资源短缺、用水效率低、闸坝多等影响，不合理的水资源调配和水电开发导致中小河流断流现象仍一定比例存在。

（二）水生态空间被挤占

因生态需水得不到有效保障，造成不同程度的水生态压力与风险。中国主要河流生态环境用水多年平均被挤占约1.32×1 010 m^3，海河、黄河、辽河及西北诸河的生态环境用水量被挤占约20%～40%，从而导致这些河流和相关地区生态环境严重退化、水生态压力突出。

（三）水生态被破坏

受水资源开发、水域污染、过度捕捞、航道整治、岸坡硬化、挖砂采石等人类活动影响，水源涵养功能受损、水生态系统失衡、生物多样性丧失等问题在各流域不同程度存在。七大流域生物多样性面临挑战，水生态系统结构和功能退化，水生生物生境状况不容乐观；长江上游受威胁鱼类种类占全国总数的40%，白鳍豚已被宣布功能性灭绝，江豚面临极危态势；黄河流域水生生物资源量减少，北方铜鱼、黄河雅罗鱼等常见经济鱼类分布范围急剧缩小，甚至成为濒危物种。2015 年《中国生物多样性红色名录——脊椎动物卷》显示，中国受威胁鱼类 295 种，占总数的 20.3%；2017 年濒危鱼类 134 种；受威胁两栖动物 176 种，占总数的 43.1%。根据《2022 中国生态环境状况公报》，重要湖泊蓝藻水华暴发风险尚未得到有效控制，2022 年中度富营养状态湖库由 2021 年的 4.3% 上升为 5.9%。

五、水资源利用效率低

水资源不合理利用和浪费现象同样突出。由于灌溉工程的老化及灌溉技术落后等，农业用水利用率较低，与发达国家相比还有较大差距。一些缺水地区高耗水产业相对集中，水源涵养区、河湖水域及其缓冲带等流域重要生态空间开发过度，产业布局与水资源承载力不相适配，汛后大小水库一起蓄水，河流湖泊断流干涸现象比较普遍，以生态破坏和高耗水为代价的生产、生活方式尚未根本改变。水利部发布的 2022 年《中国水资源公报》显示，2022 年我国农田灌溉水有效利用系数为 0.572、万元国内生产总值用水量和万元工业增加值用水量为 49.6 m^3 和 24.1m^3，用水效率低于先进国家水平。

六、流域治理体系信息化有待提高

（一）流域水生态环境预警系统基础薄弱

我国水生态环境预警系统不健全，针对多数已实施工程中的水生态环境影响缺少定期监测和成效评价。以流域为单元的水生态环境治理在一定程度上缺乏流域尺度上的整体治理布局，尚未建立统一、高效的风险预警平台。一些地区的水生态环境治理主要注重河道水体的集中治理，对水生态系统功能和水生生物生境的保护与修复重视不够，缺乏有效的生态保护和修复措施。没有将生态保护修复与生态用水量、水环境质量目标管理相结合。流域水生态环境风险预警和应急机制不完善，流域非重点功能区通常是水生态环境风险高发区域，但流域水生态环境监测手段有待提升、应急处置能力不足，不能完全适应流域水生态环境治理的形势，部分企业超标排污问题未能得到及时有效遏制。沿江工业园区布局密集，化学品生产企业较多，特别是中上游地区承接下游地区潜在的污染产业转移，水环境污染风险加大。以现有的流域管理能力很难覆盖到这部分区域，在一定程度上尚不具备应对全流域突发性水生态环境风险的响应能力。

（二）治理体系和治理能力需进一步加强

“十四五”时期，我国发展仍然处于重要战略机遇期，新型工业化深入推进，城镇化率仍将处于快速增长区间，粮食安全仍需全面保障，工业、生活、农业等领域污染物排放压力持续增加。生态文明改革事项还需进一步深化，“三水”统筹的系统治理格局尚不完善，水生态环境保护目标和任务尚未完全协调统一，破除部门藩篱、建立协同协作还需要进一步努力；地上地下、陆海统筹协同增效的水生态环境治理体系亟待完善。当前，人民群众对环境问题的举报投诉仍然高位运行，水生态保护修复刚刚起步，监测预警等能力有待加强。水生态环境保护相关法律法规、标准规范仍需进一步完善，流域水生态环境管控体系需进一步健全，经济政策、科技支撑、宣传教育等还需进一步加强。

第二节　水环境治理产业发展新机遇与前景预测

环保产业和水环境治理行业具有显著的政策导向性特征，行业发展状况和前景与宏观政策导向密切相关。我国将生态文明建设提升到前所未有的战略高度，不仅在全面建成小康社会的目标中对生态文明建设提出明确要求，而且将其与经济建设、政治建设、文化建设、社会建设一同纳入社会主义现代化建设“五位一体”的总体布局。

“十四五”规划中明确提出将“生态文明建设实现新进步”作为“十四五”时期经济社会发展的主要目标之一，并将“生态环境根本好转，美丽中国建设目标基本实现”列入2035年远景目标。针对水环境治理工作，“十四五”规划提出“推进城镇污水管网全覆盖，开展污水处理差别化精准提标”、“开展农村人居环境整治提升行动，稳步解决乡村黑臭水体等突出环境问题”、“以乡镇政府驻地和中心村为重点梯次推进农村生活污水治理”，以及“完善水污染防治流域协同机制，加强重点流域、重点湖泊、城市水体和近岸海域综合治理，推进美丽河湖保护与建设”。可见，环保产业和水环境治理行业在未来预计仍将获得国家政策的大力扶持，行业发展将持续向好。

一、污水处理减污降碳协同增效

当前，我国生态文明建设进入了以降碳为重点战略方向、推动减污降碳协同增效、促进经济社会发展全面绿色转型、实现生态环境质量改善由量变到质变的关键时期。2022年，生态环境部等七部委联合印发《减污降碳协同增效实施方案》，立足当前我国生态文明建设同时面临实现生态环境根本好转和碳达峰碳中和两大战略任务，提出基于环境污染物和碳排放高度同根同源的特征，立足实际，遵循减污降碳内在规律，强化源头治理、系统治理、综合治理，切实发挥好降碳行动对生态环境质量改善的源头牵引作用，充分利用现有生态环境制度体系协同促进低碳发展，创新政策措施，优化治理路线，推动减污降碳协同增效。2023年7月18日，习近平总书记在全国生态环境保护大会上强调，我国生态环境保护结构性、根源性、趋势性压力尚未根本缓解。我国经济社会发展已进入加快绿色化、低碳化的高质量发展阶段。2023年12月29日，国家发展改革委、住房城乡建设部、生态环境部联合印发了《关于推进污水处理减污降碳协同增效的实施意见》，为深入贯彻习近平生态文明思想，落实全国生态环境保护大会要求，推动污水处理减污降碳协同增效，制定实施意见。要求协同推进污水处理全过程污染物削减与温室气体减排，开展源头节水增效、处理过程节能降碳、污水污泥资源化利用，全面提高污水处理综合效能，提升环境基础设施建设水平。

我国污水处理领域还面临着一系列挑战，其中包括处理效率不高、碳排放量大、再生水利用率低等问题。针对这些挑战，未来市场空间预测体现在加强污水处理设施建设、推进污水处理技术创新、提高再生水利用率、加强污水处理监管以及推动绿色生产生活方式等方面。

（1）加强污水处理设施建设。随着城市化进程的加速，污水处理设施的完善建设成为一项迫切的需求。国家对于污水处理设施建设的投入力度将会进一步加大，以提高污水处理率并严格控制污染物排放。特别是工业废水处理设施的建设和管理，将更为重视。加大对污水处理设施建设的投资，不仅有助于改善环境水质，还可以为产业结构升级和经济转型提供重要支撑。

（2）推进污水处理技术创新。技术创新是推动污水处理行业持续发展的关键。未来，鼓励企业加大技术研发力度，推广应用高效、低能耗、低成本的污水处理技术将是发展的重要方向。新型技术的推广应用有望提高污水处理的效率，同时降低能耗和碳排放，使处理过程更加环保和可持续。

（3）提高再生水利用率。再生水资源是重要的水资源补充和替代手段。未来，加强再生水利用设施建设和推广再生水回用模式，扩大再生水利用领域，将有助于提高水资源的利用效率。逐步建立更加健全的再生水利用体系，将成为未来水资源管理的重要方向，对于缓解水资源短缺问题具有重要意义。

（4）加强污水处理监管。建立健全污水处理监管体系，完善相关法规和标准，强化污水处理设施运行监管，将是保障环境治理和生态保护的重要手段。通过严格监管，确保污水达标排放，将有效减少环境污染，并为市场提供更加清洁、健康的发展环境。

（5）推动形成绿色生产生活方式。推动绿色生产生活方式是减少污染和碳排放的重要途径。在未来，通过政策引导和社会倡导，逐步转变生产方式和生活方式，促进企业和居民更多地采用环保技术和绿色产品，降低能耗和排放，实现产业的可持续发展。

二、重点流域综合治理

河流湖泊是水资源、水环境和水生态的重要载体，是生态系统的重要组成部分。2022 年 1 月 11 日，国家发展改革委发布关于印发《"十四五"重点流域水环境综合治理规划》的通知。2023 年 4 月 21 日，生态环境部等五部门联合印发《重点流域水生态环境保护规划》，对"十四五"重点流域综合治理、河湖水生态保护与修复、河湖生态流量水量管理等工作做出部署，明确了主要目标、任务和措施。

流域综合治理与保护是为了尊重、顺应和保护自然，着眼于生态整体性和流域系统性，以问题为导向，实现水资源的合理开发、有效利用和节约保护，以促进水资源的集约利用，重建河湖生态环境，使河湖功能永续利用。要坚持系统观念，统筹发展和安全，强化水资源的刚性约束作用，以抑制不合理用水需求，使经济活动与水资源承载能力相适应。此外，还要注重山水林田湖草沙一体化治理，解决流域综合治理和河湖水生态保护修复等问题。

为实现这一目标，需要着力推动以下几个方面的工作。

（1）建立水资源刚性约束制度。迅速建立并贯彻水资源刚性约束制度，确立一系列硬指标，严格管控水资源的使用和取用，推动国土空间规划、产业调整、城市布局等方面的硬约束，同时健全监测体系，推进节水政策，全面促进水资源的集约、节约和安全利用。

（2）强化河湖生态流量保障和监管。针对长江、黄河等重点流域，落实生态流量保障措施，加强监测预警，确保河湖基本生态用水。同时，实施非常规水源利用，推进生态流量保障工程建设，并加强监管和评估，实施适应性动态管理。

（3）加快复苏河湖生态环境。针对河湖生态系统存在的问题，选择 88 条河湖开展复苏行动，制定实施个性化方案，优化配置水资源，恢复河道湖泊状态，修复受损的生态系统，使河湖重新焕发生机。

（4）加强河湖保护。完善管理范围划界，强化岸线规划，保护河湖自然岸线，规范河道采砂管理，划定饮用水水源保护区，加强湖泊保护治理，打造美丽河湖。

（5）推进水土流失综合治理。全面强化人为水土流失监管，加快重点流域的综合治理，提升水土保持监测评价能力，完善政策体制机制，以实现水土保持的提质增效。

推进流域综合治理与保护要准确把握新征程流域综合治理新使命、新任务，坚持问题导向和系统观念，加快复苏河湖生态环境，增强大江大河大湖生态保护治理能力，维护河湖健康生命；需要多方协作，采取多种措施，从制度建设到生态环境修复，全面推动水资源合理利用，保护生态系统，以实现河湖功能永续利用和流域生态安全。

三、国家水网建设

2023年5月25日，中共中央国务院印发《国家水网建设规划纲要》，强调完善河湖生态系统保护治理体系，以大江大河干流及重要江河湖泊为基础构建国家水网主骨架和大动脉；立足流域整体和水资源空间均衡，结合江河湖泊水系特点和水利基础设施布局；要完善河湖生态系统保护治理体系，牢固树立生态文明理念，坚持系统治理、综合治理、源头治理，加快复苏河湖生态环境，让河流恢复生命、流域重现生机。

（1）在深入加强河湖生态保护治理方面，我国秉持着重塑和维护河流健康生态的理念，将河湖生态流量目标按区域分类确定，并实施节水和水资源优化配置措施，有序减少河湖生态用水的挤占情况。特别关注重点河湖和湿地，进行生态补水，以确保河湖的生态流量，维护生物多样性。此外，加强河湖长效管理，持续推进对河湖存在的“清四乱”问题（即乱占、乱采、乱堆、乱建）的规范化治理，并加强监管巡查，巩固城市黑臭水体治理成果。积极开展入河（湖）排污口排查整治，并着力进行河道河湖清淤整治清障、生态修复和水系连通工作，以改善河湖的水循环和水动力条件，重建水清岸绿的水生态环境。同时，加快划定河湖管理范围和岸线保护范围，加强岸线功能分区管控，推进河湖空间带修复，创造生态宜居、便捷的沿江沿河沿湖绿色生态走廊。推进大江大河河口生态修复与综合治理，并加强重大引调水工程水源区及输水干渠、集中式饮用水水源地保护。

（2）在加快地下水超采综合治理方面，着力深入推进华北等关键区域地下水超采综合治理工作。依据确定的地下水取用水量和水位控制指标，采取强化节水、禁采限采、水源置换等综合措施，压减地下水超采量，严格控制地下水开发强度。加强对地下水资源的保护，在禁止开采区和限制开采区实行分区管护。采用多渠道增加水源补给的方式，在条件允许的地区，通过当地水资源、外调水和再生水等手段，实施超采区地下水回补，逐步实现地下水采补平衡。

（3）在推进水源涵养与水土保持方面，重点加强对青藏高原“中华水塔”的保护工作。以封育保护为主要手段，因地制宜实施林草植被恢复等预防保护措施，提高林草植被综合覆盖度，增强生态系统的自我修复能力和稳定性。针对长江上中游、黄河上中游、东北黑土区、西南岩溶石漠化区、三峡和丹江口库区等重点区域，根据具体情况，推进坡耕地、淤地坝、侵蚀沟、崩岗治理等工程，采用工程措施和生物措施相结合的方式，综合防治水土流失，提升治理效益。以流域为单元，以山青、水净、村美、民富为目标，统筹配置沟道治理、生物过滤带、水源涵养、封育保护、生态修复等措施，打造生态清洁小流域。

四、农业面源污染治理

党中央、国务院高度重视农业面源污染防治工作，“十三五”以来，生态环境部、农业农村部大力实施《农业农村污染治理攻坚战行动计划》《打好农业面源污染防治攻坚战的实施意见》等系列攻坚行动，全国化肥、农药使用量持续减少，水稻、玉米、小麦三大粮食作物的化肥平均利用率、农药平均利用率分别达到 40.2%和 40.6%；农业废弃物资源化利用水平稳步提升，畜禽粪污综合利用率达到 75%，秸秆综合利用率、农膜回收率分别达到 86.7%、80%。全国地表水优良水质断面比例提高到 83.4%，同比上升 8.5 个百分点；劣 V 类水体比例下降到 0.6%，同比下降 2.8 个百分点。但是，我国农业面源污染防治工作仍任重道远。

2021 年 3 月，生态环境部和农业农村部联合印发了《农业面源污染治理与监督指导实施方案（试行）》。该方案按照统筹推进、突出重点，试点先行、夯实基础，分区治理、精细监管，政策激励、多元共治的基本原则，一是深入推进重点区域农业面源污染防治，以化肥农药减量化、规模以下畜禽养殖污染治理为重点，因地制宜建立农业面源污染防治技术库；二是完善农业面源污染防治政策机制，健全法律法规制度，完善标准体系，优化经济政策，建立多元共治模式；三是加强农业面源污染治理监督管理，开展农业污染源调查监测，评估环境影响，加强长期观测，建设监管平台，逐步提升监管能力。到 2025 年，重点区域农业面源污染得到初步控制。农业生产布局进一步优化，化肥农药减量化稳步推进，规模以下畜禽养殖粪污综合利用水平持续提高，农业绿色发展成效明显。试点地区农业面源污染监测网络初步建成，监督指导农业面源污染治理的法规政策、标准体系和工作机制基本建立。到 2035 年，重点区域土壤和水环境农业面源污染负荷显著降低，农业面源污染监测网络和监管制度全面建立，农业绿色发展水平明显提升。

在新阶段，依托先行区探索整建制全要素全链条推进农业面源污染综合防治，具有广阔的市场前景。2023 年 3 月，农业农村部办公厅印发《国家农业绿色发展先行区整建制全要素全链条推进农业面源污染综合防治实施方案》，提出要着眼大局、加强协调，创新思路、健全机制，推动国家农业绿色发展先行区（以下简称“先行区”）整建制全要素全链条推进农业面源污染综合防治各项措施落实落细。一要加强系统设计。统筹种养业、上下游各环节，系统设计先行区农业面源污染综合防治方案，整体推进源头减量、全量利用、末端治理、循环畅通。二要聚集资源力量。利用好现有农业绿色发展项目资金，引导社会资本和技术人才等要素向先行区集聚，合力推进，发挥整体效应。三要健全协同机制。加强与发展改革、财政、自然资源、生态环境等部门的沟通，推动先行区与周边地区共建共治，建立上下贯通、横向联动、流域协作推进机制，做到目标同向、力量同汇、措施同聚。

先行区是中央做出的重要部署，也是推动农业面源污染治理的重要措施。目前，农业农村部会同国家发展改革委、财政部等部门已创建128个先行区，引领农业发展全面绿色转型取得积极成效，主要体现在以下三方面。

（1）探索协同推进农业面源污染治理的有效模式。农业面源污染治理涉及环节多、领域广，需要整体设计、系统推进。要发挥先行区综合平台优势，改变分行业、分专项推进农业面源污染治理的办法，促进流域统筹、行业协同、措施一体。

（2）探索整体推进农业面源污染治理的工作机制。农业面源污染治理需要政策体系、工作体系和制度体系有效支撑。要发挥先行区要素集聚优势，汇聚企业、新型农业经营主体、科研机构等力量，形成政府主导、农民主体、市场运作、全民参与的工作格局。

（3）探索系统推进农业面源污染治理的技术路径。农业面源污染成因复杂，需综合施策。要发挥先行区技术集成优势，创制一批优质安全、高效适用的农业面源污染综合防治产品和装备，实现治理技术由单项突破向集成组装转变。

五、农村黑臭水体治理

2023年4月，生态环境部部长黄润秋在十四届全国人大常委会第二次会议上提交了关于2022年度环境状况和环境保护目标完成情况的报告。数据显示，2022年，全国农村生活污水治理率达到了约31％，相较于2020年的25.5％有了显著提升。

党的二十大报告提出，“统筹乡村基础设施和公共服务布局，建设宜居宜业和美乡村”。2023年中央一号文件又进一步对“扎实推进宜居宜业和美乡村建设”做出了具体部署。建设宜居宜业和美乡村是全面推进乡村振兴的一项重大任务，是农业强国的应有之义。我们要深入理解其丰富内涵，科学把握其实施路径，为做好新时期“三农”工作并持续推进中国式现代化建设夯实基础。

中共中央办公厅、国务院办公厅于2021年12月印发了《农村人居环境整治提升五年行动方案（2021—2025年）》，该方案强调以资源化利用和可持续治理为指导，选择适合农村实际的生活污水治理技术。2022 年 12 月，生态环境部印发了《农村生活污水和黑臭水体治理示范案例》，该示范案例是在各省（市、区）推荐的成功案例基础上，经严格筛选，选出了建设成功、运行稳定的 14 个农村生活污水和黑臭水体治理模式作为首批示范案例，为全国各地因地制宜选取治理模式提供借鉴与参考。

为加快建立农村黑臭水体治理典型技术模式和长效机制，2022 年，生态环境部联合财政部开展了农村黑臭水体治理试点工作，对全国 15 个城市根据项目投资额和申报治理面积，给予 2 亿元、1 亿元、5 000 万元的分档奖补。2023 年，将加强对试点地区的指导，督促各地通过控源截污、清淤疏浚、水系连通、水生态修复等综合性、系统性治理措施，深入推进农村黑臭水体治理。同时，2023 年两部门还将继续遴选支持有基础、有条件的地区，开展试点工作。

六、地下水污染防控与土壤修复

2019 年，生态环境部、自然资源部、住房城乡建设部、水利部、农业农村部 5 部门联合印发了《关于印发地下水污染防治实施方案的通知》。通知要求，到 2020 年，初步建立地下水污染防治法规标准体系、全国地下水环境监测体系；全国地下水质量极差比例控制在 15%左右。到 2025 年，地级及以上城市集中式地下水型饮用水水源水质达到或优于Ⅲ类比例总体为 85%左右。并且，要求 2020 年底前，制定《全国地下水污染防治规划（2021—2025 年）》。

“十三五”以来，各地区各有关部门认真落实党中央、国务院决策部署，推进土壤、地下水和农业农村生态环境保护，取得了积极成效。但总体来看，土壤、地下水和农业农村污染防治与美丽中国目标要求还有不小差距，需要进一步加大工作力度。2021 年底，生态环境部、国家发展改革委、财政部、自然资源部、住房城乡建设部、水利部、农业农村部联合印发《“十四五”土壤、地下水和农村生态环境保护规划》，对“十四五”土壤、地下水、农业农村生态环境保护工作做出系统部署和具体安排。该规划坚持全面规划和突出重点相协调，对“十四五”时期土壤、地下水和农业农村生态环境保护的目标指标、重点任务和保障措施进行了统筹谋划。

在此新机遇下，地下水污染防控与土壤修复未来发展的重点主要在以下三方面。

（1）推进土壤污染防治，包括加强耕地污染源头控制、防范工矿企业新增土壤污染、深入实施耕地分类管理、严格建设用地准入管理、有序推进建设用地土壤污染风险管控与修复、开展土壤污染防治试点示范等。

（2）加强地下水污染防治，包括建立地下水污染防治管理体系、加强污染源头预防、风险管控与修复、强化地下水型饮用水水源保护等。

（3）提升生态环境监管能力，包括完善标准体系、健全监测网络、加强生态环境执法、强化科技支撑等。

七、近岸海域及海湾水环境生态修复

“十三五”以来，在党中央、国务院的坚强领导下，我国海洋生态环境保护工作取得显著成就，渤海综合治理攻坚战阶段性目标顺利完成，为在更大的区域、更深的层次实施近岸海域综合治理攻坚奠定坚实基础。渤海、长江口—杭州湾和珠江口邻近海域（以下简称三大重点海域）是我国沿海高质量发展的重大战略区、人海和谐共生的重要实践区。尽管近年来三大重点海域生态环境总体改善，但仍处在污染排放和环境风险的高峰期、海洋生态退化和灾害频发的叠加期，结构性、根源性、趋势性压力尚未得到根本缓解，“十四五”实现生态环境持续改善面临艰巨挑战。

2021 年 11 月，中共中央、国务院发布了《关于深入打好污染防治攻坚战的意见》，将重点海域综合治理攻坚战列入“十四五”深入打好污染防治攻坚战的标志性战役之一，并提出了明确的目标和任务。2022 年 1 月，生态环境部、国家发展改革委、自然资源部、住房城乡建设部、交通运输部、农业农村部和中国海警局联合印发了《重点海域综合治理攻坚战行动方案》。该方案提出了到 2025 年的攻坚战主要目标：渤海、长江口—杭州湾、珠江口邻近海域生态环境持续改善，陆海统筹的生态环境综合治理能力明显增强。三大重点海域水质优良（一、二类）比例较 2020 年提升 2 个百分点左右。入海排污口排查整治稳步推进，省控及以上河流入海断面基本消除劣Ⅴ类。滨海湿地和岸线得到有效保护，海洋环境风险防范和应急响应能力明显提升，形成一批具有全国示范价值的美丽海湾。

在此新机遇下，近岸海域及海湾水环境生态修复未来发展的重点主要在以下几方面。

（1）深入实施陆海污染防治，立足三大重点海域生态环境禀赋和发展定位，开展入海排污口排查整治、入海河流水质改善、沿海城市污染治理、沿海农业农村污染治理、海水养殖环境整治、船舶港口污染防治、岸滩环境整治等行动。

（2）分区分类开展生态保护修复，开展海洋生态保护修复专项行动，巩固深化渤海生态保护修复成效，推进长江口—杭州湾、珠江口邻近海域滨海湿地和岸线保护修复；加强区域珍贵濒危物种及其栖息地保护；加强渔业资源养护。

（3）加强环境风险防范，坚持预防为主、提升能力，系统实施涉海风险源排查检查、环境风险隐患整治、海洋突发环境事件应急监管能力建设等重要措施。

（4）推进美丽海湾建设，坚持治理与监管并重，实施“一湾一策”海湾综合治理，推进美丽海湾建设、海湾生态环境常态化监测监管等重要措施。

八、非常规水源开发

非常规水源是指经处理后可以利用或在一定条件下可直接利用的再生水、集蓄雨水、海水及海水淡化水、矿坑（井）水、微咸水等。开发利用非常规水源具有增加供水、减少排污、优化水资源配置体系、提高水资源利用效率等重要作用，是高质量发展的内在要求。

随着经济发展和社会进步，各行业对水资源的需求不断增加，国家高度重视节水工作，积极寻求多种途径缓解水资源紧缺矛盾，非常规水源的开发利用因此成为国家关注的重点。2019 年，国家发展改革委、水利部颁布的《国家节水行动方案》提出，强制推动非常规水纳入水资源统一配置，逐年提高非常规水利用比例，并严格考核。到 2020 年，缺水城市再生水利用率达到 20%以上；到 2022 年，缺水城市非常规水利用占比平均提高 2 个百分点。

2023 年 7 月，水利部、国家发展改革委印发《关于加强非常规水源配置利用的指导意见》，提出“科学规划、统一配置；目标管理、应用尽用；因地制宜、精准施策；政策激励、市场驱动”的基本原则，统筹考虑各地区水资源禀赋、承载能力与发展需求，坚持将非常规水源纳入水资源统一配置，以强化配置管理、促进配置利用、加强能力建设、健全体制机制为抓手，着力扩大非常规水源利用领域和规模，提升水资源集约节约利用水平。到 2025 年，全国非常规水源利用量超过 170 亿 m^3；地级及以上缺水城市再生水利用率达到 25%以上，黄河流域中下游力争达到 30%，京津冀地区达到 35%以上；具备条件的地区集蓄雨水、海水及海水淡化水、矿坑（井）水、微咸水利用规模进一步扩大；非常规水源配置利用能力持续增强，形成先进适用成熟的再生水配置利用模式，全社会对非常规水源接受程度明显提高。到 2035 年，建立起完善的非常规水源利用政策体系和市场机制，非常规水源经济、高效、系统、安全利用的局面基本形成。

非常规水源主要有再生水、雨水和海水等，其开发利用市场前景十分广阔，下面以海水淡化进行分析。我国沿海地区水资源短缺，随着国民经济和社会发展，沿海地区对淡水资源的需求日趋迫切，仅靠长距离调水难以彻底解决。目前，我国已初步形成反渗透、多效蒸馏两大技术研发和装备制造体系，自主技术建成单机 3.5 万 t/d 多效蒸馏、2 万 t/d 反渗透示范工程；超、微滤膜和压力膜壳已出口国外并具备一定的竞争力；相关药剂通过国际认证，并用于十万吨级工程示范；国产反渗透膜建成规模化生产线并得到一定范围的推广；海水高压泵研制成功，实现万吨级工程的示范应用；能量回收装置样机得到工程验证；相关技术及材料装备已拓展应用于多个领域；在新方法、新技术、新材料方面探索性研究日渐活跃。

为进一步促进海水淡化技术创新，实现海水淡化关键核心技术装备自主可控，2021年5月，国家发展改革委、自然资源部联合有关部门组织编制了《海水淡化利用发展行动计划（2021—2025年）》，提出要开展超大型膜法、热法淡化科技创新，突破反渗透膜组件、高压泵、能量回收装置等关键核心技术装备，指标达到国际先进水平。开展自主大型海水淡化技术装备集成示范，加大海水淡化工程自主技术和成套设备推广应用，逐步提高国产化率。开展可再生能源耦合淡化、纳滤及其他新型分离膜等技术研究。

海水淡化作为水资源增量技术，是沿海缺水地区解决水源短缺问题的重要选择，并且相关技术可拓展应用至苦咸水开发保护利用、污水资源化利用、工业用水高效循环利用等领域，助力生态文明建设，产业发展前景广阔。

九、智慧水务与数字孪生流域

作为传统水务与“互联网＋”技术的结合点，智慧水务发展势头强劲。为更好地推动传统水务的智慧化转型，水利部系统谋划了智慧水务的发展进程。

数字中国和数字经济建设，已成为我国的核心战略，未来将共同推动水务行业数字化转型和实现智慧水务的高质量发展。近几年，国家陆续颁布了《加快推进智慧水利指导意见》《智慧水利总体方案》《水利网信水平提升三年行动方案（2019—2021年）》《数字中国建设整体布局规划》《关于构建数据基础制度更好发挥数据要素作用意见》等一系列政策，智慧水务是一个非常关键的组成部分。2023年，中共中央、国务院印发了《数字中国建设整体布局规划》，提出数字中国建设的“2522”整体框架，即夯实“两大基础”，推进数字技术与“五位一体”深度融合，强化“两大能力”，优化数字化发展国内国际“两个环境”。2023年5月25号，中共中央、国务院印发《国家水网建设规划纲要》，目标到2025年，建设一批国家水网骨干工程，国家骨干网建设加快推进，水网工程智能化水平得到提升。到2035年，基本形成国家水网总体格局，国家水网主骨架和大动脉逐步建成，省市县水网基本完善，构建与基本实现社会主义现代化相适应的国家水安全保障体系。规划纲要中提到“加快智慧发展”的3个重点：（1）加强水网数字化建设，深化国家水网工程和新型基础设施建设融合，推动水网工程数字化智能化建设；（2）提升水网调度管理智能水平，加快推进国家水网调度中心、大数据中心及流域分中心建设，构建国家水网调度指挥体系；（3）完善水网监测体系，推动新一代通信技术、高分遥感卫星、人工智能等新技术新手段应用，提高监测设备自动化、智能化水平，打造全覆盖、高精度、多维度、保安全的水网监测体系。

在数字孪生流域建设方面，2022年以来，水利部先后出台《数字孪生流域建设技术大纲（试行）》《数字孪生水网建设技术导则（试行）》《数字孪生水利工程建设技术导则（试行）》《水利业务“四预”基本技术要求（试行）》《数字孪生流域共建共享管理办法（试行）》等系列文件，细化明确了数字孪生流域、数字孪生水网、数字孪生水利工程、水利业务预报—预警—预演—预案（以下简称“四预”）等建什么、谁来建、怎么建以及如何共享等要求，为各级水利部门智慧水利建设提供了基本技术遵循。2023 年 4 月底，我国首个数字孪生流域建设重大项目——长江流域全覆盖水监控系统建设项目开工建设。建成后，监测站网将覆盖 3 791 个断面和上万个规模以上取水口，视频监视体系能够覆盖 160 座控制性水利工程、96 个重要防汛节点、28 个重要采砂江段，助力持续推动长江大保护。2023 年，水利部数字孪生平台基本建成，七大江河数字孪生流域建设相继实施，数字孪生水利框架体系基本形成，94 项数字孪生流域建设先行先试任务进入收尾阶段，数字孪生水利建设稳健起步并取得阶段性成效。

开展数字孪生流域建设，着重解决水利行业数据资源体系不完备、基础设施配套不完善、网络安全风险高、数据分析和支撑能力弱、保障体系不健全等突出问题，打通内部数据孤岛，释放数据价值，提升水利信息化资源共享、数据服务能力、分析计算、决策支撑、智能应用和可视化表达能力提升方面具有十分广阔的市场空间，对于提升水治理体系和治理能力现代化具有重要意义。

参考文献

[1] 包晓斌. 我国水生态环境治理的困境与对策[J]. 中国国土资源经济，2023，36(4)：23-29.

[2] 张海亚，李思琦，黎明月，等. 城镇污水处理厂碳排放现状及减污降碳协同增效路径探讨[J]. 环境工程技术学报，2023，13(6)：2053-2062.

[3] 许俊仪，顾佰和. 水务行业如何应对碳中和带来的机遇与挑战[N]. 中国环境报，2021-05-20(3).

[4] 李俊生，李嘉慧，车春波，等. 光催化氧化技术处理废水中抗生素的研究进展[J]. 水处理技术，2024，50(2)：14-19+25.

[5] 王沛，张昕. 水中新污染物的种类、分布与处理方法[J]. 中国资源综合利用，2024，42(1)：117-119.

[6] 张甜，姜博，邢奕，等. 吸附法去除水中抗生素研究进展[J]. 环境工程，2021，39(3)：29-39.

第十二章　中国水环境治理产业政策与分析

1989年《中华人民共和国环境保护法》的诞生，标志着我国污水处理正式处于法律法规的管理下，随着《中华人民共和国水污染防治法》等法律法规、政策的推出，水环境治理行业政策日趋完善。水环境治理相关政策的发展经历了启动初期、逐步完善和不断加强的过程。

第一节　水环境治理产业政策汇编

一、国家层面重点政策

为促进生态环境改善、推进水的资源化利用，国家出台了一系列政策，推动我国水环境治理行业的高质量发展、可持续发展，鼓励水环境治理行业发展，也为我国水环境改善奠定了政策基础。

《关于开展2023年农村黑臭水体治理试点工作的通知》2023年2月 财政部办公厅等

申报城市需治理的国家监管清单农村黑臭水体总数应不少于10个，或总面积不低于10万 m^2，已完成治理的农村黑臭水体不得纳入申报范围。

中央财政对纳入支持范围的城市，根据项目投资额和申报治理的农村黑臭水体总面积，给予2亿元、1亿元、5 000万元的分档定额奖补。对投资额≥4亿元且治理面积不低于60万 m^2 的奖补2亿元；对投资额≥4亿元但治理面积不足60万 m^2 的奖补1亿元；对2亿元≤投资额<4亿元，且治理面积不低于30万 m^2 的奖补1亿元；对2亿元≤投资额<4亿元，但治理面积不足30万 m^2 的奖补5 000万元；对1亿元≤投资额<2亿元的奖补5 000万元。

《关于推进建制镇生活污水垃圾处理设施建设和管理的实施方案》2022年12月 国家发展改革委等

到2025年，建制镇建成区生活污水垃圾处理能力明显提升。镇区常住人口5万以上的建制镇建成区基本消除收集管网空白区，镇区常住人口1万以上的建制镇建成区和京津冀地区、长三角地区、粤港澳大湾区建制镇建成区基本实现生活污水处理能力全覆盖。到2035年，基本实现建制镇建成区生活污水收集处理能力全覆盖和生活垃圾全收集、全处理。

《关于推进以县城为重要载体的城镇化建设的意见》2022年5月 中共中央办公厅、国务院办公厅

完善老城区及城中村等重点区域污水收集管网，更新修复混错接、漏接、老旧破损管网，推进雨污分流改造。开展污水处理差别化精准提标，对现有污水处理厂进行扩容改造及恶臭治理。在缺水地区和水环境敏感地区推进污水资源化利用。推进污泥无害化资源化处置，逐步压减污泥填埋规模。

《乡村建设行动实施方案》2022年5月 中共中央办公厅、国务院办公厅

统筹农村改厕和生活污水、黑臭水体治理，因地制宜建设污水处理设施，基本消除较大面积的农村黑臭水体。

《关于做好2022年全面推进乡村振兴重点工作的意见》2022年2月 中共中央、国务院

从农民实际需求出发推进农村改厕，具备条件的地方可推广水冲卫生厕所，统筹做好供水保障和污水处理；分区分类推进农村生活污水治理，优先治理人口集中村庄，不适宜集中处理的推进小型化生态化治理和污水资源化利用。加快推进农村黑臭水体治理。

《工业废水循环利用实施方案》2021年12月 工业和信息化部等

到2025年，力争规模以上工业用水重复利用率达到94%左右，钢铁、石化化工、有色等行业规模以上工业用水重复利用率进一步提升，纺织、造纸、食品等行业规模以上工业用水重复利用率较2020年提升5个百分点以上，工业用市政再生水量大幅提高，万元工业增加值用水量较2020年下降16%，基本形成主要用水行业废水高效循环利用新格局。

《关于深入打好污染防治攻坚战的意见》2021年11月 中共中央、国务院

到2025年，县级城市建成区基本消除黑臭水体，京津冀、长三角、珠三角等区域力争提前1年完成。

到2025年，长江流域总体水质保持为优，干流水质稳定达到Ⅱ类，重要河湖生态用水得到有效保障，水生态质量明显提升。

着力打好黄河生态保护治理攻坚战。加强中游水土流失治理，开展汾渭平原、河套灌区等农业面源污染治理。实施黄河三角洲湿地保护修复，强化黄河河口综合治理。加强沿黄河城镇污水处理设施及配套管网建设，开展黄河流域“清废行动”，基本完成尾矿库污染治理。到2025年，黄河干流上中游（花园口以上）水质达到Ⅱ类，干流及主要支流生态流量得到有效保障。

到2025年，农村生活污水治理率达到40%，化肥农药利用率达到43%，全国畜禽粪污综合利用率达到80%以上。

开展污水处理厂差别化精准提标。优先推广运行费用低、管护简便的农村生活污水治理技术，加强农村生活污水处理设施长效化运行维护。

《水污染防治资金管理办法》2021年6月 财政部

长江全流域横向生态保护补偿机制引导资金分配以水质优良情况、水生态修复任务、水资源贡献情况为分配因素，具体权重分别为40%、30%、30%。

采用因素法分配的其他防治资金以流域水污染治理、流域水生态保护修复、集中式饮用水水源地保护、地下水生态环境保护等任务量为因素分配，分配权重分别为30%、25%、30%、15%。

《关于推进污水资源化利用的指导意见》2021年1月 国家发展改革委等

到2025年，全国污水收集效能显著提升，县城及城市污水处理能力基本满足当地经济社会发展需要，水环境敏感地区污水处理基本实现提标升级；全国地级及以上缺水城市再生水利用率达到25%以上，京津冀地区达到35%以上；工业用水重复利用、畜禽粪污和渔业养殖尾水资源化利用水平显著提升；污水资源化利用政策体系和市场机制基本建立。到2035年，形成系统、安全、环保、经济的污水资源化利用格局。

《关于完善长江经济带污水处理收费机制有关政策的指导意见》2020年4月 国家发展改革委等

按照“污染付费、公平负担、补偿成本、合理盈利”的原则，到2025年底，各地（含县城及建制镇）均应调整至补偿成本的水平。

《关于做好河湖生态流量确定和保障工作的指导意见》2020年4月 水利部

到2025年，生态流量管理措施全面落实，长江、黄河、珠江、东南诸河及西南诸河干流及主要支流生态流量得到有力保障，淮河、松花江干流及主要支流生态流量保障程度显著提升，海河、辽河、西北内陆河被挤占的河湖生态用水逐步得到退还；重要湖泊生态水位得到有效维持。

《关于进一步深化生态环境监管服务推动经济高质量发展的意见》2019年9月 生态环境部

积极推动落实环境保护税、环境保护专用设备企业所得税、第三方治理企业所得税、污水垃圾与污泥处理及再生水产品增值税返还等优惠政策。促进环保首台

（套）重大技术装备示范应用。推动完善污水处理费、固体废物处理收费、节约用水水价、节能环保电价等绿色发展价格机制，落实钢铁等行业差别化电价政策。

加强污水、生活垃圾、固体废物等集中处理处置设施以及配套管网、收运储体系建设，加快提升危险废物处理处置服务供给能力，加快“一体化”环境监测、监控体系和应急处置能力建设，为企业经营发展提供良好配套条件。在企业污水预处理达标的基础上实现工业园区污水管网全覆盖和稳定达标排放，推进工业园区再生水循环利用基础设施建设，引导和规范工业园区危险废物综合利用和安全处置，实现工业园区废水和固体废物的减量化、再利用、资源化，推进生态工业园区建设。

二、各省、区、市层面政策

（一）北京市

《北京市推进供水高质量发展三年行动方案（2023年—2025年）》2023年2月

到2025年，覆盖城乡的供水设施体系基本建成，总供水能力提高到1 000万m^3/d以上，重点地区供水安全系数达到1.3以上，城乡供水一体化率提升到85%以上（中心城区及回龙观天通苑地区，城市副中心及拓展区的宋庄镇、台湖镇、张家湾镇，其他平原区，分别提升到95%、75%和70%以上），城镇供水管网漏损率下降到8%；中心城区、城市副中心入户智能远传水表安装和农村地区用水计量收费基本实现全覆盖，专业化供水运营服务体系基本建立，供水运营服务监管体系全面建成，供水监管服务水平和保障能力得到进一步提升。

《北京市全面打赢城乡水环境治理歼灭战三年行动方案（2023年—2025年）》2023年2月

到2025年，实现城乡污水收集处理设施基本全覆盖，全市污水处理率达到98%，城镇地区污水收集处理能力得到进一步加强，农村地区生活污水得到全面有效治理，溢流污染治理取得明显成效，劣Ⅴ类水体全面消除，再生水利用量大幅提高，污泥资源化利用水平显著提升（本地资源化利用率达到20%以上）。

《北京市水生态区域补偿暂行办法》2023年1月

考核指标及核算方法既遵循水生态保护修复的自然规律，坚持科学性和系统性，又充分考虑现实条件，避免求大求全，采用现有水生态监测数据和成熟规范标准，力求核算方法清晰简单，具有可操作性。

《关于新时代高质量推动生态涵养区生态保护和绿色发展的实施方案》2023年1月

到2027年，生态涵养区生态保护和绿色发展各项制度更加健全，良性互促局面基本形成，生态产品总值全市领先，生态环境质量指数稳定向好，特色化、差异化的绿色发展水平显著提升，生态产品价值实现能力持续增强，着力将生态涵养区建设成为展现北京美丽自然山水和历史文化的典范区、生态文明建设的引领区、宜居宜业宜游的绿色发展示范区。

《关于进一步加强水生态保护修复工作的意见》2022 年 9 月

到 2025 年，流域水土流失和点面源污染得到有效防治，水生态空间管控体系初步建立，水系连通性明显改善，河湖水系生态系统生物多样性水平有效提高，健康河湖比例达到 85%以上。

到 2035 年，流域水土流失和点面源污染防治成效进一步巩固，水生态空间管控体系更加完善，河湖水系生态系统生物多样性水平明显提高，河湖健康状况持续改善，水生态系统质量和稳定性大幅提升，水生态公共服务能力基本满足人民群众需求，水生态保护共建共治共享格局全面建立。

《北京市“十四五”时期污水处理及资源化利用发展规划》2022 年 5 月

到 2025 年，全市污水处理能力达到 800 万 m^3/d，全市污水处理率达到 98%；农村生活污水得到全面有效治理，全市农村生活污水处理率达到 75%；再生水利用率稳步提升，配置体系进一步完善；污泥无害化处置、资源化利用水平进一步提升，全市污泥本地资源化利用率达到 20%以上；污水资源化利用政策体系和市场机制基本建立。

到 2035 年，全市污水处理能力达到 900 万 m^3/d，全市城乡污水基本实现全处理，全市再生水利用率达到 70%以上，全面实现污泥无害化处置，污泥资源化利用水平显著提升，形成系统、安全、环保、经济的污水处理及资源化利用格局，支撑构建绿色、生态、安全的水生态环境。

《关于深入打好北京市污染防治攻坚战的实施意见》2022 年 4 月

到 2025 年，生态文明水平明显提升，碳排放稳中有降，细颗粒物（PM2.5）年均浓度控制在 35 $\mu g/m^3$ 左右，并尽最大努力进一步改善，基本消除重污染天气，消除劣Ⅴ类水体。

着力打好劣Ⅴ类水体消除攻坚战。以水环境质量改善为核心，“一河一策”分类施治，消除劣Ⅴ类水体。谋划实施新一轮水环境治理方案，加快城镇污水收集处理体系提质增效，杜绝污水直排问题。集中开展“清管行动”“清河行动”，减少汛期溢流污水、初期雨水直接入河。推动建立水环境、入河排口、污染源的溯源精细化管理体系。持续开展黑臭水体排查监测，防止返黑返臭。

《北京市“十四五”时期提升农村人居环境建设美丽乡村行动方案》2022 年 3 月

到 2025 年底，农村生活污水处理率达到 75%，建立管用接地气的长效管护机制，建成一批乡村全面振兴示范村，干净整洁有序的村庄环境面貌得到持续巩固。

《北京市“十四五”时期重大基础设施发展规划》2022 年 3 月

污水收集处理设施建设加快，全市新建再生水厂 26 座，升级改造污水处理厂 8 座，城镇地区基本实现污水全收集全处理，农村治污有序推进，全市污水处理率达到 95%。

《北京市“十四五”时期生态环境保护规划》2021 年 12 月

到 2025 年，新建、升级扩建污水处理厂 39 座，新增污水处理能力 85 万 m^3/d，新建改建污水收集管线 1 000 km，基本实现建成区污水收集管网全覆盖，确保无污水管网小区应接尽接。到 2025 年，全市污水处理率达到 98%，黑臭水体“长制久清”。

完成 900 个以上村庄污水收集管线建设，完善运行管护机制。到 2025 年，农村地区生活污水得到全面有效治理。

《北京市“十四五”时期乡村振兴战略实施规划》2021 年 8 月

每年完成 300 个村庄污水治理任务，到 2025 年，全市农村地区污水处理率达到 75%。

（二）上海市

《上海现代农业产业园（横沙新洲）发展战略规划（2023—2035 年）》2023 年 1 月

配置污水处理设施，构建尾水资源化再利用系统，确保园区污水处理率达到 100%，推进农业生产废弃物资源化利用。

《上海市“十四五”节能减排综合工作实施方案》2022 年 10 月

到 2025 年，单位生产总值能源消耗比 2020 年下降 14%，能源消费总量得到合理控制，氮氧化物（NOx）、挥发性有机物（VOCs）、化学需氧量（COD）和氨氮（NH_3-N）四项主要污染物的重点工程减排量分别达到 1.3 万 t、0.99 万 t、1.63 万 t 和 0.12 万 t。

到 2025 年，全市城镇污水处理率达到 99%，农村生活污水治理率达到 90% 以上。

《关于深入打好污染防治攻坚战 迈向建设美丽上海新征程的实施意见》2022 年 9 月

到 2025 年，地表水达到或好于Ⅲ类水体比例达到 60%以上，重要江河湖泊水功能区基本达标；近岸海域水质优良比例达到 18%；土壤污染等环境风险得到有效管控；各类固体废物资源化利用水平持续提升。

到 2025 年，完成 90 个行政村农村环境整治，农村生活污水治理率达到 90%以上，新增污水处理规模约 280 万 m^3/d。

《上海市“十四五”城镇污水处理及资源化利用发展规划》2022 年 8 月

到 2025 年，城镇生活污水集中收集率力争达到 97%及以上，城镇污水处理率不低于 99%；再生水利用水平进一步提高；污泥资源化利用水平进一步提升。

到 2035 年，全面实现城镇污水管网全覆盖、点源污染全收集全处理、面源污染综合治理、水泥气同治，构建符合超大型城市特点和发展规律的标准领先、功能完善、安全可靠、环境友好、智慧高效的水环境治理体系。

“十四五”期间，拟新建污水管网 110 km 左右；“十四五”末，全市新增污水处理规模不少于 190 万 m^3/d。

《上海市农业农村污染治理攻坚战行动计划实施方案（2021—2025 年）》2022 年 7 月

到 2025 年，农村环境整治扎实推进，农业面源污染得到初步管控，农村生态环境质量稳定向好。新增完成 90 个行政村环境整治任务，农村生活污水治理率达到 90%，持续巩固农村水体消黑除劣成效。

《上海市生态环境保护“十四五”规划》2021 年 8 月

到 2025 年，城镇污水处理率达到 99%，农村生活污水处理率达到 90%以上。

（三）河北省

《关于加快推进城镇环境基础设施建设实施方案》2022 年 4 月

到 2025 年，新增污水处理能力 101 万 m^3/d，新增和改造污水收集管网 2 659 km，各市再生水利用率达到 45%以上。全省城市、县城建成区基本实现生活污水全收集、全处理，城市、县城平均污泥无害化处置率保持在 97%以上，污泥资源化利用水平进一步提升。

《河北省生态环境保护“十四五”规划》2022 年 1 月

到 2025 年，经济相对发达县、人口密集区及环境敏感区域农村生活污水治理实现全灌溉，农村生活污水治理率达到 45%；基本消除城市建成区污水管网空白区，建制镇污水收集处理能力明显提升，城市和县城污泥无害化处理率达到 97%以上。

《河北省城镇污水处理及再生水利用设施建设“十四五”规划》2021 年 1 月

“十四五”时期，城市、县城平均污泥无害化处理率保持在 97%以上，城市、县城平均再生水利用率不低于 45%，各市县再生水利用率不低于 30%；建制镇污水收集处理能力、污泥无害化处置水平明显提升。到 2035 年，城市生活污水收集管网基本全覆盖，城镇污水处理能力全覆盖，全面实现污泥无害化处置。

《河北省农村生活污水治理工作方案（2021—2025 年）》2020 年 1 月

到 2025 年，环境敏感区域农村生活污水治理实现全覆盖，农村黑臭水体基本消除，全面建立完善农村生活污水治理长效运维管理机制，全省新增 1.1 万个、累计 2.3 万个村庄生活污水得到有效治理，有基础有条件的经济相对发达县、人口密集区及环境敏感区域农村生活污水治理实现全覆盖，其他村庄实现无害化化粪池或粪污处理站基本全覆盖，农村厕所粪污处理率达到100%。

（四）河南省

《河南省加快推进城镇环境基础设施建设实施方案》2022年10月

新增污水处理能力150万 m^3/d，新增和改造污水收集管网3 000 km，新建、改建和扩建再生水生产能力不少于100万 m^3/d，基本消除城市建成区生活污水直排口和收集处理设施空白区，郑州市生活污水集中收集率不低于90%，其他市、县级城市生活污水集中收集率力争达到70%以上或在2020年基础上增加5%以上。设市城市和县城污水处理率达到98%以上。黄河沿线省辖市（含济源示范区、航空港区，下同）再生水利用率力争达到30%，其他省辖市达到25%以上。设市城市和县城污泥无害化处置率分别达到98%、95%。

《河南省"十四五"生态环境保护和生态经济发展规划》2021年12月

到2025年，新增完成农村环境整治行政村6 000个，农村生活污水治理率达到45%，全省A级以上旅游景区生活垃圾分类处置和生活污水处理设施实现全覆盖，城市生活污水集中收集率达到70%或在2020年基础上提高5%以上，市、县级市污泥无害化处理率分别达到98%、95%。

到2025年，城市、县城公共供水普及率分别达到97%、90%以上，农村自来水普及率达到93%。加强老旧供水管网改造，鼓励开展分区计量管理，控制管网漏损，城市公共供水管网漏损率降至10%以下。

《关于推进农村生活污水治理的实施意见》2020年3月

2025年底前，县域农村生活污水处理率进一步提高，县域农村生活污水治理设施运行维护和监督管理体系进一步完善。优先推进南水北调中线工程水源地及输水沿线、饮用水水源保护区周边的村庄开展生活污水治理，加快完善污水收集管网，基本实现区域内生活污水全部处理，全省农村生活污水治理取得明显成效。

（五）吉林省

《吉林省"十四五"重点流域水生态环境保护规划（征求意见稿）》2022年5月

到2025年，全省基本消除城市建成区生活污水直排口和收集处理设施空白区，城市生活污水集中收集率力争达到70%，城市和县城污水处理能力基本满足经济社会发展需要，基本消除较大面积的农村黑臭水体，县城污水处理率达到95%以上，城市和县城污泥无害化、资源化利用水平进一步提升，城市污泥无害化处理处置率达到90%以上。

《吉林省生态环境保护“十四五”规划》2021 年 12 月

实施城镇污水处理设施及管网建设工程，实施污水收集及资源化利用设施建设、区域再生水循环利用、工业废水循环利用、农业农村污水以用促治等工程。完善污水垃圾处理收费政策，实施农村生活污水治理工程，每年创建宜居宜业美丽乡村示范村 1 000 个左右。到 2025 年，农村生活污水治理率达到 25%。

《吉林省城镇生活污水处理及再生水利用设施建设“十四五”规划》2021 年 12 月

到 2025 年，城镇污水处理系统效能和防风险能力进一步提升，基本消除城市建成区生活污水直排口和收集处理设施空白区，城市和县城污水处理能力基本满足经济社区发展需要，城市和县城污泥无害化、资源化利用水平进一步提升，缺水城市污水循环利用水平明显提升，城市建成区黑臭水体基本消除。

（六）海南省

《海南省“十四五”节能减排综合工作方案》2023 年 1 月

到 2025 年，农村生活污水治理率达到 90%以上，黑臭水体整治比例在 45%以上，新增城镇污水处理能力 38.6 万 m^3/d，城市污水处理率达 98%，城市污泥无害化处置率达到 90%。

《海南省“十四五”生态环境保护规划》2021 年 7 月

到 2025 年，农村生活污水治理率达到 90%以上，农村黑臭水体整治比例达到 45%以上，城市污泥无害化处置率达到 90%。海口、三亚、儋州污水资源化利用率超过 25%。完善城市污水、生活垃圾、危险废物、医疗废物、放射性废物集中处置收费制度，逐步推进农村污水、垃圾处理收费制度。

《海南省“十四五”水资源利用与保护规划》2021 年 5 月

城乡生活污水收集处理效能提升，城市生活污水集中收集率较 2020 年提高 7%，城镇污水处理设施覆盖率达到 90%，农村生活污水治理率达到 90%以上。

（七）云南省

《云南省“十四五”产业园区发展规划》2022 年 8 月

园区污水集中处理设施实现全覆盖，到 2025 年，园区万元工业增加值能耗、水耗逐年下降，污水集中治理率、固体废物综合处置率均达 100%。完善园区污水集中处理配套设施，加大管网建设力度，提高污水收集和处理能力，确保污水集中收集处理率达到 100%（含特殊污染物的污水除外）。

《云南省“十四五”节能减排综合工作实施方案》2022 年 6 月

到 2025 年，全省农村生活污水治理率力争达到 40%，国家监管清单中 77 个农村黑臭水体完成整治，城市污泥无害化处置率达到90%以上。

《云南省“十四五”环保产业发展规划》2022年5月

积极研发和推广改进型曝气生物滤池联合处理技术、低成本深度脱磷除氮技术、短流程脱氮技术、高浓度活性污泥处理技术，稳步推进城镇污水处理厂提质增效。

《云南省“十四五”生态环境保护规划》2022年4月

到2025年，农村生活污水治理率达到40%。对污水处理厂的污泥进行集中处理或处置，处理或处置工艺采用污泥焚烧、水泥窑协同处置、资源化利用。

《云南省“十四五”农业农村现代化发展规划》2022年4月

整县梯次推进乡镇污水收集处理，将县辖区内乡镇污水处理设施整体打包，采取政府与社会资本合作等模式，统一建设运营；优先在人口密度较大的乡镇所在地建设污水处理厂和配套管网等设施，提高乡镇污水处理水平。

（八）甘肃省

《关于推进城镇环境基础设施建设的实施方案》2022年6月

到2025年底，全省新增和改造污水收集管网1 500 km，新建、改扩建污水处理能力63万 m^3/d；城市生活污水集中收集率力争达到70%以上，目前已达到70%以上的城市原则上比2020年高5个百分点；县城污水处理率达到95%以上；黄河流域干支流污水处理基本达到一级A排放标准；嘉峪关市、酒泉市、张掖市、金昌市、庆阳市、定西市等6个缺水城市再生水利用率达到25%；设市城市污泥无害化处置率达到90%以上。

《关于推动城乡建设绿色发展的实施意见》2022年6月

到2025年，城市生活污水集中收集率达到70%，缺水城市再生水利用率达到25%，城市污泥无害化处理率达到90%，基本消除较大面积农村黑臭水体。

《甘肃省“十四五”节能减排综合工作方案》2022年6月

加快推进城镇污水处理处置设施建设，实施城镇老旧污水管网更新改造，推进污水资源化利用和污泥无害化处置，推动形成由城市向建制镇和乡村延伸覆盖的环境基础设施网络。

《甘肃省“十四五”推进农业农村现代化规划》2022年2月

到2025年，农村生活污水治理率达到25%。

《甘肃省“十四五”生态环境保护规划》2021年11月

2025年底前，黄河流域干支流沿线城市（县城）污水处理厂出水全部达到一级A标准；所有县城和重点建制镇具备污水处理能力，城市、县城污水处理率分别达到95%、90%以上，重点建制镇在具备污水收集处理能力的基础上，完善收集管网建设，提升污水收处率。

（九）山东省

《“十四五”山东省城镇污水处理及资源化利用发展规划》2022年9月

到2025年，城市建成区黑臭水体实现清零，全省城市生活污水集中收集率达到70%以上，污水集中处理率达到99%，再生水利用率达到55%，污泥无害化处置率达到95%以上。建制镇生活污水处理率达到75%。“十四五”期间，全省新增城市污水处理能力200万t/d，60%的城市污水处理厂完成提标改造，出水水质主要指标达到准Ⅳ类排放标准。新增城市再生水利用能力150万t/d；全省新增建制镇生活污水处理能力100万t/d，新建改造建制镇污水管网4 700 km，逐步提高建制镇生活污水处理水平。

《山东省贯彻落实〈中共中央、国务院关于深入打好污染防治攻坚战的意见〉的若干措施》2022年4月

到2025年，城市和县城建成区整县（市、区）制雨污合流管网全部清零；城市和县城建成区黑臭水体全部清零；60%城市污水处理厂完成提标改造，其中黄河、南四湖、东平湖、小清河、半岛流域及汇入水质目标为Ⅲ类以上水体的优先完成提标改造，全省55%以上的行政村完成生活污水治理任务。

《山东省“十四五”生态环境保护规划》2021年8月

2025年底前，完成全省3 434 km雨污合流管网改造，城市污泥无害化处置率达到90%，农村生活污水治理率达到55%。

（十）黑龙江省

《推进生态环境科技赋能助力深入打好污染防治攻坚战工作方案》2022年11月

围绕村镇污水处理、畜禽粪污处理与综合利用、大气污染治理、农林废弃物（生物质）综合利用、生态修复与治理等突出环境问题，开展生态环境实用技术研究和征集工作，推动形成一批符合黑龙江实际、可复制推广的实用技术。

《黑龙江省“十四五”节能减排综合工作实施方案》2022年3月

因地制宜推进农村“厕所革命”、生活污水垃圾治理、黑臭水体治理，开展“龙江民居”试点村建设。到2025年，农村生活污水治理率达到40%，城市生活污水集中收集率达到65%左右，县城污水处理率达到95%以上

《黑龙江省“十四五”生态环境保护规划》2021年12月

到2025年，县城污水处理率达到95%以上，城市污泥无害化处置率达到95%，缺水型城市再生水利用率达到25%，国控清单农村黑臭水体治理率达到60%，新增1 600个行政村完成环境综合整治。

（十一）辽宁省

《辽宁省“十四五”城镇污水处理及资源化利用发展规划》2023 年 2 月

全省城市（县城）做到污水处理率保持 98%以上，沈阳、大连、锦州、营口、阜新、盘锦、朝阳等七个缺水城市污水再生利用率全部达到 25%，以及其他地级市污水再生利用率总体达到 25%以上，其他县级市和县城总体达到 20%以上。

《辽宁省“十四五”节能减排综合工作方案》2022 年 6 月

到 2025 年，全省农村生活污水处理率达到 35%以上，基本消除较大面积农村黑臭水体，新增生活污水处理能力 90 万 t/d。

《辽宁省“十四五”生态环境保护规划》2022 年 1 月

2025 年底前，城市生活污水集中收集率达到 70%以上，城市公共供水管网漏损率低于 10%，所有县城和重点建制镇具备污水处理能力，城市、县城、重点建制镇污水处理率分别达到 95%、90%、75%以上，污泥无害化处置率超过 90%。

（十二）江西省

《关于加快推进城镇环境基础设施建设的实施方案》2022 年 7 月

“十四五”期间，全省新增污水处理能力 85 万 m^3/d（含建制镇），新增和改造污水收集管网 4 000 km，新建、改建和扩建再生水生产能力不少于 20 万 m^3/d，县城污水处理率达到 95%以上。到 2025 年，构建集污水、垃圾、固体废物、危险废物、医疗废物处理处置设施和监测监管能力于一体的环境基础设施体系。

《江西省“十四五”节能减排综合工作方案》2022 年 6 月

到 2025 年，农村生活污水治理率力争达到 40%。

《江西省“十四五”生态环境保护规划》2021 年 12 月

到 2025 年，城市污泥无害化处理处置率达到 90%以上。

（十三）陕西省

《陕西省“十四五”节能减排综合工作实施方案》2023 年 2 月

到 2025 年，城市污泥无害化处置率达到 90%，农村生活污水治理率达到 40%以上。

《加快建立健全绿色低碳循环发展经济体系若干措施》2021 年 9 月

到 2025 年，城市生活污水收集率达到 70%、处理率达到 95%以上，农村生活污水处理率达到 40%。

（十四）福建省

《福建省“十四五”节能减排综合工作实施方案》2022 年 6 月

到 2025 年，新建改造市县污水收集管网 3 500 km，新增污水处理能力 150 万 t/d，城市生活污水集中收集率达到 70%，城市污泥无害化处置率达到 99%。

《福建省“十四五”生态环境保护专项规划》2021 年 10 月

到 2025 年，农村生活污水治理率达 65%以上，新增污水处理能力 150 万 t/d 以上，新建改造污水管网 3 500 km。

《福建省“十四五”城乡基础设施建设专项规划》2021 年 1 月

全面推行以县域为单位，将乡镇污水处理设施改造提升、管网铺设和运行管护整体打捆打包进行市场化运营管理，实现市县污水管网全覆盖，完成 9 616 个行政村农村生活污水提升治理。加快污水资源化利用，改善城乡水环境质量。

《福建省加快建立健全绿色低碳循环发展经济体系实施方案》2021 年 9 月

全省市县“十四五”期间新建改造污水管网 3 500 km，推广“厂网一体化”，提高污泥无害化资源化处置能力，因地制宜布局污水资源化利用设施，市、县污水处理率达到 98%以上，市、县污泥无害化处理率分别达到 97%、95%以上。

《福建省农村生活污水提升治理五年行动计划（2021—2025 年）》2021 年 6 月

力争到 2025 年，全省农村生活污水治理率达国家要求的 65%以上，设施稳定运行率达 90%以上，长效机制进一步健全，全省农村人居环境明显改善，群众幸福感、获得感持续增强。

（十五）山西省

《山西省“十四五”城镇生活污水处理及资源化利用发展规划》2023 年 2 月

到 2025 年，城市和县城污水处理能力基本满足经济社会发展需要，县城污水处理率达到 95%以上；全省新增污水管道 2 500 km，老旧管网改造 800 km，新增污水处理能力 66 万 m^3/d。全省再生水利用率达到 25%以上，黄河流域城市力争达到 30%；再生水设施规模达到 110 万 m^3/d。

《山西省“十四五”节能减排实施方案》2022 年 12 月

到 2025 年，农村生活污水治理率达到 25%，基本消除较大面积的农村黑臭水体，新增和改造污水收集管网不低于 3 900 km，新增污水处理能力不低于 60 万 m^3/d，城市污泥无害化处置率达到 90%。

《关于加快推进城镇环境基础设施建设实施方案》2022 年 7 月

新增污水处理能力 66 万 m^3/d，改造老旧管网 574 km，新增再生水设施规模 50 万 m^3/d，县城污水处理率达到 95%以上，设区城市污水资源化利用率超过 25%，黄河干流沿线城市力争达到30%，城市污泥无害化处置率达到90%，具备生活污水收集处理能力的建制镇比例达到80%以上。

《山西省深入打好农业农村污染治理攻坚战实施方案（2021—2025年）》2022年4月

到2025年，新增2 506个以上行政村完成农村环境整治，农村生活污水治理率达到25%以上，纳入整改清单的农村生活污水处理问题完成整改，打造省级农村生活污水治理示范区。

（十六）安徽省

《安徽省农村净水攻坚行动方案》2023年1月

以县（市、区）为单位，到2025年，农村水体黑臭现象全面消除。

《安徽省"十四五"节能减排实施方案》2022年6月

到2025年，城市、县城生活污水集中处理率达到97%以上，新增和改造污水收集管网4 000 km，新增污水处理能力200万 m^3/d，城市污泥无害化处置率达到90%。

《安徽省农业农村污染治理攻坚战实施方案（2021—2025年）》2022年6月

到2025年，农村生活污水治理率超过30%；全面消除农村黑臭水体。

《安徽省乡镇政府驻地生活污水处理设施提质增效、农村生活污水和农村黑臭水体治理实施方案（2021—2025年）》2022年3月

到2025年，新增3 400个左右行政村达到生活污水治理要求。

《"十四五"安徽省城镇污水处理及资源化利用发展规划》2021年11月

"十四五"城镇污水处理及资源化利用设施建设规划投资约230亿元。其中污水管网新建与改造投资80亿元，污水处理厂新建与改扩建投资100亿元，污水再生利用设施投资35亿元，污泥无害化处理设施投资15亿元。

（十七）四川省

《四川省"十四五"新型城镇化实施方案》2022年11月

到2025年，县城生活污水处理率达到95%以上。

《四川省"十四五"节能减排综合工作方案》2022年7月

到2025年，全省新增和改造污水收集管网13 000 km，新增污水处理能力300万 m^3/d，城市污泥无害化处置率达到90%，全省行政村农村生活污水有效治理比例达到75%。

《四川省"十四五"生态环境保护规划》2022年1月

到2025年，全省城市生活污水集中收集率比2020年提高5个百分点以上，地级及以上缺水城市再生水利用率达到25%以上，实现日处理20 t及以上农村生活污水处理设施出水水质监测全覆盖。

（十八）湖南省

《湖南省“十四五”节能减排综合工作实施方案》2022年8月

到2025年，农村生活污水治理率不低于35%，全省城市生活污水集中收集率达到70%以上或比2020年提高5个百分点以上，城市污泥无害化处理率达到93%以上。

《湖南省“十四五”长江经济带城镇污水垃圾处理实施方案》2022年5月

到2025年，城市建成区基本消除生活污水直排口和收集处理设施空白区，县城污水处理率达到97%以上；实现建制镇污水处理设施基本覆盖。“十四五”期间，全省新建与改造污水管网5 000 km，其中县级以上城市（含县城）新建与改造污水管网4 000 km，建制镇新建与改造污水管网1 000 km。

《湖南省“十四五”生态环境保护规划》2021年9月

补齐城乡污水收集和处理设施短板，加强生活源污染治理，完善城市污水管网建设，实现建成区污水管网全覆盖。

（十九）广东省

《广东省“十四五”节能减排实施方案》2022年8月

到2025年，建成一批节能环保示范园区，省级以上工业园区基本实现污水全收集全处理；农村生活污水治理率达到60%以上，广州、深圳生活污水集中收集率达到85%以上，珠三角各市（广州、深圳、肇庆除外）达到75%以上或比2020年提高5个百分点以上，其他城市力争达到70%以上或比2020年提高5个百分点以上。

《广东省加快推进城镇环境基础设施建设的实施方案》2022年9月

新增污水处理能力约600万 m^3/d，新增和改造污水收集管网约17 000 km，新增再生水利用设施约193万 m^3/d；县城污水处理率达到95%以上，粤港澳大湾区内地城市实现生活污水集中处理能力全覆盖。

《广东省推进污水资源化利用实施方案》2021年12月

到2025年，水环境敏感地区城市生活污水处理设施全部达到一级A标准；地级以上缺水城市再生水利用率达到25%以上，规模以上工业用水重复利用率达到85%以上；畜禽粪污综合利用率达到80%以上；渔业养殖尾水资源化利用水平显著提升；污水资源化利用政策体系和市场机制基本建立。

《广东省城镇生活污水处理“十四五”规划》2021年12月

到2025年底，污水处理能力基本满足城镇发展需求，珠三角城市和大中型城市污水处理厂建设规模可适度超前。城市污水处理率达到98%以上（珠三角城市提前两年完成），县城达到95%以上，珠三角地级以上市（肇庆除外）和其他地级市的建制镇污水处理率分别达到75%和65%以上。

（二十）湖北省

《湖北省农业农村污染治理攻坚战实施方案（2021—2025年）》2022年7月

到2025年，农村环境整治水平显著提升，农业面源污染得到初步管控，农村生态环境持续改善。新增完成3 500个行政村环境整治，农村生活污水治理率达到35%，基本消除较大面积农村黑臭水体。

《湖北省生态环境保护“十四五”规划》2021年11月

到2025年底，全省纳入国家监管清单的农村黑臭水体治理率达到40%左右。强化设施建设与运行一体推进，推广第三方专业运维+村民参与、BOT、EPCO、设施租赁等模式。

《湖北省城乡人居环境建设“十四五”规划》2021年11月

到2025年，全省基本完成摸底确定的248万户农户无害化卫生厕所建改，实现全省卫生厕所基本普及；全省新增4 600个行政村完成农村生活污水与农村改厕同步治理，实现粪污资源化利用。

（二十一）新疆维吾尔自治区

《新疆生态环境保护“十四五”规划》2021年12月

到2025年，城市生活污水再生利用率力争达到60%，农村生活污水治理率达到30%左右。

（二十二）贵州省

《关于加快建立健全绿色低碳循环发展经济体系的实施意见》2022年11月

到2025年，新增城镇生活污水处理能力44万m^3/d，建设改造污水管网4 000 km，配套建设污泥资源化处置设施，实现厂网能力协调配套。完成全省10个县级市建成区黑臭水体排查整治。

《贵州省“十四五”节能减排综合工作方案》2022年8月

到2025年，农村生活污水治理率达到25%，城市污泥无害化处置率达到90%以上。

（二十三）天津市

《天津市推进污水资源化利用实施方案》2022年8月

到2025年，全市污水收集效能显著提升，城镇污水集中处理率达到97%；再生水利用率达到50%以上；规模以上工业企业重复用水率达到95%以上；规模养殖场全面配建畜禽粪污处理设施，探索开展规模以下畜禽粪污治理，推动种养结合、循环利用；渔业养殖尾水资源化利用水平显著提升；污水资源化利用政策体系和市场机制基本建立。到2035年，形成系统、安全、环保、经济的污水资源化利用格局。

《天津市“十四五”节能减排工作实施方案》2022年5月

新扩建张贵庄、津沽等一批污水处理厂，新增污水处理能力95万t/d，具备处理部分初期雨水能力。到2025年，全市城镇污水集中处理率、污泥无害化处置率均达到97%以上。

《天津市生态环境保护“十四五”规划》2022年1月

强化农业农村污水治理，推进水稻等种植业农田退水、水产养殖尾水综合治理，加强农村生活污水处理设施、管网建设和运维，逐步提高农村生活污水治理率，至2025年，农村污水处理率达90%以上。

《天津市排水专项规划（2020—2035年）》2021年5月

到2025年，城市污水处理率达到97%以上，建制镇污水处理率达到93%以上，污泥无害化处理处置率达到97%以上，减少COD排放量77万t/a；到2035年，城市污水处理率达到99%以上，建制镇污水处理率达到96%以上，污水管网普及率达到100%，污泥无害化处理处置率达到100%，减少COD排放量116万t/a。

（二十四）江苏省

《关于加快推进城市污水处理能力建设 全面提升污水集中收集处理率的实施意见》2022年6月

到2025年，全省初步建成源头管控到位、厂网衔接配套、管网养护精细、污水处理优质、污泥处置安全的城市污水收集处理体系，区域污水集中处理率明显提高，污染物削减率大幅提升。到2025年，苏南、苏中、苏北地区县级以上城市生活污水集中收集处理率力争分别达到88%、75%、70%，有条件的县级市努力达到100%，全省平均达到80%，新增污水处理能力430万t/d以上。

《关于深入打好污染防治攻坚战的实施意见》2022年4月

深入推进城镇污水处理提质增效“333”行动；到2025年，苏南县级以上城市建成区80%以上面积，苏中、苏北县级以上城市建成区60%以上面积，建成“污水处理提质增效达标区”。

《关于加强农业农村污染治理促进乡村生态振兴行动计划》2021年12月

到2025年，全省农村生活污水治理率达55%，治理设施正常运行率稳定在90%以上。

《江苏省推进污水资源化利用的实施方案》2021年11月

到2025年，全省污水收集处理效能进一步提升，城市再生水利用率达到25%以上；规模以上工业用水重复利用率达91%以上；畜禽粪污综合利用率稳定在95%左右。

《江苏省“十四五”生态环境保护规划》2021年9月

到2025年，苏南等有条件地区自然村生活污水治理率达到90%；苏中、苏北地区行政村生活污水治理率达到80%，自然村生活污水治理率大幅提高。

（二十五）重庆市

《重庆市水生态环境保护“十四五”规划（2021—2025年）》2022年6月

到2025年，全市累计建设改造城镇污水管网5 500 km以上，新增城市污水处理能力120万t/d以上，基本消除城市建成区生活污水直排口和收集处理设施空白区，城市生活污水集中处理率达到98%以上、集中收集率达到73%以上，乡镇生活污水集中处理率达到85%以上。

《重庆市城市基础设施建设“十四五”规划（2021—2025年）》2022年7月

至2025年底，新改建城市污水管网3 176 km，污水收集效能明显提升。重点建设新扩建巴南金竹、沙坪坝沙田、大渡口大九三期、南岸茶园三期等54座城市污水处理厂，新增污水处理能力200万m^3/d以上，提标改造沙坪坝土主、北碚长滩等4座城市污水处理厂；建设沙坪坝土主污水厂、江津双福污水厂等污水再生利用项目12个。

《重庆市污水资源化利用实施方案》2022年5月

到2025年，全市新增污水再生利用生产能力约89万m^3/d，全市再生水利用率达15%以上，畜禽粪污综合利用率稳定在80%以上；城市生活污水集中处理率达98%以上、乡镇生活污水集中处理率达85%以上，新增污水处理能力120万t以上。

《重庆市村镇建设“十四五”规划（2021—2025年）》2022年1月

到2025年，重庆市将建成乡镇污水管网8 600 km，提标改造污水处理厂400座，扩容新增处置能力38万t/d。

《重庆市城镇生活污泥无害化处置“十四五”规划（2021—2025年）》2022年1月

全市城市污泥无害化处置率基本达到100%，乡镇污泥无害化处置率基本达到80%。设计处理能力大于10万t/d的污水处理设施污泥含水率逐步降低至60%以下。“十四五”期间，新扩建15个处置项目，新增处置能力3 170 t/d，全市无害化处置能力达9 007 t/d，满足6 710 t/d的污泥无害化处置能力需求。

（二十六）宁夏回族自治区

《宁夏回族自治区加强入河（湖、沟）排污口监督管理工作方案》2022 年 12 月

对于城镇污水收集管网覆盖范围内的生活污水散排口，原则上予以清理合并，污水依法规范接入污水收集管网。农村生活污水处理站排污口和农村生活污水散排口结合乡村振兴、厕所革命等工作统筹推进合并。

《宁夏回族自治区水生态环境保护“十四五”规划》2022 年 1 月

到 2025 年，基本实现管网资产的标准化、账册化、信息化、数字化管理，新增污水处理能力 20.5 万 m^3/d，使重点镇污水处理率达到 80%，经污水处理厂集中处理率达到 65%。

《宁夏回族自治区水安全保障“十四五”规划》2021 年 11 月

提标改造污水处理厂，推进城镇、工业污（废）水处理回用设施建设，鼓励再生水优先用于工业循环冷却、城镇绿化、生态补水和市政杂用等。提升区域水环境及入河排污口监控能力，对全区各市县 36 座污水处理厂进行提标改造，配套建设中水回用工程。

（二十七）广西壮族自治区

《关于农村生活污水处理设施用电价格政策有关事项的通知》2022 年 1 月

农村生活污水处理设施用电执行居民生活用电价格政策，具体按相应电压等级居民生活用电合表户价格执行；实行分表计量，暂未实现分表计量的供用双方通过约定采用定量或定比的方式分别计费，采用定量或定比方式计费的，供用双方每年至少校核一次定量或定比。

《广西“十四五”节能减排综合实施方案》2022 年 9 月

到 2025 年，全区农村生活污水治理率力争达到 40%，全区新增和改造污水收集管网 5 000 km 以上，新增污水处理能力 133 万 t/d，城市污泥无害化处置率达到 90% 以上。

《广西城镇生活污水和垃圾处理设施建设工作实施方案（2022—2025 年）》2022 年 1 月

到 2025 年底，确保全区城市、县城污水处理能力达到 650 万 t/d，力争达到 750 万 t/d，高质量满足生活污水处理需求；力争全区城市生活污水集中收集率高于 65%，县城生活污水处理率高于 95%；镇级污水处理厂收集管网进一步完善，污染物削减效能进一步提高；城市污泥无害化处置率高于 90%；污水资源化利用水平进一步提高。

《广西推进污水资源化利用实施方案》2021 年 5 月

到 2025 年，全区污水收集能力明显提升，全区城市（县城）污水处理率稳定保持在 95%以上；全区规模以上工业企业重复用水率达到 93%。

三、水环境治理相关行业规划

《国家水网建设规划纲要》2023 年 5 月 中共中央、国务院

牢固树立生态文明理念，以提升生态系统质量和稳定性为核心，坚持系统治理、综合治理、源头治理，统筹流域上中下游，兼顾地表地下，因地制宜、综合施策，大力推进河湖生态保护修复，加强地下水超采综合治理，加强水源涵养与水土保持生态建设，加快复苏河湖生态环境，让河流恢复生命、流域重现生机，实现河湖功能永续利用。

《关于深入推进黄河流域工业绿色发展的指导意见》2022 年 12 月 工业和信息化部等

到 2025 年，黄河流域工业绿色发展水平明显提升，产业结构和布局更加合理，城镇人口密集区危险化学品生产企业搬迁改造全面完成，工业废水循环利用、固体废物综合利用、清洁生产水平和产业数字化水平进一步提高，绿色低碳技术装备广泛应用，绿色制造水平全面提升。

《污泥无害化处理和资源化利用实施方案》2022 年 9 月 国家发展改革委等

到 2025 年，全国新增污泥（含水率 80%的湿污泥）无害化处置设施规模不少于 2 万 t/d，城市污泥无害化处置率达到 90%以上，地级及以上城市达到 95%以上，基本形成设施完备、运行安全、绿色低碳、监管有效的污泥无害化资源化处理体系。污泥土地利用方式得到有效推广。京津冀、长江经济带、东部地区城市和县城，黄河干流沿线城市污泥填埋比例明显降低。县城和建制镇污泥无害化处理和资源化利用水平显著提升。

《深入打好长江保护修复攻坚战行动方案》2022 年 9 月 生态环境部等

到 2025 年底，长江流域总体水质保持优良，干流水质保持Ⅱ类，饮用水安全保障水平持续提升，重要河湖生态用水得到有效保障，水生态质量明显提升；长江经济带县城生活垃圾无害化处理率达到 97%以上，县级城市建成区黑臭水体基本消除。

到 2025 年底，地级及以上城市基本解决市政污水管网混错接问题，基本消除生活污水直排，城市生活污水集中收集率提升至 70%以上或比 2020 年提高 5 个百分点以上。

《黄河生态保护治理攻坚战行动方案》2022 年 8 月 生态环境部等

到 2025 年，黄河流域森林覆盖率达到 21.58%，水土保持率达到 67.74%，退化天然林修复1 050万亩，沙化土地综合治理136万 hm^2，地表水达到或优于Ⅲ类水体比例达到81.9%，地表水劣Ⅴ类水体基本消除，黄河干流上中游（花园口以上）水质达到Ⅱ类，县级及以上城市集中式饮用水水源水质达到或优于Ⅲ类比例不低于90%，县级城市建成区黑臭水体消除比例达到90%以上。

到2025年，黄河流域基本消除劣Ⅴ类水体（环境本底除外）。石川河、沮河、延河、三岔河等未达到水质目标要求的水体，依法编制实施水体达标规划。

对进水生化需氧量浓度低于100 mg/L的城市污水处理厂，实施片区管网系统化整治。因地制宜推进城镇雨污分流改造，除干旱地区外，新建污水管网全部实行雨污分流。到2025年，城市生活污水集中收集率达到70%以上，进水生化需氧量浓度高于100 mg/L的城市污水处理厂规模占比达90%。

到2025年，县城污水处理率达到95%以上，城市污泥无害化处置率达到90%以上。

《深入打好城市黑臭水体治理攻坚战实施方案》2022年3月　住房城乡建设部等

到2025年，城市生活污水集中收集率力争达到70%以上。

到2025年，进水BOD浓度高于100 mg/L的城市生活污水处理厂规模占比达90%以上。结合城市组团式发展，采用分布与集中相结合的方式，加快补齐污水处理设施缺口。

《农业农村污染治理攻坚战行动方案（2021—2025年）》2022年1月 生态环境部等

到2025年，农村环境整治水平显著提升，农业面源污染得到初步管控，农村生态环境持续改善。新增完成8万个行政村环境整治，农村生活污水治理率达到40%，基本消除较大面积农村黑臭水体；化肥农药使用量持续减少，主要农作物化肥、农药利用率均达到43%，农膜回收率达到85%；畜禽粪污综合利用率达到80%以上。

到2025年，东部地区、中西部城市近郊区等有基础、有条件的地区，农村生活污水治理率达到55%左右；中西部有较好基础、基本具备条件的地区，农村生活污水治理率达到25%左右。

《“十四五”水安全保障规划》2022年1月 国家发展改革委等

到2025年，水旱灾害防御能力、水资源节约集约安全利用能力、水资源优化配置能力、河湖生态保护治理能力进一步加强，国家水安全保障能力明显提升。

2035年目标展望：城乡供水保障能力明显增强；水生态空间得到有效保护，水土流失得到有效治理，河湖生态水量得到有效保障，美丽健康水生态系统基本形成；现代水治理体系基本建立，水利基本公共服务实现均等化，水法治体系基本健全，水安全保障智慧化水平大幅提高。

《工业废水循环利用实施方案》2021 年 12 月 工业和信息化部等

到 2025 年，力争规模以上工业用水重复利用率达到 94%左右，钢铁、石化化工、有色等行业规模以上工业用水重复利用率进一步提升，纺织、造纸、食品等行业规模以上工业用水重复利用率较 2020 年提升 5 个百分点以上，工业用市政再生水量大幅提高，万元工业增加值用水量较 2020 年下降 16%，基本形成主要用水行业废水高效循环利用新格局。

《区域再生水循环利用试点实施方案》2021 年 12 月 生态环境部等

到 2025 年，在区域再生水循环利用的建设、运营、管理等方面形成一批效果好、能持续、可复制，具备全国推广价值的优秀案例。

《“十四五”黄河流域城镇污水垃圾处理实施方案》2021 年 8 月 国家发展改革委等

到 2025 年，城市建成区基本消除生活污水直排口和收集处理设施空白区，城市生活污水集中收集率达到 70%以上；县城污水处理率达到 95%以上，建制镇污水处理能力明显提升；上游地级及以上缺水城市再生水利用率达到 25%以上，中下游力争达到 30%；城市污泥无害化处置率达到 90%以上，城镇污泥资源化利用水平明显提升。

《“十四五”城镇污水处理及资源化利用发展规划》2021 年 6 月 国家发展改革委等

到 2025 年，基本消除城市建成区生活污水直排口和收集处理设施空白区，全国城市生活污水集中收集率力争达到 70%以上；城市和县城污水处理能力基本满足经济社会发展需要，县城污水处理率达到 95%以上；水环境敏感地区污水处理基本达到一级 A 排放标准；全国地级及以上缺水城市再生水利用率达到 25%以上，京津冀地区达到 35%以上，黄河流域中下游地级及以上缺水城市力争达到 30%；城市和县城污泥无害化、资源化利用水平进一步提升，城市污泥无害化处置率达到 90%以上；长江经济带、黄河流域、京津冀地区建制镇污水收集处理能力、污泥无害化处置水平明显提升。

到 2035 年，城市生活污水收集管网基本全覆盖，城镇污水处理能力全覆盖，全面实现污泥无害化处置，污水污泥资源化利用水平显著提升，城镇污水得到安全高效处理，全民共享绿色、生态、安全的城镇水生态环境。

《中华人民共和国国民经济和社会发展第十四个五年规划和 2035 年远景目标纲要》2021 年 3 月 全国人大

构建集污水、垃圾、固废、危废、医废处理处置设施和监测监管能力于一体的环境基础设施体系，形成由城市向建制镇和乡村延伸覆盖的环境基础设施网络。推进城镇污水管网全覆盖，开展污水处理差别化精准提标，推广污泥集中焚烧无害化处理，城市污泥无害化处置率达到90%，地级及以上缺水城市污水资源化利用率超过25%。

《关于推进污水资源化利用的指导意见》2021年1月 国家发展改革委等

到2025年，全国污水收集效能显著提升，县城及城市污水处理能力基本满足当地经济社会发展需要，水环境敏感地区污水处理基本实现提标升级；全国地级及以上缺水城市再生水利用率达到25%以上，京津冀地区达到35%以上；工业用水重复利用、畜禽粪污和渔业养殖尾水资源化利用水平显著提升；污水资源化利用政策体系和市场机制基本建立。到2035年，形成系统、安全、环保、经济的污水资源化利用格局。

第二节　水环境治理产业政策分析

一、指导性产业政策分析

“十四五”时期是我国深入推进生态文明建设的关键期，是促进经济社会全面绿色发展的转型期，是持续打好污染防治攻坚战的窗口期，也是向第二个百年奋斗目标进军，实现“碳中和”宏伟目标的建设期。

（1）再生水

我国城镇污水排放量约750亿 m^3，再生水利用量仅为100多亿 m^3，利用潜力巨大。污水资源化利用不足，有多方面原因：一是污水再生利用设施建设滞后，配套管网建设不足；二是污水处理设施布局不合理，大多数城镇污水处理厂布局在城市远郊和流域下游，再生水利用工程需要建设长距离管网，不仅限制了利用范围，也增加了成本；三是市场机制不健全、价格机制不完善、政策激励不够，影响了社会资金进入再生利用设施建设和运营的积极性。

《“十四五”城镇污水处理及资源化利用发展规划》中提及加强再生利用设施建设、推进污水资源化利用的解决措施。“放开再生水政府定价，由再生水供应企业和用户按照优质优价原则自主协商定价”，“鼓励采用政府购买服务方式推动污水资源化利用”，以加强市场在推动污水资源化方面的作用。《典型地区再生水利用配置试点方案》明确以缺水地区、水环境敏感地区、水生态脆弱地区为重点，选择基础条件较好的县级及以上城市开展试点工作。试点目标是到2025年，在再生水规划、配置、利用、产输、激励等方面形成一批效果好、能持续、可推广的先进模式和典型案例。

数据显示，“十三五”期间再生水投资量约为158亿元，处理规模达到4 158万t/d。截至2020年，我国城镇再生水生产能力将接近4 900万m^3/d，其中城市再生水生产能力超过4 500万m^3/d，县城再生水生产能力近290万m^3/d。而在阶梯水价和再生水工艺成本下降的驱动下，未来三年内“中水”运营市场规模年复合增速有望达20%。相对应地，城镇再生水设施建设整体投资将超过250亿元，“中水”运营市场规模接近80亿元。

政府应该树立再生水产业的战略意识，合理调整再生水产业结构，加大再生水产业的技术开发力度，促进我国再生水产业的健康发展。特别是在技术方面，要加强适合国情的适用技术特别是污染防治技术的研究开发，解决饮用水水源保护、城市水污染和城市废水资源化等环境问题，重点研究并发展水环境污染及水资源破坏的恢复技术，使环境和经济同步发展。对于高耗能、耗水大的工业企业用户，应出台强制使用再生水的措施。同时，大力发展再生水用于河湖景观水体、园林绿地浇洒、道路浇洒等市政杂用用水。目前，再生水的生产不能形成规模效益，与自来水、地下水、外调水等相比，价格优势并不明显，用户使用再生水的积极性并不高，建议利用价格杠杆，使再生水的价格优势体现出来，鼓励用户使用再生水。

(2) 污泥无害化

相比于“十三五”期间提出的污泥稳定化和无害化主要目标，《“十四五”城镇污水处理及资源化利用发展规划》更加重视污泥资源化利用，“鼓励污泥能量资源回收利用”，响应了国家碳减排的战略目标。污泥无害化、资源化处置是行业发展的主要趋势。在“碳减排”与“碳中和”的背景下，污泥处理装备与技术升级改造的主要方向是“节能、减碳”。污泥处理处置过程中的碳减排具有很大的必要性，因此，低碳工艺和高效节能设备等符合绿色节能导向的技术与装备有望加速推广。

相关数据显示，污水处理行业碳排放量约占全社会总排放量的1%，主要来源于水中的有机污染物经过降解后，释放出二氧化碳、甲烷和氧化亚氮等温室气体。除上述直接排放外，污水处理厂运营所需的电、热能源消耗，以及用于污水处理的药剂生产和运输，也将间接产生碳排放。

未来污泥处理处置行业将更加注重技术创新和资源化利用。一方面，污泥处理技术将向更高层次的资源循环利用和能源回收发展，如通过高温好氧发酵、污泥气化、生物质炭化等技术将污泥转化为生物燃气、土壤改良剂、活性炭等有价值的产品。另一方面，政策法规将更加严格，推动污泥处理处置过程的透明化、标准化和规范化，促使企业采用更高效、更环保的技术手段，实现污泥处理的绿色转型和循环经济产业链的构建。

二、政策型产业政策分析

2015 年，《水污染防治行动计划》的出台标志着我国水环境治理进入新阶段。水治理将从污水治理和截污管网等末端层面的“点源污染”延伸到源头控制、过程阻断及末端治理等全过程“面源污染”，涉及治理、修复和生态景观等多个环节。

《关于推进建制镇生活污水垃圾处理设施建设和管理的实施方案》提出，到 2035 年，基本实现建制镇建成区生活污水收集处理能力全覆盖和生活垃圾全收集、全处理。

《农业农村污染治理攻坚战行动计划》充分考虑农村的实际情况，提出到 2020 年，以打基础为重点，建立规章制度，完成排查，启动试点示范。到 2025 年，形成一批可复制、可推广的农村黑臭水体治理模式，加快推进农村黑臭水体治理工作。到 2035 年，基本消除我国农村黑臭水体。

《北京市水生态区域补偿暂行办法》通过实施水流、水环境、水生态三类指标考核，建立起水质与水量、资源与生态环境、地表与地下、流域与区域有机统筹的水生态区域补偿制度，有利于推动解决北京当前治水工作中的河流水量不足、流动性阻断、溢流污染以及河道生境生物单一等突出问题，进一步完善北京市水生态环境政策体系。

《长江流域水生态考核指标评分细则（试行）》指出，水生态监测是水生态评价和考核的重要基础，随着水生态环境保护向水资源、水生态、水环境等流域要素系统治理、统筹推进转变，水生态监测的重要性和必要性日益凸显。为加快建立健全水生态监测技术体系，生态环境部加强水生态监测技术体系顶层设计，完善长江流域水生态监测网，统一监测技术要求，探索建立质量管理体系，构建监测评估数据平台，为长江流域水生态考核提供监测数据保障。

《长江流域（赣皖段）横向生态保护补偿协议》正式建立长江干流和阊江流域跨省横向生态保护补偿机制。坚持“生态优先、绿色发展，保护责任共担、流域环境共治、生态效益共享”原则，以持续改善流域生态环境质量为核心，通过建立生态保护补偿机制，强化区域间联防联控与协同共治，促进高水平生态保护和高质量发展。

三、规范型产业政策分析

近年来，我国出台了一系列与水环境治理相关的法律法规和政策，“打好碧水保卫战”作为落实“生态文明建设”等“五位一体”总体布局、夺取“污染防治攻坚战”胜利、推进“美丽中国建设”重点规划的任务，被提升至历史性的战略高度，对水环境治理行业的发展起到了良好的指导与促进作用。

《黄河生态保护治理攻坚战行动方案》提出推动水污染治理。推动水体消劣行动方案和达标规划编制实施。开展流域与省区水生态环境形势分析会商，加大水生态环境问题独立调查和督导帮扶力度，指导加强汛期污染强度管理。推动城镇环境治理设施建设，推进流域入河排污口排查整治，严格入河排污口设置审核与监督管理。强化流域重点工业园区规划环评监督，重点督促工业园区污水集中处理设施建设。以乌梁素海为重点指导农业面源污染通量监测，开展典型区域农业面源污染治理和监督指导试点。

《长江保护修复攻坚战行动计划》确立了空间管控、严守红线，突出重点、带动全局等基本原则，坚持生态优先、绿色发展，坚持精准、科学、依法治污，坚持综合治理、系统治理、源头治理，坚持多元共治、落实责任，体现了新时代长江保护修复攻坚工作的新要求。要求因地制宜制定地方水污染物排放标准，鼓励指导有关地方制定差别化的流域性环境标准和行业污染排放管控要求；要求健全水生生物监测体系，开展水生生物完整性指数评价，科学评估长江禁渔和物种保护成效，科学规范开展水生生物增殖放流，并且全面实施十年禁渔。

《常州市水生态环境保护条例》秉持“人与自然和谐共生”的理念，立足提高水生态环境保护的系统性、整体性、协同性，统筹水资源、水环境、水生态共治，强化源头治理、系统治理、协同治理，明确和细化了“责任主体和各方职责、实行水生态环境监测制度、建立重要区域重点保护制度、建立‘两湖’滨湖生态空间管控制度、建立水生态保护与修复制度、建立健全水生态产品价值实现机制、细化补充上位法水污染防治规定、建立新污染物治理管理机制、建立协同管理和全面监督机制”。

尽管我国水生态环境保护工作取得了显著成效，但仍然面临诸多瓶颈和挑战，如水生态环境治理能力有待提升，蓝藻水华、水生态失衡问题依然存在。健康的水体，不仅要有好的水环境指标，还应该有健康的水生态系统。要着力推动水生态环境保护向水资源、水环境、水生态等流域要素系统治理、统筹推进转变。

深入实施空气质量持续改善行动计划，统筹水资源、水环境、水生态治理，加强土壤污染源头防控，强化固体废物、新污染物、塑料污染治理。坚持山水林田湖草沙一体化保护和系统治理，加强生态环境分区管控。组织打好“三北”工程三大标志性战役，推进国家公园建设。加强重要江河湖库生态保护治理。持续推进长江十年禁渔。实施生物多样性保护重大工程。完善生态产品价值实现机制，健全生态保护补偿制度，充分调动各方面保护和改善生态环境的积极性。

推进产业结构、能源结构、交通运输结构、城乡建设发展绿色转型。落实全面节约战略，加快重点领域节能节水改造。完善支持绿色发展的财税、金融、投资、价格政策和相关市场化机制，推动废弃物循环利用产业发展，促进节能降碳先进技术研发应用，加快形成绿色低碳供应链。建设美丽中国先行区，打造绿色低碳发展高地。

扎实开展“碳达峰十大行动”。提升碳排放统计核算核查能力，建立碳足迹管理体系，扩大全国碳市场行业覆盖范围。深入推进能源革命，控制化石能源消费，加快建设新型能源体系。加强大型风电光伏基地和外送通道建设，推动分布式能源开发利用，发展新型储能，促进绿电使用和国际互认，发挥煤炭、煤电兜底作用，确保经济社会发展用能需求。